中国化工教育协会
化学工业职业技能鉴定指导中心　组织编写

化工总控工应会技能基础
（技师/高级技师版）

贺　新　主编
奚小金　潘　勇　副主编
薛叙明　主审

化学工业出版社
·北京·

本教材按化工总控工国家标准中技师/高级技师的鉴定要求进行编写。本书体现应知理论和应会技能的相辅相成，并结合化工企业实际，倡导理论传授、技能训练与职业素质相结合，强化企业管理和培训指导。主要内容包括职业道德与素养、化工单元操作与运行管理、化学反应过程与管理、化工生产过程与管理、化工生产装置的开车与运行、化工生产事故的预防与处理、化工设备与自动化仪表、化工环保与安全管理及培训与指导。

本书可用于化工技术、制药技术及其相关专业高等职业院校师生、化工及相关行业在职职工的化工总控工技师/高级技师及相关职业工种的理论与技能培训及鉴定。

图书在版编目（CIP）数据

化工总控工应会技能基础：技师/高级技师版/贺新主编．—北京：化学工业出版社，2015.2（2023.6重印）

ISBN 978-7-122-22715-7

Ⅰ.①化…　Ⅱ.①贺…　Ⅲ.①化工过程-过程控制-技术培训-教材　Ⅳ.①TQ02

中国版本图书馆CIP数据核字（2015）第002945号

责任编辑：旷英姿　　文字编辑：林　媛

责任校对：宋　玮　　装帧设计：王晓宇

出版发行：化学工业出版社（北京市东城区青年湖南街13号　邮政编码100011）

印　　装：北京盛通数码印刷有限公司

787mm×1092mm　1/16　印张21　字数518千字　2023年6月北京第1版第6次印刷

购书咨询：010-64518888　　售后服务：010-64518899

网　　址：http://www.cip.com.cn

凡购买本书，如有缺损质量问题，本社销售中心负责调换。

定　　价：45.00元

前言 FOREWORD

本教材依据化工总控工（技师/高级技师）国家标准，参照国内相关院校教材、工程手册、石化类相关企业的培训教材和中国知网相关文献编写而成。

本教材以化工总控工职业技能鉴定技师/高级技师的要求为主线，结合石化类企业中基本理论和岗位技能要求，兼顾现代企业对职工的职业道德及职业素养要求，首先介绍基础知识和基础理论，其次介绍典型设备，再次介绍与典型设备相关的开车操作、正常运行和停车操作，结合设备运行中的故障介绍故障处理方法，最后总结归纳设备的维护保养方法。本教材可用于化工技术类专业学生及企业职工深化技能鉴定考核应知部分内容的学习及应会技能的培训，也可用于化工类职业院校教师进行化工总控工技师/高级技师培训。

本教材由中国化工教育协会、化学工业职业技能鉴定指导中心组织编写。由常州工程职业技术学院贺新担任主编和负责全书统稿，并编写第二章第二、第三节，第八章；常州工程职业技术学院周敏茹编写第二章第一节；常州工程职业技术学院张岫编写第五章；常州工程职业技术学院徐进编写第七章；常州阳光医药化工有限公司奚小金担任副主编并编写第一章及第九章；南京化工职业技术学院潘勇担任副主编并编写第四章；南京化工职业技术学院李冬燕编写第六章；河南化工技师学院丁惠萍编写第三章。常州工程职业技术学院薛叙明担任本书的主审，提出了许多宝贵意见；常州市出入境检验检疫局邱岳进工程师对本书提供了大力支持，常州工程职业技术学院刘媛、潘文群和蒋晓帆也参与了本书的审稿。

本教材在编写过程中，得到了相关企业与院校工程技术人员、教师的大力支持和帮助。同时，本教材参考借鉴了国内相关教材和文献资料，参考文献列于章后。

由于编者水平有限，加之时间仓促，不妥之处在所难免，敬请读者批评指正。

编者

2014 年 10 月

目 录 CONTENTS

第一章
职业道德与素养

化工总控工职业国家标准对从初级工到高级技师五个职业资格作出了明确的规定，要求五个职业资格在化工总控工职业技能鉴定时必须对职业道德知识进行鉴定，占应会理论成绩的5%。

第一节 职业道德及基本规范

一、职业道德

衡量一个人工作态度的职业规范，称为职业道德。在职业化的群体行为中，以条文为基础的规章制度是最低限度的行为准则，它对每个职业人的制约是最下限的，因而不足以适应必须不断提升的职业化需求。和职业技能相比，职业道德在职业素质中具有更深刻的内涵和更广泛的意义。一个不尊崇职业道德或不信守职业承诺的人，其职业技能再高，都不可能成为有素质的职业人。

职业道德的一般特点如下：

(1) 专业性和有限性　鉴于职业的特点，职业道德主要调整两个方面的关系：一方面调节从业人员内部的关系，即运用职业首先规范约束职业内部人员的行为，促进职业内部人员的团结和合作；另一方面调节从业人员和服务对象之间的关系。

(2) 稳定性和连续性　职业道德的特点，在于每种职业都有其道德的特殊内容。职业道德的内容着重反映本职业特殊的利益和要求，同时在特定的职业实践基础上形成。这种为某一特定职业所具有的道德传统、道德心理和道德准则，形成职业道德相对的连续性和稳定性。

(3) 多样性和适用性　职业道德不是固定的一种，它是多种多样的，有多少种职业就有多少种职业道德，但是每种职业道德必须具有具体、灵活、多样、明确的特点，这样才便于人们记忆、接受和执行。

二、职业道德基本规范

化工总控工对职业道德的基本规范要求为：爱岗敬业、诚实守信、办事公道、服务群众、奉献社会。

(一) 爱岗敬业

爱岗就是热爱自己的工作岗位，热爱本职工作；敬业就是对待自己职业的认真严肃态度，爱岗敬业对于加强个人职业道德有重要意义。

1. 爱岗敬业的要求

（1）树立正确的职业道德　一个人是否能取得成就，不在于他所从事的职业是什么，而在于他是否尽心尽力把工作做好，做到干一行，爱一行，专一行。

（2）端正热爱本职工作的职业态度　只有热爱自己的职业，才会对工作充满积极性，才会在工作中投入精力和心血，最终在工作中有所成就。

（3）不断提高自己的职业技能　社会发展和科学进步对每个岗位提出了严格的要求，每个职业人都应该结合自身的工作需要，不断地学习提高，做到与时俱进，时刻保持旺盛的工作力。

2. 进行爱岗敬业教育的途径和方法

（1）加强职业道德与敬业精神的理论学习　定期接受职业道德规范教育，提高自己的敬业意识、纪律意识、竞争意识等。忠于自己的事业，具有很强的职业自豪感和责任感，立足本职，勤奋工作，一个人只有竭诚地为社会服务，才能使自己的才能得到发展和完善。

（2）树立榜样　在工作中找到一个可以影响自己的榜样。观察榜样一言一行是如何做到爱岗敬业的。

（3）提高自身的爱岗敬业意识　通过各种各样的工作、活动提高自身的爱岗奉献的意识，敬业意识不会自然形成，也不会一蹴而就，只有通过培养和教育才会有良好的敬业意识。

（二）诚实守信

诚实是中华民族的传统美德，它不仅是为人处世的基本准则，也是社会道德和职业道德的一个基本规范。诚信教育应该注意的几个方面如下：

（1）诚信是立身做人的内在需要　首先，诚信要求职业劳动者必须正确审视自我。既看到自身的优势与长处，也正视自己的缺点与不足。其次，诚信要求在待人接物上以“仁、信、善”示人，遵守原则和信义，做到“己所不欲，勿施于人”。具备了诚信，就能做到心怀坦荡，具有仁爱之心，人与人之间就能够彼此信任，友好沟通。诚信是人类社会和谐有序的信任和安全构制。

（2）诚信是求知的基本要求　首先，诚信有利于端正求知的态度。求知其本质是了解掌握客观世界的发展规律，也就是一个“求真”的过程。一句话，诚信有利于端正求知的态度。其次，诚信有利于培养良好的求知风气，诚信就是实事求是，就是脚踏实地，有真言、真心、真行，反对欺诈和虚伪；诚信的修养就是克服浮伪习气，培养诚实、务实的品德。诚实守信的品德，是立身之本，做人之道。因此，诚信有利于培养良好的求知风气。

（3）诚信是道德修养的基础和根本　只有具备诚信才能培养起良好的道德情感，使其避恶向善，就能使一个人自觉地将道德之知付诸于道德之行，从而做到言行一致，知行统一，全面提高自身的道德修养水平。有诚信方有德，无诚信则无德。同时，诚信作为一个基本的道德规范，是对人们的共同要求，与人相交往，自己首先要保持诚信。因此，诚信是道德修养的基础和根本。一个具备高尚道德情操的人，必然是一个讲求诚信的人。所以培养高尚道德操守，必须从培养诚实守信、关爱他人开始。

（三）办事公道

办事公道是在爱岗敬业、诚实守信的基础上提出的更高一个层次职业道德的基本要求，办事公道需要有一定的修养做基础。要做到办事公道，就要做到以下几点：

(1) 热爱真理，追求正义　要以科学真理为标准，保持正确的是非观；要符合公认的道理合乎正义。

(2) 坚持原则，不徇私情　仅仅明白是非善恶的标准是不够的，还必须在处理事情时符合标准，坚持原则。

(3) 不谋私利，反腐倡廉　只有不贪图私利，才能光明正大、廉洁无私，才能主持正义、公道。

(4) 照章办事，平等待人　职业人应该在自己的工作岗位上，自觉遵守工作原则。

(四) 服务群众

服务群众、满足群众要求、尊重群众利益是职业道德要求的目标指向的最终归宿。每个人无论从事哪种职业，也无论职位高低，只要认真从事本职工作，热心为他人、为社会服务，才能达到职业道德的要求标准，服务群众是各个职业人必须遵守的道德规范。

每个职业人从事劳动的目的，要做到服务群众，将服务群众的观念树立起来。

(1) 真心对待群众　将真心对待群众的观念落实到行动上，实实在在地为群众服务，急群众之所急，帮群众之所需。

(2) 尊重群众　只有尊重群众，才能深刻了解群众所思、所想、所需，才能真正做到服务群众。

(3) 方便群众　任何职业要便民而不扰民，真正为群众谋利益，绝不以损害群众利益为目的或手段。

(五) 奉献社会

奉献社会是职业道德的本质特征，从业人员必须把奉献社会作为重要的职业道德规范，作为自己根本的职业目的。

奉献社会的特征体现在三个方面：

(1) 自觉自愿地为他人、为社会贡献力量，完全为了增进公共福利而积极劳动；

(2) 有热心为社会服务的责任感，充分发挥主动性、创造性，竭尽全力奉献社会；

(3) 完全出于自觉精神和奉献意识地工作。

只有在职业劳动中自觉主动地奉献社会的劳动者，才能真正体会到奉献社会的乐趣，才能最大限度地实现自己的人生价值。

第二节 职业素养

专业理论、专业技能和职业素养是评判职业能力的三大要素，很多企业界人士认为，职业素养至少包含两个重要因素：敬业精神及合作的态度。敬业精神就是在工作中要将自己作为单位的一部分，不管做什么工作一定要做到最好，发挥出实力，对于一些细小的错误一定要及时地更正，敬业不仅仅是吃苦耐劳，更重要的是“用心”去做好单位分配给的每一份工作。职业态度是职业素养的核心，好的职业态度是决定成败的关键因素。

一、职业素养的三大核心

1. 职业信念

良好的职业素养包涵良好的职业道德，正面积极的职业心态和正确的职业价值观意识，是一个成功职业人必须具备的核心素养。良好的职业信念应该是由爱岗、敬业、忠诚、奉献、正面、乐观、用心、开放、合作等这些关键词组成。

2. 职业知识技能

职业知识技能是做好一个职业应该具备的专业知识和职业技能。专业知识和职业技能是岗位能力的两个抓手，没有过硬的专业知识，没有精湛的职业技能，就无法把一件事情做好，就更不可能成为“状元”了。

各个职业有各职业的知识技能，每个行业还有每个行业的知识技能。特别是化工行业，属于高危行业，原料和制造过程需使用易燃易爆、有毒有害的化学品，尤其需要提升职业知识技能。

3. 职业行为习惯

职业行为习惯是在职场上通过长时间地学习、改变、形成而最后变成习惯的一种职场综合素质。

二、职业素养的内容

（1）职业道德　有关职业道德内容在第一节已作了相关介绍，此处不再赘述。

（2）职业思想（意识）　职业意识是人们对职业劳动的认识、评价、情感和态度等心理成分的综合反映，是支配和调控全部职业行为和职业活动的调节器，它包括创新意识、竞争意识、协作意识和奉献意识等方面。

职业意识是每一个人从事所工作的岗位的最基本，也是必须牢记和自我约束的。

（3）职业行为　职业行为是指人们对职业劳动的认识、评价、情感和态度等心理过程的行为反映，是职业目的达成的基础。它是由人与职业环境、职业要求的相互关系决定的。职业行为包括职业创新行为、职业竞争行为、职业协作行为和职业奉献行为等。

（4）职业技能　职业技能是支撑职业人生的表象内容。职业道德、职业意识和职业行为属世界观、价值观、人生观范畴的产物。职业技能则是通过学习、培训等手段可以比较容易获得。例如，计算机、化工、建筑等行业技能属职业技能范畴，通过三年左右的时间能掌握入门技术，在实践运用中日渐成熟而成专家。

但是，如果一个人基本的职业素养不够，比如说忠诚度不够，那么技能越高的人，其隐含的危险越大。

三、职业态度的培养

职业态度是一个人对自己所从事的或者即将从事的职业所持的主观评价与心理倾向。主要包括职业情感和职业行为两个方面。职业教育中职业态度的培养应以社会和企业普遍认可的态度与行为规范为参考，职业态度的培养构成要素主要包括吃苦耐劳、团结协作、积极进取和创新开拓四方面。

（1）吃苦耐劳　是指工作或生活中表现出不怕苦不怕累的精神，是一个人成就事业的基本条件。要求就业者对基层工作的辛苦与劳累普遍能正确面对，不会因为工作的辛苦劳累而放弃工作机会，对辛苦和劳累有正确认识和深刻体验。

（2）团结协作　是指在工作中从业人员应互相支持、互相协作、互相配合，顾全大局，明确工作任务和共同目标，在工作中尊重他人，虚心诚恳，积极主动协同他人共同完成工作任务。一个人即使个人能力再高，如果不得到组织和同事的认可，其业绩总是受到限制的。

（3）积极进取　是指在工作中不断追求上进，不断给自己提出新目标，面对困难仍持乐观积极的态度，并为实现目标而不懈努力。当前一些职业人普遍工作态度消极，积极主动性差，等、靠、要的心态严重，严重影响个人的职业形象和职业发展。

（4）创新开拓　是指人们为了发展的需要，运用已知的信息，不断突破常规，发现或产生某种新颖、独特的有社会价值或个人价值的新事物、新思想的活动。创新是企业可持续发展的核心动力。员工具有创新开拓精神是企业的宝贵财富。

四、职业素养提高的途径

职业素养的培养更多应体现在以下几个方面：

（1）调整心态与职业意识　心态调整是职业素养培养中首先要解决的问题。它是一个人在职场环境中态度、为人处世等一系列行为的表现。一个有好的心态的职业人一定会以一种积极的心态去融入企业的。毕竟无论企业的环境怎样，待遇怎样，也不管你是否喜欢这家企业，除非你选择离开它，否则就应该接受它。

如果一个职业连自己都不能理解和接受，那么可想而知对这份职业既不会有工作积极性也不会有好的职业发展，更谈不上有职业的竞争力了。所以从某种意义上说，接受自己的职业、接受自己选择的企业这种好的心态其实就是接受自己。

（2）培养职业道德与团队协作　职业道德是整个社会道德的主要内容。主要包括爱岗敬业、诚实守信、奉献社会等方面。职业道德一方面涉及每个从业者如何对待职业，如何对待工作，同时也是一个从业人员的生活态度、价值观念的表现，有助于维护和提高个人及整个行业的信誉与竞争力。而团队协作包括能与他人协商与团队成员密切合作，配合默契，共同决策。随着社会的日益进步，竞争也日趋激烈，个人在工作中学习中所遇到的环境、情况越来越复杂，很多工作单靠个人已难以完全处理，这就需要团队成员之间精诚合作来创造奇迹。职业人要充分了解企业文化和企业精神，体会到职业素质的重要性，对培养自己与之相适应的职业素质、敬业精神、团队协作意识大有裨益。

（3）提升沟通表达能力等人文素养　沟通是人们之间最常见的活动之一，是指人们之间进行信息及思想的传播。沟通常常牵涉了几个方面：信息发送者，信息接收者，信息内容，表示信息的方式，传达的渠道。

沟通表达等能力对职业的重要性可想而知，通过口头、文字、图片和图形等语言表达形式，用动作、表情、眼神等肢体表达形式，采用适当的标记、正确的阐述信息对于职业人日常沟通极为重要。

（4）营造良好的职业素养环境氛围　良好的职业素养环境首先是安全素养。安全素养既包括安全知识、安全意识，也包括安全能力、安全行为，以及尊重生命的思维方式。从业者只有在安全方面能做到自律，养成了符合职业具体要求的安全习惯，才能说这位从业者具有了较高的安全素养。安全习惯养成即安全素养的形成，离不开自律和他律的相互作用。他律即依靠外部因素去积极影响、引导结果的出现。安全习惯养成需要通过经济因素、责任因素等多种外部因素，使从业者按照已经归纳提炼或约定俗成的行业安全生产要求，规范个人安全生产的行为。

从职业安全素养形成过程看，从业者的职业安全素养不是与生俱来的，必须通过后天训练和职业实践逐步获得，有一个行业教化和个人内化相结合的过程。从职业安全行为的实现和维系看，从业者选择符合职业安全规范的行为，是在社会舆论、行业规则的倡导、鼓励下，甚至以经济、行政等手段的制约、控制、监督下实现的。从安全生产的现实看，他律大致可分为三类：第一类是非强制性的，主要依靠社会舆论、传统习俗等非强制性形式约束从业者尊重生命；第二类是强制性的，主要依靠法律、法规和行业、企业的规章制度震慑、约束从业者行为，通过强制性形式实施安全生产的行业条例。

参 考 文 献

[1] 杨湘洪．提升职业素养 增强就业竞争力 [J]．职教论坛，2010，17：65-67.

[2] 沈飞跃．提高职业素养 提升职业竞争力 [J]．职教论坛，2012，5：62-64.

[3] 许亚琼．职业素养内容开发初探 [J]．职教论坛，2010，18：75-78.

[4] 唐凯麟，蒋乃平．职业道德与职业指导．北京：高等教育出版社，2008.

第二章 化工单元操作与运行管理

第一节 流体输送操作与运行管理

在化工生产过程中，通常需要按生产工艺的要求，将流体从低处送往高处、从近处送往远处、从一个设备输送到另外一个设备、从一个车间输送到另外一个车间，进行传热、传质等各个化工单元生产操作，流体输送是最常见、最基本的化工单元操作，它是联系各个单元操作的“桥梁”，是化工生产中不可或缺的基本单元操作。本节介绍与流体输送相关的基本理论、主要设备、开车操作、正常运行和正常停车、流体输送常见的故障及处理等方面的内容。

一、流体输送基本理论

化工生产过程中所处理的物料绝大多数是流体，比如原料、中间产品以及成品等。流体的共同特点是：易流动、易变形、具有黏性。

(一) 流体的主要物理量

1. 流体的压强

流体垂直作用于单位面积上的力，用符号 p 表示，化工生产中习惯上常称为压力。其表达式为：

$$p=\frac{F}{A} \tag{2-1}$$

式中 p——流体的压强，N/m^2；

F——垂直作用于流体截面上的力，N；

A——作用面积，m^2。

压强的单位为 N/m^2，在 SI 制中用 Pa 表示。

在化工生产中，由于操作压力的高低差异很大，压力单位还用兆帕（MPa）、千帕（kPa）、和毫帕（mPa）表示。

此外，生产现场、技术文件中还常用到：标准大气压（atm）、工程大气压（at 或 kgf/cm^2）、米水柱（mH_2O）、毫米汞柱（mmHg）、巴（bar）等单位。其换算关系为：

$$1atm=101.3kPa=1.033at=760mmHg=10.33mH_2O=1.013bar$$

以下表压、绝压与真空度的关系。

流体的压力可以用仪表来测取，但不管什么样的压力表，表上反映出的压力都是设备内的实际压力与大气压力之差。

绝压：以绝对真空即绝对零压为基准，测量出设备内的实际压力称为绝对压力，简称绝压。

表压：以大气压为基准，用压力表测量并读取的压力称为表压或真空度。当设备内的实际压力高于外界大气压时，其差值称之为表压，可表示为：

$$表压=绝压-大气压 \tag{2-2}$$

当设备内的实际压力小于大气压时，表上测出的压力叫真空度，可表示为：

$$真空度=大气压-绝压 \tag{2-3}$$

2. 流体的密度和相对密度

(1) 密度　工程上把单位体积流体所具有的质量，称为流体的密度，用符号 ρ 表示。其表达式为：

$$\rho=m/V \tag{2-4}$$

式中　ρ——流体的密度，kg/m^3；

m——流体的质量，kg；

V——流体的体积，m^3。

(2) 相对密度　是指流体的密度与4℃水的密度之比。用符号 d^0 来表示。即：

$$d^0=\frac{\rho}{\rho_{4℃,水}}=\frac{\rho}{1000} \tag{2-5}$$

式中　d^0——流体的相对密度；

ρ——流体的密度，kg/m^3；

$\rho_{4℃,水}$——4℃水的密度，$1000kg/m^3$。

这样，通过测定流体的相对密度，乘以1000就可以得到流体的密度。

(3) 气体的密度　气体具有可压缩性和热膨胀性，其密度随温度和压力的变化很大。计算时，在压力不高的情况下，按理想气体来处理：

$$\rho=\frac{m}{V}=\frac{pM}{RT} \tag{2-6}$$

式中　V——气体的体积，m^3；

p——气体的压力，kPa；

T——气体的温度，K；

M——气体的摩尔质量，kg/kmol；

R——通用气体常数，8.314kJ/(kmol·K)。

3. 流体的黏度

流体的黏性是影响流体流动的重要物理性质之一。衡量流体黏性大小的物理量称为黏度，用符号 μ 表示。有的流体容易流动，有的难以流动，这就是由于流体的黏度不同。空气、水等黏度比较小，而甘油、蜂蜜等的黏度则比较大。

相关研究证明，不同流速的流体层之间也存在着阻碍相对运动的摩擦力，称为内摩擦力，流体的黏度就是这种内摩擦力的表示与量度。在同一流速下，黏度大的流体，流动时能量消耗大，即阻力损失大。

流体的黏度有如下特点：

(1) 气体的黏度比液体小得多；

(2) 气体的黏度随温度的升高而增大；

(3) 液体的黏度随温度的升高而减小。

一般情况下，压力对黏度的影响不大；在某一温度下流体的黏度由实验测定，也可以通过相关手册查取，在 SI 制中，黏度的单位为 Pa·s。

4. 流体的流量和流速

流体在单位时间内流经管道任一截面的量称为流量，流量常分为体积流量和质量流量。

(1) 流体的流量　单位时间流过某一截面的流体体积，简称为体积流量，简称流量。

$$V_s = V/\tau \tag{2-7}$$

式中　V_s——体积流量，m^3/s；

V——流体的体积，m^3；

τ——时间，s。

有时候流体的流量以质量流量 w_s（单位时间流过某一截面的流体质量）表示。

(2) 流体的流速　单位时间内流体在流动方向流过的距离称为流体的流速，用符号 u 表示，单位为 m/s。

流体在管内流动过程中，管道中心的流速最大，越靠近管壁流速越小，贴近管壁处流速为零。通常所说的流速是指某一截面上的平均流速，用体积流量除以流通截面得到，即：

$$u = \frac{V_s}{S} = w_s/(\rho S) \tag{2-8}$$

式中　u——流速，m/s；

V_s——体积流量，m^3/s；

w_s——质量流量，kg/s；

ρ——流体的密度，kg/m^3；

S——管道截面积，m^2。

有时候流体的流速也用质量流速 G_s（单位时间内流过管道截面积的流体质量）表示，单位为 $kg/(m^2 \cdot s)$。

(二) 流体静力学基本方程式

静止流体是指在重力和压力作用下达到静力平衡，使流体处于相对静止状态。重力是不变的，但静止流体内部各点的压力是不同的。对静止流体内部压力变化规律的描述称为静力学基本方程式，简称静力学方程。

静止流体内部各点的位能与静压能之和为常数：

$$z_1 g + \frac{p_1}{\rho} = z_2 g + \frac{p_2}{\rho} = \text{常数} \tag{2-9}$$

式中　z_1——流体质点 1-1 截面与基准水平面之间的距离，m；

z_2——流体质点 2-2 截面与基准水平面之间的距离，m；

p_1——流体质点在 1-1 截面的压力，Pa；

p_2——流体质点在 2-2 截面的压力，Pa；

ρ——流体的密度，kg/m^3。

使用静力学方程式的注意点：

(1) 适用范围：①重力场中；②静止流体；③连通着的同一种流体内部。

（2）压力的传递性：在静止流体内部，任意一点的压力变化以后，必然引起各点的压力发生同样大小的变化。

（3）等压面：连通着的同一种液体中任意水平面上各点的静压力相同，称为等压面。等压面可用“静止、连续、均一、水平”8个字来体现，等压面的正确选取是流体静力学基本方程应用的关键所在。

（4）静力学基本方程式除了适用于液体，也适用于气体。

（三）连续性方程式

流体以稳定流动的方式流过通道的物料衡算式称为连续性方程式。

如图2-1所示，由于稳定流动系统中，液体在各个截面的体积流量相等，若流通截面为圆形管路，$s=\frac{\pi}{4}d^2$，则：

$$u_1 d_1^2 = u_2 d_2^2$$

或

$$\frac{u_1}{u_2}=\frac{d_2^2}{d_1^2} \tag{2-10}$$

式中 u_1，u_2——1-1截面和2-2截面处的流速，m/s；

d_1，d_2——1-1截面和2-2截面处的管内径，m。

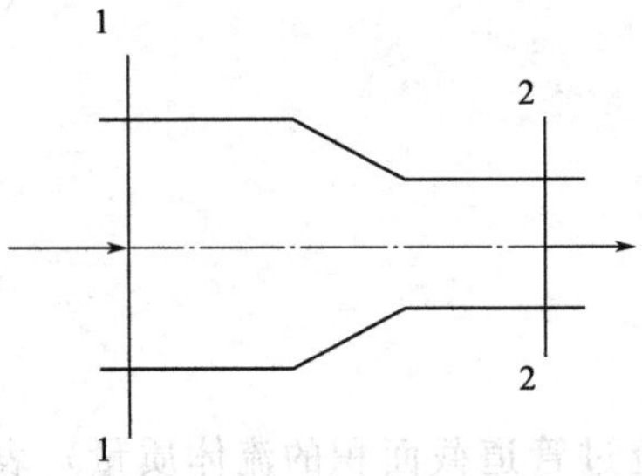

图2-1 连续性方程式示意图

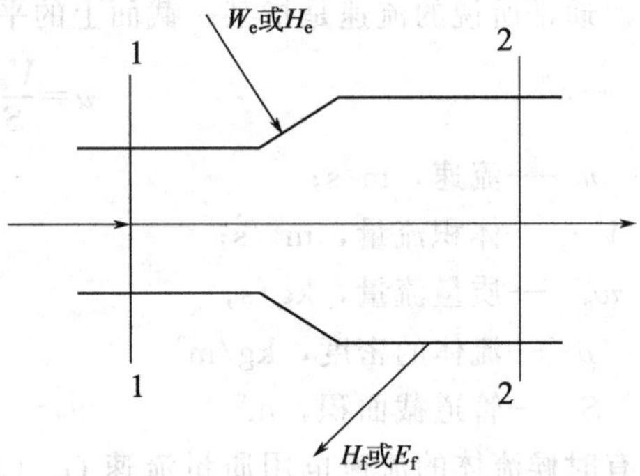

图2-2 伯努利方程式系统示意图

使用连续性方程的注意点：

（1）连续性方程式在应用时，所取的系统应是稳定流动系统。所取的截面一定是连续的，但系统内部是否连续、发生什么过程（化学反应、传热、传质等）都可以不管。

（2）有分支的管路中，应用连续性方程时，仍然依据物料衡算进行。即

$$\sum w_{si进}=\sum w_{si出} \tag{2-11}$$

（四）伯努利方程式

在稳定流动时，实际流体的机械能衡算式，称为伯努利方程式。如图2-2所示：

根据能量守恒定律得：

$$z_1 g+\frac{p_1}{\rho}+\frac{u_1^2}{2}+W_e=z_2 g+\frac{p_2}{\rho}+\frac{u_2^2}{2}+E_f \tag{2-12}$$

式中 z——单位重量流体所具有的位能，称为位压头，m；

$\frac{p}{\rho}$——单位质量流体所具有的静压能，J/kg；

$u^2/2$——单位质量流体所具有的动能，J/kg；

W_e——输送机械外加给单位质量流体的能量，J/kg；

E_f——单位质量流体损失的能量，J/kg。

使用伯努利方程式的注意点：

(1) 适用范围：①稳定连续流动系统；②不可压缩流体；③重力场。

(2) 流体在稳定连续流动过程中，对于任意两个截面，动能、位能、静压能等每项机械能彼此之间不一定相等，它们之间可相互转换，但总的机械能之和是相等的。

(3) 静力学基本方程式是伯努利方程式的特殊表达形式。当流体静止时，流速等于零，此时也肯定无外加机械能，也无能量损失。因此，伯努利方程式就为静力学基本方程式。

(4) 对于气体，一般不可以使用伯努利方程式，只有当两截面间的压力差 $\frac{p_1-p_2}{p_1}\leqslant$ 20%时，可近似使用伯努利方程式，不过其中的密度要用两截面的平均密度 $\rho_{均}=\frac{\rho_1+\rho_2}{2}$。

二、流体输送设备

流体输送设备除了各种类型的泵、压缩机、通风机、真空泵等关键设备之外，还包括贮罐、管子、管件、阀门、流量计、液位计等辅助设备。

(一) 贮罐

贮罐是用于贮存各种液体或气体的一种典型的化工容器，它的主要作用有：

(1) 贮存作用　如原料罐、中间产品罐和成品罐。

(2) 缓冲作用　当主装置的下游装置出现事故或停车时，利用罐内贮存的原料和贮罐的贮存能力，能使主装置不停车均衡地生产；而当主装置出现事故或停车时，也可以通过贮罐的贮存能力，保证下游装置维持连续生产。

(3) 计量作用　如计量化学反应所需液体物料的计量罐或高位槽，液体成品销售时的计量罐。在商业销售中，当液体商品采用槽车运输时称重不方便，采用计量贮罐方便易行。

贮罐在石油、化工、能源、轻工、环保、制药及食品等行业应用非常广泛。

1. 贮罐的分类

贮罐的形式多种多样，常用的分类方法有以下几种：

(1) 按材料分类　分为金属贮罐、非金属贮罐。

(2) 按几何形状分类　分为立式圆筒贮罐、卧式圆筒贮罐、球形贮罐。

(3) 按结构分类　分为固定顶贮罐、浮顶贮罐。

(4) 按所处位置分类　分为地上贮罐、地下贮罐、半地下贮罐、矿穴贮罐、海上贮罐、海底贮罐等。

(5) 按相对壁厚分类　分为薄壁容器、厚壁容器。

(6) 按大小分类　$100m^3$ 以上为大型贮罐；$100m^3$ 以下的为小型贮罐。

(7) 按温度分类　分为低温贮罐（<－20℃）、常温贮罐（－20～90℃）和高温贮罐（90～250℃）。

(8) 按承压方式分类　贮罐可分为内压容器和外压容器。

内压容器按设计压力大小分为四个压力等级，具体划分如下：

低压（代号 L）容器　$0.1MPa\leqslant p<1.6MPa$；

中压（代号 M）容器　1.6MPa≤p<10.0MPa；

高压（代号 H）容器　10MPa≤p<100MPa；

超高压（代号 U）容器　p≥100MPa。

外压容器中，当容器的内压小于一个绝对大气压（约 0.1MPa）时又称为真空容器。

（9）按安全技术管理分类　压力容器分类方法综合考虑了设计压力、几何容积、材料强度、应用场合和介质危害程度等影响因素，分类方法比较科学合理。根据《压力容器安全技术监察规程》采用既考虑容器压力与容积乘积大小，又考虑介质危害程度以及容器品种的综合分类方法，有利于安全技术监督和管理。

2. 贮罐的结构

贮罐一般由筒体、封头、支座、法兰 及各种开孔接管所组成。如图 2-3 所示。

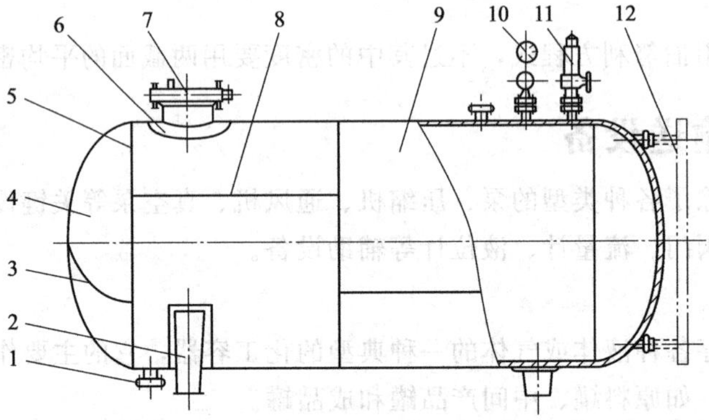

图 2-3　贮罐的总体结构

1—法兰；2—支座；3—封头拼接焊缝；4—封头；5—环焊缝；6—补强圈；7—人孔；8—纵焊缝；9—筒体；10—压力表；11—安全阀；12—液面计

贮罐的开孔接管往往是要在封头或壳体上开孔，来满足正常的工艺上的操作要求、测试和维修的要求。例如，为了正常操作，需要开设物料进出口管；为了保证压力平衡，需要开设放空管；为了控制操作过程，需要在容器上装设各种仪表（压力表、温度计、液位计、控制点等）；为了观察设备内部操作情况，需要安装视镜；为了进行检修，需要在容器上开设人孔、手孔及检查用孔等。此外还需预留清扫孔或排污孔等。

但在压力容器壳体或封头上开孔以后，会削弱容器强度，而且在开孔附近会产生应力集中，容器的破坏就是从开孔边缘开始的。因此，为了保证容器的安全，必须采取开孔补强，以降低开孔边缘处的应力。

3. 贮罐的安全附件

贮罐的操作压力和操作温度偏离正常范围，并且得不到及时的处理，将可能导致安全事故的发生。为了保证贮罐的安全运行，必须在贮罐上装设一些附属的安全装置，如阻火器、膨胀节、安全阀、防爆膜等，亦称安全附件。

（1）阻火器　如图 2-4 所示，阻火器是用来阻止易燃气体、液体的火焰蔓延和防止回火而引起爆炸的安全装置。

阻火器的阻燃功能从两方面体现：一方面，通过阻火元件的许多细小通道，将燃烧物质的温度降到其着火点以下，以阻止火焰的蔓延；另一方面，当燃烧的可燃气通过阻火元件的狭窄通道时，自由基与通道壁的碰撞概率增大，参加反应的自由基数量减少，燃烧反应不能通过阻火器继续进行。

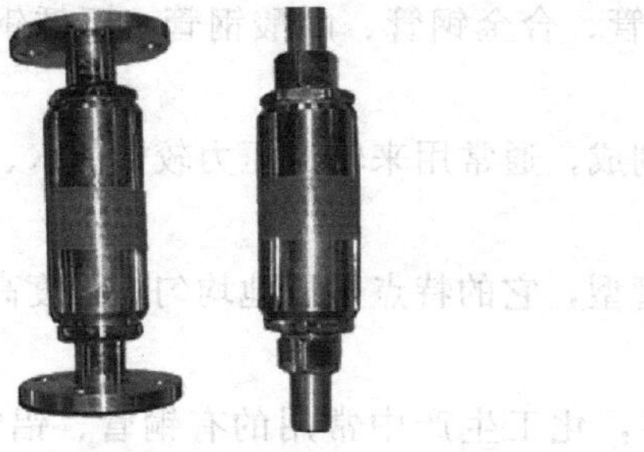

图 2-4　阻火器

图 2-5　膨胀节

阻火器通常安装在输送或排放易燃易爆气体的贮罐和管线上。

(2) 膨胀节　膨胀节习惯上也叫伸缩节或波纹管补偿器，如图 2-5 所示。它是利用膨胀节的弹性元件的自由伸缩变形来吸收容器或管线由热胀冷缩等原因而产生的尺寸变化的一种补偿装置。

主要用于管道、设备及系统的加热位移、机械位移引起的附加应力；吸收设备振动、降低噪声等，以确保设备、管道的安全运行。

(3) 安全阀　如图 2-6 所示，安全阀是特种设备（锅炉、压力容器、压力管道等）上的一种限压、泄压起到安全保护作用的重要安全附件。

图 2-6　弹簧式安全阀

其中，弹簧式安全阀最为常用，由阀座、阀头、顶杆、弹簧、调节螺栓等零件组成。当系统压力超过规定值时，作用在阀头上的力超过弹簧力时，则阀头上移使安全阀自动打开，将系统中的一部分气体或液体排入大气或管道外，使系统压力不超过允许值，从而对人身安全和设备运行起重要保护作用。当器内压力降低到安全值时，弹簧力又使安全阀自动关闭。为了避免安全阀不必要的泄放，通常选定的安全阀开启压力应略高于化工容器的工作压力，取其小于等于1.1～1.05倍的工作压力。还可以拧动安全阀上的调节螺栓，改变弹簧力的大小，从而控制安全阀的开启压力。

安全阀属于自动阀类，它的启闭件受外力作用下处于常闭状态，主要用于锅炉、压力容器和管道上，控制压力不超过规定值。为了确保操作安全，重要的化工容器上装设安全阀。

(4) 防爆膜　防爆膜是装在压力容器上部以防止容器爆炸的金属薄膜，是一种安全装置。又称防爆片或爆破片。

(二) 流体输送管路

流体输送管路是由管子、管件、阀门通过一定的连接方式组合而成，是联系流体输送设备以及各种化工单元操作设备的“桥梁”。

1. 管子

管子按材质可分为：金属管、非金属管和衬里管。

(1) 金属管　分为铸铁管、钢管及有色金属管。

① 铸铁管　常用于埋在地下的给水总管、煤气管和污水管，还可以输送碱液和浓硫酸等腐蚀性介质。其优点是价格低廉且有一定的耐腐蚀性，缺点是强度低，不宜在有压力的条件下输送有毒、有害、易爆炸或高温蒸汽类的流体。

② 钢管　根据其材质不同又分为普通钢管、合金钢管、耐酸钢管（不锈钢管）等，按制造方法不同可分为有缝钢管和无缝钢管。

有缝钢管又称水煤气管，大多用低碳钢制成，通常用来输送压力较低的水、暖气、压缩空气等。

无缝钢管是化工生产中使用最多的一种管型，它的特点是质地均匀、强度高，广泛应用于压强较高、温度较高的物料输送。

③ 有色金属管　有色金属管的种类很多，化工生产中常用的有铜管、铝管、铅管等。铜管（紫铜管）的导热性能特别好，适用于做某些特殊性能的换热器；由于它特容易弯曲成形，故亦用来作为机械设备的润滑系统或油压系统以及某些仪表管路等。

(2) 非金属管　包括塑料管、橡胶管、玻璃管、陶瓷管、石墨管、尼龙管、玻璃钢管等。又以塑料管最为常用。塑料的品种很多，目前最常用的有聚氯乙烯管、聚乙烯管、聚丙烯管、聚四氟乙烯管等。塑料管具有重量轻、耐腐蚀、价格低、不结垢、使用寿命长、容易加工等优点，缺点是强度较低，耐热性差，但随着性能的不断改进，在很多方面已可以取代金属管。除塑料管外，工程上还经常用来作临时管道的玻璃管和橡胶管，用作下水道或排放腐蚀性流体的陶瓷管等。

(3) 衬里管　管子内衬有搪瓷、塑料、橡胶、不锈钢、铝、铅等材料的管子，它同时具有内、外管材质的特性。

2. 管件

将管子连接成管路的各种零件，统称为管件。按照在管路中的用途不同，管件可分成五类。

(1) 弯头　用以改变管路方向的管件，如图 2-7 所示中的 1、2、3、4。

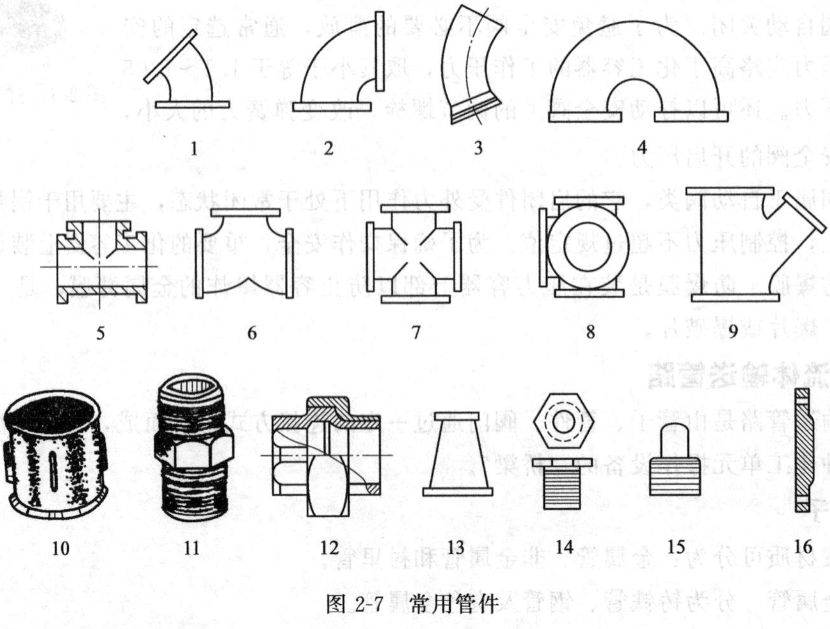

图 2-7　常用管件

（2）“三通”或“四通” 增加管路支管的管件，如图 2-7 所示中的 5、6、9 被称为“三通”、7、8 则称为“四通”。

（3）接头 连接两段管子的管件，如图 2-7 所示中的 10 称为外接头，俗称“管箍”或“内丝”。11 称为“内接头”，俗称“外丝”。12 称为活接头，俗称“油任”。

（4）变径管 改变管径大小的管件，如图 2-7 所示中的 13 称为大小头、14 称为内外螺纹管接头，俗称“内外丝”或“补芯”。

（5）管堵 用于管路封闭的管件，如图 2-7 所示中的 15 称为“丝堵”、16 称为“盲板”。

3. 管路的连接方式

管路的连接包括管子与管子、管件、阀门以及设备进出口处的连接。目前，工程上常用的是以下四种连接方式，如图 2-8 所示。

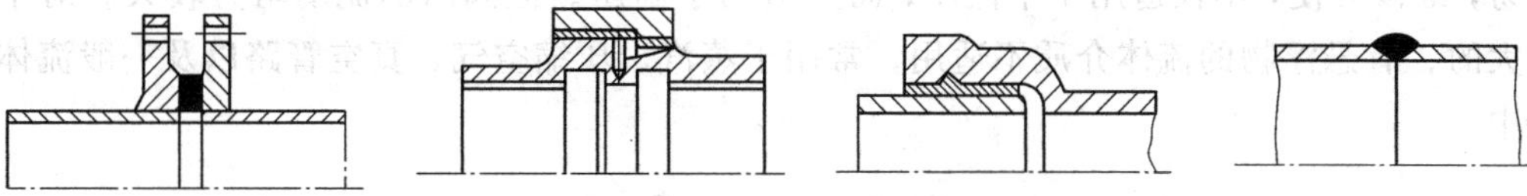

(a) 法兰连接　(b) 螺纹连接　(c) 承插连接　(d) 焊接

图 2-8 管路的连接方式

（1）法兰连接 法兰连接是工程上最常用的一种连接方式，如图 2-8(a) 所示。将垫片放进一对固定在两个管口上的法兰片中间，然后用螺栓旋紧，使其紧密连接起来的一种可拆卸的连接方式。常用的法兰有螺纹法兰、焊接法兰等。比较常用的垫片材料有石棉板、橡胶或软金属片等。

法兰连接优点是密封可靠，维修方便，适用的温度、压力、管径范围大。缺点是价格较高。

（2）螺纹连接 螺纹连接是借助于一个带有螺纹的“活管接”将两根管路连接起来的一种连接方式，如图 2-8(b) 所示。主要用于管径较小（＜65mm）、压力也不大（＜10MPa）的有缝钢管（水煤气管）。螺纹连接是先在管的连接端绞出外螺纹丝口，然后用管件“活管接”将其连接。为了保证连接处的密封，通常在螺纹连接处缠以涂有涂料的麻丝、聚四氟乙烯薄膜（俗称生料带）等。

螺纹连接的优点是安装简单，拆卸方便，密封性能比较好，但可靠性没有法兰连接好。

（3）承插连接 承插连接是将管子、管件小端的插口插入欲接件大端的插套内，然后在连接处的环隙内填入麻绳、水泥或沥青等材料密封的连接方式，如图 2-8(c) 所示。适用于铸铁管、陶瓷管和水泥管，主要用于埋在地下的给、排水管路中。

承插连接方式的优点是安装比较方便，允许两个管段的中心线有少许偏差。缺点是难以拆卸，耐压不高，

（4）焊接 焊接是用热熔处理工艺，把两个连接件熔融焊接在一起的连接方法，如图 2-8(d) 所示。大直径管路（煤气管）和各种压力管路（蒸汽、压缩空气、真空）以及输送物料的管路都应当尽量采用焊接。

焊接的优点是强度较高，而且比较方便经济。缺点是它不能用在需拆卸的场合，要不然会给检修带来困难。也不能用于有腐蚀性的物料管路中，焊缝生锈减少管路的使用周期。绝不能把整个管路都采用焊接的方式连接，在与管件、阀门等连接时，用法兰连接。

此外，热熔连接现在运用也很广泛，但它也只能用在不需拆卸的场合。在实验室和化工厂中，在压力不是很高的情况下，有的地方还可以用软连接，连接处用包箍密封。

4. 阀门

阀门是流体输送系统中的控制部件，通过阀门可以实现打开、关闭、调节流量和压强、导流、防止逆流、溢流泄压等操作以确保安全。阀门的类型很多，按结构、原理以及作用的不同，在化工生产中经常用到的有球阀、截止阀、闸阀、旋塞阀、止回阀、蝶阀、安全阀、减压阀、疏水阀等。

（1）截止阀　也称截门，如图 2-9(a) 所示。通过手轮使阀杆上下移动，带动阀瓣在阀体内的升降以改变阀瓣与阀座间的距离，从而达到开启、关闭以及调节流量的目的。截止阀的特点是可以用来调节流量，且严密可靠，开闭过程中密封面之间摩擦力小，比较耐用，制造容易，维修方便，不仅适用于中低压，而且适用于高压。但阀门的流动阻力较大。对于黏度较大的、有悬浮物的流体介质不适用，常用于蒸汽、压缩空气、真空管路以及一般流体的管路中。

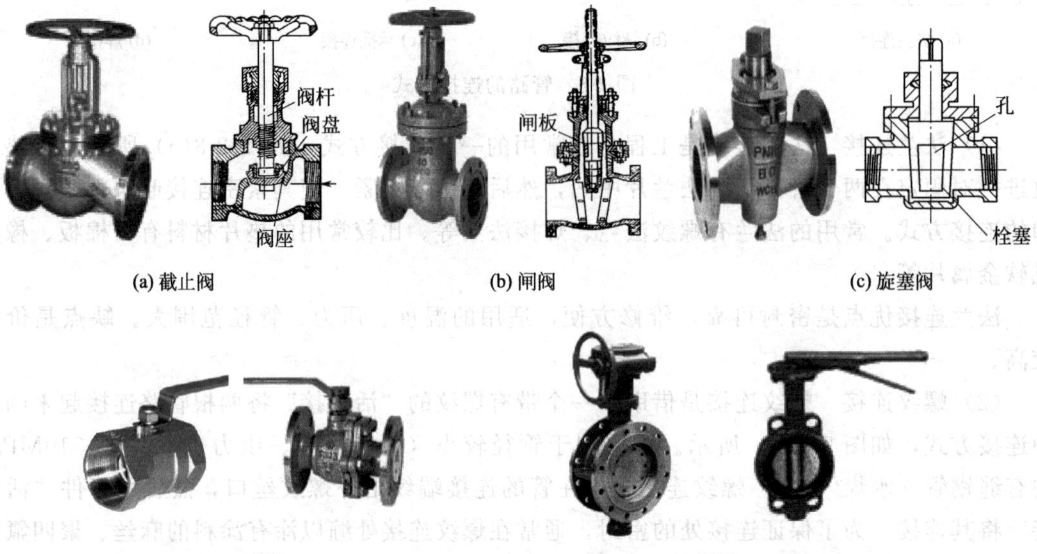

(a) 截止阀　(b) 闸阀　(c) 旋塞阀

(d) 球阀　(e) 蝶阀

图 2-9　常见的阀门形式

截止阀只允许介质单向流动，安装时有方向性，应保证流体从阀盘的下部向上流动，即下进上出。否则，在流体压强较大的情况下难以打开。

（2）闸阀　也称闸板阀，如图 2-9(b) 所示。通过手轮升降阀杆，带动阀体内的闸板升降来开关管路。

闸阀的特点是应用广泛，密封性能好，启闭省劲，全开时密封面不易冲蚀，流动阻力小，它在管路中主要起切断作用，一般不用来调节流量的大小。可以在介质双向流动的情况下使用，没有方向性。由于其形体较大，适合做大阀门，但制造维修都比较困难，常用于上水管道和热水供暖管道。

（3）旋塞阀　又称考克、转心门，如图 2-9(c) 所示。旋塞是用来调节流体流量的阀门中最简单的一种，阀芯是一个锥形旋塞，旋塞的中间有一个通孔，并可以在阀体内自由旋转，当旋塞的孔正朝着阀体的进口时，流体就从旋塞中通过；当它旋转 90°时，其孔完全被阀门挡住，流体则不能通过而完全切断。它的作用是切断、分配和改变介质流向。

旋塞阀的特点是结构简单，启闭迅速，全开时对流体阻力小，其缺点是开关比较费劲，密封面容易磨损，高温时容易卡住，不适宜于调节流量。可用于含有悬浮物的流体，不适用于口径较大、高温高压的场合。

(4) 球阀　如图 2-9(d) 所示，球阀的阀芯是一个中间开孔的球体，球体环绕自己的轴心作 90°旋转以达到开关的目的。

球阀的特点是结构简单、开关迅速、操作方便、流动阻力小，但制造精度要求高。

球阀一般用于需要快速启闭或要求阻力小的场合，可用于水、汽油等介质，也适用于浆液和黏性流体。只适用开关介质，不宜于调节流量，操作时应避免阀门长时间受介质冲刷而失去严密性。

(5) 蝶阀　如图 2-9(e) 所示。蝶阀的阀芯是一个圆盘形的阀板，在阀体内绕自身的轴线旋转，旋角的大小，就是阀门的开闭度。蝶阀的阀杆和阀板本身没有自锁能力，为了阀板的定位，在阀门开闭的手轮、蜗轮蜗杆或执行机构上需加有定位装置，使阀板在任何开度可定住，还能改善蝶阀的操作特性。

蝶阀的特点是结构简单，开闭迅速，轻巧，在口径相同的情况下，比其他阀门节省原材料，切断和节流都能用，流体阻力小，操作省力。

蝶阀可以做成很大口径，能够使用蝶阀的地方，最好不要使闸阀，因为蝶阀比闸阀经济，而且调节性好。目前，蝶阀在热水管路得到广泛的使用。

随着现代工艺技术和材料工业的不断发展，蝶阀的应用范围已远远超出过去，几乎可以取代传统的闸阀、截止阀、旋塞阀和球阀，适用于气体、油、工艺过程和输水管道。

(6) 止回阀　止回阀又称单向阀或止逆阀，用来控制流体只能朝一个方向流动，靠流体自身的力量自动启闭的阀门，可防止管道或设备中的介质倒流，如图 2-10 所示。水泵吸入管端的底阀是止回阀的变形，它的结构与止回阀相同，只是它的下端是开敞的，以便使水吸入。止回阀多用于给水管路，安装时有严格的方向性，一定不可以装反。

(a) 黄铜卧式止回阀　　(b) 立式止回阀　　(c) 底阀

图 2-10　常见的止回阀

(7) 减压阀　如图 2-11 所示。减压阀是用以将介质压力降低到一定数值的自动阀门，一般阀后压力要小于阀前压力的 50%，使介质压力符合生产的需要。常用的减压阀有活塞式、波纹管式、鼓膜式及弹簧式等。减压阀应直立安装在水平管道上，阀盖要与水平管道垂直，安装时注意阀体的箭头方向。减压阀两侧应装置阀门。高低压管上都设有压力表，同时低压系统还要设置安全阀。这些装置的目的是为了使调节和控制压力更方便可靠，对保证低压系统安全运行尤其重要。

图 2-11　减压阀

图 2-12　疏水阀

（8）疏水阀　如图 2-12 所示。又称蒸汽疏水阀，是将加热设备或蒸汽管道中的蒸汽凝结水及空气等不凝气体自动排出，同时最大限度地自动防止蒸汽的泄漏。疏水阀的汽室外面有一层外壳。外壳内室和蒸汽管道相通，利用管道自身蒸汽对疏水阀的主汽室进行保温。主汽室的温度不易降温，保持汽压，疏水阀紧紧关闭。当管线产生凝结水，疏水阀外壳降温，疏水阀开始排水；在过热蒸汽管线上如果没有凝结水产生，疏水阀不会开启。疏水阀适用于高压、高温过热蒸汽设备和管道，经久耐用，使用寿命长，工作质量高。

（9）电动阀　如图 2-13 所示。电动阀就是用电动执行器控制阀门，从而实现阀门的开和关，电动阀的上半部分为电动执行器，下半部分为阀门。电动阀使用电能作为动力来接通电动执行机构驱动阀门，实现阀门的开关、调节动作，从而达到对管道介质的开关或是调节目的。

图 2-13　电动阀

图 2-14　气动阀

图 2-15　电磁阀

电动阀是一种自动控制阀门，没有气源，只有电源的场合可用电动阀。

（10）气动阀　如图 2-14 所示。与电动阀的动力源不一样，由压缩空气来控制汽缸。

气动阀对环境要求不是特别高，一般气动阀流量跟通径都比较大。气动阀开关动作速度可以调整，结构简单，响应灵敏，易维护，安全可靠，动作过程中因气体本身的缓冲特性，不易因卡住而损坏。有气源的地方适合用气动阀，而不用电动阀。

（11）电磁阀　如图 2-15 所示。电磁阀是电动阀的一个种类，是利用电磁线圈产生的磁场来拉动阀芯，从而改变阀体的通断，线圈断电，阀芯就依靠弹簧的压力退回。

电磁阀动作灵敏，功率微小，外形轻巧，系统简单，价格低廉，用途广泛。电磁阀只有开关两种状态，不能精确调节流量。

电磁阀不易泄漏，使用特别安全，尤其适用于腐蚀性、有毒或高低温的介质；但电磁阀对介质洁净度有较高要求，含颗粒的介质、黏稠状介质均不适用。

大多数阀门的手动操作应遵循以下原则：

① 一般带手轮的阀门遵循逆开顺关的原则；

② 带手柄的阀门则是手柄与管路平行为开，手柄与管路垂直为关；

③ 特殊情况按阀门上的标示进行开关操作。

(三) 流体输送机械

化工生产中往往使用流体输送机械对流体做功，使流体获得能量，以提高流体的位能、静压能以及克服流体输送沿途中机械能的损失。

通常输送液体的机械称为泵，输送气体的机械按其所产生压强的高低分别称为压缩机、风机和真空泵。

流体输送机械可根据流体的性质（黏度、腐蚀性、是否含有悬浮的固体颗粒）和输送条件（温度、压强和流量）的差异进行合理的选择，以满足不同的生产要求。表 2-1 列出了不同类型的流体输送机械。

表 2-1　流体输送机械分类

类　　型		液体输送机械	气体输送机械
动力式(叶轮式)		离心泵、旋涡泵、轴流泵、屏蔽泵	离心式通风机、鼓风机、压缩机
容积式(正位移式)	往复式	往复泵、柱塞泵、计量泵、隔膜泵	往复式压缩机、往复式真空泵
	旋转式	齿轮泵、螺杆泵	罗茨鼓风机、液环压缩机
流体作用式		喷射泵	喷射式真空泵

1. 离心泵

输送机械的种类虽然繁多，但离心泵因具有结构简单、操作容易、便于调节和自控，流量均匀、效率较高、流量和扬程的适用范围较广，适用于输送腐蚀性或含有悬浮物的液体等优点，使用最为广泛，如化工生产中使用的清水泵、耐腐蚀泵、油泵、液下泵、磁力泵、屏蔽泵、杂质泵等都是离心式的泵。其中离心泵约占所用泵的 80%以上，故重点介绍离心泵。

(1) 离心泵的结构　离心泵的结构如图 2-16 所示，外观如图 2-17 所示，主要由旋转部件（叶轮和泵轴）和静止部件（壳体、密封、轴承等）两部分组成。

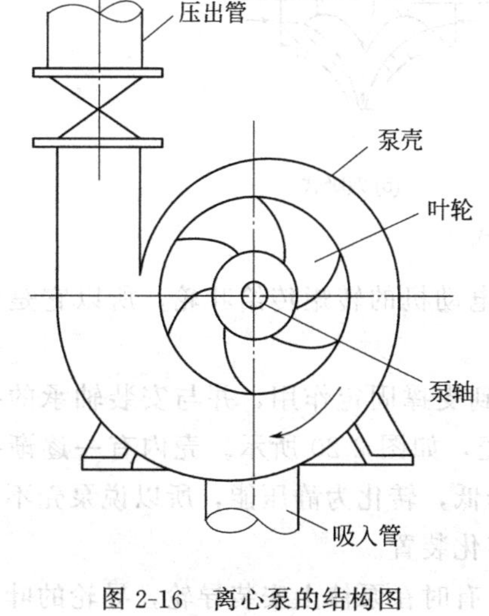

图 2-16　离心泵的结构图

图 2-17　离心泵外观

① 叶轮　叶轮是离心泵的核心部件，它的作用是将电动机或其他原动机的机械能传给液体，从而使经过离心泵的液体从叶轮获得机械能。

叶轮一般由6～12片沿旋转方向后弯的叶片组成，按其结构常分为闭式、半闭式和开式三种，如图2-18所示。叶片两侧带有前、后盖板的称为闭式叶轮，操作效率高，但只适用于输送清洁液体，一般离心泵多采用这种叶轮。没有前、后盖板，仅由叶片和轮毂组成的称为开式叶轮；只有后盖板的称为半闭式叶轮。开式和半闭式叶轮由于流道不易堵塞，适用于输送含有固体颗粒的液体悬浮液。但是由于没有盖板，液体在叶片间流动时易产生倒流，故这类泵的效率较低。

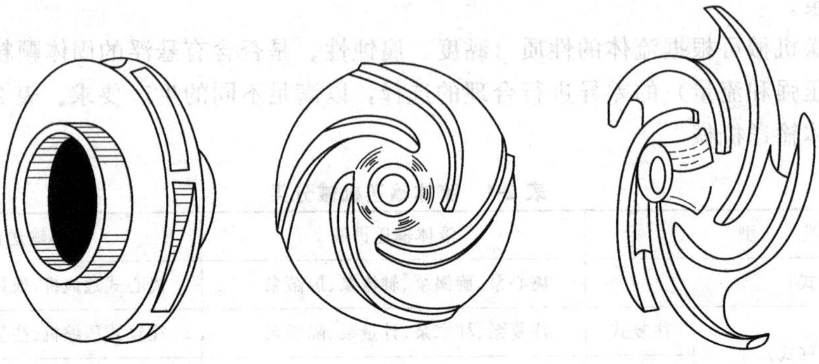

(a) 闭式　(b) 半闭式　(c) 敞开式

图2-18　叶轮

按吸液方式不同，可将叶轮分为单吸式与双吸式两种，如图2-19所示。单吸式叶轮的结构简单，液体只能从叶轮一侧被吸入。双吸式叶轮可同时从叶轮两侧对称地吸入液体，所以吸液能力较大，而且可基本上消除轴向推力。

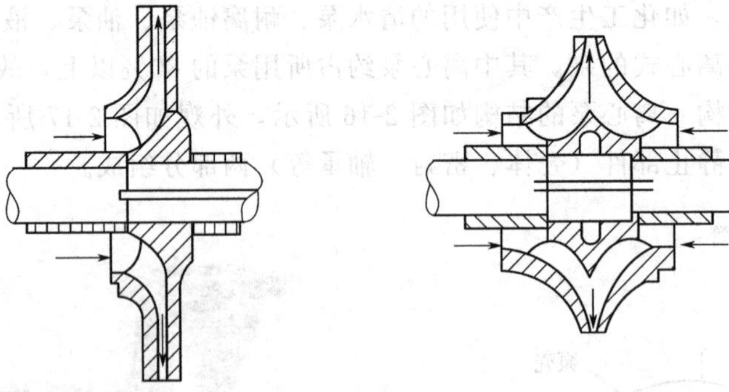

(a) 单吸式　(b) 双吸式

图2-19　吸液方式

② 泵轴的作用是借联轴器和电动机相连接，将电动机的转矩传给叶轮，所以它是传递机械能的主要部件。

③ 泵壳是泵的主体，为叶轮提供工作空间，起到支撑固定作用，并与安装轴承的托架相连接。离心泵的泵壳通常为蜗牛形，故又称为蜗壳，如图2-20所示。壳内有一逐渐扩大的流道，液体在蜗壳中流动时流道渐宽，所以动能降低，转化为静压能，所以说泵壳不仅是汇集由叶轮流出的液体的部件，而且又是一个能量转化装置。

为了减少液体直接进入泵壳内引起的能量损失，有时在泵体上安装导轮，导轮的叶片是

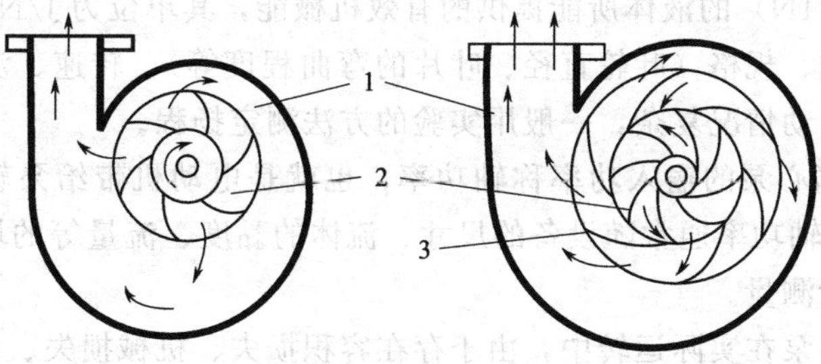

图 2-20　泵壳与导轮

1—泵壳；2—叶轮；3—导轮

固定的，其弯曲方向与叶轮的叶片相反，弯曲角度与液流方向适应，其作用为减少能量损失（冲击损失）和转换能量，其特点是效率较高，但结构复杂。

④ 轴承是套在泵轴上支撑泵轴的构件，轴承是固定转子位置并保证其顺利转动的构件。有滚动轴承和滑动轴承两种。

⑤ 轴封装置　泵轴转动而泵壳固定不动，轴穿过泵壳处必定会有间隙。为了防止泵内高压液体沿间隙外漏，或外界空气反向漏入泵内，必须设置轴封装置。常用的轴封装置主要有填料密封和机械密封两种。

(2) 离心泵的工作原理　离心泵装置如图 2-21 所示，它的基本部件是旋转的叶轮和固定的泵壳。

离心泵启动前应先向泵内及吸入管路中灌满待输送液体。泵启动后，电机通过泵轴带动叶轮转动，将动能和静压能传递给液体，叶片间的液体高速旋转并产生离心力，液体从叶轮中心被甩向叶轮外缘并在壳体内汇集。由于壳体内流道逐渐变大，流体的部分动能转化为静压能，所以在泵的出口处，液体可获得较高的静压头而排液。

当液体自叶轮中心被甩向四周后，叶轮中心处（包括泵入口）形成低压区，此时由于外界作用于贮槽液面的压强大于泵吸入口处的压强而使泵内外产生足够的压强差，从而保证了液体连续不断地从泵的吸入口处被吸入。

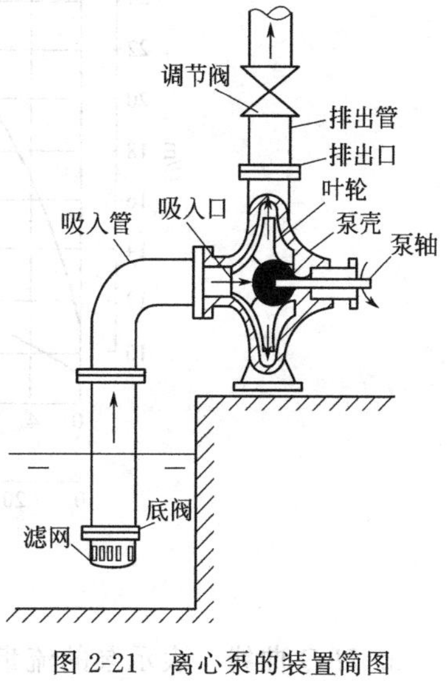

图 2-21　离心泵的装置简图

若离心泵在启动之前没有向泵内灌满待输送液体，则泵内存在空气，由于空气的密度比液体的密度小，所以产生的离心力不足以在叶轮中心处形成足够的真空度，导致不能吸液，这种现象叫“气缚”。为了防止气缚现象的发生，必须在泵启动前向泵内灌满待输送液体，同时保证离心泵的入口底阀以及吸入管路都不漏。

(3) 离心泵的性能参数与特性曲线

① 离心泵的主要性能参数　离心泵的铭牌上注有该泵的流量、压头（或扬程）、功率、效率、转速等性能参数（一般它们是指该泵效率最高时的参数）。

a. 流量 Q　离心泵的流量又称排量，是指离心泵在单位时间内排送到管路系统的液体体积，常用单位为 L/s、m^3/s 或 m^3/h。离心泵的流量与泵的结构、尺寸（主要指叶轮直径和宽度）及转速等有关。

b. 扬程 H　离心泵的扬程又称压头，它是指单位重量液体通过泵后能量的增加值，即离心泵对单位重量（1N）的液体所能提供的有效机械能，其单位为J/N或m（液柱）。离心泵的扬程与泵的形式、规格（叶轮直径、叶片的弯曲程度等）、转速、流量以及与液体的黏度有关。由于泵内流动情况复杂，一般用实验的方法测定扬程。

c. 轴功率 P　离心泵的输入功率称轴功率，也就是电动机带给泵轴的功率。其单位为J/s或W。离心泵的轴功率通常随设备的尺寸、流体的黏度、流量等的增大而增大，其值可用功率表等装置进行测量。

d. 效率 η　离心泵在实际运转中，由于存在容积损失、机械损失、水力损失等各种能量损失，因此原动机传递给泵轴的能量不能全部被液体所获得，通常把有效功率与轴功率之比称为泵的效率，用符号 η 表示，用以反映设备能量损失的大小。

② 离心泵的特性曲线　离心泵的特性曲线由 H-Q、P-Q 及 η-Q 三条曲线所组成（图2-22），并且离心泵的特性曲线是在一定转速下测得的，因此离心泵的特性曲线上还标有泵的转速。

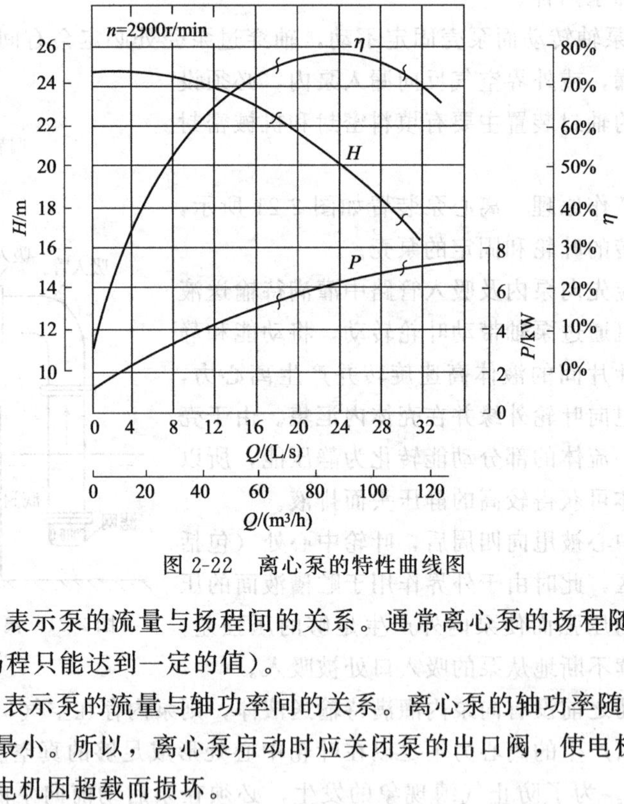

图2-22　离心泵的特性曲线图

a. H-Q 曲线　表示泵的流量与扬程间的关系。通常离心泵的扬程随流量的增大而下降（在流量为零时，扬程只能达到一定的值）。

b. P-Q 曲线　表示泵的流量与轴功率间的关系。离心泵的轴功率随流量的增大而上升，流量为零时轴功率最小。所以，离心泵启动时应关闭泵的出口阀，使电机零负载启动，以减小启动电流，避免电机因超载而损坏。

c. η-Q 曲线　表示泵的流量与效率间的关系。离心泵的效率随着流量的增大而上升，达到一个最大值后，离心泵的效率随流量的增大而下降。这说明在一定转速之下，离心泵存在一个最高效率点，通常称为设计点。离心泵在与最高效率点相对应的压头、流量下工作是最经济的。离心泵的铭牌上标明的参数指标就是效率最高点对应的参数，亦为该泵的最佳工况参数。在选用离心泵时，应使离心泵在该点附近工作（如图中波折号所示的范围）。一般操作时效率应不低于最高效率的90%。

2. 旋涡泵

旋涡泵如图2-23所示，是一种特殊类型的离心泵，但其工作过程、结构以及特性曲线的形状等与离心泵和其他类型泵都不大相同。

图 2-23　旋涡泵的设备图

(1) 旋涡泵的结构　旋涡泵主要由泵壳和叶轮组成，它的叶轮由一个四周铣有凹槽的圆盘而构成，叶片呈辐射状，排列数目可多达几十片，叶轮上有叶片，在泵壳内旋转，壳内有引液道，吸入口和排出口间有间壁，间壁与叶轮间的缝隙很小，使吸入腔和排出腔得以分隔开。

(2) 旋涡泵的工作原理　旋涡泵工作时，液体按叶轮的旋转方向沿着流道流动。进入叶轮叶片间的液体，受叶片的推动，与叶轮一起运动，同时，有一部分能量较低的液体又进入叶轮，液体依靠纵向旋涡在流道内每经过一次叶轮得到一次能量，因此可以达到很高的扬程。

(3) 旋涡泵的特性　旋涡泵适用于要求输送量小、压头高而黏度不大的液体。液体在叶片与引水道之间的反复迂回是靠离心力的作用，故旋涡泵在开动前也要灌满液体。旋涡泵的最高效率比离心泵的低，特性曲线也与离心泵有所不同，如图 2-24 所示。

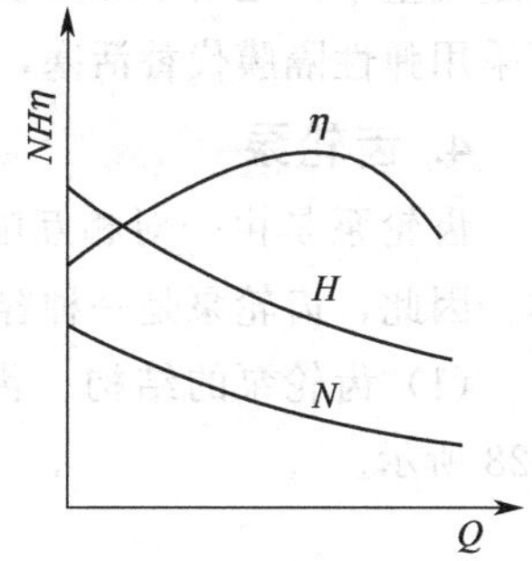

图 2-24　旋涡泵特性曲线示意图

(4) 旋涡泵的特点和应用

① 旋涡泵是一种结构简单的高扬程泵，与同样尺寸、转数相同的离心泵相比，其扬程要高 2～4 倍，与相同扬程的容积泵相比，其尺寸要小、结构也简单。

② 具有自吸能力或借助于简单装置来实现自吸。

③ 效率较低，最高不超过 50%，大多数旋涡泵的效率在 20%～40%，只适用于小功率的场合。

④ 旋涡泵抽送的介质只限于纯净的液体。当液体中含有固体颗粒时，就会因磨损引起轴向或径向的间隙过大而降低泵的性能或导致旋涡泵不能工作。旋涡泵不能用来抽送黏性较大的介质，某些旋涡泵可实现气液混输。

3. 往复泵

往复泵是一种容积式泵，如图 2-25 所示，在化工生产过程中应用较为广泛，它是依靠活塞的往复运动并依次开启吸入阀和排出阀，从而吸入和排出液体。

(1) 往复泵的结构　主要部件由泵缸、活塞、活塞杆、吸液阀和排出阀组成，其中吸液阀和排出阀均为单向阀，泵缸内活塞与阀门间的空间为工作室。

(2) 往复泵的工作原理　往复泵的工作原理见图 2-26。活塞杆与传动机构相连接，使活塞作往复运动，往复泵是依靠活塞的往复运动直接以压力能的形式向液体提供能量的。

图 2-25　往复泵设备图

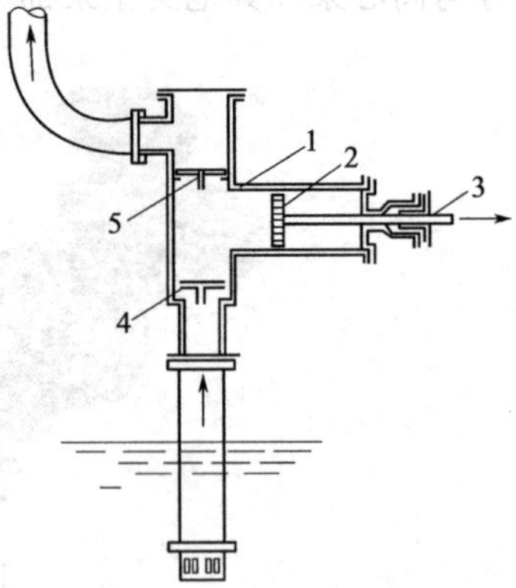

图 2-26　往复泵工作原理
1—泵缸；2—活塞；3—活塞杆；
4—吸液阀；5—排出阀

当活塞自左向右移动时，工作室的容积增大，形成低压，将液体经吸液阀吸入泵缸内；在吸液时，排出阀因受排出管内液体压力作用而关闭。当活塞移到右端点时，工作室的容积最大，吸入的液体量也最多。当活塞自右向左移动，泵缸内液体受到挤压而使其压力增大，使吸液阀关闭同时排出阀打开使液体排出。活塞移到左端点后排液完毕，完成了一个工作循环。

(3) 往复泵的特点和应用　往复泵与离心泵相比，可产生高压头，效率较高，通常用于输送流量不大但要求压头较高或需精确控制流量的清洁液体。输送含固体悬浮物的液体时，可采用弹性隔膜代替活塞，称为隔膜泵。

4. 齿轮泵

齿轮泵是由一对相互啮合的齿轮在相互啮合的过程中引起的空间容积的变化来输送液体，因此，齿轮泵是一种容积泵。

(1) 齿轮泵的结构　齿轮泵主要由泵壳和一对互相啮合的齿轮组成，如图 2-27 及图 2-28 所示。

图 2-27　齿轮泵的设备图

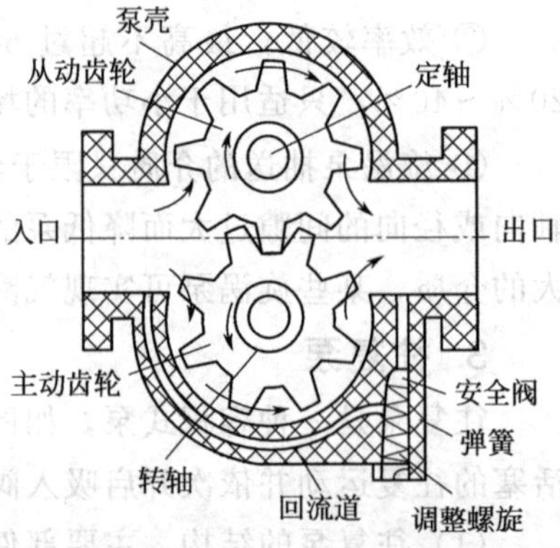

图 2-28　齿轮泵的结构图

(2) 齿轮泵的工作原理　两齿轮与泵体间形成吸入和排出两个空间。当齿轮按图 2-28 中所示的箭头方向转动时，吸入空间内两轮的齿互相拨开，呈容积增大的趋势，从而形成低压将液体吸入，然后分为两路沿泵内壁被齿轮嵌住，并随齿轮转动而达到排出空间。排出空间内两轮的齿互相合拢，呈容积减小的趋势，于是形成高压而将液体排出。

(3) 齿轮泵的特点和应用

① 齿轮泵运转时转速等于常数，所以流量是常数，是一种定量式容积泵。

② 由于齿轮啮合间容积变化不均匀，流量也是不均匀的，产生的流量与压力是脉冲式的。齿数越少，流量脉动率越大，会引起系统的压力脉动，产生振动和噪声，又会影响传动的平稳性。

③ 齿轮泵流量均匀，尺寸小而轻便，结构简单紧凑，坚固耐用，维护保养方便，主要用于输送流量小、压头要求较高的黏性液体，如润滑油、燃烧油，可作润滑油泵、燃油泵、输油泵和液压传动装置中的液压泵。

④ 齿轮泵不宜输送黏度低的液体，不能输送含有固体粒子的悬浮液，以防齿轮磨损影响泵的寿命。由于齿轮泵的流量和压力脉动较大以及噪声较大，而且加工工艺较高，不易获得精确的配合。

5. 螺杆泵

螺杆泵是依靠泵体与螺杆所形成的啮合空间容积变化和移动来输送液体或使之增压的回转泵，螺杆泵属于转子容积泵，按螺杆根数，通常可分为单螺杆泵、双螺杆泵、三螺杆泵和五螺杆泵等几种，它们的工作原理基本相似，只是螺杆齿形的几何形状有所差异，适用范围有所不同。

图 2-29　螺杆泵的设备图

(1) 螺杆泵的结构　图 2-29 所示为单螺杆泵，它主要由泵壳、转子（偏心螺旋体的螺杆）、定子（内表面呈双线螺旋面的固定螺杆衬套）等主要工作部件组成。螺杆在具有内罗纹的泵壳中偏心转动，将液体沿轴向推进，最终由排出口排出。

(2) 螺杆泵的工作原理　螺杆泵工作时，液体被吸进后就进入螺纹与泵壳所围的密封空间，当主动螺杆旋转时，螺杆泵密封容积在螺牙的挤压下进一步获得螺杆泵压力，并沿轴向移动。由于螺杆是等速旋转，所以液体流出流量也是均匀的。

(3) 螺杆泵的特点和应用

① 脉动很小，运转平稳，流量均匀，压力稳定，效率较高，但加工精度要求较高。

② 螺杆越长，则扬程越高。三螺杆泵具有较强的自吸能力，无须装置底阀或抽真空的附属设备。

③ 相互啮合的螺杆磨损甚少，泵的使用寿命长。

④ 泵的噪声和振动极小，可在高速下运转。

⑤ 在化工生产中多用于高黏度液体的输送，还适用于输送不含固体颗粒的润滑性液体，可作为一般润滑油泵、输油泵、燃油泵、胶液输送泵和液压传动装置中的供压泵。

6. 往复活塞式压缩机

往复活塞式压缩机是由一个或几个作往复运动的活塞来改变压缩机内部容积的容积式压缩机，其中活塞式空压机是往复式空压机中最常见的、使用最多的一种。

(1) 活塞式空压机的主要结构　活塞式空压机主要由缸体、曲轴、连杆、活塞杆、阀门、轴封等主要部件组成，见图 2-30。此外还有空气过滤器、能量调节装置（弹簧）、安全装置、润滑系统、冷却系统、排水系统等辅助部件及辅助系统共同组成。

（2）活塞式空压机的工作原理　活塞式空压机的工作原理与往复泵类似，依靠活塞在汽缸内做周期性的往复运动而将气体吸入和压出。当空间扩大时，汽缸内的气体膨胀，压力降低，吸入气体；当空间缩小时，气体被压缩，压力升高，排出气体。活塞往复一次，依次完成膨胀、吸气、压缩、排气这四个过程，完成一个工作循环。当要求压力较高时，可以采用多级压缩。

图 2-30　往复活塞式空压机

（3）活塞式空压机的特点

① 压力范围广，从低压到高压都适用；

② 热效率较高；

③ 适应性强，排气量可在较大的范围内调节；

④ 驱动机选型比较简单，大都采用电动机；

⑤ 外形尺寸及重量都较大，结构复杂，易损部件较多，气流有脉动，运转中有振动等；

⑥ 活塞空压机在压力很高或送气量较小的场合，以及在制冷系统中应用广泛。

7. 水喷射真空泵

水喷射真空泵是真空泵的一种，它靠水力喷射，产生真空度，应用很广泛。

（1）水喷射真空泵的结构　如图 2-31 所示，水喷射真空机组主要有由水喷射系统（喷嘴、混合室与扩散管）、水泵、水箱、缓冲罐、止回阀、放空阀、真空表等设备组成。

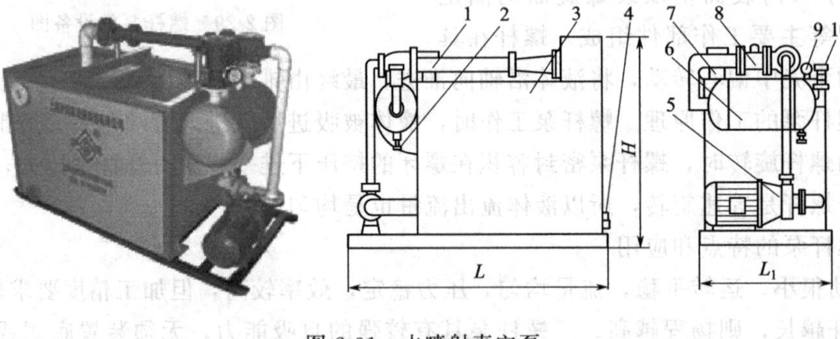

图 2-31　水喷射真空泵

1—水喷射真空泵；2—放空阀；3—水箱；4—泄流、排污口；5—耐腐离心泵；6—缓冲罐；7—罐、补水口；8—止回阀；9—真空表；10—进系统阀

（2）水喷射真空泵的工作原理　水喷射真空泵将具有一定压力的工作介质水，通过喷嘴向吸入室高速喷出，将水的静压能变为动能，形成高速射流，吸入室中的气体被高速射流强制携带并与之混合，形成气液混合流，进入扩压器，从而使吸入室压力降低，形成真空，在扩压器的扩张段内，混合射流的动能转变为静压能，速度降低而压力升高，气体被进一步压缩，与水一起排出泵外，在水箱中气水分离，气体释放入大气，水由水泵循环再利用，如此反复循环达到抽真空的目的。

单级喷射真空泵仅能达到90%的真空度。为获得更高的真空度，可采用多级喷射真空泵。

(3) 水喷射真空泵的特点

① 水喷射真空泵结构简单，抽气量大，适应性强，使用寿命长。

② 水喷射真空泵效率低，能耗大。

③ 水喷射真空泵广泛应用于化工、制药、纺织、食品、酿造、冶金、环保等行业中，适用于蒸馏、蒸发、浓缩、干燥、结晶、吸收、传质、冷凝、除氧、供氧、输送、脱色、脱气、除臭、精炼、"三废"治理等多种场合。

三、流体输送操作

(一) 离心泵开车、正常运行和停车操作

1. 运行前的准备工作

(1) 第一次运行前，将所有的阀打开（除压力表阀、真空表阀外），用压缩空气吹洗整个管路系统。

(2) 检查各部分螺栓、连接件是否有松动。有松动的要加以紧固，在紧固地脚螺栓时要重新对中找正。防静电接地完好。

(3) 检查润滑油、封油、冷却水系统，应无堵塞，无泄漏。

(4) 盘车：用手盘动联轴器使泵转子转动数圈，看机组转动是否灵活，是否有响声和轻重不匀的感觉，以判断泵内有无异物或轴是否弯曲、密封件安装正不正，软填料是否压得太紧等。

(5) 检查机组转向。在检查转向时，最好使联轴器脱开，看启动电机是否与泵的工作叶轮转向箭头一致。但不能开动电机带动泵空转，以免泵零件之间干磨造成损坏。

(6) 检查各部位及仪表是否正常。

(7) 检查入口罐内液位高于50%。

2. 离心泵的开车

(1) 关闭压力表阀、真空表阀。

(2) 开启进料阀灌泵。待离心泵泵体上部放气旋塞冒出的全是液体而无气泡时，即泵已灌满，关闭放气阀。

(3) 开冷却水、密封部冲洗液等。

(4) 关闭出口阀，启动电机，打开压力表、真空表阀。

3. 正常运行

(1) 电机启动2～3min后，慢慢打开出口阀，调节流量直至达到要求。

(2) 观察压力表和真空表的读数，达到要求数值后，要检查轴承温度。一般滑动轴承温度不大于65℃；滚动轴承温度不大于70℃。运转要平稳，无噪声。流量和扬程均达到标牌上的要求。

(3) 泵正常工作后，检查密封情况。机械密封漏损量不超过10滴/min，软填料密封不超过20滴/min。

4. 运行中切换

在运转泵与备用泵切换使用时，应先按离心泵的启动程序作好所有准备工作，然后开动

备用泵。待备用泵运转平稳后，缓慢打开备用泵排出阀，同时逐步关闭运转泵的出口阀，以保证工艺所需流量的稳定，不致产生较大的波动。在原运转泵出口阀全部关死后，即可停止原动机。

5. 停车

（1）与接料岗位取得联系后，应先关闭压力表、真空表阀，再慢慢关闭离心泵的出口阀。使泵轻载，又能防止液体倒灌。

（2）按电动机按钮，停止电机运转。

（3）关闭离心泵的进口阀及密封液阀、冷却水等。

6. 操作中的注意事项

（1）离心泵启动之前须灌泵排气，防止发生气缚现象。

（2）启动离心泵前，须关闭离心泵出口阀，使泵零负载启动。

（3）泵启动前要进行盘车，以检查泵是否正常（如轴承的润滑情况，是否有卡轴现象，泵是否有堵塞或冻结，密封是否泄漏等）。如没有手动盘车的联轴节部件，可点动启动泵。对备用泵也要经常盘车。

（4）在启动电机初期，出口阀关闭运转的时间一般不要超过3～5min，因为此时流量为零，泵运转消耗的功率变为热能被泵内液体吸收，容易使泵发热。

（5）切忌离心泵空转。因为在泵内没有液体空运转时，必然会使机件干摩擦，造成密封环、轴封、平衡盘等很快磨损，同时温度也急剧升高，烧坏摩擦环，或者引起抱轴。泵在运行过程中如果发现因液体抽空或吸入管漏气而空转时，也应立即停车。

（6）关闭离心泵前，须关闭离心泵出口阀，防止液体倒流。

（7）放净泵内液体，做好防冻工作；做好卫生整理工作。

(二) 往复泵的开停车操作

1. 运行前的准备工作

（1）严格检查往复泵的进、出口管线及阀门、盲板等，如有异物堵塞管路的情况一定要予以清除。

（2）检查各部分螺栓、连接件是否有松动。有松动的要加以紧固，在紧固地脚螺栓时要重新对中找正。防静电接地完好。

（3）检查泵机箱内润滑油面，中线为正常（初次加油，稍高于中线）使往复泵保持润滑。

（4）盘车3～5转检查是否灵活轻松，有无异常声音和卡涩现象。检查盘根的松动、磨损情况。

（5）检查转向，看启动电机与泵的转向箭头是否一致，但不能开动电机带动泵空转，以免泵零件之间干磨造成损坏。

（6）检查各部位及仪表是否正常。

（7）检查入口罐内液位高于50%。

2. 启动

（1）关闭进、出口压力（或真空）表，旁通管此时也应关闭。

（2）第一次使用要引入液体灌泵，待离心泵泵体上部放气旋塞冒出的全是液体而无气泡时，即泵已灌满，关闭放气阀。

(3) 打开压力表、安全阀的前阀。

(4) 进口阀门应全开，不能用进口阀调节流量，避免发生汽蚀。

(5) 全开泵的出口阀，开启出口管路上的旁路阀。

(6) 启动泵，打开进出口压力（或真空）表，观察流量、压力、泄漏情况。

3. 正常运行

(1) 调节旁路阀开度，观察流量计读数的变化，直至流量满足要求。

(2) 观察压力表的读数，要求泵运行平稳无噪声，如有异常状态应及时清除。注意检查泵的温度（泵轴承温度不得超过 70℃）及密封情况。

4. 停车

(1) 作好停泵前的联系、准备工作。

(2) 关闭进、出口压力（或真空）表，安全阀。

(3) 停电机，迅速关闭出口阀门。若倒灌状态下使用，还要关闭进口阀门。

(4) 如果密封采用外部引液时，还要关闭外部引液阀。

(5) 长期停车，除将泵内的腐蚀性液体放净外，各零部件应拆卸、清洗、涂油重装后妥善保管。

(6) 如环境温度低于液体凝固点，要放净泵内液体，作好防冻工作。下次启动前，用手转动泵轴 3～5 圈。

(7) 做好卫生整理工作。

5. 操作中的注意事项

(1) 泵启动前一定要将泵的出口阀、旁路阀开启，若完全关闭运转，则泵内压强会急剧升高，造成泵壳、管路和电动机的损坏。

(2) 介质必须清洁，因输送液体中固体粒子对泵的使用寿命及正常运转有很大影响，所以泵入口端应加装过滤器，过滤器网孔径不低于 50μm。

(3) 出口压力在满足工艺生产情况下不得超压。

(4) 看运行是否正常，是否有抽空或振动情况。

(5) 关闭往复泵时，泵的出口阀和旁路阀必须打开。

四、流体输送设备故障及处理

(一) 常用液体输送机械常见故障分析及处理

1. 离心泵常见故障分析及处理

(1) 泵启动后不出水

① 故障原因：离心泵发生气缚；解决方法：停车重新灌泵排气。

② 故障原因：泵的扬程达不到工艺要求；解决方法：重新选泵换泵。

③ 故障原因：吸入管或仪表漏气；解决方法：查找漏气点，消除漏气现象。

④ 故障原因：吸入扬程过高；解决方法：降低泵的安装高度。

⑤ 故障原因：底阀漏水；解决方法：修理或更换底阀。

⑥ 故障原因：泵的转向不对；解决方法：检查电路，调整接线。

(2) 运转过程中流量扬程变小

① 故障原因：泵内发生汽蚀现象；解决方法：提高液位或降低液体温度或关小泵出口

阀开度或降低吸入管阻力。

② 故障原因：吸入管路、泵内叶轮以及排出管路中有杂物堵塞；解决方法：检查底阀、叶轮、管路等，并清理堵塞物。

③ 故障原因：密封环磨损；解决方法：更换密封环。

④ 故障原因：转速降低；解决方法：检查电压是否不稳定。

(3) 振动过大，声音不正常

① 故障原因：泵轴弯曲；解决方法：矫直泵轴。

② 故障原因：轴承磨损或损坏；解决方法：更换轴承。

③ 故障原因：泵内发生汽蚀现象；解决方法：提高液位或降低液体温度或关小泵出口阀开度或降低吸入管阻力。

④ 故障原因：叶轮堵塞；解决方法：清洗叶轮。

⑤ 故障原因：叶轮磨损；解决方法：进行平衡找正或更换叶轮。

⑥ 故障原因：泵或管路未紧固；解决方法：拧紧地脚螺栓。

(4) 轴承过热

① 故障原因：轴承损坏；解决方法：检查更换。

② 故障原因：轴承安装间隙不合适；解决方法：重新安装调整。

③ 故障原因：轴承箱内油脏或油位低；解决方法：换油或加油。

④ 故障原因：润滑油油质不好；解决方法：更换润滑油。

⑤ 故障原因：泵轴弯曲或联轴器没找正；解决方法：矫直或更换泵轴。

⑥ 故障原因：填料压得过紧，摩擦力大；解决方法：调整填料压盖。

(5) 轴功率过大

① 故障原因：泵轴弯曲；解决方法：矫直泵轴。

② 故障原因：轴承磨损或损坏；解决方法：检查更换。

③ 故障原因：流量超出使用范围；解决方法：关小阀门，降低流量。

④ 故障原因：泵内含有杂物；解决方法：拆洗泵和叶轮。

⑤ 故障原因：叶轮与泵体相摩擦；解决方法：调整叶轮位置。

⑥ 故障原因：填料压得过紧，摩擦力大；解决方法：调整填料压盖。

2. 旋涡泵常见故障分析及处理

(1) 泵打不出液体或液量小

① 故障原因：出口阀没打开；解决方法：打开出口阀。

② 故障原因：底阀未开或严重堵塞；解决方法：打开底阀或清理底阀。

③ 故障原因：泵内有气体；解决方法：灌泵排气。

④ 故障原因：吸入管路或叶轮严重堵塞；解决方法：清理管路或叶轮中杂物。

⑤ 故障原因：泵反转；解决方法：检查电路接线。

⑥ 故障原因：吸水高度大或液体温度过高；解决方法：降低吸液位置和液体温度。

(2) 运行中泵的流量变小

① 故障原因：吸入管路漏气；解决方法：查漏并排气。

② 故障原因：吸入管路、泵内叶轮有杂物堵塞；解决方法：检查并清理堵塞物。

③ 故障原因：转速降低；解决方法：检查电压是否稳定。

(3) 漩涡泵漏液

① 故障原因：机械密封使用已久，已磨损；解决方法：更换机械密封。
② 故障原因：料液中含杂质；解决方法：加装过滤器。
③ 故障原因：轴套上密封圈老化；解决方法：更换密封圈。
（4）声音不正常
① 故障原因：旋涡泵与电机安装不同心；解决方法：调整旋涡泵与电机同心。
② 故障原因：泵体或吸入管路进空气；解决方法：检查并排气。
③ 故障原因：泵内发生汽蚀现象；解决方法：分析汽蚀的原因并排除。
④ 故障原因：地脚螺栓松动；解决方法：拧紧地脚螺栓。
⑤ 故障原因：轴承磨损，间隙大；解决方法：更换轴承。
⑥ 故障原因：泵内有杂质；解决方法：拆卸清洗旋涡泵。
（5）泵轴过热
① 故障原因：泵轴与电机轴不同心；解决方法：检查并重新安装。
② 故障原因：泵体内部转动时卡擦；解决方法：重新安装调整。
③ 故障原因：密封圈压得过紧；解决方法：调整密封圈。
④ 故障原因：轴承缺油或油黏度太大；解决方法：加油或换油。
⑤ 故障原因：轴承磨损或损坏；解决方法：更换轴承。

(二) 常用气体输送机械常见故障分析及处理

1. 活塞式空压机常见故障分析及处理

（1）压缩机不工作
① 故障原因：动力线未接通；解决方法：插上动力插头。
② 故障原因：压力开关在关位；解决方法：调整开关位置［自动/开］。
③ 故障原因：压缩机体内无润滑油（可能剧烈危害压缩机）；解决方法：加油。
④ 故障原因：皮带太松或太紧；解决方法：调整皮带。
⑤ 故障原因：旋转方向不对，电线接反；解决方法：重新接线路。
（2）压力无法升至规定值
① 故障原因：安全阀漏气；解决方法：拆修，更换。
② 故障原因：连接部位漏气；解决方法：检修，调整。
③ 故障原因：阀门组件故障；解决方法：拆修，更换。
④ 故障原因：活塞环磨损；解决方法：更换活塞环。
（3）振动大
① 故障原因：皮带松；解决方法：调整皮带。
② 故障原因：皮带轮未对齐或太松；解决方法：重新对齐或固定。
③ 故障原因：曲轴弯（变形）；解决方法：送去经认可的服务中心。
④ 故障原因：地面不平整；解决方法：垫平地面。
（4）噪声大
① 故障原因：皮带轮、机体或电机皮带护罩松动；解决方法：关闭机器，重新紧固。
② 故障原因：曲轴箱内缺润滑油；解决方法：检查轴承是否损坏，重新加油。
③ 故障原因：阀门或活塞积炭；解决方法：拆下压缩机汽缸盖检查。
④ 故障原因：轴承活塞销推力轴承；解决方法：送去经认可的服务中心检查。
（5）电机或压缩机件过热

① 故障原因：使用压力过高超载运转；解决方法：降低使用压力。

② 故障原因：环境温度太高或通风不良；解决方法：移至通风良好处。

③ 故障原因：皮带太紧或中心线未对齐；解决方法：重新调整，对齐。

④ 故障原因：空气滤清器或阀门积炭堵塞；解决方法：拆下清洗。

⑤ 故障原因：电压过低或电线过长；解决方法：更换电线，加稳压装置。

（6）当启动时，电机噪声大，但保险丝熔断电闸并不启动

① 故障原因：延长电线的规格太低；解决方法：使用较高规格的导线检查电闸保险。

② 故障原因：保险丝或电闸规格不对；解决方法：检查更换。

③ 故障原因：单向阀故障；解决方法：修理或更换。

④ 故障原因：电压太低；解决方法：用电压表检查。

⑤ 故障原因：温度太低；解决方法：暖机或使用轻质润滑油。

⑥ 故障原因：压力开关故障；解决方法：更换压力开关。

（7）润滑油消耗太大或软管内有润滑油

① 故障原因：汽缸漏；解决方法：更换汽缸。

② 故障原因：活塞环磨损；解决方法：检查更换。

2. 水喷射真空泵常见故障分析及处理

（1）真空度降低

① 故障原因：喷嘴或扩压器喉部磨损；解决方法：更换喷嘴或扩压器。

② 故障原因：水温升高，影响泵真空度的提高；解决方法：加凉水、降低水温。

③ 故障原因：水泵轴封处泄漏，压力降低，流量减小；解决方法：修复水泵，使水压及水流量正常。

④ 故障原因：由于酸碱腐蚀或杂物堵塞扩压器喉部；解决方法：消除异物，调整工作水。

⑤ 故障原因：水泵的电压不稳；解决方法：检查保障电源电压稳定。

⑥ 故障原因：被抽物料负荷过大；解决方法：降低水喷射泵的抽气负荷。

（2）气液分离器倒料

① 故障原因：循环水泵压力低，水流量封不住文氏管喉径；解决方法：检修水泵叶轮、喷嘴、文氏管，严重腐蚀者更换。

② 故障原因：喷嘴与扩压器不同心；解决方法：重新安装，调整同心度。

③ 故障原因：停泵前气液分离器底阀没打开；解决方法：停泵前先打开底阀。

④ 故障原因：法兰密封垫位置不正，阻碍工作水流量；解决方法：调整密封垫位置。

⑤ 故障原因：喷嘴磨损严重，尺寸被改变；解决方法：检修或更换部件。

⑥ 故障原因：水喷射泵水箱内水的深度不足；解决方法：补足水箱中的水位。

⑦ 故障原因：扩压器喉部堵塞；解决方法：清理杂物。

（3）电机功率过大

① 故障原因：叶轮磨损；解决方法：更换叶轮。

② 故障原因：孔板或水泵出入口堵塞；解决方法：消除。

③ 故障原因：水泵与电机轴不同心；解决方法：调整同心度。

④ 故障原因：填料压盖螺栓过紧，填料函发热；解决方法：调整填料松紧度。

五、不同流体输送方式的选择

(一) 液体物料的输送方法及输送设备的选择

化工生产中液体的输送方法一般有动力输送、压力输送和真空输送三种，输送方法的选用主要是根据工艺要求、被输送物料的性质等来考虑。

(1) 输送量较大的物料、连续生产的物料宜采用动力输送的方式，但挥发性大、高温液体、低沸点的物料则不宜采用动力输送的方式输送。

(2) 输送腐蚀性、小批量的物料，工艺过程中不允许被污染的物料以及后道工序需加压操作的物料均可采用压力输送的方式，但易氧化、易燃、易爆的物料不能用压缩空气压送，可用氮气压送。

(3) 真空输送：输送腐蚀性、小批量的物料以及工艺过程中不允许被污染的物料可采用真空输送的方式，但挥发性大、低沸点的物料以及位差较高的物料不宜采用真空抽料的方式；同时需精确计量的物料亦不适用采用真空抽料的方式。

(二) 气体物料的输送方法及输送机械的选择

气体输送方法通常有气体压缩、输送气体或通风、抽真空三种。

(1) 以提高气体的压力为目的，终压要求大于 300kPa 以上，一般压缩比在 4 以上，当压缩比较大时可采用多级压缩。比如提高反应气体的压力、裂解气精馏分离等。常选用往复式压缩机及其他容积式压缩机等气体输送机械。

(2) 为了满足工艺需要、改善劳动条件等，会采用输送气体或通风的方式。

① 当要求终压在 14.7～300kPa（表压）之间，压缩比小于 4 时，比如提高反应气体压力、吸收塔送气、气流干燥器输送空气等，一般选用离心式鼓风机、罗茨鼓风机等气体输送机械。

② 当要求终压不超过 14.7kPa（表压），压缩比为 1～1.15 时，如空冷器、干燥房、干燥器通风等，可选用离心式、轴流式通风机等气体输送机械。

(3) 抽真空：在设备中产生真空，以满足生产工艺要求。比如抽滤、真空蒸发、减压蒸馏等，可用喷射真空泵、往复真空泵、水环真空泵等气体输送机械。

第二节 传热及蒸发操作技术与运行管理

传热应用技术包括的主要单元操作有传热、蒸发、冷冻和干燥等，它主要研究遵循传热学规律，以热量传递为理论基础。以下就典型的传热应用技术——传热和蒸发的操作与运行管理进行介绍。

传热操作技术与运行管理

一、传热的基本理论

传热，即热量传递。它是自然界和工程技术领域中极普遍的一种传递过程。热量传递的起因是由于物体内或系统内两部分之间存在温度差。也即凡是有温度差存在的地方，就必然有热量的传递，并且热量总是自发地从高温处向低温处传递。

化工生产中对传热过程的要求经常有以下两种情况：一种是强化传热过程，如各种换热设备中的传热；另一种是削弱传热过程，如对设备和管道的保温，以减少热损失。

（一）传热的基本方式

根据传热机理的不同，热量传递有三种基本方式：热传导、对流传热和辐射传热。

（1）热传导　热传导简称导热，是借助物质的分子、原子或自由电子的运动将热能以动能的形式传递给相邻温度较低的分子的过程。导热的特点是：在传热过程中，物体内的分子或质点并不发生宏观相对位移。热传导不仅发生在固体中，静止流体内的传热也属于导热。

（2）对流传热　由于流体质点之间产生宏观相对位移而引起的热量传递，称为对流传热。对流传热仅发生在流体中。根据引起流体质点相对位移的原因不同，又可分为强制对流传热和自然对流传热。

（3）辐射传热　热量以电磁波形式传递的现象称为辐射。辐射传热是不同物体间相互辐射和吸收能量的结果。辐射传热的特点是不需要任何介质作为媒介，可以在真空中进行。

实际上，传热过程往往不是以某种传热方式单独进行，而是两种或三种传热方式的组合。如化工生产中广泛使用的间壁式换热器中的传热，主要是以流体与管壁间的对流传热和管壁的热传导相结合的方式进行的。

（二）工业加热载体和冷却剂选用

化工生产中通常将换热过程中温度较高放出热量的载热体称为热载热体（或称热流体），将换热过程中温度较低吸收热量的载热体称为冷载热体（或称冷流体）。用于交换热量的设备统称为热交换器或称换热器。

1. 载热体的选用原则

（1）载热体应能满足所要求达到的温度。

（2）载热体的温度调节应方便。

（3）载热体的比热容或潜热应较大。

（4）载热体应具有化学稳定性，使用过程中不会分解或变质。

（5）为了操作安全起见，载热体应无毒或毒性较小，不易燃易爆，对设备腐蚀性小。

（6）价格低廉，来源广泛。

此外，对于换热过程中有相变的载热体或专用载热体，则还有比容、黏度、热导率等物性参数的要求。

2. 常用加热剂和加热方法

常用的加热剂有饱和水蒸气及热水、矿物油、导生油、无机熔盐、烟道气和电；常用冷却剂主要有空气、水和冷冻盐水。常用的加热剂和冷却剂的适宜温度及适用情况见表 2-2。

表 2-2　常用加热剂和冷却剂的适宜温度及适用情况

剂型	载热体名称	适宜温度范围/℃	优点	缺点
加热剂	热水	40～100	利用饱和水蒸气的冷凝水和废热水的余热	只用于低温，传热效果差，温度不易调节
	饱和水蒸气	100～180	可以通过调节蒸气压力，准确地调节温度；蒸气的汽化潜热很大，且加热均匀	不适于高温加热

剂型	载热体名称	适宜温度范围/℃	优点	缺点
加热剂	矿物油	180～250	矿物油的饱和蒸气压比水的低，其饱和蒸气来源较容易、加热均匀、不需加压	加热效果不如水蒸气，易着火，只能利用显热
	导生油	液态：115～250 气态：255～380	沸点高(258℃)，蒸气压低；加热温度范围很广	极易渗透软性石棉填料，使用时所有管道法兰连接处需用金属垫片
	无机熔盐	380～530	常压下温度较高	比热容小
	烟道气	500～1000	温度高	传热差，比热容小，易局部过热
	电	＞1000	温度范围广	成本高
冷却剂	空气	＞30	成本低，经济合理	对流传热效果差
	水	0～80	使用最广泛	
	冷冻盐水	－15～5	可用于较低温度	能耗高

(三) 传热原理

1. 间壁式换热器内的传热过程分析

间壁式换热是最常见的工业换热方式。冷、热流体的间壁式换热过程如图 2-32 所示。从图中可知，间壁传热的过程为：热流体以对流传热方式将热量传给壁面一侧；壁面以导热方式将热量传到壁面另一侧；壁面另一侧再以对流传热方式将热量传给冷流体。即间壁传热由对流—传导—对流三个阶段组成。

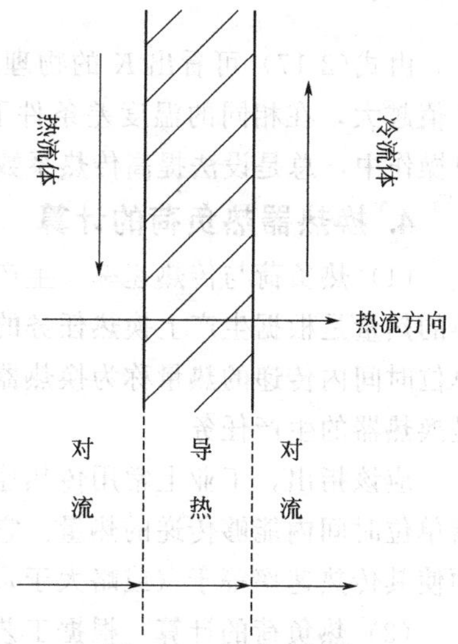

图 2-32 间壁两侧流体间的传热

2. 传热速率与热通量

传热过程中，热量传递的快慢用单位时间的传热量即传热速率来表示，符号为 Q，单位为 J/s 或 W。

单位时间、单位传热面积传递的热量称为热通量(或热流强度)，用 q 表示，单位为 W/m^2。

依据过程速率等于过程推动力与过程阻力之比的规律，传热速率可表示为：

$$传热速率=\frac{传热推动力(温度差)}{传热阻力(热阻)}=\frac{\Delta t}{R} \qquad (2\text{-}13)$$

由上式可知，传热速率大小取决于传热温差和热阻，因此，要想提高换热器的传热速率，就必须增加传热推动力和降低传热的热阻。

3. 传热基本方程式

生产实践和科学实验表明，间壁换热时的传热速率与换热器的传热面积和传热推动力成正比。而其中的传热推动力，在不同的传热壁面位置会随流体的进、出口温度发生变化而不同，也即传热温度差随位置的不同而变化。工程计算中，常采用整个换热器中冷、热流体在各个传热截面传热温度差的平均值来计算传热速率，称为传热平均推动力或传热平均温度差，以 Δt_m 表示，故有：

$$Q \propto S\Delta t_m$$

引入比例系数 K，上式变成为等式，即：

$$Q=KS\Delta t_m \tag{2-14}$$

或

$$Q=\frac{\Delta t_m}{\frac{1}{KS}}=\frac{\Delta t_m}{R} \tag{2-15}$$

$$q=\frac{Q}{S}=\frac{\Delta t_m}{1/K}=\frac{\Delta t_m}{R'} \tag{2-16}$$

式中 Q——传热速率，J/s 或 W；

q——热通量，W/m^2；

K——传热系数，是一个表示传热过程强弱程度的物理量，$W/(m^2 \cdot K)$；

S——传热面积，m^2；

Δt_m——传热平均温度差，K；

R——换热器的总热阻，K/W；

R'——单位传热面积热阻，$m^2 \cdot K/W$。

式(2-14)～式(2-16) 统称为传热基本方程式或称传热速率方程式，是间壁传热计算的基本公式。

将式(2-14) 改写成：

$$K=\frac{Q}{S\Delta t_m} \tag{2-17}$$

由式(2-17) 可看出 K 的物理意义为：单位传热面积、单位传热温度差时的传热速率。K 值越大，在相同的温度差条件下，所传递的热量越多，热交换程度越强烈。因此，在传热操作中，总是设法提高传热系数 K，以强化传热过程。

4. 换热器热负荷的计算

(1) 热负荷与传热速率　生产上每一台换热器内的冷、热两股流体间在单位时间内所交换的热量是根据生产上换热任务的需要提出的。这种为达到一定的换热目的，要求换热器在单位时间内传递的热量称为换热器的热负荷。由此可见，热负荷是由生产工艺条件决定的，是换热器的生产任务。

应该指出，工业上常用传热速率来表征换热器的生产能力。而换热器的传热速率是换热器单位时间内能够传递的热量。它是换热器本身的特性。为确保换热器能完成生产任务，必须使其传热速率等于（或略大于）热负荷。

(2) 热负荷的计算　根据工艺条件的不同，热负荷的计算方法有以下几种。

① 显热法　若流体在换热过程中没有相变，其热负荷可按下式计算：

$$Q=Wc_p\Delta t \tag{2-18}$$

式中 W——热流体或冷流体的质量流量，kg/s；

c_p——热流体或冷流体的恒压比热容，$kJ/(kg \cdot K)$；

Δt——热流体或冷流体在换热器的进、出口温度差，K。

② 潜热法　若流体在换热过程中仅仅发生恒温相变，其传热量可按下式计算：

$$Q=Wr \tag{2-19}$$

式中 r——热流体或冷流体的汽化潜热，kJ/kg。

③ 焓差法　由于工业换热器中流体的进出口压力相差不大，故可近似为恒压过程。不论有无相变过程，此时热量可按下式计算：

$$Q=W\Delta H \tag{2-20}$$

式中　ΔH——热流体或冷流体在换热器进、出口的焓差，kJ/kg。

5. 传热平均温差的计算

在传热基本方程中，Δt_m 为换热器的传热平均温度差，传热平均温度差的大小及计算方法与两流体间的温度变化及相对流动方向有关。

(1) 恒温传热过程的传热平均温度差　当冷、热两流体在换热过程中均只发生恒温相变时，热流体温度 T 和冷流体温度 t 沿管壁始终保持不变，称为恒温传热。此时，各传热截面的传热温度差完全相同，并且流体的流动方向对传热温度差也没有影响。换热器的传热推动力可取任一传热截面上的温度差（常见于蒸发器的情况）：

$$\Delta t_m=T-t \tag{2-21}$$

(2) 变温传热过程的传热平均温度差　在大多数情况下，间壁一侧或两侧流体的温度通常沿换热器管长而变化，对此类传热则称为变温传热。对于两侧流体的温度均发生变化的传热过程，传热平均温度差的大小还与两流体间的相对流动方向有关。在间壁式换热器中，冷热流体的流向可分为并流（两流体的流动方向相同）、逆流（两流体的流动方向相反）、错流（两流体的流动方向垂直交叉）和折流（一流体流动方向不变，另一流体流动方向变化或两流体流动方向均变化），如图 2-33 所示。

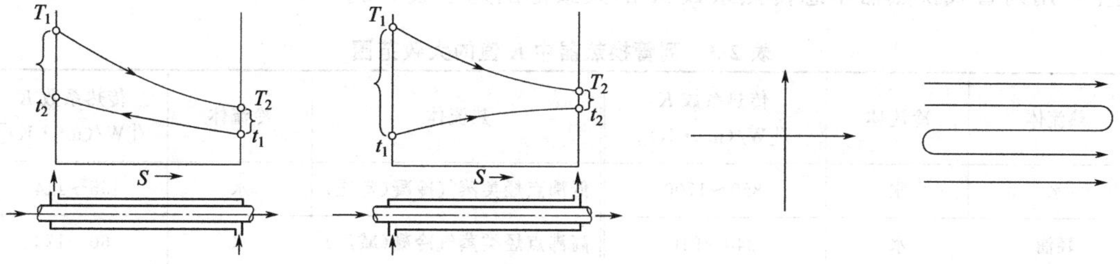

(a) 逆流　(b) 并流　(c) 错流　(d) 折流

图 2-33　流体流向示意图

并流和逆流时，冷、热流体的传热平均温度差等于传热过程中的较大温度差 Δt_1 和较小温度差 Δt_2 的对数平均值：

$$\Delta t_m=\frac{\Delta t_1-\Delta t_2}{\ln\dfrac{\Delta t_1}{\Delta t_2}} \tag{2-22}$$

式中，Δt_m 称为传热对数平均温度差，K 或℃。

逆流时，$\Delta t_1=T_1-t_2$，$\Delta t_2=T_2-t_1$；并流时，$\Delta t_1=T_1-t_1$，$\Delta t_2=T_2-t_2$。

当换热器两端温度差 $\Delta t_1/\Delta t_2\leqslant 2$ 时，可近似用算术平均值来代替对数平均值，即：

$$\Delta t_m=\frac{\Delta t_1+\Delta t_2}{2} \tag{2-23}$$

错、折流时的传热平均温度差通常是先按逆流流动计算出对数平均温度差 $\Delta t'_m$，再乘以一个恒小于 1 的校正系数 $\phi_{\Delta t}$，即：

$$\Delta t_m = \phi_{\Delta t} \cdot \Delta t'_m \tag{2-24}$$

式中，$\phi_{\Delta t}$称为温差校正系数，其大小与流体的温度变化有关，其值总是≤1，可以由相关专业书籍中查得。

6. 传热面积的计算

计算热负荷、平均温度差和传热系数的目的，都在于最终确定换热器所需要的传热面积。换热器传热面积可以通过传热速率式得出：

$$S = \frac{Q}{K \Delta t_m} \tag{2-25}$$

为了安全可靠以及在生产发展时留有余地，实际生产中还往往考虑10%～25%的安全系数，即实际采用的传热面积要比计算得到的传热面积大10%～25%。

在化工生产中使用广泛的套管式和列管式换热器，其面积可按下式计算：

$$S = n\pi dL \tag{2-26}$$

式中 n——管子的根数；

d——管子的直径，m；

L——管子的长度，m。

在实际生产中，确定换热器的传热面积是一个复杂的反复核算过程，这里从略。

7. 总传热系数的确定

传热系数是评价换热器传热性能的重要参数，也是对传热设备进行工艺计算的依据。换热器的总传热系数K值主要取决于换热器的类型、流体的种类和性质以及操作条件等。工业生产用列管式换热器中总传热系数K的大致范围列于表2-3。

表2-3 列管换热器中K值的大致范围

热流体	冷流体	传热系数K /[W/(m²·K)]	热流体	冷流体	传热系数K /[W/(m²·K)]
水	水	850～1700	低沸点烃类蒸气冷凝(常压)	水	455～1140
轻油	水	340～910	高沸点烃类蒸气冷凝(减压)	水	60～170
重油	水	60～280	水蒸气冷凝	水沸腾	2000～4250
气体	水	17～280	水蒸气冷凝	轻油沸腾	455～1020
水蒸气冷凝	水	1420～4250	水蒸气冷凝	重油沸腾	140～425
水蒸气冷凝	气体	30～300			

(1) 总传热系数K的理论计算　在换热器结构确定的前提下，传热系数K可用公式计算确定。计算公式可应用串联热阻叠加原理推导得出，具体方法可参考相关专业书籍，按传热面为平面或圆筒面进行K值计算。

(2) 污垢热阻　换热器在使用过程中，传热壁面常有污垢形成，对传热产生附加热阻，该热阻称为污垢热阻。通常，污垢热阻比传热壁面的热阻大得多，因而在传热计算中应考虑污垢热阻的影响。影响污垢热阻的因素很多，主要有流体的性质、传热壁面的材料、操作条件、清洗周期等。通常根据经验直接估计污垢热阻值，将其考虑在K中。为消除污垢热阻的影响，应定期清洗换热器。

表2-4列出了一些常见流体的污垢热阻$R_{垢}$的经验值。

表 2-4 常见流体的污垢热阻

流　体	$R_{垢}/(m^2 \cdot K/kW)$	流　体	$R_{垢}/(m^2 \cdot K/kW)$	流　体	$R_{垢}/(m^2 \cdot K/kW)$
水(>50℃)		气体		液体	
蒸馏水	0.09	空气	0.26～0.53	盐水	0.172
海水	0.09	溶剂蒸气	0.172	有机物	0.172
清洁的河水	0.21	水蒸气		熔盐	0.086
未处理的凉水塔用水	0.58	优质不含油	0.052	植物油	0.52
已处理的凉水塔用水	0.26	劣质不含油	0.09	燃料油	0.172～0.52
已处理的锅炉用水	0.26	往复机排出	0.176	重油	0.86
硬水、井水	0.58			焦油	1.72

8. 强化传热的途径

所谓强化传热，就是设法提高换热器的传热速率。从传热基本方程 $Q=KS\Delta t_m$ 可以看出，增大传热面积 S、提高传热推动力 Δt_m 以及提高传热系数 K 都可以达到强化传热的目的，应从以下几个方面着手。

(1) 增大传热面积　增大传热面积，可以提高换热器的传热速率。但增大传热面积不能靠增大换热器的尺寸来实现，而是要从设备的结构入手，提高单位体积的传热面积。工业上往往通过改进传热面的结构来实现。如采用翅片管、采用异形表面等，它不仅使传热面得到充分的扩展，而且还使流体的流动和换热器的性能得到相应的改善。应予指出，改进传热面结构以提高单位体积的传热面积同时，往往会使流体流动阻力有所增加，故设计或选用时应综合比较，全面考虑。

(2) 提高传热推动力　传热推动力即传热平均温度差。生产中常用增大传热平均温度差的方法来提高换热器的传热速率。如采用传热温度差较大的逆流换热、用提高加热剂温度及降低冷却剂温度的方法增大传热温差等。但传热平均温度差的大小是由两流体的进、出温度大小及相对流向决定的。一般来说，物料的温度由工艺条件所决定，不能随意变动，而加热剂或冷却剂的温度，可以通过选择不同介质和流量加以改变。但需要注意的是，改变加热剂或冷却剂的温度，必须考虑到技术上的可行性和经济上的合理性。

(3) 提高传热系数　增大传热系数以提高换热器传热速率的方法是最具潜力的途径。为提高 K 值，可采取的具体措施如下。

① 增加流体流动的湍流程度　增加流体流动的湍动程度的具体方法有：加大流体的流速和增加流体的人工扰动以减薄层流底层。如在列管式换热器的壳程中安装折流挡板，使流体流动方向不断改变。

② 尽量采用有相变的流体　流体有相变时的对流传热系数远大于无相变时的对流传热系数。因此，在满足工艺条件的前提下，应尽可能采用相变传热。

③ 尽量采用热导率大的载热体　一般热导率与比热容较大的流体，其对流传热系数也较大。如空气冷却器用水冷却后，传热效果大大提高。

④ 减小垢层热阻　污垢的存在将使传热系数大大降低。对于刚投入使用的换热器，污垢热阻很小，可不予考虑，但随着使用时间的增加垢层逐渐增厚，使其成为阻碍传热的主要因素。因此，应对换热器进行定期清洗除垢，以强化传热。

⑤ 在气流中喷入液滴　在气流中喷入液滴能强化传热，其原因是液雾改善了气相放热

强度低的缺点，当气相中液雾被固体壁面捕集时，气相换热变成了液膜换热，液膜表面蒸发传热强度极高，因而使传热得到强化。

需要指出的是，在采用各种方法和措施企求提高传热速率的同时，必须权衡由此带来的诸如经济效益、能源消耗、设备结构、清洗检修等多方面问题而加以综合考虑。

二、传热设备

传热设备是石油与化工生产中应用最普遍的单元操作设备。由于化工生产中物料的性质、传热的要求等各不相同，因此换热器也有很多种类。生产上应根据工作介质、温度、压力的不同，选择不同种类的换热器，以实现更大的经济效益。下面主要介绍生产中广泛使用的管、板式间壁换热器。

(一) 管式换热器

1. 管壳式换热器

管壳式换热器又称列管式换热器，是目前化工生产中应用最为广泛的一种通用标准换热设备。它的主要优点是单位体积具有的传热面积较大以及传热效果较好，结构简单、坚固、制造较容易，操作弹性较大，适应性强等。因此在高温、高压和大型装置上多采用管壳式换热器，在生产中使用的换热设备中占主导地位。

(1) 管壳式换热器的结构　管壳式换热器结构如图 2-34 所示，主要由壳体、管束、管板、折流挡板和封头等部件组成。壳体内装有管束，管束两端固定在管板上。管子在管板上的固定方法可采用胀接、焊接或胀焊结合法。管壳式换热器中，一种流体在管内流动，其行程称为管程；另一种流体在管外流动，其行程称为壳程。管束的壁面即为传热面。

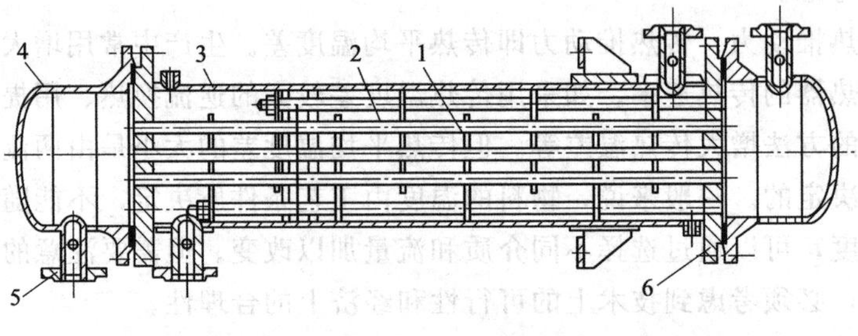

图 2-34　管壳式换热器

1—折流挡板；2—管束；3—壳体；4—封头；5—接管；6—管板

在管壳式换热器中，通常在其壳体内均安装一定数量与管束相互垂直的折流挡板。以防止流体短路，迫使流体按规定路径多次错流通过管束；增加流体流速；增大流体的湍动程度。折流挡板的形式较多，如图 2-35 所示，其中以圆缺形（弓形）挡板为最常用。

(2) 管壳式换热器的热补偿装置　管壳式换热器操作时，由于冷热流体温度不同，使壳体和管束受热程度不同，其膨胀程度也不同，若冷热流体温差较大（50℃以上）时，就可能由于热应力而引起设备变形，或使管子弯曲、从管板上松脱，甚至造成管子破裂或设备毁坏。因此必须从结构上考虑这种热膨胀的影响，采取各种补偿的办法，消除或减小热应力。常见的温差补偿措施有：补偿圈补偿、浮头补偿和 U 形管补偿等。由此，列管式换热器也可分为以下三种形式。

① 固定管板式换热器——补偿圈补偿　此类换热器的结构特点是两端管板和壳体连接成一体，管束两端固定在两管板上。当换热器的壳体与传热管壁之间的温差大于 50℃时，

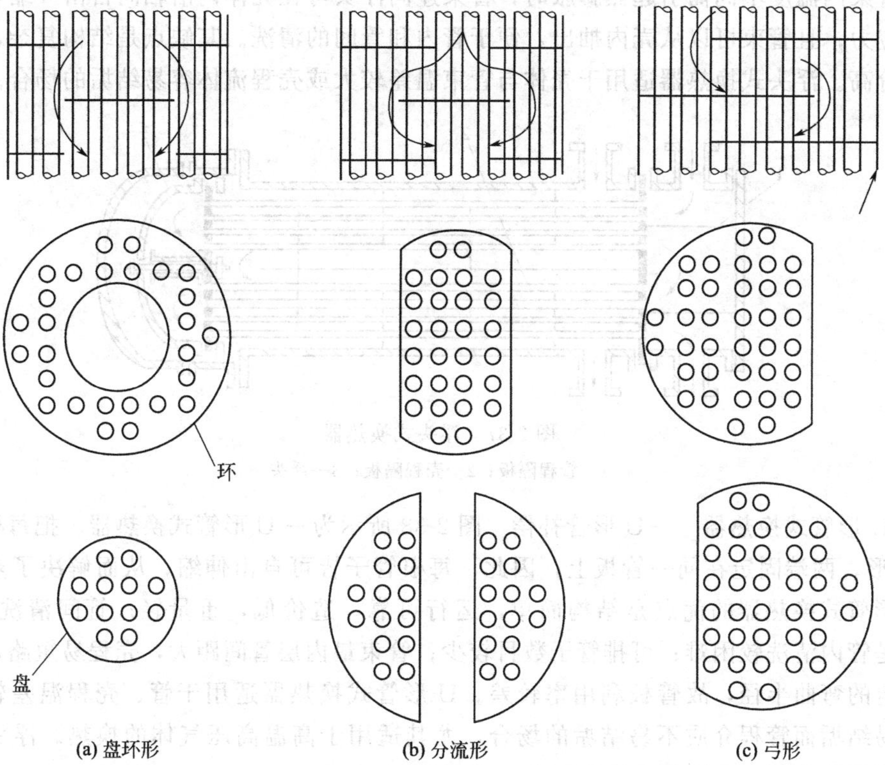

图 2-35　折流挡板的形式

则需加补偿圈（也称膨胀节）。图 2-36 为具有补偿圈的固定管板式换热器，即在外壳的适当部位焊上一个补偿圈，当外壳和管束热膨胀不同时，补偿圈发生弹性变形（拉伸或压缩），以适应外壳和管束不同的热膨胀程度。

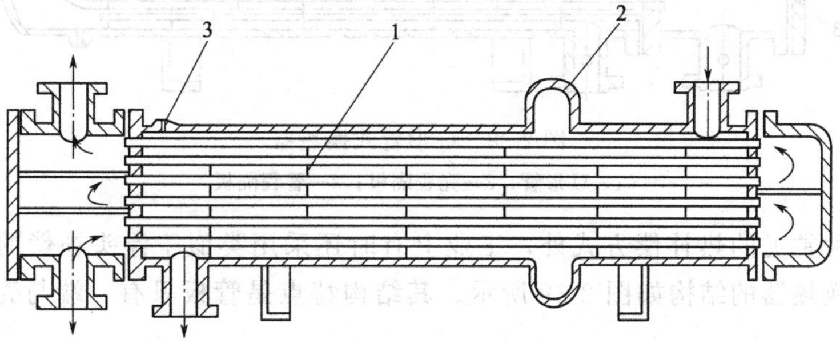

图 2-36　具有补偿圈的固定管板式换热器

1—挡板；2—补偿圈；3—放气嘴

此类换热器的特点是：热补偿方法与设备结构简单，成本低，但受膨胀节强度的限制，壳程压力不能太高，且壳程检修和清洗困难。因此，此类换热器适用于壳程流体清洁且不结垢和不具腐蚀性，两流体温差不大（不大于 70℃）和壳程压力不高（一般不高于 600kPa）的场合。

② 浮头式换热器——浮头补偿　浮头式换热器的结构如图 2-37 所示。其两端管板之一不与壳体固定连接，可以在壳体内沿轴向自由伸缩，该端称为浮头。此类换热器的优点是当

壳体与管束因温度不同而引起热膨胀时，管束连同浮头可在壳体内沿轴向自由伸缩，不会产生温差应力；且管束可以从壳内抽出，便于管内和管间的清洗。其缺点是结构复杂，用材量大，造价高。浮头式换热器适用于壳体与管束温差较大或壳程流体容易结垢的场合。

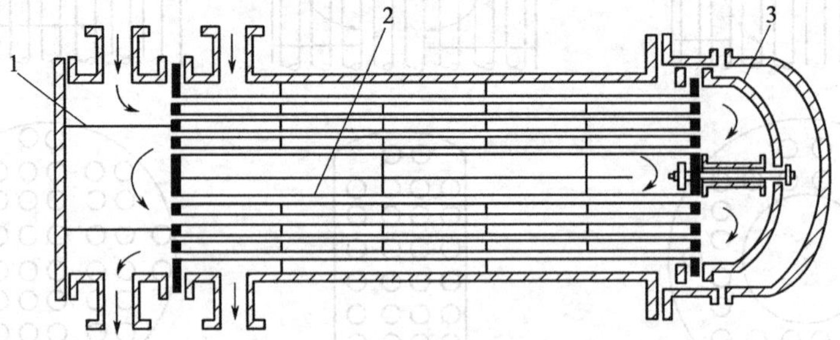

图 2-37　浮头式换热器

1—管程隔板；2—壳程隔板；3—浮头

③ U形管式换热器——U形管补偿　图 2-38 所示为一 U 形管式换热器。把每根管子都弯成U形，两端固定在同一管板上，因此，每根管子皆可自由伸缩，从而解决了热补偿问题。U形管式换热器的优点是结构简单，运行可靠，造价低，重量轻；管间清洗较方便。其缺点是管内清洗较困难；可排管子数目较少；管束最内层管间距大，壳程易短路，且因管子需一定的弯曲半径，故管板利用率较差。U形管式换热器适用于管、壳程温差较大或壳程介质易结垢而管程介质不易结垢的场合，尤其适用于高温高压气体的换热。浮头式和U形管式列管换热器，我国已有系列标准，可供选用。

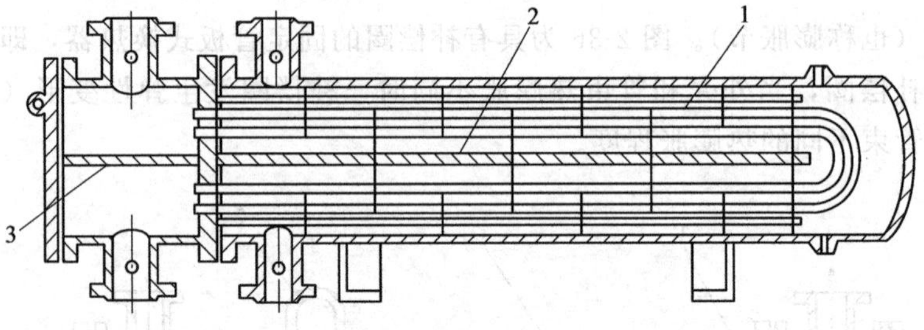

图 2-38　U形管式换热器

1—U形管；2—壳程隔板；3—管程隔板

除上述三种常见的热补偿方式外，工业上有时还采用类似于浮头补偿的填料函式换热器。填料函式换热器的结构如图 2-39 所示。其结构特点是管板只有一端与壳体固定，另一

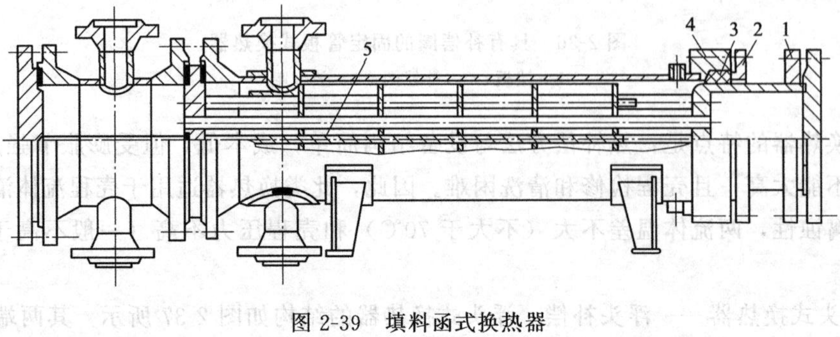

图 2-39　填料函式换热器

1—活动管板；2—填料压盖；3—填料；4—填料函；5—纵向隔板

端采用填料函密封。管束可以自由伸缩，不会产生温差应力。该换热器的优点是结构较浮头式换热器简单，造价低；管束可以从壳体内抽出，管、壳程均能进行清洗。其缺点是填料函耐压不高，一般小于 4.0MPa；壳程介质可能通过填料函向外泄漏。填料函式换热器适用于管、壳程温差较大或介质易结垢需要经常清洗且壳程压力不高的场合。

2. 套管式换热器

套管式换热器是由两种直径不同的标准管套在一起组成同心圆套管，然后将若干段这样的套管用 U 形肘管连接而成，其结构如图 2-40 所示。每一段套管称为一程，程数可根据所需传热面积的多少而增减。

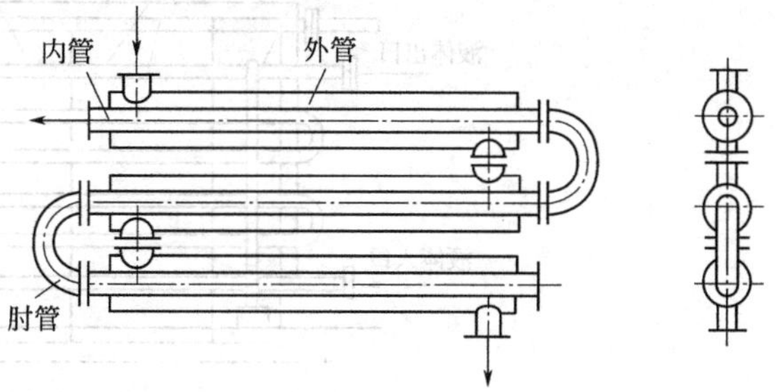

图 2-40　套管式换热器

套管式换热器的优点是结构简单；能耐高压；传热面积可根据需要增减，适当选择内管和外管的直径，可使流体的流速增大，而且冷、热流体可作严格逆流，传热效果较好。其缺点是单位传热面积的金属耗量大；管子接头多，易泄漏，占地面积大，检修清洗不方便。此类换热器适用于高温、高压及流量较小的场合。

3. 蛇管换热器

蛇管换热器根据操作方式不同，分为沉浸式和喷淋式两类。

(1) 沉浸式蛇管换热器　沉浸式蛇管换热器的结构如图 2-41(a) 所示。此种换热器通常以金属管自弯绕而成，制成适应容器的形状沉浸在容器内的液体中。管内流体与容器内液体隔着管壁进行换热。几种常用的蛇管形状如图 2-41(b) 所示。此类换热器的优点是结构简单、造价低廉、便于防腐、能承受高压。缺点是管外对流传热系数小，常需加搅拌装置，以提高传热系数。

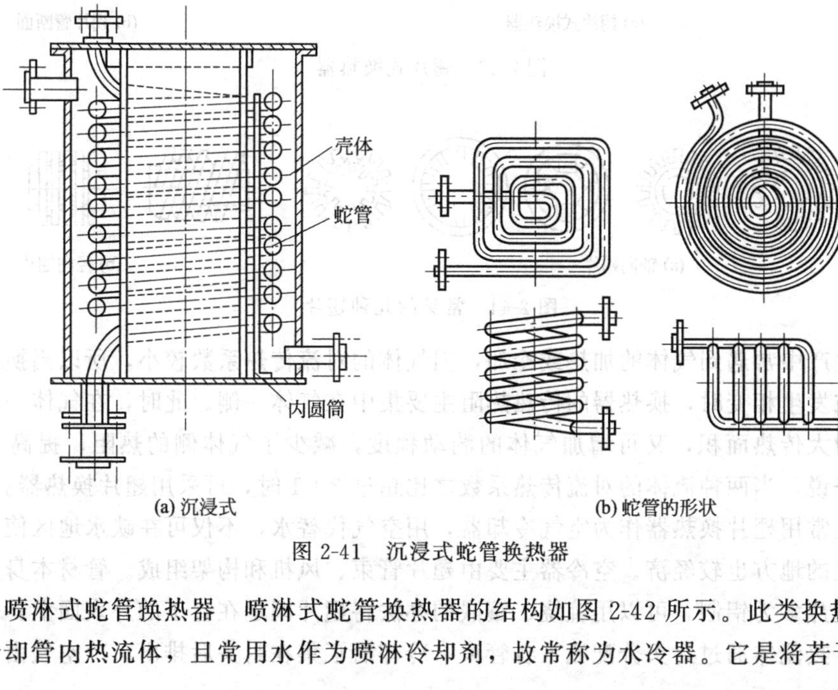

图 2-41　沉浸式蛇管换热器

(2) 喷淋式蛇管换热器　喷淋式蛇管换热器的结构如图 2-42 所示。此类换热器常用作冷却器冷却管内热流体，且常用水作为喷淋冷却剂，故常称为水冷器。它是将若干排蛇管垂直地固定在支架上，蛇管的排数根据所需传热面积的多少而定。热流体自下部总管流入各排蛇管，从上部流出再汇入总管。冷却水由蛇管上方的喷淋装置均匀地喷洒在各排蛇管上，并沿着管外表面淋下。该装置通常置于室外通风处，冷却水在空气中汽化时，可以带走部分热量，以提高冷却效果。与沉浸式蛇管换热器相比，喷淋式蛇管换热器具有检修清洗方便、传热效果好等优点。缺点是体积庞大，占地面积多；冷却水耗用量较大，喷淋不均匀等。

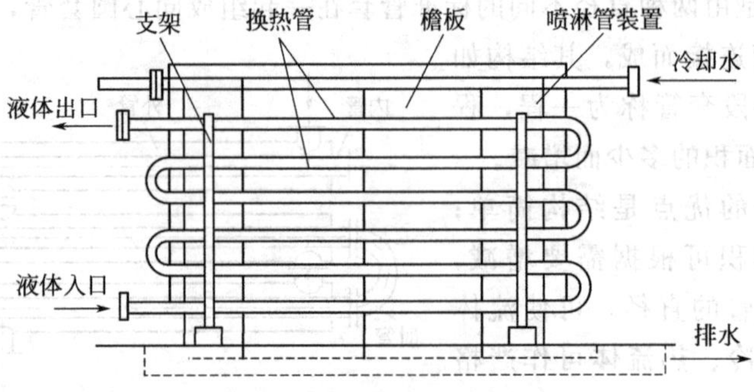

图 2-42　喷淋式蛇管换热器的结构

4. 翅片管换热器

翅片管换热器又称管翅式换热器，如图 2-43 所示。其结构特点是在换热管的外表面或内表面（或同时）装有许多翅片，常用翅片有纵向和横向两类，如图 2-44 所示。

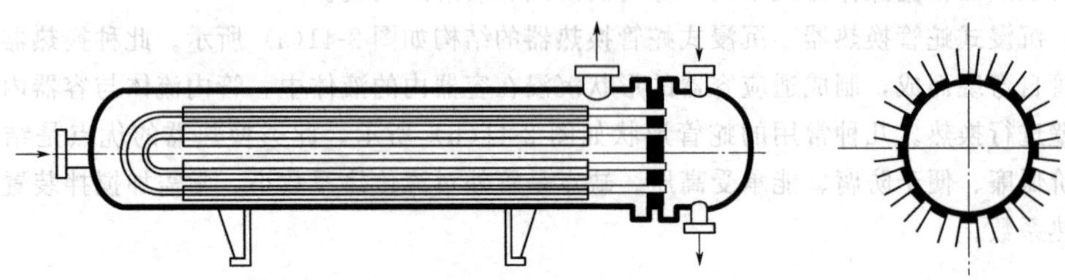

(a) 翅片式换热器　　(b) 翅片管断面

图 2-43　翅片式换热器

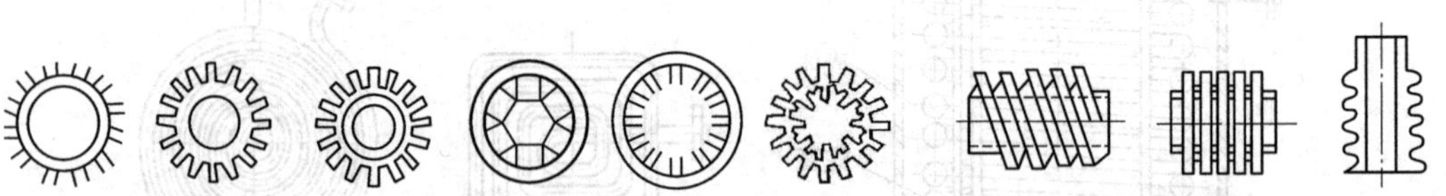

(a) 轴向翅片　　(b) 径向翅片

图 2-44　常见的几种翅片

化工生产中常遇到气体的加热或冷却，因气体的对流传热系数较小，所以当换热的另一方为液体或发生相变时，换热器的传热热阻主要集中在气体一侧。此时，在气体一侧设置翅片，既可增大传热面积，又可增加气体的湍动程度，减少了气体侧的热阻，提高了传热效率。一般来说，当两种流体的对流传热系数之比超过 3∶1 时，可采用翅片换热器。

工业上常用翅片换热器作为空气冷却器，用空气代替水，不仅可在缺水地区使用，即使在水源充足的地方也较经济。空冷器主要由翅片管束、风机和构架组成。管材本身大多采用碳钢，但翅片多为铝制，可以用缠绕、镶嵌的办法将翅片固定在管子的外表面上，也可以用焊接固定。热流体通过封头分配流入各管束，冷却后汇集在封头后排出。冷空气由安装在管束排下面的轴流式通风机强制向上吹过管束及其翅片，通风机也可以安装在管束上面，而将冷空气由底部引入。空冷器的主要缺点是装置比较庞大，占空间多，动力消耗也大，如图2-45所示。

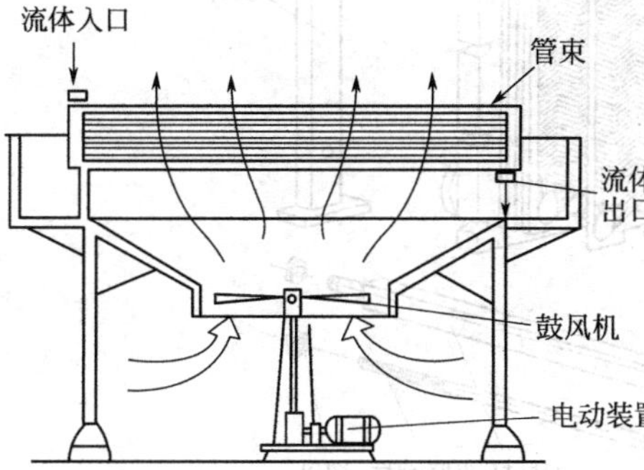

图2-45　空气冷却器的结构

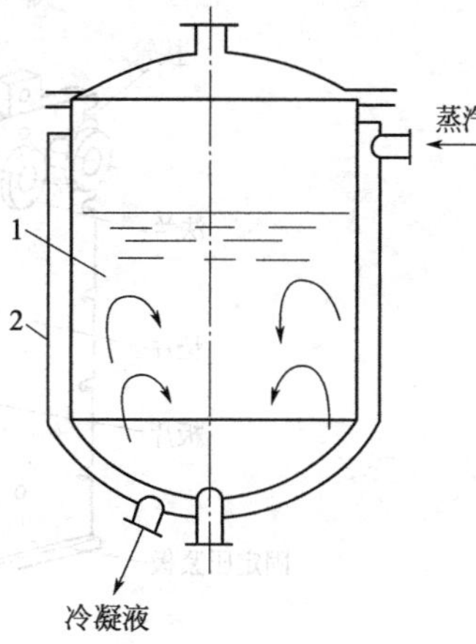

图2-46　夹套换热器

1—反应器；2—夹套

(二) 板式换热器

1. 夹套换热器

这种换热器结构简单，其结构如图2-46所示。它由一个装在容器外部的夹套构成，夹套与器壁间形成的密封空间为载热体之通道。容器内的物料和夹套内的加热剂或冷却剂隔着器壁进行换热，器壁就是换热器的传热面。

其优点是结构简单，容易制造；可与反应器或容器构成一个整体，主要应用于反应过程的加热或冷却。其缺点是传热面积小；器内流体处于自然对流状态，传热效率低；夹套内部清洗困难。夹套内的加热剂和冷却剂一般只能使用不易结垢的水蒸气、冷却水和氨等。夹套内用蒸汽加热时，应从上部进入，冷凝水从底部排出；当夹套用作冷却时，冷却剂应从底部进入，从上部排出。为了提高其传热性能，可在容器内安装搅拌器，使器内液体作强制对流；为了弥补传热面的不足，还可在器内安装蛇管等。

2. 平板式换热器

平板式换热器简称板式换热器，是一种新型的高效换热器，其结构和板框压滤机相似，如图2-47所示。主要由传热板片、垫片和压紧装置三部分组成。板片为1～2mm厚的金属薄板，并冲压成凹凸不平的规则波纹。若干板片叠加排列，夹紧组装于支架上，两相邻板的边缘衬有垫片，压紧后板间形成流体通道。每块板的四个角上各开一个孔，借助于垫片的配合，使两个对角方向的孔与板面一侧的流道相通，另两个对角方向的孔则与板面另一侧的流道相通。这样，使两流体分别在同一块板的两侧流过，通过板面进行换热。板式换热器中除了两端的两个板面外，每一块板面都是传热面，可根据所需传热面积的变化，增减板的数量。板片是板式换热器的核心部件。波纹状的板面使流体流动均匀，传热面积增大，促使流体湍动。

板式换热器的优点是结构紧凑，板面很薄，两块板面之间的流道空隙只有4～6mm，因而单位体积设备提供的传热面积很大；此外，它的板面加工容易，组装灵活，可随时增减板

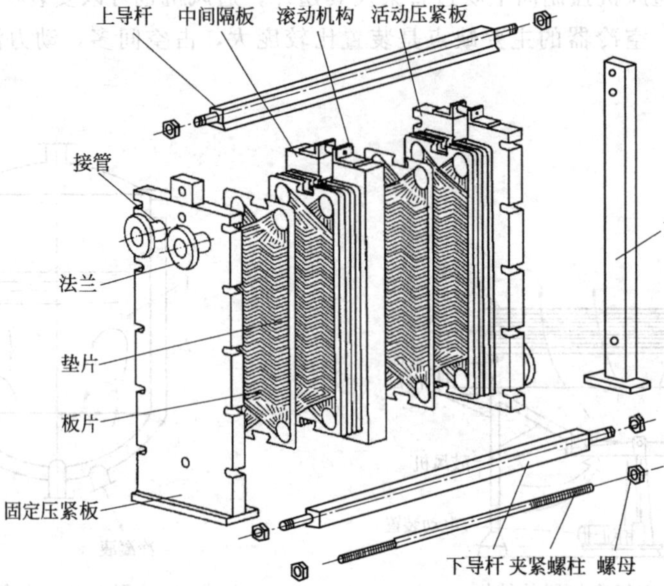

图 2-47　波纹平板式换热器

数；板面波纹使流体湍动程度增强，从而具有较高的传热效率；拆装方便，有利于清洗和维修。其缺点是处理量小；受垫片材料性能的限制，操作压力和温度不能过高。此类换热器适用于需要经常清洗、工作环境要求十分紧凑，操作压力较低（一般低于 1.5MPa），温度在 −35～200℃的场合。

3. 螺旋板式换热器

螺旋板式换热器是由两块薄金属板焊接在一块分隔挡板（图中心的短板）上并卷成螺旋形而成的，如图 2-48 所示。它由螺旋形传热板、中心隔板、顶底部盖板（或封头）、定距柱和连接管等部件构成。操作时两流体分别在两通道内流动，隔着薄板进行换热。其中一种流体由外层的一个通道流入，顺着螺旋通道流向中心，最后由中心的接管流出；另一种流体则由中心的另一个通道流入，沿螺旋通道反方向向外流动，最后由外层接管流出。两流体在换热器内作逆流流动。

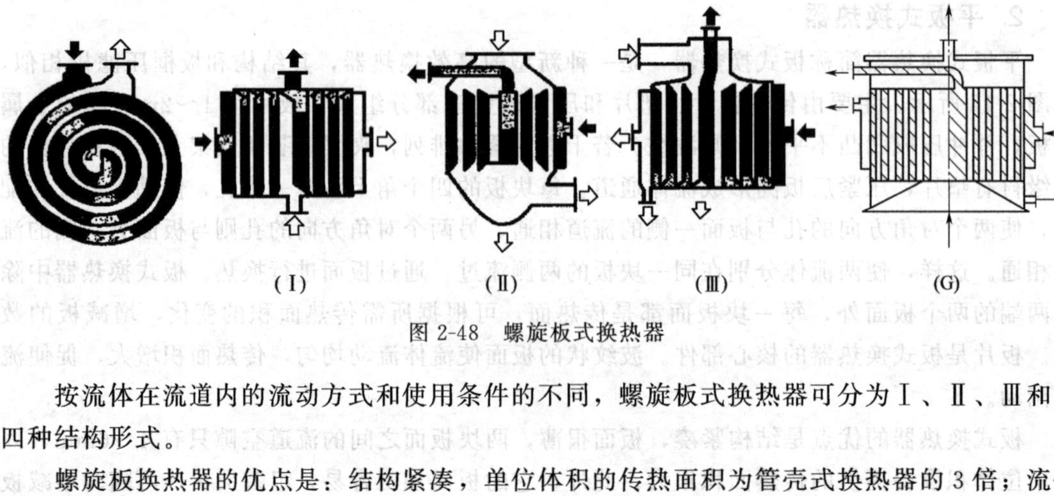

图 2-48　螺旋板式换热器

按流体在流道内的流动方式和使用条件的不同，螺旋板式换热器可分为Ⅰ、Ⅱ、Ⅲ和 G 四种结构形式。

螺旋板换热器的优点是：结构紧凑，单位体积的传热面积为管壳式换热器的 3 倍；流体流动的流道长且两流体完全逆流（对Ⅰ型），可在较小的温差下操作，能利用低温热源和精密控制温度；由于流体在螺旋通道中流动，在较低的雷诺值（一般 $Re=1400\sim1800$，有时低到 500）下即达到湍流，并且可选用较高的流速（液体为 2m/s，气体为 20m/s），故总传热系数高；由于流体的流速较高，且具有惯性离心力作用，故不易结垢而堵塞。

螺旋板换热器的缺点是：操作压力和温度不宜太高，一般操作压力在 2MPa 以下，温度在 400℃以下；不易检修，因整个换热器为卷制而成，一旦发生泄漏，修理内部很困难。

4. 板翅式换热器

板翅式换热器也是一种新型的高效换热器，隔板、翅片和封条（侧条）构成了其结构的基本单元，如图 2-49 所示。在翅片两侧各安置一块金属平板，两边以侧条密封，并用钎焊焊牢，从而构成一个换热单元体。根据工艺的需要，将一定数量的单元体组合起来，并进行适当排列，然后焊在带有进出口的集流箱上，便构成具有逆流、错流或错逆流等多种形式的换热器。目前常用的翅片形式有光直形翅片、锯齿形翅片和多孔形翅片。

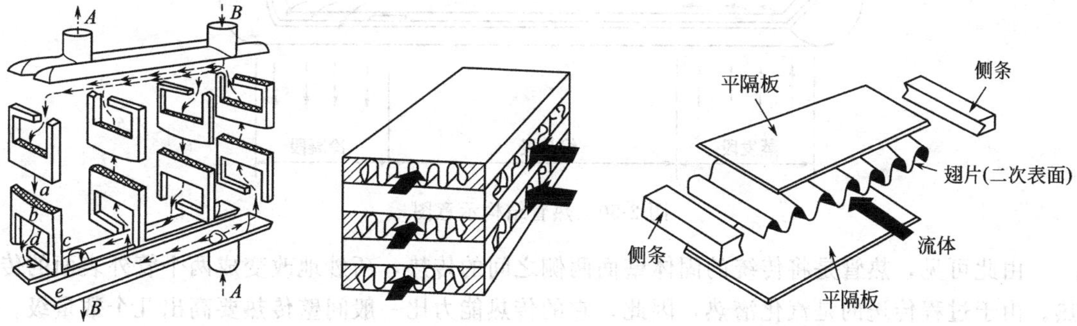

图 2-49　板翅式换热器

板翅式换热器的主要优点有：①总传热系数高，传热效果好。由于翅片在不同程度上促进了湍流并破坏了传热边界层的发展，故总传热系数高。同时冷、热流体间换热不仅以平隔板为传热面，而且大部分热量通过翅片传递，因此提高了传热效果。②结构紧凑。单位体积设备提供的传热面积一般能达到 2500m²，最高可达 4300m²。③轻巧牢固。此类换热器通常采用铝合金制造，故重量轻。在相同的传热面积下，其质量约为管壳式换热器的 1/10。同时由于波形翅片对隔板的支撑作用，故强度很高，其操作压力可达 5MPa。④适应性强，操作范围广。由于铝合金在低温下的延展性和抗拉强度都很高，故此类换热器操作范围广，适用于低温和超低温的场合。且可用于各种情况下的热交换，也可用于蒸发或冷凝；操作方式可以是逆流、并流、错流或错逆流同时并进等；此外还可用于多种不同介质在同一设备内进行换热。

板翅式换热器的缺点有：①由于设备流道很小，故易堵塞，而且增大了压强降；换热器一旦结垢，清洗和检修很困难，所以处理的物料应较洁净或预先进行净制。②由于隔板和翅片都由薄铝片制成，故要求介质对铝不发生腐蚀。

板翅式换热器因其轻巧、传热效率高等许多优点，其应用领域已从航空、航天、电子等少数部门逐渐发展到石油化工、天然气液化、气体分离等更多的工业部门。

(三) 热管换热器

热管是一种新型换热元件，由热管组合而成的换热装置称为热管换热器。

1. 热管的结构与工作原理

热管的类型很多，但其基本结构和工作原理大致相同。下面以吸液芯热管为例，说明其工作原理。如图 2-50 所示，是一根热管的结构示意图。在一根密闭的金属管内充以适量特定的工作液体，紧靠管子内壁处装有金属丝网或纤维、布等多孔物质的吸液芯。全管沿轴向分成三段：蒸发段（又称热端）、绝热段（又称蒸汽输送段）和冷凝段（又称冷端）。当热源流体从管外流过时，热量通过管壁和吸液芯传给工作液体，并使其汽化，蒸汽沿管子的轴向流动，在冷端向冷流体释放出冷凝潜热而被冷源流体冷凝，然后在吸液芯的毛细管力作用下冷凝液流回蒸发段，从而完成了一个工作循环。如此反复循环，热量便不断地从热源流体传给冷源流体。

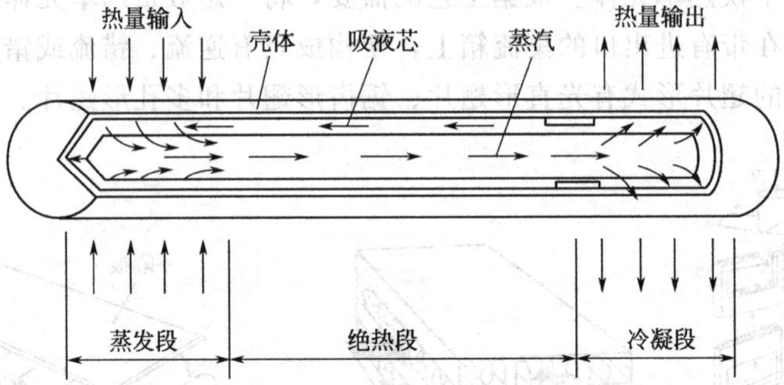

图 2-50　热管结构示意图

由此可见，热管是将传统的固体壁面两侧之间的传热，巧妙地改变成两个管外表面的传热。由于过程传送的是汽化潜热，因此，它的传热能力比一般间壁传热要高出几个数量级。

热管的管壳是一个完全密封的容器，它的几何形状无特殊的限制，管内保持高真空，其材质是根据使用温度范围和选用工作性质来确定。一般由导热性能好、耐压、耐热应力、防腐的不锈钢、铜、铅、镍、铌、钽或玻璃、陶瓷等材料构成。在热管内传递热量的工质是决定热管可在多大温度范围内应用的重要因素。热管内的液汽两相共存的工作介质始终是饱和的。工质要求具有较高的汽化潜热和热导率、较低的黏度和熔点、具有较大的表面张力，以及有较好的润湿毛细结构的能力等。

2. 热管换热器形式及应用

目前使用的热管换热器多为箱式结构，如图 2-51 所示。把一组热管组合成一个箱形，中间用隔板分为冷、热两个流体通道，所有管壳外壁上装有翅片，以强化传热效果。热管换热器的传热特点是热量传递汽化、蒸汽流动和冷凝三步进行，由于汽化和冷凝的对流强度都很大，蒸汽的流动阻力又较小，因此热管的传热热阻很小，即使在两端温度差很小的情况下，也能传递很大的热流量。因此，它特别适用于低温差传热的场合。热管换热器具有传热能力大、结构简单、工作可靠等优点。图 2-52 为热管换热器的两个应用实例。

三、换热器的操作

(一) 列管式换热器的操作

1. 列管式换热器的正确使用

（1）开、停车及正常操作步骤

① 开车前，应检查压力表、温度计、安全阀、液位计以及有关阀门是否完好。

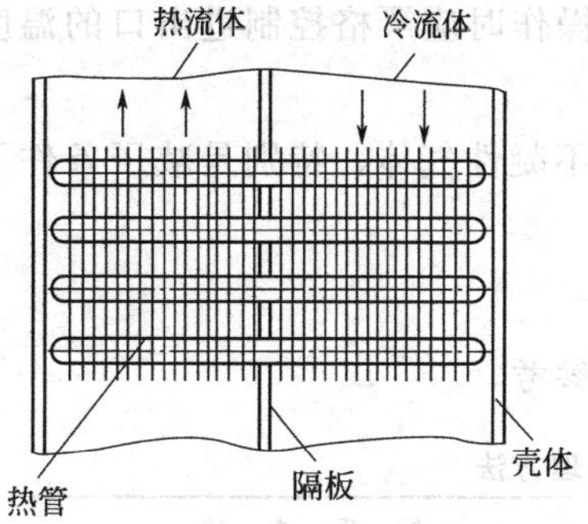

图 2-51　管式换热器

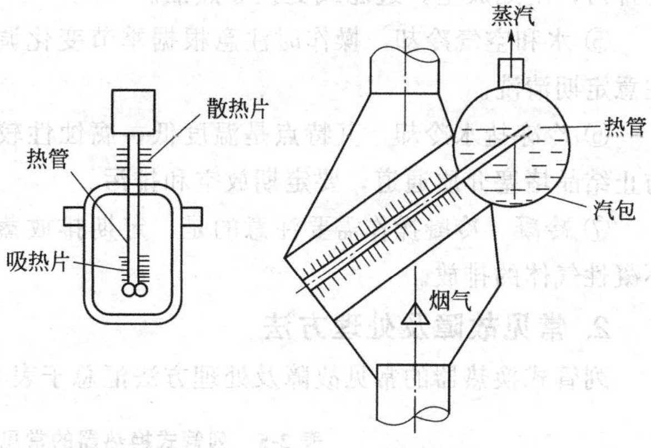

(a) 热管导出反应热　(b) 热管余热锅炉

图 2-52　热管换热器应用实例

② 在通入热流体（如蒸汽）之前，应先打开冷凝水排放阀门，排除积水和污垢；打开放空阀，排除空气和其他不凝性气体。

③ 换热器开车生产时，要先通入冷流体（打开冷流体进口阀和放空阀），待换热器中液位达到规定位置时，缓慢或分次通入热流体（如蒸汽），做到先预热后加热，切忌骤冷骤热，以免换热器受到损坏，影响其使用寿命。

④ 进入换热器的冷热流体如果含有大颗粒固体杂质和纤维质，一定要提前过滤和清除，防止堵塞通道。

⑤ 根据工艺要求，调节冷、热流体的流量，使其达到所需要的温度。

⑥ 经常检查冷热流体的进出口温度和压力变化情况，发现温度、压力有异常，应立即查明原因，及时消除故障。

⑦ 定期分析流体的成分，根据成分变化确定有无内漏，以便及时进行堵管或换管处理。

⑧ 定期检查换热器有无渗漏，外壳有无变形以及有无振动，若有应及时处理。

⑨ 定期排放不凝性气体和冷凝液，以免影响传热效果；根据换热器传热效率下降情况，应及时对换热器进行清洗，以消除污垢。

⑩ 停车时，应先关闭热流体的进口阀门，然后关闭冷流体进口阀门；并将管程及壳程流体排净，以防冻裂和产生腐蚀。

（2）具体操作要点　化工生产中对物料进行加热（沸腾）、冷却（冷凝），由于加热剂、冷却剂等的不同，换热器具体的操作要点也有所不同。

① 蒸汽加热　蒸汽加热必须不断排除冷凝水，否则积于换热器中，部分或全部变为无相变传热，传热速率下降。同时还必须及时排放不凝性气体，以确保传热效果。

② 热水加热　热水加热一般温度不高，加热速度慢，操作稳定，只要定期排放不凝性气体，就能保证正常操作。

③ 烟道气加热　烟道气一般用于生产蒸汽或加热、汽化液体。烟道气的温度较高，且温度不易调节。在操作过程中，必须时时注意被加热物料的液位、流量和蒸汽产量，还必须做到定期排污。

④ 导热油加热　导热油加热的特点是温度高、黏度较大、热稳定性差、易燃、温度调节困难。操作时必须严格控制进出口温度，定期检查进出管口及介质流道是否结垢，做到定

期排污，定期放空，过滤或更换导热油。

⑤ 水和空气冷却　操作时注意根据季节变化调节水和空气的用量。用水冷却时，还要注意定期清洗。

⑥ 冷冻盐水冷却　其特点是温度低，腐蚀性较大。在操作时应严格控制进出口的温度防止结晶堵塞介质通道，要定期放空和排污。

⑦ 冷凝　冷凝操作需要注意的是，定期排放蒸汽侧的不凝性气体，特别是减压条件下不凝性气体的排放。

2. 常见故障及处理方法

列管式换热器的常见故障及处理方法汇总于表 2-5，供参考。

表 2-5　列管式换热器的常见故障及处理方法

故障名称	产生原因	处理方法
传热效率下降	①列管结疤和堵塞 ②壳体内不凝气或冷凝液增多 ③管路或阀门有堵塞	①清洗管子 ②排放不凝气或冷凝液 ③检查清理
发生振动	①壳程介质流速太快 ②管路振动所引起 ③管束与折流板结构不合理 ④机座刚度较小	①调节进汽量 ②加固管路 ③改进设计 ④适当加固
管板与壳体连接处发生裂纹	①焊接质量不好 ②外壳歪斜，连接管线拉力或推力大 ③腐蚀严重，外壳壁厚减薄	①清除补焊 ②重新调整找正 ③鉴定后修补
管束和胀口渗漏	①管子被折流板磨破 ②壳体和管束温差过大 ③管口腐蚀或胀接质量差	①用管堵堵死或换管 ②补胀或焊接 ③换新管或补胀
管子的腐蚀、磨耗	①污垢腐蚀 ②流体为腐蚀性介质 ③管内壁有异物积累，发生局部腐蚀 ④管内流速过大，发生磨损；流速过小，则异物易附着管壁产生电位差而导致腐蚀 ⑤管端发生磨损	①定期进行清洗 ②提高管材质量，如果缺乏适宜的材料，要增加管壁厚度或者在流体中加入腐蚀抑制剂 ③在流体入口前设置滤网、过滤器等将异物除去 ④使管内流速适当 ⑤在管入口端插入 2mm 长的合成树脂等保护管

（二）板式换热器的操作

板式换热器是一种新型的换热设备，由于其结构紧凑，传热效率高，所以在化工、食品和石油等行业中得到广泛使用，但其材质为钛材和不锈钢，致使其价格昂贵，因此要正确使用和精心维护，否则既不经济，又不能发挥其优越性。

1. 板式换热器的正确使用

（1）开停车及运行中的注意事项

① 开车前应确认设备管道已完好连接，温度计、压力表等仪表是否安装到位。

② 开车时先打开高温介质进口阀，引高温介质，待升到一定压力后，引低温介质。操作时，应防止换热器骤冷骤热；应严格控制开启速度，防止水击；使用压力不可超过铭牌

规定。

③ 引工艺介质时，如出现微漏现象，可观察运行1～2h，如仍有微漏，则用敲击扳手均匀再紧一遍。

④ 进入换热器的冷、热流体如果含有大颗粒泥砂（1～2mm）和纤维质，一定要提前过滤，防止堵塞狭小的间隙。

⑤ 运行中，温差突变或阻力降增大，一般是入口处有杂物或换热板流体通道堵塞。应首先清理过滤器，如效果不明显，则应安排计划检修清洗换热板。

⑥ 经常察看压力表和温度计数值，及时掌握运行情况。

⑦ 当传热效率下降20%～30%时，要清理结疤和堵塞物，清理方法用竹板铲刮或用高压水冲洗，冲洗时波纹板片应垫平，以防变形。严禁使用钢刷刷洗。

⑧ 使用中发现垫口渗漏时，应及时冲洗结疤，拧紧螺栓，如无效，应解体组装。

⑨ 根据需要对换热器保温，防止雨淋和节约能源，导轨和滑轮定期防腐。

⑩ 停车时，缓慢关闭低温介质入口阀门，待压力降至一定值后，关高温介质进口阀门。保持冷、热流体压差不大。待流体压力降至常压、温度降至常温后，交付检修。

(2) 过滤器的清洗　由于板式换热器流体通道狭小，因此一般在流体进口都装有过滤器。过滤器的规格应根据流体介质的浑浊性、颗粒度等情况选取。考虑生产的连续性和便于清洗，过滤器设有副线，清洗时间根据流体温差情况决定。在线运行时，开副线，关过滤器前后截断阀，拆过滤器，清洗滤芯杂质，视滤芯情况更换滤芯，完毕回装，不需停车。

2. 板式换热器的常见故障与处理方法

板式换热器的常见故障及处理方法汇总于表2-6，供参考。

表2-6　板式换热器的常见故障及处理方法

故障名称	产生原因	处理方法
密封垫处渗漏	①胶垫未放正或扭曲歪斜 ②螺栓紧固力不均匀或紧固力小 ③胶垫老化或有损伤	①重新组装 ②紧固螺栓 ③更换新垫
内部介质泄漏	①波纹板有裂纹 ②进出口胶垫不严密 ③侧面压板腐蚀	①检查更新 ②检查修理 ③补焊、加工
传热效率下降	①波纹板结疤严重 ②过滤器或管路堵塞	①解体清理 ②清理

四、传热设备的维护与保养

1. 列管式换热器的维护与保养

列管式换热器的维护保养是建立在日常检查的基础上的，只有通过认真细致的日常检查，才能及时发现存在的问题和隐患，从而采取正确的预防和处理措施，使设备能够正常运行，避免事故的发生。

日常检查的主要内容有：是否存在泄漏，保温保冷层是否良好，无保温设备局部有无明显变形，设备的基础、支吊架是否良好，利用现场或总控制室仪表观察流量是否正常、是否超温超压，设备有安全附件的是否良好，用听棒判断异常声响以确认设备内换热器是否相互碰撞、摩擦等。

（1）日常维护的内容　列管式换热器的日常维护和监测应观察和调整好以下工艺指标。

① 温度　温度是换热器运行中的主要控制指标，可从在线仪表测定、显示、检查介质的进、出口温度，依此分析、判断介质流量大小及换热效果的好坏以及是否存在泄漏。判断换热器传热效率的高低，主要在传热系数上，传热系数低其效率也低，由工作介质的进、出口温度的变化可决定对换热器进行检查和清洗。

当将水作为冷却介质时，应将出口温度控制在50℃以内，若出口温度超过50℃，极易滋生微生物，引起列管的腐蚀穿孔。

② 压力　通过对换热器的压力及进、出口压差进行测定和检验，可以判断列管的结垢、堵塞程度及泄漏等情况。若列管结垢严重，则阻力将增大，若堵塞则会引起节流及泄漏。对于有高压流体的换热器，如果列管泄漏，高压流体一定向低压流体泄漏，造成低压侧压力很快上升，甚至超压，并损坏低压设备或设备的低压部分。所以必须解体检修或堵管。

③ 泄漏　换热器的泄漏分为内漏和外漏。外漏的检查比较容易，轻微的外漏可以用肥皂水或发泡剂来检验，对于有气味的酸、碱等气体可凭视觉和嗅觉等感觉直接发现，有保温的设备则会引起保温层的剥落；内漏的检查，可以从介质的温度、压力、流量的异常，设备的声音及振动等其他异常现象发现。

④ 振动　换热器内的流体流速一般较高，流体的脉动及横向流动都会诱导换热管的振动，或者整个设备的振动。但最危险的是工艺开车过程中，提压或加负荷较快，很容易引起加热管振动，特别是在隔板处，管子的振动频率较高，容易把管子切断，造成断管泄漏，遇到这种情况必须停机解体检查、检修。

⑤ 保温（保冷）　经常检查保温（或保冷）层是否完好，通常凭眼睛的直接观察就可发现保温（或保冷）层的剥落、变质及霉烂等损坏情况，应及时进行修补处理。

（2）保养措施

① 保持主体设备外部整洁，保温层和漆膜完好。

② 保持压力表、温度计、安全阀和液位计等附件齐全、灵敏、准确。

③ 发现法兰口和阀门有泄漏时，应抓紧消除。

④ 开停换热器时，不应将蒸汽阀门和被加热介质阀门开得太猛，否则容易造成外壳与列管伸缩不一，产生热应力，使局部焊缝开裂或管子胀口松弛。

⑤ 尽量减少换热器开停次数，停止时应将内部水和液体放净，防止冻裂和腐蚀。

⑥ 定期测量换热器的壁厚，应两年一次。

2. 板式换热器的维护与保养

（1）保持设备整洁，涂料完整。紧固螺栓的螺纹部分应涂防锈油并加外罩，防止生锈和黏结灰尘。

（2）保持压力表和温度计清晰，阀门和法兰无泄漏。

（3）定时检查设备静密封的外漏情况；通过压力表或温度表监测流体进出口的压力、温度情况，没安装温度表或压力表的设备可通过红外线测温仪监测进出口温度；对设备的内漏，可通过流体取样分析或电导分析仪监测。

（4）拆装板式换热器，螺栓的拆卸和拧紧应对面进行，松紧适宜。拆卸和组装波纹板片时，不要将胶垫弄伤或掉出，发现有脱落部分，应用胶质粘好。

（5）定期清理和切换过滤器，预防换热器堵塞。

（6）注意基础有无下沉不均匀现象和地脚螺栓有无腐蚀。

蒸发操作技术与运行管理

一、蒸发的基本理论

蒸发操作就是通过加热的方法将稀溶液中的一部分溶剂汽化并除去，从而使溶液浓度提高或析出固体产品的一种单元操作。在工业生产中常用水蒸气作为加热热源，而被蒸发的物料大都为水溶液，汽化出来的蒸汽仍然是水蒸气，为区别起见，我们把作热源用的蒸汽称为加热蒸汽或生蒸汽；把由溶剂汽化成的蒸汽称为二次蒸汽。

1. 单效蒸发流程

单效真空蒸发的主体设备为蒸发器，蒸发器由上下两部分组成。它的下面部分是一个类似列管换热器结构的、由若干垂直加热管组成的加热室，上面部分称为分离室（又称蒸发室），它的作用是提供蒸发空间并分离蒸汽中夹带的液滴。操作时，加热剂（通常为饱和水蒸气）在加热管外冷凝放热，加热管内溶液，使之沸腾汽化。经过浓缩的溶液（称为完成液）从蒸发器底部排出；产生的蒸汽经分离室和除沫器将夹带的液滴分离后，与冷却水混合冷凝后排放，其中的不凝气体从冷凝器的顶端排空。

2. 多效蒸发原理及流程

（1）多效蒸发的原理　蒸发的操作费用主要是汽化溶剂（水）所消耗的蒸汽动力费。在单效蒸发中，从溶液中蒸发出 1kg 水，通常需要消耗 1kg 以上的加热蒸汽，单位加热蒸汽消耗量大于 1。因此，对于大规模工业生产过程，为减少加热蒸汽消耗量，可采用多效蒸发。

多效蒸发要求后效的操作压强和溶液的沸点均较前效为低，因此可引入前效的二次蒸汽作为后效的加热介质，即后效的加热室成为前效二次蒸汽的冷凝器，仅第一效需要消耗生蒸汽，其后各效均使用前一效的二次蒸汽作为热源，这样便大大提高加热蒸汽的利用率，同时降低冷凝器的负荷，减少了冷凝水量，节约了操作费用，这就是多效蒸发的操作原理。

（2）多效蒸发的流程　按照物料与蒸汽的相对流向的不同，多效蒸发有三种常见的加料流程，下面以三效蒸发为例进行说明。

① 并流加料流程　并流加料又称顺流加料，即溶液与加热蒸汽的流向相同，都是由第一效顺序流至末效。并流加料流程如图 2-53 所示，是工业上最常见的加料方法。

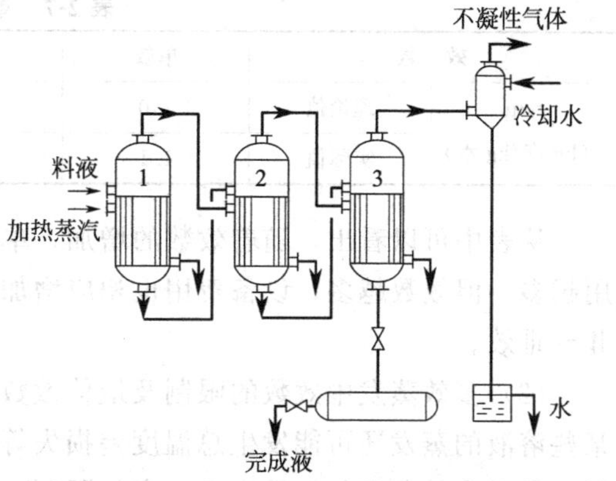

图 2-53　并流加料流程

并流加料流程的优点是：溶液借助于各效压力依次降低的特点，靠相邻两效的压差，溶液自动地从前效流入后效，无需用泵进行输送；因后一效的蒸发压力低于前一效，其沸点也较前一效低，故溶液进入后一效时便会发生自蒸发，多蒸发出一些水蒸气；此流程操作简便，容易控制。缺点是：随着溶液的逐效增浓，温度逐效降低，溶液的黏度则逐效增高，使传热系数逐效降低。

② 逆流加料流程　逆流加料流程如图 2-54 所示，加热蒸汽从第一效顺序流至末效，而

原料液则由末效加入，然后用泵依次输送至前效，完成液最后从第一效底部排出。因原料液的流向与加热蒸汽流向相反，故称为逆流加料流程。

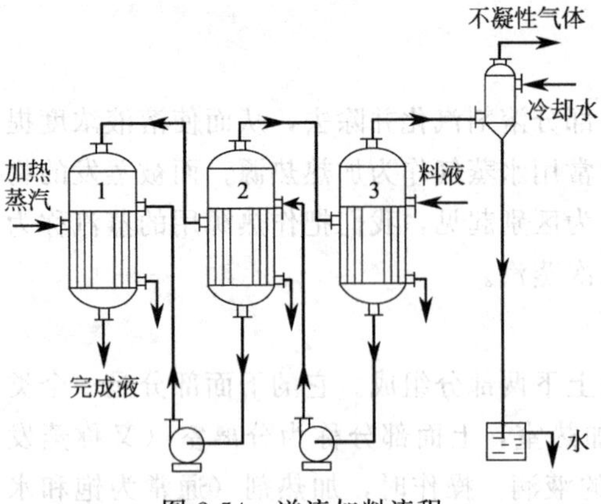

图 2-54　逆流加料流程

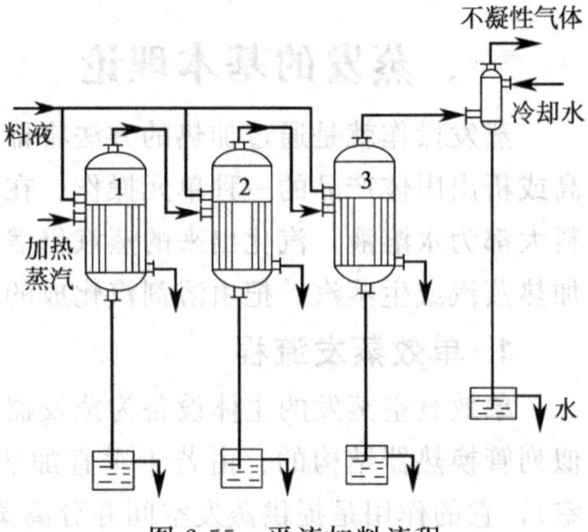

图 2-55　平流加料流程

逆流加料流程的优点是：随着溶液浓度的逐效增加，其温度也随之升高。因此各效溶液的黏度较为接近，使各效的传热系数基本保持不变。其缺点是效与效之间必须用泵来输送溶液，增加了电能消耗，使装置复杂化。

③ 平流加料流程　平流加料流程如图 2-55 所示，该流程中每一效都送入原料液，放出完成液，加热蒸汽的流向从第一效至末效逐效依次流动。这种加料法适用于在蒸发过程中不断有结晶析出的溶液，如某些盐溶液的浓缩。

3. 多效蒸发的经济性及效数的限制

（1）多效蒸发的经济性　多效蒸发提高了加热蒸汽的利用率，即经济性。对于蒸发等量的水分而言，采用多效时所需的加热蒸汽较单效时为少。表 2-7 列出了不同效数的单位蒸汽消耗量。

表 2-7　单位蒸汽消耗量

效　数		单效	双效	三效	四效	五效
D/W /(kg 汽/kg 水)	理论值	1.0	0.50	0.33	0.25	0.20
	实际值	1.1	0.57	0.40	0.30	0.27

从表中可以看出，随着效数的增加，单位蒸汽消耗量减少，因此所能节省的加热蒸汽费用越多，但效数越多，设备费用也相应增加。目前工业生产中使用的多效蒸发装置一般都是Ⅱ～Ⅲ效。

（2）多效蒸发中效数的限制及最佳效数　蒸发装置中效数越多，温度差损失越大，且对某些溶液的蒸发还可能发生总温度差损失等于或大于总有效温度差，此时蒸发操作就无法进行，所以多效蒸发的效数应有一定的限制。

多效蒸发中随着效数的增加，单位蒸汽的消耗量减少，使操作费用降低；另一方面，效数越多，装置的投资费也越大。而且，随着效数的增加，虽然 $(D/W)_{min}$ 不断减少，但所节省的蒸汽消耗量也越来越少。同时，随着效数的增多，生产能力和强度也不断降低。因此，最佳效数要通过经济权衡决定，而单位生产能力的总费用为最低时的效数为最佳效数。

二、蒸发设备

下面分别介绍常用的蒸发器形式及其辅助设备。

1. 蒸发器的形式与结构

蒸发器可采用直接加热的方法，也可采用间接加热的方法。工业上经常采用间接蒸汽加热的蒸发器，对间接加热蒸发器，根据溶液在加热室的流动情况大致可分为循环型蒸发器和膜式蒸发器两大类。

（1）循环型蒸发器　这类蒸发器的特点是：溶液都在蒸发器中作循环流动。由于引起循环的原因不同，又可分为自然循环与强制循环两类。

① 中央循环管式蒸发器　这种蒸发器目前在工业上应用最广泛，其结构如图 2-56 所示，加热室如同列管式换热器一样，为 1～2m 长的竖式管束组成，称为沸腾管，但中间有一个直径较大的管子，称为中央循环管，它的截面积大约等于其余加热管总面积的 40%～60%，由于它的截面积较大，管内的液体量比单根小管中要多；而单根小管的传热效果比中央循环管好，使小管内的液体温度比大管中高，因而造成两种管内液体存在密度差，再加上二次蒸汽在上升时的抽吸作用，使得溶液从沸腾管上升，从中央循环管下降，构成一个自然对流的循环过程。

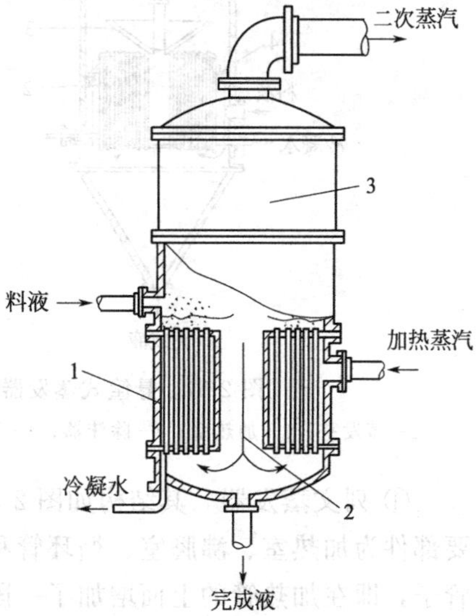

图 2-56　中央循环管式蒸发器

1—加热室；2—中央循环管；3—蒸发室

蒸发器的上部为蒸发室。加热室内沸腾溶液所产生的蒸汽带有大量的液沫，到了蒸发室的较大空间内，液沫相互碰撞结成较大的液滴而落回到加热室的列管内，这样，二次蒸汽和液沫分开，蒸汽从蒸发器上部排出，经浓缩以后的完成液从下部排出。

中央循环管式蒸发器的优点是：构造简单、制造方便、操作可靠。缺点是：检修麻烦，溶液循环速度低，一般在 0.4～0.5m/s 以下，故传热系数较小。它适用于大量稀溶液的蒸发及不易结晶、腐蚀性小的溶液的蒸发，不适用于黏度较大及容易结垢的溶液。

② 悬筐式蒸发器　其结构如图 2-57 所示，它是中央循环管式蒸发器的改进形式，其加热室像个篮筐，悬挂在蒸发器壳体的下部，溶液循环原理与中央循环管式蒸发器相同。加热蒸汽总管由壳体上部进入加热室管间，管内为溶液。加热室外壁与壳体内壁间形成环形通道，环形循环通道截面积为加热管总截面积的 100%～150%。溶液在加热管内上升，由环形通道下降，形成自然循环，因加热室内的溶液温度较环形循环通道中的溶液温度高得多，故其循环速度较中央循环管式蒸发器要高，一般为 1～1.5m/s。

悬筐式蒸发器的优点是传热系数较大，热损失较小；此外，由于悬挂的加热室可以由蒸发器上方取出，故其清洗和检修都比较方便。其缺点是结构复杂，金属消耗量大。适用于处理蒸发中易结垢或有结晶析出的溶液。

③ 外加热式蒸发器　其结构如图 2-58 所示，它主要是将加热室与蒸发室分开安装。这样，一方面降低了整个设备的高度，便于清洗和更换加热室；另一方面由于循环管没有受到蒸汽加热，增大了循环管内和加热管内溶液的密度差，从而加快了溶液的自然循环速度，同时还便于检修和更换。

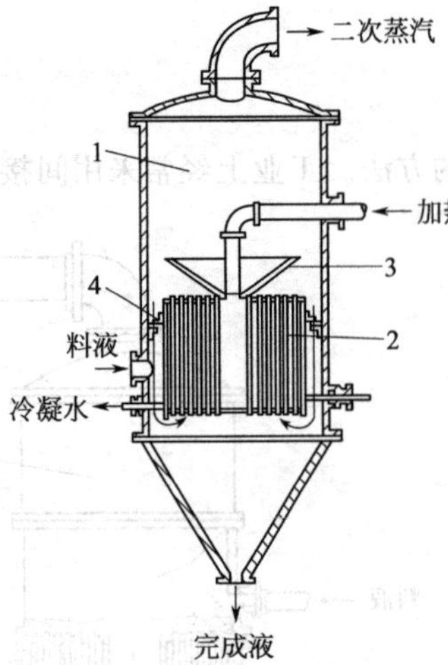

图 2-57　悬筐式蒸发器

1—蒸发室；2—加热室；3—除沫器；4—环形循环通道

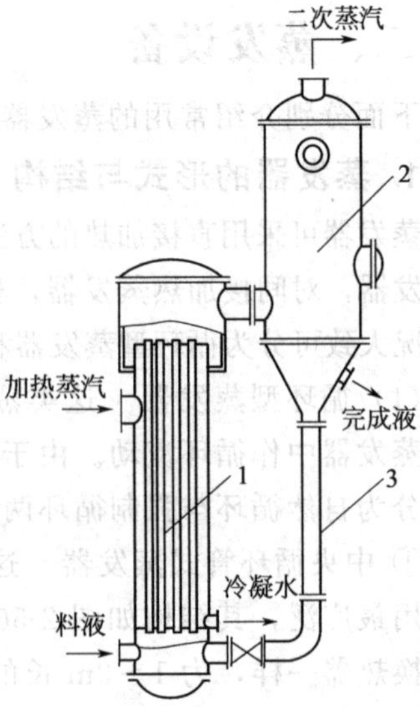

图 2-58　外加热式蒸发器

1—加热室；2—蒸发室；3—循环管

④ 列文蒸发器　其结构如图 2-59 所示，是自然循环蒸发器中比较先进的一种形式，主要部件为加热室、沸腾室、循环管和蒸发室。它的主要结构特点是在加热室的上部有一段大管子，即在加热管的上面增加了一段液柱。这样，使加热管内的溶液所受的压力增大，因此溶液在加热管内达不到沸腾状态。随着溶液的循环上升，溶液所受的压强逐步减小，通过工艺条件的控制，使溶液在脱离加热管时开始沸腾，这样，溶液的沸腾层移到了加热室外进行，从而减少了溶液在加热管壁上因沸腾浓缩而析出结晶或结垢的机会。由于列文蒸发器具有这种特点，所以又称为管外沸腾式蒸发器。

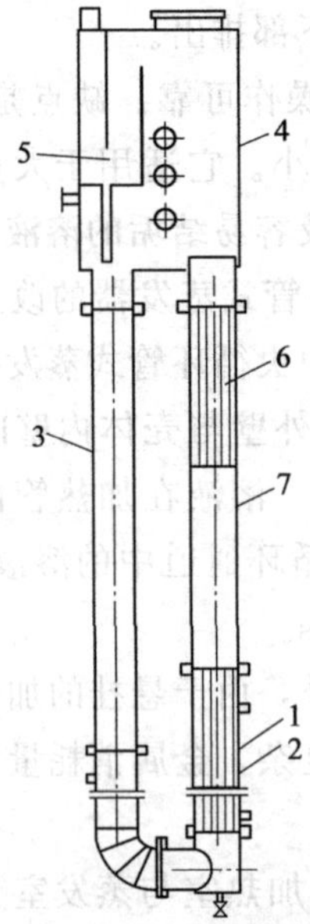

图 2-59　列文蒸发器

1—加热室；2—加热管；3—循环管；4—蒸发室；5—除沫器；6—挡板；7—沸腾室

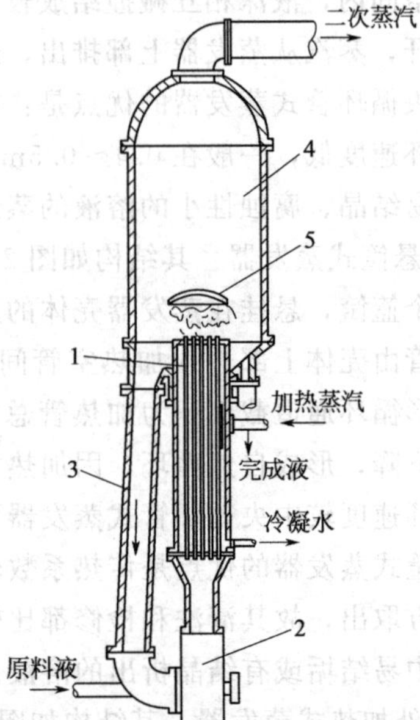

图 2-60　强制循环型蒸发器

1—加热管；2—循环泵；3—循环管；4—蒸发室；5—除沫器

列文蒸发器的循环管截面积比一般自然循环蒸发器的截面积都要大，通常为加热管总截面积的 2～3.5 倍，这样，溶液循环时的阻力减小；而且加热管和循环管都相当长，通常可达 7～8m，循环管不受热，使得两个管段中的温度差、密度差较大，造成了比一般自然循环蒸发器更大的循环推动力，溶液的循环速度可达 2～3m/s，其传热系数接近于强制循环型蒸发器的数值，而不必付出额外的动力。因此，这种蒸发器在国内化工企业中，特别是一些大中型电化厂的烧碱生产中应用较广。列文蒸发器的主要缺点是设备相当庞大，金属消耗量大，需要高大的厂房；另外，为了保证较高的溶液循环速度，要求有较大的温度差，因而要使用压力较高的加热蒸汽等。

⑤ 强制循环型蒸发器　在一般的自然循环型蒸发器中，由于循环速度比较低（一般小于 1m/s），导致传热系数较小。为了处理黏度较大或容易析出结晶与结垢的溶液，以提高传热系数。为此，可采用如图 2-60 所示的强制循环型蒸发器。

所谓强制循环，就是利用外加动力（循环泵）促使溶液沿一定方向循环，其循环速度可达 2.5～3.5m/s。循环速度的大小可通过调节循环泵的流量来控制。这种强制循环型蒸发器的优点是传热系数较一般自然循环蒸发器大得多，因此传热速率和生产能力较高。在相同的生产任务下，蒸发器的传热面积比较小。适于处理黏度大、易析出结晶和结垢的溶液。其缺点是需要消耗动力和增加循环泵，每平方米加热面积大约需要 0.4～0.8kW。

(2) 膜式蒸发器　循环型蒸发器有一个共同缺点，即溶液在蒸发器内停留的时间较长，对热敏性物料容易造成分解和变质。而膜式蒸发器中，溶液沿加热管呈膜状流动（上升或下降），一次通过加热室即可浓缩到要求的浓度，其溶剂的蒸发速度极快，在加热管内的停留时间很短（几秒至十几秒）。另外，离开加热室的物料又得到及时冷却，故特别适用于热敏性物料的蒸发，对黏度大和容易起泡的溶液也较适用。它是目前被广泛使用的高效蒸发设备。

根据溶液在加热管内流动方向以及成膜原因的不同，膜式蒸发器可分为以下几种类型。

① 升膜式蒸发器　其结构如图 2-61 所示，它也是一种将加热室和蒸发室分离开的蒸发器。

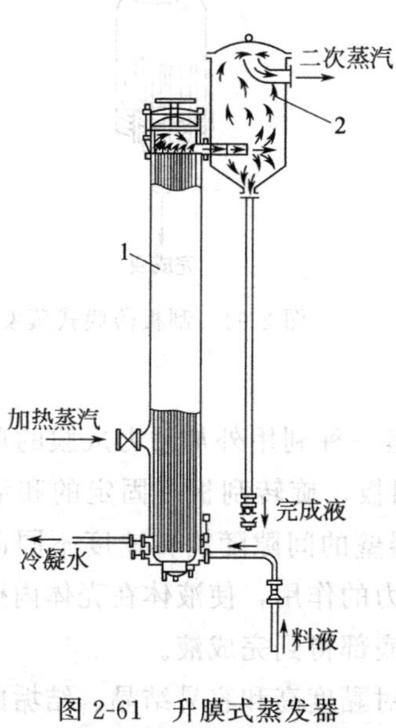

图 2-61　升膜式蒸发器

1—蒸发器；2—分离室

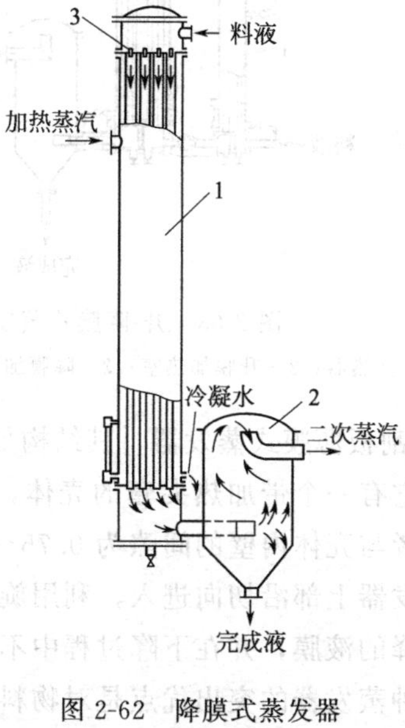

图 2-62　降膜式蒸发器

1—蒸发器；2—分离室；3—液膜分布器

其加热室实际上就是一个加热管很长的立式列管换热器，料液由底部进入加热管，受热沸腾后迅速汽化；蒸汽在管内高速上升，料液受到高速上升蒸汽的带动，沿管壁成膜状上升，并继续蒸发；汽液在顶部分离室内分离，二次蒸汽从顶部逸出，完成液则由底部排走。这种蒸发器适用于蒸发量较大、有热敏性和易产生泡沫的溶液，而不适用于有结晶析出或易结垢的物料。

② 降膜式蒸发器　其结构如图 2-62 所示，它与升膜式蒸发器的结构基本相同，其主要区别在于原料液由加热管的顶部加入，溶液在自身重力作用下沿管内壁成膜状下降并进行蒸发，浓缩后的液体从加热室的底部进入分离器内，并从底部排出，二次蒸汽由分离室顶部逸出。在该蒸发器中，每根加热管的顶部必须装有降膜分布器，以保证每根管子的内壁都能为料液所润湿，并不断有液体缓缓流过；否则，一部分管壁将出现干壁现象，达不到最大生产能力，甚至不能保证产品质量。降膜式蒸发器同样适用于蒸发热敏性物料，而不适用于易结晶、结垢或黏度很大的物料。

③ 升-降膜式蒸发器　将升膜和降膜蒸发器装在一个壳体中，即构成升-降膜式蒸发器，如图 2-63 所示。预热后的原料液先经升膜加热管上升，然后由降膜加热管下降，再在分离室中和二次蒸汽分离后即得完成液。

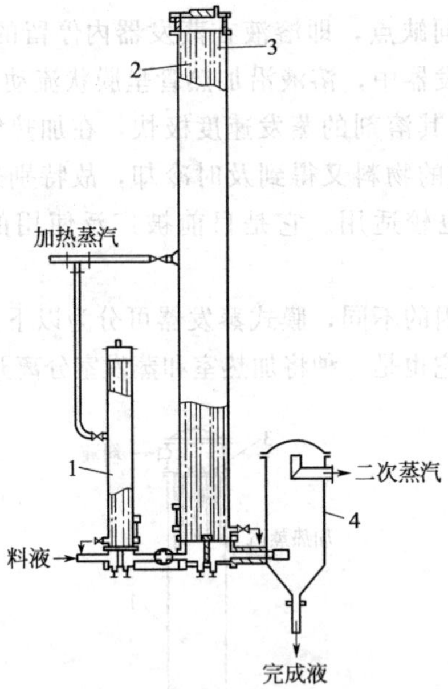

图 2-63　升-降膜式蒸发器

1—预热器；2—升膜加热室；3—降膜加热室；4—分离室

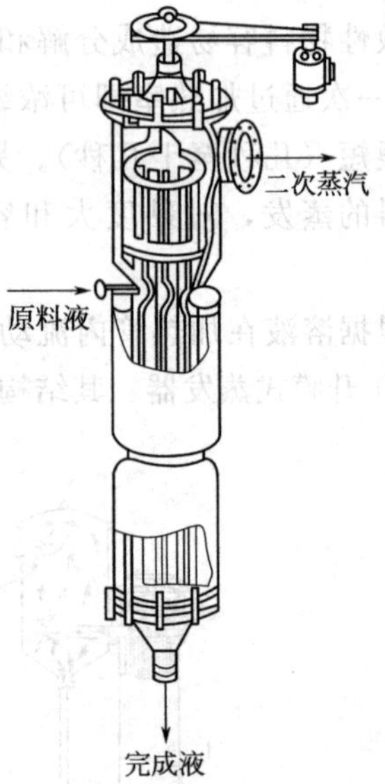

图 2-64　刮板薄膜式蒸发器

④ 刮板薄膜式蒸发器　其结构如图 2-64 所示，这是一种利用外加动力成膜的单程型蒸发器。它有一个带加热夹套的壳体，壳体内装有旋转刮板，旋转刮板有固定的和活动的两种，前者与壳体内壁的间隙为 0.75～1.5mm，后者与器壁的间隙随旋转速度不同而异。溶液在蒸发器上部沿切向进入，利用旋转刮板的刮带和重力的作用，使液体在壳体内壁上形成旋转下降的液膜，并在下降过程中不断被蒸发浓缩，在底部得到完成液。

这种蒸发器的突出优点是对物料的适应性非常强，对黏度高和容易结晶、结垢的物料均能适用。其缺点是结构较为复杂，动力消耗大，受传热面积限制（一般为 3～4m^2，最大不

超过 $20m^2$），故其处理量较小。

2. 蒸发器的辅助装置

蒸发器的辅助装置主要包括除沫器、冷凝器和形成真空的装置，各种辅助装置简述如下。

（1）除沫器　蒸发操作时，二次蒸汽中夹带大量的液体，虽然在分离室中进行了分离，但是为了防止溶质损失或污染冷凝液体，还需设法减少夹带的液沫，因此在蒸汽出口附近设置除沫装置。除沫器的形式很多，图 2-65 所示中的为经常采用的形式，(a)～(d) 可直接安装在蒸发器的顶部，(e)～(g) 安装在蒸发器的外部。

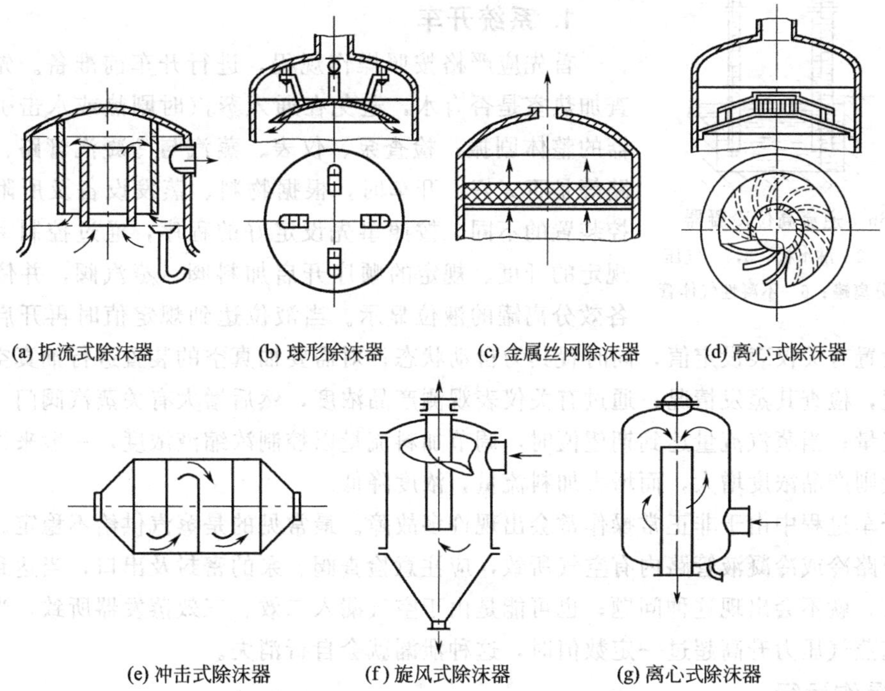

图 2-65　除沫器的主要形式

（2）冷凝器和真空装置　要使蒸发操作连续进行，除了必须不断地提供溶剂汽化所需要的热量外，还必须及时排除二次蒸汽。通常采用的方法是使二次蒸汽冷凝。因此，冷凝器是一般蒸发操作中不可缺少的辅助设备之一，其作用是将二次蒸汽冷凝成液态水后排出。冷凝器有间壁式和直接接触式两类。除了二次蒸汽是有价值的产品需要回收或会严重污染冷却水的情况下，应采用间壁式冷凝器外，大多采用汽液直接接触的混合式冷凝器来冷凝二次蒸汽。常见的逆流高位冷凝器的结构如图 2-66 所示。二次蒸汽自进气口进入，冷却水自上部进水口引入，依次经淋水板小孔和溢流堰流下，在和底部进入并逆流上升的二次蒸汽的接触过程中，使二次蒸汽不断冷凝。不凝性气体经分离罐由真空泵抽出。冷凝液沿气压管排出。因为蒸汽冷凝时，冷凝器中形成真空，所以气压管需要有一定的高度，才能使管中的冷凝水依靠重力的作用而排出。

当蒸发器采用减压操作时，无论采用哪一种冷凝器，均需在冷凝器后设置真空装置，不断排除二次蒸汽中的不凝性气体，从而维持蒸发操作所需的真空度。常用的真空装置有喷射泵、往复式真空泵以及水环式真空泵等。

（3）冷凝水排除器　加热蒸汽冷凝后生成的冷凝水必须要及时排除，否则冷凝水积聚于蒸发器加热室的管外，将占据一部分传热面积，降低传热效果。排除的方法是在冷凝水排出管路上安装冷凝水排除器（又称疏水器）。它的作用是在排除冷凝水的同时，阻止蒸汽的排出，以保证蒸汽的充分利用。冷凝水排除器有多种形式，其结构和工作原理这里不作介绍，读者可查阅有关资料。

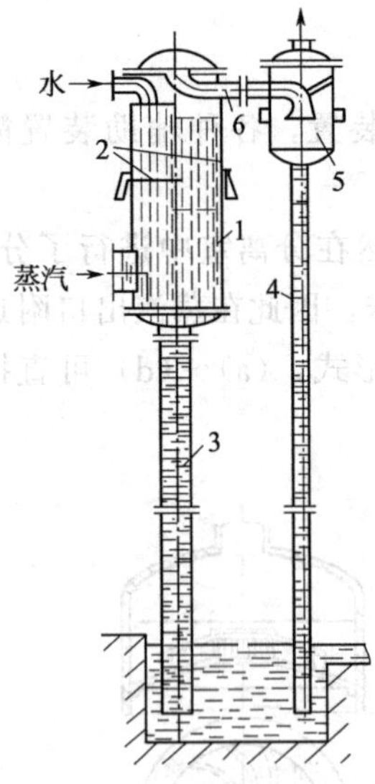

图 2-66　逆流高位冷凝器

1—外壳；2—淋水板；3,4—气压管；5—分离罐；6—不凝性气体管

三、蒸发系统的开车、操作运行和停车

1. 系统开车

首先应严格按照操作规程，进行开车前准备。先认真检查加热室是否有水，避免在通入蒸汽时剧热或水击引起蒸发器的整体剧振；检查泵、仪表、蒸汽与冷凝汽管路、加料管路等是否完好。开车时，根据物料、蒸发设备及所附带的自控装置的不同，按照事先设定好的程序，通过控制室依次按规定的开度、规定的顺序开启加料阀、蒸汽阀，并依次查看各效分离罐的液位显示。当液位达到规定值时再开启相关输送泵；设置有关仪表设定值，同时置其为自动状态；对需要抽真空的装置进行抽真空；监测各效温度，检查其蒸发情况；通过有关仪表观测产品浓度，然后增大有关蒸汽阀门开度以提高蒸汽流量；当蒸汽流量达到期望值时，调节加料流量以控制浓缩液浓度，一般来说，减少加料流量则产品浓度增大，而增大加料流量，浓度降低。

在开车过程中由于非正常操作常会出现许多故障。最常见的是蒸汽供给不稳定。这可能是因为管路冷或冷凝液管路内有空气所致，应注意检查阀、泵的密封及出口，当达到正常操作温度时，就不会出现这种问题；也可能是由于空气漏入二效、三效蒸发器所致，当一效分离罐工艺蒸气压力升高超过一定数值时，这种泄漏就会自行消失。

2. 操作运行

设备运行中，必须精心操作，严格控制。注意监测蒸发器各部分的运行情况及规定指标。通常情况下，操作人员应按规定的时间间隔检查调整蒸发器的运行情况，并如实做好操作记录。当装置处于稳定运行状态下，不要轻易变动性能参数，否则会使装置处于不平衡状态，并需花费一定时间调整以达平缓，这样就造成生产的损失或者出现更坏的影响。

控制蒸发装置的液位是关键，目的是使装置运行平稳，从一效到另一效的流量更趋合理、恒定。有效地控制液位也能避免泵的“汽蚀”现象，大多数泵输送的是沸腾液体，所以不可忽视发生“汽蚀”的危险。只有控制好液位，才能保证泵的使用寿命。

为确保故障条件下连续运转，所有的泵都应配有备用泵，并在启动泵之前，检查泵的工作情况，严格按照要求进行操作。

按规定时间检查控制室仪表和现场仪表读数，如超出规定，应迅速查找原因。

如果蒸发料液为腐蚀性溶液，应注意检查视镜玻璃，防止腐蚀。一旦视镜玻璃腐蚀严重，当液面传感器发生故障时，会造成危险。

3. 停车

停车有完全停车、短期停车和紧急停车之分。当蒸发器装置将长时间不启动或因维修需要排空的情况下，应完全停车。对装置进行小型维修只需短时间停车时，应使装置处于备用状态。如果发生重大事故，则应采取紧急停车。对于事故停车，很难预知可能发生的情况，一般应遵循如下几点：

① 当事故发生时，首先用最快的方式切断蒸汽（或关闭控制室气动阀，或现场关闭手动截止阀），以避免料液温度继续升高。

② 考虑停止料液供给是否安全，如果安全，应用最快方式停止进料。

③ 再考虑破坏真空会发生什么情况，如果判断出不会发生不利情况，应该打开靠近末效真空器的开关以打破真空状态，停止蒸发操作。

④ 要小心处理热料液，避免造成伤亡事故。

四、蒸发系统常见操作事故与处理

蒸发操作中由于使用的蒸发设备及所处理的溶液不同，出现的事故与处理方法也不尽相同。下面列出一般的操作事故和处理方法。

（1）高温腐蚀性液体或蒸汽外泄

泄漏处多发生在设备和管路焊缝、法兰、密封填料、膨胀节等薄弱环节。产生泄漏的直接原因多是开、停车时由于热胀冷缩而造成开裂；或者是因管道腐蚀而变薄，当开、停车时因应力冲击而破裂，致使液体或蒸汽外泄。要预防此类事故，在开车前应严格进行设备检验，试压、试漏，并定期检查设备腐蚀情况。

（2）管路阀门堵塞

对于蒸发易结晶的溶液，常会随物料增浓而出现结晶造成管路、阀门、加热器等堵塞，使物料不能流通，影响蒸发操作的正常进行。因此要及时分离盐泥，并定期洗效。一旦发生堵塞现象，则要用加压水冲洗，或采用真空抽吸补救。

（3）蒸发器视镜破裂造成热溶液外泄

如烧碱这种高温、高浓度溶液极具腐蚀性，易腐蚀玻璃，使其变薄，机械强度降低，受压后易爆裂，使内部热溶液喷溅出伤人。应及时检查，定期更换。

总之，要根据蒸发操作的生产特点，制定操作规程，并严格执行，以防止各类事故发生，确保操作人员的安全以及生产的顺利进行。

表 2-8 列出了氯碱生产中碱液蒸发操作中常见的故障及处理方法。

表 2-8　常见的故障及其处理方法

故障现象	原因分析	处理方法
真空度低	①管道、法兰漏 ②双槽循环水断水或上水量小 ③蒸发器顶部大导管结盐 ④真空管堵塞 ⑤大气冷凝器及下水道结垢 ⑥上水阀阀头脱落 ⑦停第三效循环泵时逃真空	①紧法兰等 ②与供水工段联系或通知调度室 ③用水冲洗 ④冲通真空管，调真空表 ⑤清理大气冷凝器及下水管 ⑥停车修理 ⑦关旋液分离器或出碱阀
大气冷凝器水带碱（NaOH）	①第三效蒸发器液面太高 ②蒸发器集沫帽脱落	①调整液位 ②停车检修
蒸发器冷凝水含碱（即回汽水桶含碱）	①蒸发器液面太高 ②蒸发器加热室漏 ③电解液预热器漏	①调整液位 ②停车检修 ③停车检修

故障现象	原因分析	处理方法
蒸发器加热室压力升高	①蒸发器加热室结盐 ②真空度下降 ③蒸发器液面不正常 ④碱浓度太高 ⑤冷凝水管路排水不畅	①洗炉 ②提高真空度 ③保持正常液面 ④过淡料及时出碱 ⑤检查后处理
蒸发器过料不畅	①循环泵坏 ②蒸发器罐底或管道被异物堵塞 ③管道或阀门被盐堵塞 ④进出口所用阀门坏	①调换备泵 ②停车取出异物 ③用冷凝水冲洗 ④停车调换
蒸发器效率不佳	①加热室壁管结垢 ②蒸汽压力低 ③真空度低 ④加热管漏、冷凝水渗出 ⑤电解液 NaOH 浓度低 ⑥蒸发器液面太高 ⑦加热室积水 ⑧蒸发器内结晶盐太多，影响传热效率	①洗炉 ②通知调度室提高压力 ③检查真空系统，提高真空度 ④视情况停车处理 ⑤提高电解液 NaOH 浓度 ⑥调节好液面 ⑦及时排出冷凝水 ⑧保持旋液分离器通畅，离心机岗位抓紧处理
自控失灵	①液面计或液位管堵 ②油压系统故障 ③油压阀被盐堵死 ④仪表电器故障	①负压炉子可用回汽水冲通；正压炉子则必须翻料进水洗炉 ②检查电磁阀是否动作，若不动作须拆下，排除异物或清理电磁阀，液压油不合格时，需换油 ③通知司泵岗位用回汽水冲通 ④通知调度请仪表检修工来维修
蒸发器内有杂声	①加热室内有空气 ②加热管漏 ③冷凝水排出不畅 ④部分加热管堵塞 ⑤蒸发器部分元件脱落	①开放空阀排除 ②停车修理 ③检查冷凝水管路 ④清洗蒸发器 ⑤停车修理

五、蒸发系统的日常维护

(1) 定期洗效　对蒸发器的维护通常采用“洗效”（又称洗炉）的方法，即清洗蒸发装置内的污垢。不同类型的蒸发器在不同的运转条件下结垢情况是不同的，因此要根据生产实际和经验，定期进行洗效。洗效周期的长短与生产强度及蒸汽消耗紧密相关。因此要特别重视操作质量，延长洗效周期。洗效方法分大洗和小洗两种。

① 大洗　就是排出洗效水的洗效方法。首先降低进汽量，将效内料液出尽，然后将冷凝水加至规定液面，并提高蒸汽压力，使水沸腾以溶解效内污垢，开启循环泵冲洗管道，当达到洗涤要求时，降低蒸汽压力，再排出洗效水。若结垢严重，可进行两次洗涤。

② 小洗　小洗就是不排出洗效水的方法。一般蒸发器加热室上方易结垢，在未整体结垢前可定时水洗，以清除加热室局部垢层，从而恢复正常蒸发强度。方法是降低蒸汽量之后，将加热室及循环管内料液出尽，然后循环管内进水达一定液位时，再提高蒸气压，并恢

复正常生产，让洗效水在效内循环洗涤。

（2）经常观察各台加料泵、过料泵、强制循环泵的运行电流及工况。

（3）蒸发器周围环境要保持清洁无杂物，设备外部的保温保护层要完好，如有损坏，应及时进行维护，以减小热损。

（4）严格执行大、中、小修计划，定期进行拆卸检查修理，并做好记录，积累设备检查修理的数据，以利于加强技术改进。

（5）蒸发器的测量及安全附件、温度计、压力表、真空表及安全阀等都必须定期校验，要求准确可靠，确保蒸发器的正确操作控制及安全运行。

（6）蒸发器为一类压力容器，日常的维护和检修必须严格执行压力容器规程的规定；对蒸发室主要进行外观和壁厚检查。加热室每年进行一次外观检查和壳体水压试验；定期对加热管进行无损壁厚测定，根据测定结果采取相应措施。

六、蒸发安全操作要点

（1）严格控制各效蒸发器的液面，使其处于工艺要求的适宜位置。

（2）在蒸发容易析出结晶的物料时，易发生管路、加热室、阀门等的结垢堵塞现象。因此需定期用水冲洗保持畅通，或者采用真空抽拉等措施补救。

（3）经常调校仪表，使其灵敏可靠。如果发现仪表失灵要及时查找原因并处理。

（4）经常对设备、管路进行严格检查、探伤，特别是视镜玻璃要经常检查、适时更换，以防因腐蚀造成事故。

（5）检修设备前，要泄压泄料，并用水冲洗降温，去除设备内残存腐蚀性液体。

（6）操作、检修人员应穿戴好防护衣物，避免热液、热蒸汽造成人身伤害。

（7）拆卸法兰螺丝时应对角拆卸或紧固，而且按步骤执行，特别是拆卸时，确认已经无液体时再卸下，以免液体喷出，并且注意管口下面不能有人。

（8）检修蒸发器要将物料排放干净，并用热水清洗处理，再用冷水进行冒顶洗出处理。同时要检查有关阀门是否能关死，否则加盲板，以防检修过程中物料窜出伤人。蒸发器放水后，打开人孔应让空气置换并降温至 36℃ 以下，此时检修人员方可穿戴好衣物进入检修，外面需有人监护，便于发生意外时及时抢救。

第三节 传质分离技术与运行管理

传质分离技术包括的主要单元操作有蒸馏、吸收、结晶、萃取、吸附和膜分离等，它主要研究遵循传质基本规律，以质量传递为理论基础。由于蒸馏和吸收均采用塔设备操作，故以下就典型的传质分离技术——蒸馏和结晶的操作与运行管理进行介绍。

蒸馏操作技术与运行管理

精馏是分离液体均相混合物的典型的单元操作之一，它是利用混合物中各组分间挥发度不同的性质进行物料分离的单元操作，也是最早实现工业化的分离方法，广泛应用于化工、石油、医药等行业。

一、蒸馏的理论基础

(一) 挥发度和相对挥发度

溶液中各组分的挥发度为该组分一定温度下蒸气中的分压和与之平衡的液相中该组分的摩尔分数之比，以希腊字母 ν 表示。

组分 A 的挥发度：

$$\nu_A = \frac{p_A}{x_A} \tag{2-27}$$

溶液中两组分的挥发度之比称为相对挥发度。用 α 表示，易挥发组分 A 的挥发度与难挥发组分 B 的挥发度之比表示为：

$$\alpha = \frac{\nu_A}{\nu_B} = \frac{p_A x_B}{p_B x_A} \tag{2-28}$$

由汽液相平衡关系及相对挥发度可得汽液相平衡方程。

$$y = \frac{\alpha x}{1+(\alpha-1)x} \tag{2-29}$$

汽液相平衡关系是研究精馏的理论基础之一。

(二) 蒸馏原理

1. 简单蒸馏和平衡蒸馏

简单蒸馏又称微分蒸馏，一种间歇操作的单级蒸馏方法。图 2-67 为简单蒸馏的示意图。

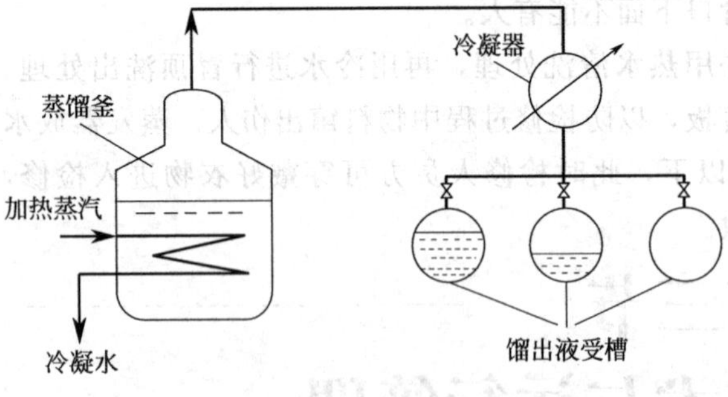

图 2-67 简单蒸馏

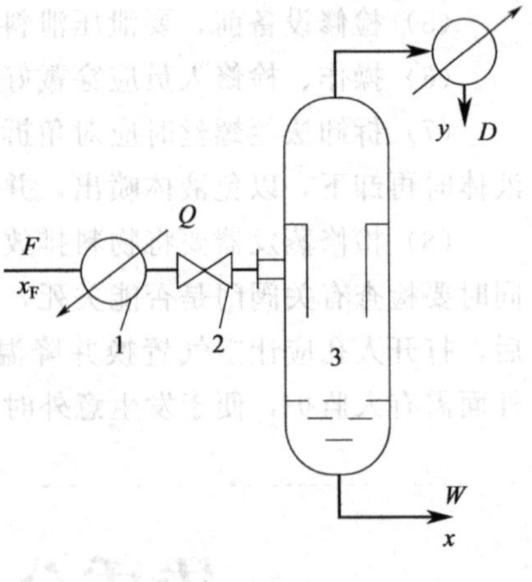

图 2-68 平衡蒸馏

1—加热器；2—节流阀；3—分离器

通过蒸馏釜加热使原料液不断汽化，产生的蒸气立即移出经冷凝器冷凝，成为馏出液，馏分按不同的沸点分段收集到相应的接受器中，釜内余下的残液最后一次排出。

平衡蒸馏又称为闪蒸，是一种连续操作的蒸馏方法。图 2-68 为平衡蒸馏的示意图。

原料连续进入加热器中，加热至一定温度经节流阀减压到规定压力，部分料液迅速汽化，汽液两相在分离器中分开，得到易挥发组分浓度较高的顶部产品与易挥发组分浓度较低的底部产品。

平衡蒸馏为稳定的连续过程，生产能力大，但难以得到高纯产物，常用于只需粗略分离的物料，在石油炼制及石油裂解分离的过程中常使用多组分溶液的平衡蒸馏。

2. 精馏及精馏过程

精馏塔是提供混合物汽、液两相接触条件和实现传质过程的设备。它能将挥发度不同的混合液体，进行多次部分汽化和多次部分冷凝操作，使其分离成几乎纯态组分，图 2 69 为板式精馏塔的流程示意图。

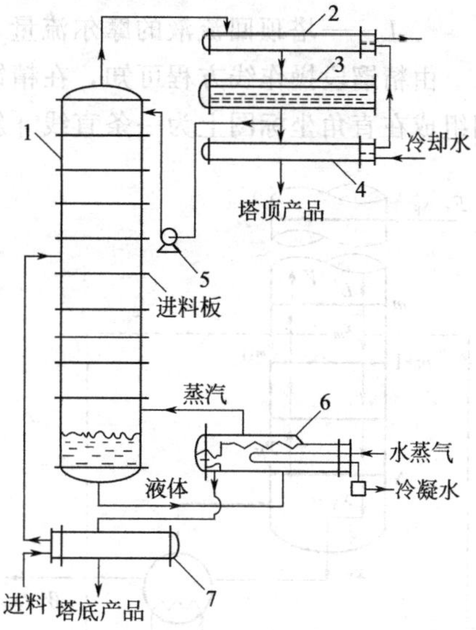

图 2-69 精馏塔

1—精馏塔；2—冷凝器；3—回流罐；4—塔顶产品冷凝器；5—回流泵；6—再沸器；7—塔釜产品换热器

3. 精馏的物料衡算

全塔总物料衡算式（总进料量等于塔顶产品出料量与塔底产品出料量之和，见图 2-70）：

$$F=D+W \tag{2-30}$$

轻组分的物料衡算式（轻组分总进料量等于塔顶产品中纯轻组分出料量与塔底产品中纯轻组分出料量之和）：

$$Fx_F=Dx_D+Wx_W \tag{2-31}$$

式中 F——原料液流量，kmol/h；

D——塔顶产品（馏出液）流量，kmol/h；

W——塔底产品（残液）流量，kmol/h；

x_F——原料液中轻组分的摩尔分数；

x_D——馏出液中轻组分的摩尔分数；

x_W——残液中轻组分的摩尔分数。

在精馏计算中，分离程度除用塔顶、塔底产品的浓度表示外，有时还用馏出液中轻组分的回收率表示：

$$\frac{Dx_D}{Fx_F}\times100\% \tag{2-32}$$

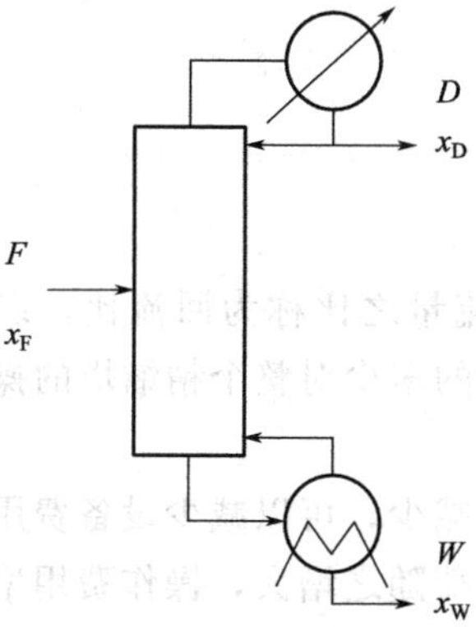

图 2-70 全塔物料衡算

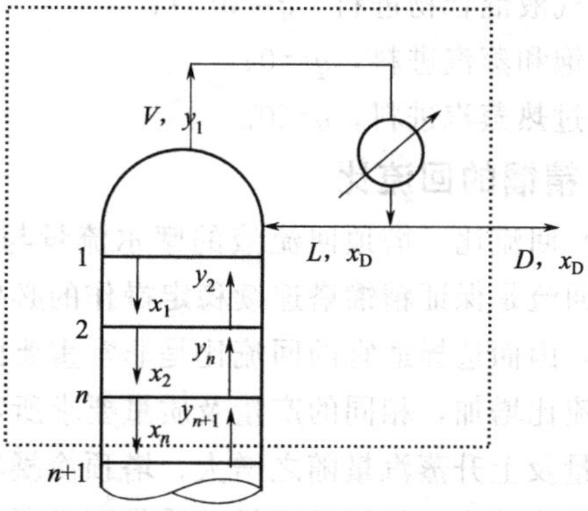

图 2-71 精馏段操作线方程

4. 精馏的操作线方程

（1）精馏段操作线方程 以图 2-71 虚线范围内（包括精馏段的第 $n+1$ 层板以上的塔段及冷凝器），以单位时间为基准作物料衡算得精馏段操作线方程：

$$y_{n+1}=\frac{R}{R+1}x_n+\frac{1}{R+1}x_D \tag{2-33}$$

式中　x_n——精馏段第 n 层板下降液体中轻组分的摩尔分数；

y_{n+1}——精馏段第 $n+1$ 层板上升蒸汽中轻组分的摩尔分数；

R——回流比，$R=L/D$；

L——塔顶回流液的摩尔流量，kmol/h。

由精馏段操作线方程可知，在精馏段内，进入任一块塔板的气相组成与离开该塔板的液相组成在直角坐标图上为一条直线［斜率为 $R/(R+1)$，截距为 $x_D/(R+1)$］。

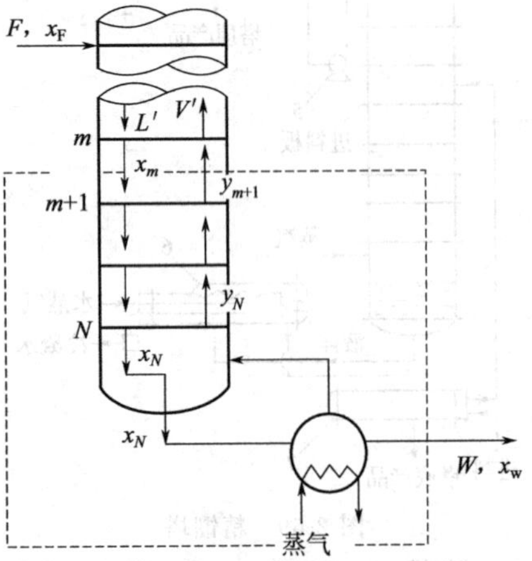

图 2-72　提馏段操作线方程

(2) 提馏段操作线方程　按图 2-72 虚线范围内（包括提馏段第 m 层板以下塔段及再沸器）作物料衡算，总物料衡算的提馏段操作线方程

$$y'_{m+1}=\frac{L'}{L'-W}x'_m-\frac{W}{L'-W}x_w \qquad (2\text{-}34)$$

式中　x'_m——提馏段第 m 层板下降液体中轻组分的摩尔分数；

y'_{m+1}——提馏段第 $m+1$ 层板上升蒸汽中轻组分的摩尔分数；

L'——提馏段第 m 层板的摩尔流量，kmol/h。

由提馏段操作线方程可知，在提馏段内，进入任一块塔板的气相组成与离开此塔板的液相组成在直角坐标图上为一条直线［斜率为 $L'/(L'-W)$，截距为 $-Wx_w/(L'-W)$］。

5. 精馏的进料热状态

进料热状态参数以 q 表示。按不同的进料热状况，q 值的范围如下：

① 冷液体进料，$q>1$；

② 饱和液体进料，$q=1$；

③ 气液混合物进料，$q=0\sim1$；

④ 饱和蒸汽进料，$q=0$；

⑤ 过热蒸汽进料，$q<0$。

6. 精馏的回流比

(1) 回流比　塔顶回流液的摩尔流量与馏出液的摩尔流量之比称为回流比，以字母 R 表示。回流是保证精馏塔连续稳定操作的必要条件，回流液的多少对整个精馏塔的操作有很大影响，因而选择适宜的回流比是非常重要的。

回流比增加，相同的产量及质量要求所需的理论塔板数减少，可以减少设备费用；但同时回流量及上升蒸汽量随之增大，塔顶冷凝器和再沸器的负荷随之增大，操作费用增加。

回流比减小，相同的产量及质量要求所需的理论塔板数增加，而冷凝器、再沸器、冷却水用量和加热蒸汽消耗量都相应减少，操作费用减少，但是增加了设备成本。

(2) 全回流　若塔顶蒸汽经冷凝后，全部回流至塔内，这种方式称为“全回流”。此时，塔顶产物为 0。通常这种情况下，既不向塔内进料，也不从塔内取出产品，此时回流比 $R=L/D\to\infty$，从而塔内也无精馏段和提馏段之分，两段的操作线方程合二为一。操作线与对角线相重合，所需的理论塔板数为最少。

(3) 最小回流比（R_{min}）　最小回流比以 R_{min} 表示。当回流比从全回流逐渐减少到使两操作线的交点正好落在平衡线上时（或使操作线之一与平衡线相切），此时所需的理论塔板数为无限多，这种情况下的回流比称为“最小回流比”。

最小回流比可由下式求得：

$$R_{\min}=\frac{x_{\mathrm{D}}-y_{\mathrm{q}}}{y_{\mathrm{g}}-x_{\mathrm{q}}} \tag{2-35}$$

(4) 适宜回流比的选择　适宜回流比的确定，一般是经济衡算来确定。即：操作费用和设备折旧费用总和为最小时的回流比为适宜的回流比，见图 2-73。

在精馏塔的设计中，一般根据经验选取。通常取最小回流比的 1.1～2 的倍数作为操作回流比。$R=(1.1\sim2.0)R_{\min}$。

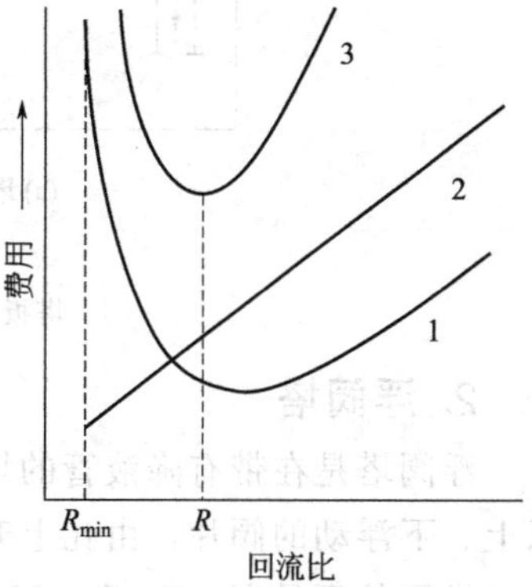

图 2-73　最适宜回流比的确定
1—设备费用线；2—操作费用线；3—总费用线

7. 精馏的热量衡算

精馏操作既是化工生产中广泛使用的单元操作，同时也是石油和化学工业中能耗最大的分离操作。精馏装置的能耗主要由塔底再沸器中的加热介质和冷凝器中冷却介质的水量所决定，两者用量可以通过对精馏塔进行热量衡算得出。

二、精馏的设备

精馏设备有板式塔和填料塔两种，大型的化工厂的精馏一般都采用板式塔，而填料塔则主要用于小型化工厂的精馏。

(一) 板式塔

板式塔由圆柱形壳体、塔板、溢流堰、降液管、受液盘等部件组成，其中塔板是板式精馏塔的核心部件。

按塔内液体流动情况，可分为有溢流装置的和无溢流装置板式塔，其中无溢流装置板式塔操作弹性差、效率低，故本节仅介绍有溢流装置板式塔。

有溢流塔板的板式塔其板间有专供液体流通的“降液管”，又称“溢流管”。以降液管的位置及堰的高度控制板上液体的流动路径与液层厚度，从而获得较高的效率。

几种典型有溢流塔板的板式塔主要有：泡罩塔、浮阀塔和筛板塔。

1. 泡罩塔

泡罩塔板是最早在工业上大规模应用的板型之一，塔板结构如图 2-74 所示，每层塔板上装有若干个短管作为上升蒸汽通道，称为“升气管”。升气管上覆以泡罩，泡罩周边开有许多齿缝，操作条件下，齿缝浸没于板上液体中，形成液封。上升气体通过齿缝被分散成细小的气泡进入液层。板上的鼓泡液层或充分的鼓泡沫体，为气液两相提供了大量的传质界面，液体通过降液管流下，并依靠溢流堰以保证塔板上存有一层厚度的液层。

泡罩塔的优点：①塔板效率高；②操作弹性大，能在较大的负荷变化范围内保持高效率；③生产能力较大；④液气比范围大；⑤适应多种介质且不 易堵塞；⑥便于操作，稳定可靠。

泡罩塔的缺点：①结构复杂；②金属消耗量大；③造价高；④压降大；⑤液沫夹带现象比较严重，生产能力不大。

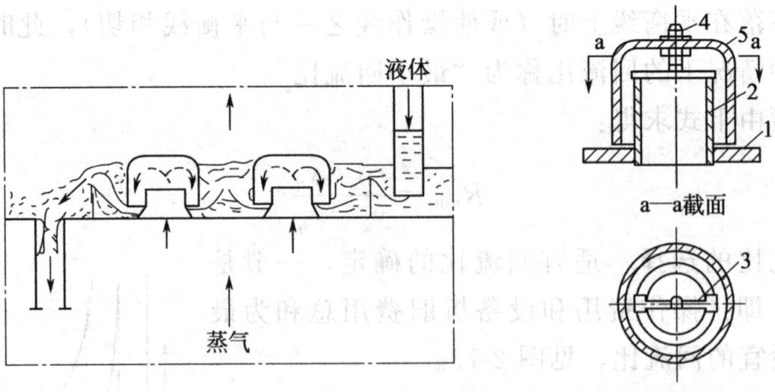

(a) 塔板结构示意　　(b) 冲压圆形泡罩构造

图 2-74　泡罩塔

1—塔板；2—蒸汽通道；3—窄平板；4—螺栓；5—泡罩

2. 浮阀塔

浮阀塔是在带有降液管的塔板上开有若干大孔（标准孔径为 39mm），每孔装有一个可以上、下浮动的阀片，由孔上升的气流经过阀片与塔板的间隙，而与板上横流的液体接触，目前常用的型号有：F1 型、V-4 型、T 型。

浮阀塔的优点：①生产能力大；②操作弹性大；③塔板效率高；④结构简单，安装方便；⑤浮阀塔的造价低。

浮阀塔的缺点：浮阀对材料的抗腐蚀性要求很高，一般都采用不锈钢。

3. 筛板塔

筛板塔由结构最简单的许多均匀分布的筛孔塔板组成（图 2-75）。上升气速通过筛孔分散成细小的流股，在板上液层中鼓泡而出与液体密切接触。筛孔在塔板上有一定的排列方式。塔板上设置溢流堰，以使板上维持一定厚度的液层。在正常操作范围内，通过筛孔上升的气流，应能阻止液体经筛孔泄漏，液体通过降液管逐板流下。

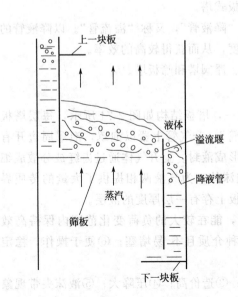

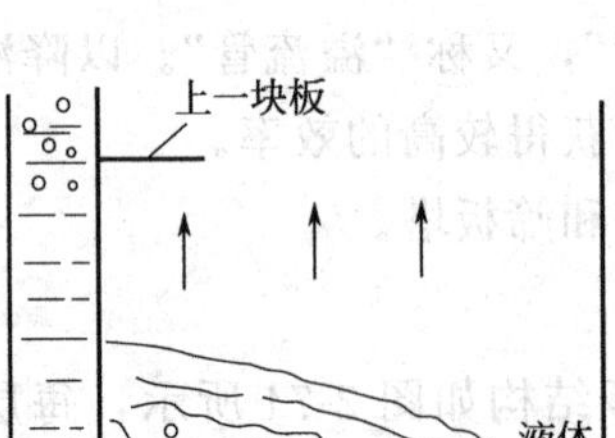

图 2-75　筛板塔

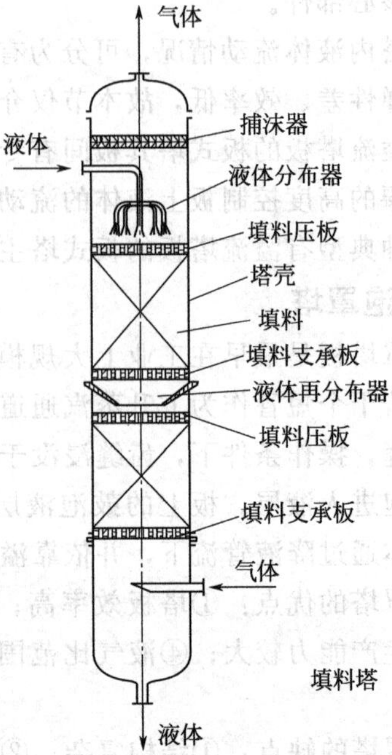

图 2-76　填料塔的结构示意图

筛板塔的优点：①结构简单；②金属耗量少；③造价低廉；④气体压降小，板上液面落差也较小；⑤其生产能力及板效率较泡罩塔为高。

筛板塔的缺点：操作弹性范围较窄，小孔筛板容易堵塞。

(二) 填料塔

1. 填料塔的结构

图 2-76 所示为填料塔的结构示意图。填料塔的塔身是一直立式圆筒，底部装有填料支承板，填料以乱堆或整砌的方式放置在支承板上。填料的上方安装填料压板，以防被上升气流吹动。液体从塔顶经液体分布器喷淋到填料上，并沿填料表面流下。气体从塔底送入，经气体分布装置（小直径塔一般不设气体分布装置）分布后，与液体呈逆流连续通过填料层的空隙，在填料表面上，气液两相密切接触进行传质。填料塔属于连续接触式气液传质设备，两相组成沿塔高连续变化，在正常操作状态下，气相为连续相，液相为分散相。

液体在向下流动过程中有逐渐向塔壁集中的趋势，使塔壁附近液流量沿塔高逐渐增大，这种现象称为壁流。壁流会造成两相传质不均匀，传质效率下降。所以，当填料层较高时，填料需分段装填，段间设置液体再分布器。塔顶可安装除沫器以减少出口气体夹带液沫。塔体上开有人孔或手孔，便于安装、检修。

填料塔具有结构简单、生产能力大、分离效率高、压降小、持液量小、操作弹性大等优点。填料塔的不足在于总体造价较高；清洗检修比较麻烦；当液体负荷小到不能有效润湿填料表面时，吸收效率将下降；不能直接用于悬浮物或易聚合物料等。

2. 填料的类型及特性

填料的作用是为气、液两相提供充分的接触面，并为提高其湍动程度创造条件，以利于传质。

(1) 填料的类型　填料的种类很多，大致可分为实体填料和网体填料两大类。实体填料包括环形填料、鞍形填料以及栅板填料、波纹填料等由陶瓷、金属和塑料等材质制成的填料。网体填料主要是由金属丝网制成的各种填料。如实体填料中的拉西环填料 [图 2-77(a)]、鲍尔环填料 [图 2-77(b)]、阶梯环填料 [图 2-77(c)]、弧鞍填料 [图 2-77(d)]、矩鞍填料 [图 2-77(e)]、金属环矩鞍填料 [图 2-77(f)]、球形填料 [图 2-77(g)、(h)]、波纹填料 [图 2-77(n)]。波纹填料按结构可分为网波纹填料和板波纹填料两大类，其材质又有金属、塑料和陶瓷等之分。

其他较为新型的填料类型有共轭环填料、海尔环填料、纳特环填料等。

(2) 填料的特性　填料的特性数据主要包括比表面积、空隙率、填料因子等，是评价填料性能的基本参数。

① 比表面积　单位体积填料所具有的表面积称为比表面积，以 α 表示，其单位为 m^2/m^3。填料的比表面积越大，所提供的气液传质面积越大。

② 空隙率　单位体积填料所具有的空隙体积称为空隙率，以 ε 表示，其单位为 m^2/m^3。填料的空隙率越大，气体通过的能力越大且压降低。

③ 填料因子　填料的比表面积与空隙率三次方的比值，即 α/ε^3，称为填料因子，以 Φ 表示，其单位为 1/m。填料因子分为干填料因子与湿填料因子，填料未被液体润湿时的 α/ε^3 值称为干填料因子，它反映填料的几何特性；填料被液体润湿后，填料表面覆盖了一层液膜，α 和 ε 均发生相应的变化，此时的 α/ε^3 值称为湿填料因子，它表示填料的流体力学性

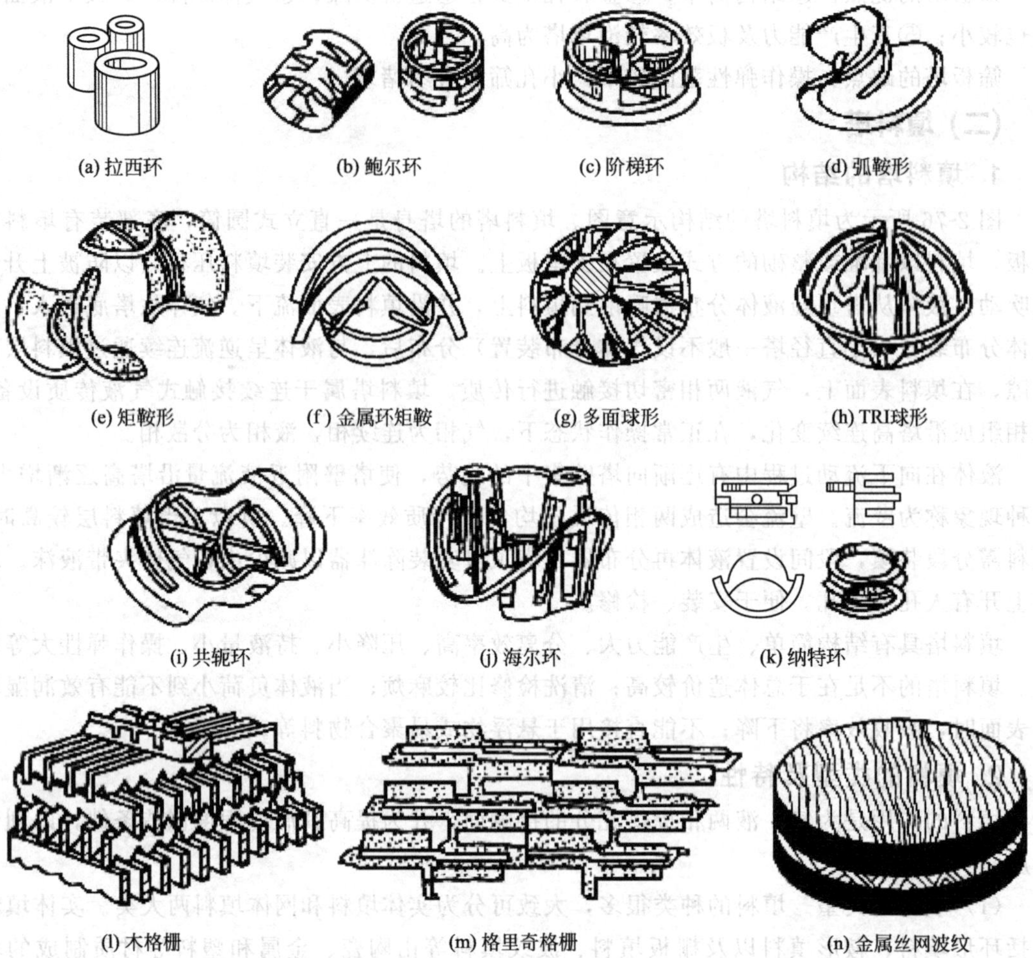

图 2-77　几种常见填料

能。Φ 值越小，表明流动阻力越小。

3. 填料塔附件

填料塔附件主要有填料支承装置、液体分布装置、液体收集再分布装置等。合理地选择和设计塔附件，对保证填料塔的正常操作及优良的传质性能十分重要。

（1）填料支承装置　填料支承装置的作用是支承塔内的填料，常用的填料支承装置有栅板型、孔管型、驼峰型等。其选择依据塔径、填料种类及型号、塔体及填料的材质、气液流量等。

（2）液体分布装置　液体分布装置能使液体均匀分布在填料的表面上。常用的液体分布器形式有喷头式、盘式、管式、槽式和槽盘式五种。

（3）液体收集及再分布装置　液体沿填料层向下流动时，有偏向塔壁流动的现象，这种现象称为壁流。壁流将导致填料层内气液分布不均，使传质效率下降。为减小壁流现象，可间隔一定高度在填料层内设置液体再分布装置。

液体再分布装置为截锥式再分布器。在通常情况下，一般将液体收集器及液体分布器同时使用，构成液体收集及再分布装置。液体收集器的作用是将上层填料流下的液体收集，然后送至液体分布器进行液体再分布。常用的液体收集器为斜板式液体收集器。

三、精馏塔的操作准备

(一) 板式塔的操作准备

精馏塔的装置安装完成后，在经历一系列投运准备工作后，才能开车投产。精馏塔在首次开工或改造后的装置开工，操作前必须做到设备检查、试压、吹（清）扫、冲洗、脱水及电气、仪表、公用工程处于备用状态，盲板拆装无误，然后才能转入化工投料阶段。

1. 设备检查

设备检查是依据技术规范、标准要求检查每台设备安装部件。设备安装质量好坏直接影响开工过程和开工后的正常运行。

(1) 塔设备检查　首次运行的塔设备，必须逐层检查所有塔盘，确认安装正确，检查溢流口尺寸、堰高等符合要求。所有阀也要进行检查，确认清洁，如浮阀要活动自如；舌型塔板，舌口要清洁无损坏。所有塔盘紧固件正确安装，能起到良好的紧固作用。所有分布器安装定位正确，分布孔畅通。每层塔板和降液管清洁无杂物。

所有设备检查工作完成后，马上安装人孔。

(2) 机泵、空冷风机检查　机泵经过检修和仔细检查，可以备用。泵：冷却水畅通，润滑油加至规定位置，检查合格；空冷风机：润滑油或润滑脂按规定加好，空冷风机风叶调节灵活。

(3) 换热器检查　换热器安装到位，试压合格，对于检修换热器，抽芯、清扫、疏通后，达到管束外表面清洁和管束畅通，保证开工后换热效果，换热器所有盲板拆除。

2. 试压

精馏塔设备安装就位后，为了检查设备焊缝的致密性和机械强度，在试用前要进行压力试验。一般使用清洁水做静液压试验。试压一般按设计图上的要求进行，如果设计无要求，则按系统的操作压力进行，若系统的操作压力在 5×101.3kPa 下，则试验压力为操作压力的 1.5 倍；操作压力在 5×101.3kPa 以上，则试验压力为操作压力的 1.25 倍；若操作压力不到 2×101.3kPa，则试验压力为 2×101.3kPa 即可。

3. 吹（清）扫

试压合格后，需对新配管及新配件进行吹扫等清洁工作，以免设备内的铁锈、焊渣等杂物对设备、管道、管件、仪表造成堵塞。

管线清扫一般从塔向外吹扫，首次将各管线与塔相连接处的阀门关死，将仪表管线拆除，接管处阀门关死，只将指示清扫所需的仪表保留。开始向塔内充以清扫用的空气或氮气，塔作为一个“气柜”，当达到一定压力后停止充气，接着对各连接管路逐根进行清扫。

塔的清扫，一般用称为“加压和卸压”的方法，即通过多次重复对设备加压和卸压来实现清扫。开车前的清扫先用水蒸气，再用氮气清扫；在停车的清扫时，其水蒸气易产生静电有危险，故先吹氮气再吹水蒸气。清扫排气应通过特设的清扫管；在进行塔的加压和卸压时，要注意控制压力的变化速度。

4. 盲板

盲板是用于管线、设备间相互隔离的一种装置。塔停车期间，为了防止物料经连接管线漏入塔中而造成危险，一般在清扫后于各连接管线上加装盲板。在试运行和开车前，这些加装的盲板又需拆除。有时试运行仅在流程部分范围内进行，为防止试运行物料漏入其余部分，在与试运行部分相连的管线上也需加装盲板，全流程开车之前再拆除。还有那些专用的冲洗水蒸气、水等管线，在正常操作时塔中不能有水漏入，或塔中物料漏入这种管线将会出现危险，在塔开车前对这些管线则需加上盲板，在清扫或试运行中用到它们时则又需拆除这些盲板。总之，在该杜绝连接管线与设备之间的物流流动时，不能依靠阀门关闭来完成，因为很可能阀有渗漏，这时需加装盲板，当要恢复物流流动时，又应拆除盲板。在实际操作时，可以利用醒目彩色涂料或盲板标记牌帮助提醒已安装的盲板位置。

5. 塔的水冲洗、水联运

(1) 水冲洗　塔的冲洗主要用来清除塔中污垢、泥浆、腐蚀物等固体物质，也有用于塔的冷却或为入塔检修而冲洗的。在塔的停车阶段，往往利用轻组分产物来冲洗。例如，催化裂化分馏系统的分馏塔，其进料中含有少量催化剂粉末，随塔底油浆排出塔外。冲洗液大多数情况下用水，有的需用专用清洗液。

装置吹扫试压工作已完成，设备、管道、仪表达到生产要求；装置排水系统通畅，应拆法兰、调节阀、仪表等均已拆完；应加的盲板均已加好；与冲洗管道连接的蒸汽、风、瓦斯等与系统有关的阀门关闭。有关放空阀都打开，没有放空阀的系统拆开法兰以便排水。

一般从泵入口引入新鲜水，经塔顶进入塔内，当水位到达后，最高水位为最上抽出口(也可将最上一个人孔打开以限水位)，自上而下逐条管线由塔内向塔外进行冲洗，并在设备进出口，调节阀处及流程末端放水。必须经过的设备如换热器、机泵、容器等，应打开入口放空阀或拆开入口法兰排水冲洗，待水干净后再引入设备。冲洗应严格按流程冲洗，冲洗干净一段流程或设备，才能进入下一段流程或设备。冲洗过程尽量利用系统建立冲洗循环，以节约用水，在滤网持续 12h 保持清洁时，可判断冲洗已完成。需要注意的问题是：

① 在对塔进行冲洗前，应尽量排除塔中的酸碱残液；

② 冲洗水需不含泥沙和固体杂物；

③ 冲洗液不会对设备有腐蚀作用；

④ 仪表引线在工艺管道冲洗干净后才能引水冲洗；

⑤ 在冲洗连接塔设备的管线以前，安装法兰连接短管和拆流板，这种办法能够防止异物冲洗进塔；

⑥ 冲洗水的水管系统应先用水高速循环冲洗，以除去管壁上的腐蚀物、水圬等杂物，当冲洗泥浆、固体沉淀等堵塞物时，宜从塔顶蒸气出口管处向塔中冲洗，使固体杂物从上冲向下由塔底排出，当塔壁上粘着铁锈、固体沉淀等物时，应注意反复冲洗，直至冲洗掉为止；

⑦ 当处理有害物系的塔停车时，为了塔的检修必须进行冲洗时，注意冲洗彻底，不能有未冲洗到的死区，所有的阀门、排液口全部打开；

⑧ 冲洗液在冲洗完成后一般要彻底清除。

(2) 水联运　水联运主要是为了暴露工艺、设备缺陷及问题，对设备的管道进行水压试验，打通流程。考察机泵、测量仪表和调节仪表性能。

水冲洗完毕，孔板、调节阀、法兰等安装好，泵入口过滤器清洗干净重新安装好，塔顶放空打开，改好水联运流程，关闭设备安全阀前闸阀，关闭气压机出入口阀及气封阀、排凝阀。从泵入口处引入新鲜水，经塔顶冷回流线进入塔内，试运过程中对塔、管道进行详细检查，无水珠、水雾、水流出为合格；机泵连续运转 8h 以上，检查轴承温度、振动情况，运行平稳无杂声为合格；仪表尽量投用，调节阀经常活动，有卡住现象及时处理；水联运要达

2 次以上，每次运行完毕都要打开低点排凝把水排净，清理泵入口过滤器，加水再次联运；水联运完毕后，放净存水，拆除泵入口过滤网，用压缩空气吹净存水。还应注意控制好泵出口阀门开度，防止电流超负荷烧坏电机。严禁水窜入余热锅炉体、加热炉体、冷热催化剂罐、蒸汽、风、瓦斯及反应再生系统。

6. 脱水操作（干燥）

对于低温操作的精馏塔，塔中有水会影响产品质量，造成设备腐蚀，低温下水结冰还可造成堵塞，产生固体水合物，或由于高温塔中水存在会引起压力大的波动，因此需在开车前进行脱水操作。

(1) 液体循环　液体循环可分为热循环和冷循环，所用液体可以是系统加工处理的物料，也可以是水。在进行水循环时要求各管线系统尽可能参与循环，有水经过的仪表要尽可能启动，并进行调试，为了防冻必要时加热升温。水循环结束后要彻底排净设备中的积水，对于机泵应打开底部旋塞排水，或者用风吹干。

(2) 全回流脱水　应用于与水不互溶的物料，它可以是正式运行的物料，也可以是特选的试验物料，随后再改为正式生产中物料，最好其沸点比水高。水汽蒸到塔顶经冷凝器冷凝到回流罐，水从回流罐的最低位处的排液阀排走。

(3) 热气体吹扫　用热气体吹扫将管线或设备中某些部位的积水吹走，从排液口排出。开始时排液口开放，当连续吹出热气体时关闭，随后周期性地开启排放。热气体吹扫除水速度快，但很难彻底清除。

(4) 干燥气体吹扫　靠干燥气体带走塔内汽化的水分。该方法一般用于低温塔的脱水，并在装置中有产生干燥气体的设备。为了加快脱水，干燥气体温度应尽量高些，干吹扫气循环方法可以是开环的，也可以是闭环的。

(5) 吸水性溶剂循环　应用乙二醇、丙醇等一类吸湿性溶剂在塔系统中循环，吸取水分，达到脱水的目的。此法费用较高。

7. 置换

在工业生产中，被分离的物质绝大部分为有机物，它们具有易燃、易爆的性质，在正式生产前，如果不驱出设备内的空气，就容易与有机物形成爆炸混合物。因此，先用氮气将系统内的空气置换出去，使系统内含氧量达到安全规定（0.2%）以下，即对精馏塔及附属设备、管道、管件、仪表凡能连通的都连在一起，再从一处或几处向里充氮气，充到指定压力，关氮气阀，排掉系统内空气，再重新充气，反复 3～5 次，直到分析结果含氧量合格为止。

8. 电、仪表、公用工程

(1) 电气动力：新安装（或检修后）电机试车完成，电缆绝缘、电机转向、轴承润滑、过流保护、与主机匹配等均要符合要求。新鲜水、蒸汽等引进装置正常运行，蒸汽管线各疏水器正常运行，工业风、仪表风、氮气等引进装置正常运行。

(2) 仪表：仪表调校对每台、每件、每个参数都重要，所有调节阀经过调试，全程动作灵活，动作方向正确。热电偶经过校验检查，测量偏差在规定范围内，流量、压力和液位测量单元检测正常。其中特别要注意塔压力、塔釜温、回流、塔釜液面等调节阀阀位核对尤为重要，投料前全部仪表处于备用状态。

(3) 公用工程：精馏塔所涉及的公用工程主要是冷却剂、加热剂，冷却水可以循环使用，加热剂接到进再沸器调节阀前备用。

(4) 所有的消防、灭火器材均配备到位，所有的安全阀处于投运状态，各种安全设备备好待用。

(二) 填料塔的开车准备

在填料塔的装置安装完成后，需经历一系列投运准备工作后，才能开车投产。填料塔的原始开车，操作前必须做到设备检查、试压、吹（清）扫、装填料及电气、仪表、公用工程处于备用状态，然后才能转入化工投料阶段。

(1) 检查　填料塔系统安装结束后，按照工艺流程图核对各设备、管道、阀门是否安装齐全，各阀门是否灵活好用，仪表是否灵敏正确。

(2) 吹除和清扫　对填料塔系统所属的设备和气体、溶液管道要用压缩空气吹净，清除其内的焊渣、灰尘、泥污、螺钉等杂物，以免在开车时卡坏阀门和堵塞填料。吹净前按气、液流程，依次拆开与设备、阀门连接的法兰，吹除物由此放空。由压缩机送入空气，反复多次，直至吹出气体清净为止。吹净一部分后装好法兰继续往后吹除，直到全系统吹净为止。放空、排污、分析取样及仪表管线同时吹净。对填料塔、溶液槽等设备进行人工清扫。

(3) 装填料　系统吹净后即可向塔内装填料。填料在装入之前要清洗干净，对拉西环、鲍尔环等填料，可采用规则或不规则排列。采用规则排列，将由人进入塔内进行排列到规定的高度；若采用不规则排列，则装填前应先将塔内灌满水，然后从人孔或塔顶倒入填料。装瓷质填料时要轻拿轻放，防止破损。至规定高度后，把水面上漂浮的杂物捞出，放净塔内的水，将填料表面扒平，封闭人孔或顶盖，即可对系统进行气密试验。

弧鞍形、矩鞍形以及阶梯环填料，均可采用乱堆方法装填。

装填木格填料时，应自下而上分层装填，每两层之间的格板夹角为45°，装完后在木格上面压两根工字钢，以免开车时气流将木格吹翻。

(4) 系统水压试验和气密试验

① 水压试验　为了检验设备焊缝的致密性和机械强度，在使用前要进行水压试验。其步骤为关闭气体进口阀和出口阀，开启系统放空阀，向系统加入清水，待放空管有水溢出时，关闭放空阀，将系统压强控制在操作压强的1.25倍。在此对设备及管道进行全面检查，发现泄漏，卸压处理至无泄漏即为合格。水压试验时升压要缓慢，恒压工作不要反复进行，以免影响设备和管道的强度。试压结束后，将系统内的水排净。

② 气密试验　为防止在开车时气体由法兰及焊缝处泄漏出去，在开车前填料塔要进行气密试验。试验方法是用压缩机向系统送入空气，并逐渐将压强提高到操作压强的1.05倍，对所有法兰及焊缝涂肥皂水进行查漏。发现泄漏，做好标记，卸压处理。无泄漏后保压30min，压强不下降，即为合格，然后将气体放空。

(5) 运转设备的试车　为了检查溶液泵和输送设备的安装和运转情况，在开车前要进行试车。具体方法是用气体输送设备向填料塔内送入空气，逐渐将压强提高到操作压强，并向溶液槽内加满清水，启动溶液泵，使清水按照正常生产时的溶液流程进行循环。观察泵和气体输送设备运转是否正常，流量及压强是否能达到设计要求。开启填料塔的液位自动调节仪表，维持正常液位，观察仪表是否灵活好用；同时将所有的溶液泵轮换运转，进行倒泵操作检查。

(6) 设备的清洗及填料的处理

① 填料塔系统的清洗　在进行运转设备联动试车的同时，对设备用清水进行清洗，以除去固体杂质。在清洗时不断排放系统的污水，并向溶液槽内补加清水，当循环水中固体含量小于 50mg/kg 时，即为合格，可停止清洗，将系统内的水放净。

生产中，有时在清水洗后还需要用稀碱液洗去设备内的油污和铁锈。此时可向溶液槽加入浓度为 5% 的碳酸钠溶液，启动溶液泵，使碱液在系统内循环，连续碱洗 18～24h 后，将系统内的碱液放掉，再用软水清洗系统至水中碱含量小于 0.01% 时为止。

② 填料的处理　一般填料与设备一起经清洗即可满足生产要求，但塑料填料和木格填料须经过特殊处理后才能使用。

(7) 系统开车　在原始开车中，系统置换合格后，即可进行系统开车。系统开车方法与短期停车后的开车相同。

其他操作与板式塔类似。

四、筛板精馏塔的操作

下文以 2012～2013 年全国职业技能竞赛化工生产技术赛项的精馏装置——常州工程职业技术学院和浙江中控教仪有限公司联合研制的化工总控工乙醇-水精馏竞赛装置为模板，介绍筛板精馏塔的开车准备、开车、正常运行和停车操作。

本精馏操作中使用的原料：质量分数 15%～20% 的乙醇水溶液。

(一) 精馏塔操作总体技能要求

(1) 掌握精馏装置的构成、物料流程及操作控制点（阀门）。

(2) 在规定时间内完成开车准备、开车、总控操作和停车操作，操作方式分为手动操作和 DCS 操作。

(3) 控制再沸器液位、进料温度、塔顶压力、塔压差、回流量、采出量等工艺参数，维持精馏操作正常运行。

(4) 正确判断运行状态，分析不正常现象的原因，采取相应措施，排除干扰，恢复正常运行。

(5) 优化操作控制，合理控制产能、质量、消耗等指标。

(二) 筛板精馏塔的相关部件介绍

图 2-78 为筛板精馏塔的工艺设备流程图。

1. 塔底再沸器（图中代码 E-704）

再沸器 E-704 是使被蒸馏液体汽化的加热设备，也称加热釜或重沸器。再沸器一般与精馏塔结合使用，直接装于精馏塔的外部。装在塔外的再沸器是以虹吸管和导管与精馏塔相连，塔底回流液可沿虹吸管进入再沸器，而自再沸器引出的蒸汽沿导管升入塔中。加热方式为电加热式。再沸器可以进行一次汽液平衡，相当于一次理论塔板。物料在再沸器受热膨胀直至汽化，密度变小，从而离开汽化空间，顺利返回到塔里，返回塔中的气液两相，气相向上通过塔盘，而液相会掉落到塔底。由于静压差的作用，塔底将会不断补充被蒸发掉的那部分液位。

2. 塔顶冷凝器（图中代码 E-702）

塔顶冷凝器是一个可以将精馏塔上升蒸汽凝结成液态物质的设备。凝结过程中物质放出潜热，使冷凝器的冷媒温度升高。塔顶冷凝器是常见的热交换器，按其冷却介质不同，可分为水冷式、空气冷却式、蒸发式三大类，将上升蒸汽全部冷凝为液体的冷凝器

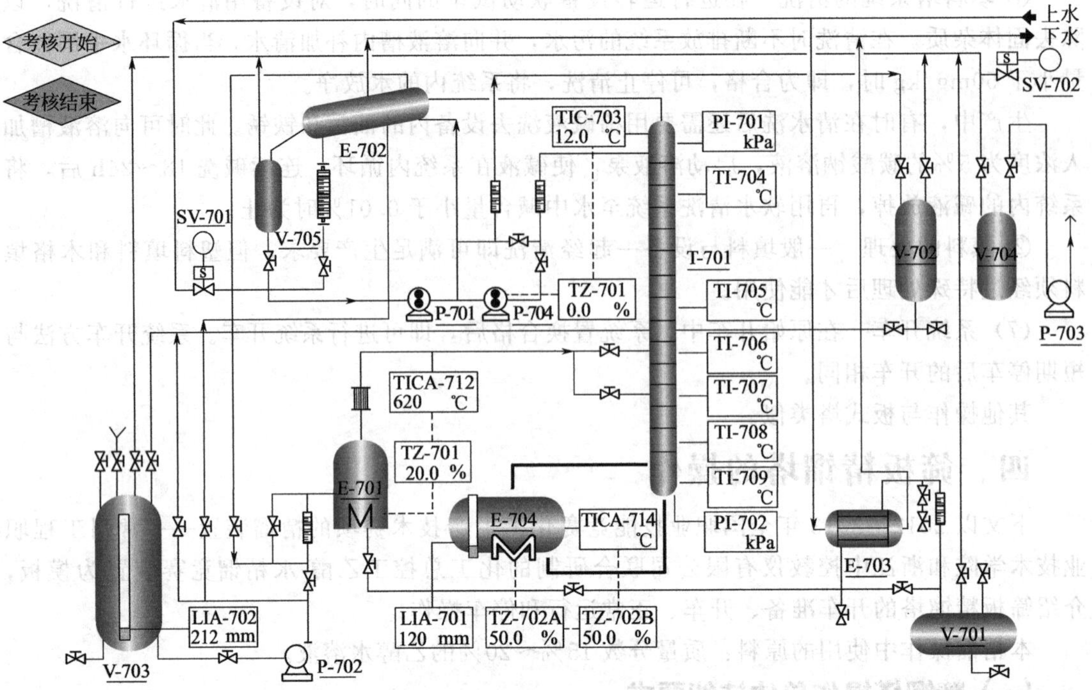

图 2-78 筛板精馏塔的工艺设备流程图

称为全凝器；仅将上升蒸汽部分冷凝为液体的冷凝器称为分凝器，分凝器可认为是一块理论板。

精馏塔顶出来的气相，一般需要用其他冷媒冷凝（如循环水、冷冻水或冷物料）进行间壁式换热，由于本实训中精馏的对象为低浓度的乙醇（一般其质量分数为15%～20%），被冷凝的气相温度较高及组分较单一且常温下为液态，故采用全凝器冷凝，冷凝器分为两级，第一级采用冷物料冷凝，第二级用循环水做冷媒冷凝，可减少循环水用量，同时低温原料被预热，也可减少蒸汽耗量。

3. 原料预热器（图中代码 LIA-702）

原料预热器是将原料罐中的原料加热至一定的温度进入塔板的设备。由于不同的进料温度直接影响精馏塔内两段上升蒸汽和下降液体量之间的关系，因此原料预热器往往需将原料预热至与进料板温度尽可能接近的温度。

4. 回流泵（图中代码产品泵 P-701 及回流泵 P-704）

当精馏塔顶采用自然回流时，回流比的控制有波动，不够严格。因此在生产上往往采用强制回流的方式，回流量则由回流泵来控制。

在本实训装置中，回流采用两级变频泵来调节。其中变频泵 P-701 将回流罐 V-705 中的塔顶冷凝液回流或采出，而变频泵 P-704 则将变频泵 P-701 输送的流体通过计量后回流入塔内。

5. 冷凝液回流罐（图中代码 V-705）

冷凝液回流罐相当于一个缓冲罐，通过回流罐可以保持塔顶来的冷凝液和送出回流液及产品之间的物料平衡，因此回流冷凝罐的液位控制至关重要。通常情况下，为了控制液位，可采取串级控制的方法，在本装置中，回流罐液位采取的是手动方式，在全回流时，通过控制回流罐在一定的液位，使精馏操作处于物料平衡状态，由此来控制加热蒸汽量及冷却水用量。

（三）精馏塔的操作

在精馏塔的操作运行中，按生产操作规程，可分为四个大步骤，即开车前准备、开车、正常运行、停车和操作后清场。

1. 开车前准备

开车前准备要检查的内容主要包括：

（1）总电源是否有电，仪表盘电源是否显示正常，实时监控仪是否正常，检查塔板上每个温度探测点显示有无异常，塔顶、塔底压力是否显示正常；

（2）检查工艺流程中各阀门状态，须将所有阀门调整至准备开车状态并挂牌标识，一般而言，除却放空阀，其他阀门初始状态应该呈关闭状态，按照工厂模式，关闭的阀门挂红牌，打开的阀门挂绿牌；

（3）检查原料罐（总容积约为 250L，最高刻度为 67cm）初始液位是否足够一次实训所用，一般情况下，现场初始液位应该高于 60cm；

（4）读取电表初始值，以计算一次运行的电能消耗；

（5）读取水表初始值，以计算一次运行的水量消耗，在实际操作中应尽可能使用循环水做冷媒冷凝；

（6）检查管路、容器中是否有残液，如有，则应清空料液以免影响正常生产操作的最终产品质量；

（7）检查工艺文件是否齐全，在操作前应该有工艺流程图、工艺记录卡、测试单、操作规程等相关工艺文件，以确保按图纸、按工艺、按标准进行“三按”生产；

（8）检查所有的容器、阀门、管线的泄漏和测试仪表的连接；

（9）检查 DCS 操作系统是否处于正常状态；

（10）加入釜液至合适的液位，通过规范操作离心泵，将原料罐中的原料液通过指定管线（可通过原料进料流量计、旁路阀一种或多种组合通过塔板）加入到再沸器中。

2. 开车

（1）启动精馏塔的再沸器加热；

（2）当升温至一定程度时将连通冷却水的进水阀打开，并打开塔顶冷凝器 E702 冷却水进水的转子流量计，并且调节冷却水流量；

（3）当冷凝液进入回流液罐达到一定液位后，通过泵 P-701 经流量计计量后打回精馏塔中，建立全回流；

（4）回流一定时间，塔板上接近达到汽液相平衡，全回流基本稳定；

（5）选择合适的进料位置，开启相应的进料阀门，以指定流量经过进料管线进行正常运行操作。

3. 正常运行

（1）塔顶馏出液经产品冷凝器被冷却后收集到产品罐内；

（2）再沸器内的残液经釜残液冷凝器被冷却后收集到残液罐内。

4. 停车

（1）停进料泵，关闭相应管线上阀门；

(2) 停预热器电加热及再沸器电加热；

(3) 停回流泵；

(4) 塔顶馏出液送入产品槽，停产品冷凝器冷却水，停产品泵；

(5) 停止塔釜残液采出，停塔釜残液冷凝器冷却水；

(6) 关闭上水总阀、回水总阀，将所有阀门恢复至生产前状态；

(7) 读取电表终值，以计算一次运行的电能消耗；

(8) 读取水表终值，以计算一次运行的水量消耗；

(9) 读取原料罐值，以计算一次运行的原料消耗；

(10) 称量产品罐中馏出液，计算产量及回收率；

(11) 关闭 DCS 系统，关闭电脑，停水、停电。

5. 清场

(1) 将再沸器及预热器中的残液冷却后暂存于塔釜残液罐中；

(2) 将管线和容器（回流罐、产品罐、塔顶冷凝器、塔釜产品冷凝器）中的积液，收集至指定的回收桶中；

(3) 将产品收集桶中的产品收集至回收容器中；

(4) 将现场滴洒的液体拖干净；

(5) 将废液桶中的废液收集至指定容器中；

(6) 将现场设备擦扫干净；

(7) 将操作现场地面、操作台清扫干净；

(8) 将操作现场的工具、器具和称量器具摆放整齐；

(9) 将操作现场的操作规程、酒精浓度对照表摆放整齐。

(四) 精馏塔的操作要点

1. 加热操作

本精馏塔再沸器采用的是一个启动开关和两组加热棒（合计 23kW）进行电加热操作，故在操作时应先启动开关，同时为了均匀加热，两组加热棒应尽可能保持相同的电压和电流；精馏塔的预热器系统采用的是一个启动开关和一组加热棒（合计 9kW），其操作要求和再沸器加热相似。

在加热操作时，初始阶段，为了使精馏塔能尽快建立全回流，一般采用满负荷加热的模式；当精馏进入全回流阶段后，应控制热负荷在合适的水平，具体的负荷量应该根据原料液的汽液相平衡关系及生产实际确定。

2. 冷却水用量的控制

本精馏装置中，冷却水有三种用途：向塔顶冷凝器供水；向塔釜产品冷凝器供水；向馏出液冷凝器供水，其中，向塔顶冷凝器供水占绝大部分，塔釜产品冷凝器供水较少，而馏出液冷凝器消耗水量极少，占不足 1/10 的量。因此如何减少塔顶冷凝器冷却水量是最主要的控制因素，节水操作的主要手段可以在全回流时，当蒸汽上升至一定的塔板位置（TIC703、TIC704 或 TIC705）方开启冷却水，并且在开启时用较小的流量冷却，当塔顶蒸汽量大时加大冷却水量。

热量回收是一个很重要的节能手段，在本精馏操作中，塔顶冷凝器由两级冷凝组成，第一级冷却采用原料冷却，第二级采用冷却水冷却，因此，在进料操作时可以用原料来冷却塔顶蒸汽，同时原料液获得一定的热量，减少预热器的电能消耗。值得注意的是，由于在本精馏装置中，原料预热流程只能在正常运行时操作，在前期的全回流过程中，由于预热管线为密闭体系，在受热后产生较大的热应力，导致塔顶冷凝器泄漏问题。

3. 齿轮泵的串联操作

总控工精馏竞赛装置中一个很重要的操作为泵 P-701 及泵 P-704 的串联操作，由于泵 P701 及泵 P704 均为齿轮泵，在全回流操作时应将回流管线连通方可以启动泵 P701（功能是将回流罐中的液体一部分回流到精馏塔内，另一部分则作为馏出液采出），由于泵 P701 流量较大，所以需有保护回路，同时回流时需对回流量进行精确计量以控制恒摩尔液流量，故以泵 P704 进行变频调节，可以更准确地控制回流量。

（五）精馏塔的调节

1. 精馏过程由于物料不平衡而引起的不正常现象及调节方法

在操作过程中，要求维持总物料平衡是比较容易的，即 $F=D+W$，但要求在组分的物料平衡条件下操作则比较困难，有时过程往往处于不平衡条件下操作。

即
$$Dx_D \neq Fx_F - Wx_W \tag{2-36}$$

对上述情况下的外观表现和恢复正常操作的处理方法如下。

（1）在 $Dx_D > Fx_F - Wx_W$ 下操作　在此情况下操作，显而易见，随着过程进行，塔内轻组分不断流失，而重组分则逐步积累，使操作过程日趋恶化。

表现为：塔釜温度合格而塔顶温度逐渐升高，塔顶产品不合格，严重时冷凝器内液流减少。

造成的原因有：

① 塔釜产品与塔顶产品采出比例不当。即

$$\frac{D}{F} > \frac{x_F - x_W}{x_D - x_W} \tag{2-37}$$

② 进料小或进料中轻组分含量下降。

处理方法：

a. 如因塔釜产品与塔顶产品采出比例不当造成此现象时，则可采用不变化加热蒸气压，减小塔顶采出，加大塔釜出料和进料量，使过程在 $Dx_D < Fx_F - Wx_W$ 下操作一段时间，以补充塔内的轻组分量，待顶温逐步下降至规定值时，再调节操作参数，使过程在 $Dx_D = Fx_F - Wx_W$ 下操作。

b. 如果进料组成变化，但变化不大而造成此现象时，调节方法同上。若组成变化较大时，尚需要调节进料的位置。甚至改变回流量。

（2）在 $Dx_D < Fx_F - Wx_W$ 下操作　显然随着过程进行，塔内重组分流失而轻组分逐步积累，同样使操作过程趋于恶化。

其外观表现是：顶温合格而釜温下降，塔釜采出不合格。

造成的原因有：

① 塔底产品与塔顶产品采出比例不当。即

$$\frac{D}{F} < \frac{x_F - x_W}{x_D - x_W} \tag{2-38}$$

② 进料组成有变化，轻组分含量升高。

处理方法：若塔顶产品与塔底产品采出比例不当造成此现象时，可采用不变回流量、加大塔顶采出，同时相应调节加热蒸气压，使过程在 $Dx_D > Fx_F - Wx_W$ 操作，同时也可视情况适当减少进料量。待釜温升至正常时，按 $Dx_D = Fx_F - Wx_W$ 的操作要求调整操作条件。

若因进料组成变化而引起此现象时，亦可按上述方法调节。并视情况而对进料口位置作适当调整。

2. 分离能力不够引起产品不合格的现象及调节方法

分离能力不够引起产品不合格，其表现为塔顶温度升高，塔釜温度降低。塔顶、塔底产品不符合要求。

采取的措施，一般可通过加大回流比来调节，但应注意若在塔的处理量 F 及组成 x_F 已定的条件下，又规定了塔顶、塔底产品的组成，根据物料衡算则塔顶塔釜产品的量已确定，因此增加回流比并不意味着产品流量 D 的减少。加大回流比的措施，必须增加上升蒸气量即增加塔底的加热速率及塔顶的冷凝量。

此外，由于回流比的增大，塔内上升蒸气量超过塔内允许负荷时容易发生严重的液沫夹带和其他不正常现象，因此不能盲目增加回流比。

3. 精馏过程生产条件变化对操作条件的影响及调节

生产过程中进料量的变化，这在进料量指示仪表上可以直接反映出来。如果仅仅是由于外界条件的波动而引起的，则可调节进料控制阀门即可恢复正常。

如果因生产上需要使进料量改变，则可根据维持稳定的连续操作作为条件进行调节，使过程仍然在 $Dx_D = Fx_F - Wx_W$ 下操作。

由于操作上疏忽，进料量已发生变化，而操作条件未作相应的调整，其结果必然使得过程处于物料不平衡下操作。

原因是：精馏过程的塔釜采出是根据塔釜液位加以控制的，在进液减少时，塔顶采出仍维持原状不变，使过程处于 $Dx_D > Fx_F - Wx_W$ 下操作，同理，在进料量增加时，则过程必然处于 $Dx_D < Fx_F - Wx_W$ 下操作。

其外观表现与物料不平衡下操作相同，处理方法也相同。

4. 进料组成的变化对操作的影响及控制方法

由于进料组成的变化不如进料量变化容易被发觉（要待分析原料组成后才能知道），当在操作数据上有反映时，往往有所滞后，因此如何能及时发现并及时处理是经常遇到的问题。

以下分析由于进料中重组分增加对操作的影响。

如进料组成 x_{F1} 变化至 x_{F2}，其中 $x_{F1} < x_{F2}$，根据二元系统图来看，精馏段的塔板较原来的要多，对于一定塔板的精馏塔而言，显然分离程度要差，即塔顶产品纯度下降。

同时，根据物料衡算也可知，过程处于 $Dx_D > Fx_F - Wx_W$ 下操作，则顶温上升较快。

恢复正常操作的方法，除 $Dx_D > Fx_F - Wx_W$ 外，尚需要：

（1）适当加大回流量，回流增大即回流比增大，能使达到同样分离效果而要求的塔板减少，以弥补由于进料组成的变化而引起的塔板数增加。

（2）视情况适当调整进料口的位置，使精馏段与提馏段的塔板数能更合理地分配。至于进料中轻组分的增加，与上述分析方法相同。

5. 进料温度的变化对操作的影响

进料温度的变化对精馏过程分离效果有影响，在一些专业的教科书及计算中详细分析，此处不再重复，但须注意的是进料温度变化会直接影响塔内上升蒸气量，故要求对上升蒸气量加以调节。如调节不及时，易使塔处于不稳定（物料不平衡）下操作，甚至发生跑料。

(六) 筛板精馏塔的控制

精馏是气液两相间的热量传递过程，与相平衡密切相关。对于乙醇-水体系，操作温度压力可以独立变化，当要求获得指定组成的蒸馏产品时，操作温度和操作压力也就确定了。因此，工业精馏通常通过控制压力和温度来控制精馏过程。

1. 压力控制

压力是影响精馏操作的重要因素。精馏塔的操作压力是由设计者根据工艺要求、经济效益等综合论证后确定的，生产运行中不能随意变动。塔内压力波动对精馏操作主要影响如下。

(1) 操作压力波动，将使每块塔板上汽液平衡关系发生变化。压力升高，气相中难挥发组分减少，易挥发组分浓度增加，液相中易挥发组分浓度也增加；同时，压力升高后汽化困难，液相量增加，气相量减少，塔内气、液相负荷发生了变化。其总的结果是，塔顶馏出液中易挥发组分浓度增加，但产量减少；釜液中易挥发组分浓度增加，釜液量也增加。严重时会造成塔内的物料平衡被破坏，影响精馏的正常进行。

(2) 操作压力增加，组分间的相对挥发度降低，塔板提浓能力下降，分离效率下降。但压力增加，组分的密度增加，塔的处理能力增加。

(3) 塔压的波动还将引起温度和组成间对应关系的变化。

可见，塔的操作压力变化将改变整个塔的操作状况。因此，生产运行中应尽量通过控制系统维持操作压力基本恒定。

大多数精馏塔的控制系统都是以恒定的塔操作压力为前提的，因此有时需要压力补偿。压力控制设计的基础是：以进、出塔的质量流量或热流量为操纵变量，即通过调节物料或能量平衡，可以实现对塔的压力控制。质量流量法是控制塔顶气体的蓄积量；而热流量法则是调节塔顶冷凝器的热通量。作为常压塔，对稳定性无严格要求和空气对分离物料无影响时，则不需对其进行压力控制，只需在回流罐上设置一通大气的放气口即可。另外，对于存在不凝气的微正压塔来说，也可只设置罐气相出口调节阀。

2. 温度控制

精馏塔的质量指标有直接指标和间接指标两种。直接质量指标控制就是对产品成分的分析控制，但由于产品成分分析仪（一般为气相色谱仪）具有价格高、难维修和动态响应迟缓等缺点，故其在工业上应用较少。间接质量指标控制则是对温度的控制，温度控制具有成本低、动态响应灵敏和可靠性高等优点，从而使其在工业中得到了广泛应用。通过温度控制质量指标的设计基础是：当塔压保持恒定时，温度与产品组成之间存在着非常好的对应关系。在普通精馏中，对产品纯度的要求不高，压力微小波动给温度控制带来的误差可忽略不计。但在精密精馏（如苯-甲苯-二甲苯、乙烯-乙烷、丙烯-丙烷精馏等）中，对产品纯度的要求很高，由于组分间的相对挥发度非常小，因此压力波动导致的温度变化要比成分改变引起的温度变化大得多，故即使压力的微小波动也会使精密精馏的温度控制失效。为了克服压力波动的干扰，需采用具有压力补偿功能的温度控制，即温差控制。

在温度控制设计中，从理论上讲，塔顶温度能够最精确地反映塔顶产品的质量，相应地塔底温度也能最精确地反映塔底产品的质量。当精馏塔塔顶或塔底附近的各塔板上产品成分比较接近，即温度变化不明显，则需要配备高灵敏度和高控制精度的温度检测仪表，现实中很难达到这一要求。而采用灵敏板（当精馏过程受到外界干扰时，塔内不同塔板处的物料组成将发生变化，其相应的温度亦将改变。其中，塔内某些塔板处的温度对外界干扰的反应特别明显，即当操作条件发生变化时，这些塔板上的温度将发生显著变化，这种塔板称为灵敏板）温度控制产品的质量指标，可以有效解决上述问题，目前被广泛采用的灵敏板温度控制方案主要有：精馏段温度控制、提馏段温度控制和温差控制。

精馏塔通过灵敏板进行温度控制的方法大致有以下几种。

(1) 精馏段温控　灵敏板取在精馏段的某层塔板处，称为精馏段温控。适用于对塔顶产品质量要求高或是气相进料的场合。调节手段是根据灵敏板温度，适当调节回流比。例如，灵敏板温度升高时，则反映塔顶产品组成下降，故此时发出信号适当增大回流比，使 x_D 上升至合格值时，灵敏板温度降至规定值。

(2) 提馏段温控　灵敏板取在提馏段的某层塔板处，称为提馏段温控。适用于对塔底产品要求高的场合或是液相进料时，其采用的调节手段是根据灵敏板温度，适当调节再沸器加热量。例如，当灵敏板温度下降时，则反映釜底液相组成 x_w 变大，釜底产品不合格，故发出信号适当增大再沸器的加热量，使釜温上升，以便保持 x_w 的规定值。

(3) 温差控制　当原料液中各组成的沸点相近，而对产品的纯度要求又较高时，不宜采用一般的温控方法，而应采用温差控制方法。温差控制是根据两板的温度变化总是比单一板上的温度变化范围要相对大得多的原理来设计的，采用此法易于保证产品纯度，又利于仪表的选择和使用。

3. 精馏过程的热平衡控制

精馏装置的能耗主要由塔底再沸器中的加热剂和塔顶冷凝器中冷却介质的消耗量所决定，两者用量可以通过对精馏塔进行热量衡算得出。

若原料液经过预热后使其带入的热量增加，则再沸器内加热剂的消耗量将减少。至于塔顶冷凝器中冷却介质的用量可通过对冷凝器的热量衡算算出。精馏过程中，除再沸器和冷凝器应严格符合热量平衡外，还必须注意整个精馏系统的热量平衡，即由精馏塔与这些换热器等组成的精馏系统是一个有机结合的整体。因此，塔内某个参数的变化必然会反映到再沸器和冷凝器中。

五、精馏塔的事故判断和故障处理

精馏塔操作时，应有正常的气液负荷量，避免发生以下不正常的操作情况。

1. 严重的液沫夹带现象

当塔板上的液体的一部分被上升气流带至上层塔板，这种现象称为液沫夹带。液沫夹带是一种与液流主流方向相反的流动，属返混现象，是对操作有害的因素，会引起大量的液沫夹带，严重时还会发生液泛，破坏正常操作。

2. 严重的漏液现象

在精馏塔内，液体和气体应在塔板上有错流接触。但是当气速较小时，部分液体会从塔板开孔处直接漏下，这种漏液现象对精馏过程是有害的，它使气液两相不能充分接触。严重的漏液，将使塔板上不能积液而无法正常操作。

3. 溢流液泛

因受降液管通过能力的限制而引起的液泛称溢流液泛。对一定结构的精馏塔，当气液负荷增大，或某一塔板的降液管有堵塞现象时，降液管内清液高度增加，当降液管液面升至堰口上缘时，降液管内的液体流量为其极限通过能力，如液体流量 L 超过此极限值，板上开始积液，最终会使全塔充满液体，引起溢流液泛。

4. 塔板压降及塔釜压力不正常

塔板压降是精馏塔一个重要的操作控制参数，它反映了塔内气液两相的流体力学状况。一般，以塔釜压力 p_B 来表示塔内各板的综合压降：

$$p_B = p_T + \sum \Delta p_i \tag{2-39}$$

式中，p_T 表示塔顶压力；Δp_i 表示塔板压降。

当塔内发生严重雾沫夹带时，p_B 将增大。若 p_B 急剧上升，则表明塔内可能已发生液泛；如果 p_B 过小，则表明塔内已发生严重漏液。通常情况下，设计完善的精馏塔应有适当的操作压降范围。

常见操作故障及处理方法见表 2-9。

表 2-9 精馏塔的常见操作故障及处理方法

异常现象	原　因	处　理　方　法
液泛	①负荷高 ②液体下降不畅，降液管局部被污垢物堵塞 ③加热过猛，釜温突然升高 ④回流比大 ⑤塔板及其他流道冻堵	①调整负荷 ②加热 ③调加料量，降釜温 ④降回流，加大采出 ⑤注入适量解冻剂，停车检查
釜温及压力不稳	①蒸汽压力不稳 ②疏水器不畅通 ③加热器漏液	①调整蒸汽压力至稳定 ②检查疏水器 ③停车检查漏液处
釜温突然下降而提不起温度	①疏水器失灵 ②扬水站回水阀未开 ③再沸器内冷凝液未排除，蒸汽加不进去 ④再沸器内水不溶物多 ⑤循环管堵塞，列管堵塞 ⑥排水阻气阀失灵 ⑦塔板堵，液体回不到塔釜	①检查疏水器 ②打开回水阀 ③吹凝液 ④清理再沸器 ⑤通循环管，通列管 ⑥检查阀 ⑦停车检查情况
塔顶温度不稳定	①釜温太高 ②回流液温度不稳 ③回流管不畅通 ④操作压力波动 ⑤回流比小	①调节釜温至规定值 ②检查冷凝液温度和用量 ③疏通回流管 ④稳定操作压力 ⑤调节回流比
系统压力增高	①冷凝液温度高或冷凝液量少 ②采出量少 ③塔釜温度突然上升 ④设备有损或有堵塞	①检查冷凝液温度和用量 ②增大采出量 ③调节加热蒸汽 ④检查设备
塔釜液面不稳定	①塔釜排出量不稳 ②塔釜温度不稳 ③加料成分有变化	①稳定釜液排出量 ②稳定釜温 ③稳定加料成分

续表

异常现象	原因	处理方法
加热故障	①加热剂压力低 ②含有不凝性气体 ③冷凝液排出不畅	①调整加热剂压力 ②排出加热剂中的不凝性气体 ③排除加热剂中的冷凝液排出不畅故障
	①再沸器泄漏 ②液面不稳(过高或过低) ③堵塞 ④循环量不足	①检查再沸器 ②调整再沸器液面 ③疏通再沸器 ④调整再沸器的循环量
泵的流量不正常	①过滤器堵塞 ②液面太低 ③出口阀开得过小 ④轻组分太多	①清洁过滤器 ②调整液位 ③打开阀门 ④控制轻组分量
塔压差增高	①负荷升高 ②回流量不稳 ③冻塔或堵塞 ④液泛	①减负荷 ②调节回流比 ③解冻或疏通 ④按液泛情况处理
夹带	①气速太大 ②塔板间距过小 ③液体在降液管内的停留时间过长或过短 ④破沫区过大或过小	①调节气速 ②调整板间距 ③调整停留时间 ④调整破沫区的大小
漏液	①气速太小 ②气流的不均匀分布 ③液面落差 ④人孔和管口等连接处焊缝裂纹、腐蚀、松动 ⑤气体密封圈不牢固或腐蚀	①调节气速 ②流体阻力的结构均匀 ③减少液面落差 ④保证焊缝质量、采取防腐措施,重新拧紧固定 ⑤修复或更换
污染	①灰尘、锈、污垢沉积 ②反应生成物、腐蚀生成物积存于塔内	①进料塔板堰和降液管之间要留有一定的间隙,以防积垢 ②停工时彻底清理塔板
腐蚀	①高温腐蚀 ②磨损腐蚀 ③高温、腐蚀性介质引起设备焊缝处产生裂纹和腐蚀	①严格控制操作温度 ②定期进行腐蚀检查和测量壁厚 ③流体内加入防腐剂,器壁包括衬里涂防腐层

六、精馏塔的日常维护和检修

1. 精馏塔的日常维护

为了确保塔设备安全稳定运行，必须做好日常检查，并记录检查结果，以作为定期停车检查、检修的资料。日常维护和检查内容有：原料、成品及回流液的流量、温度、纯度、公用工程流体（如水蒸气、冷却水、压缩空气等）的流量、温度及压力；塔顶、塔底等处的压力及塔的压力降；塔底的温度；安全装置、压力表、温度计、液面计等仪表；保温、保冷材料；检查联结部位有无松动的情况；检查紧固面处有无泄漏，必要时采取增加夹紧力等措施。

2. 精馏塔的停车检修

塔设备在一般情况下，每年定期停车检查1～2次，将设备打开，对其内构件及壳体上大的损坏进行检查、检修。通常停车检查项目有：检查塔盘水平度、支持件、连接件的腐蚀和松动等情况，必要时取出塔外进行清洗或更换；检查塔底腐蚀、变形及各部位焊缝的情况，对塔壁、封头、进料口处筒体、出入口接管等处进行超声波探伤仪探测，判断设备的使用寿命；全面检查安全阀、压力表、液面计有无发生堵塞现象，是否在规定的压力下动作，必要时重新进行调整和校验；检查塔板的磨损和破坏情况；如在运行中发现异常振动现象，停车检查时一定要查明原因，并妥善处理。应当注意的是，为防止垫片和紧固用配件之类的损坏和遗失，有必要准备一些备品；当从板式塔内拆出塔板时，应将塔板一一做上标记，这样在复原时就不至于装错。

结晶操作技术与运行管理

一、晶体基本理论

固体从形态上分为有晶形和无定形两种。例如，食盐、蔗糖等都是晶体，而木炭、橡胶都为无定形物质。其区别主要在于内部结构中的质点元素（原子、分子）的排列方式互不相同。

(一) 溶解度和溶解度曲线

任何固体物质与其溶液相接触时，如溶液尚未饱和，则固体溶解，如溶液恰好达到饱和，则固体溶解与析出的速度相等，结果是既无溶解也无析出，此时固体与其溶液已达到相平衡。固液相平衡时，单位质量的溶剂所能溶解的固体的质量，称为固体在该溶剂中的溶解度。工业上通常采用1（或100）份质量的溶剂中溶解多少份质量的无水溶质来表示溶解度的大小。

溶解度的大小与溶质及溶剂的性质、温度及压强等因素有关。一般情况下，溶质在特定溶剂中的溶解度主要随温度而变化。因此，溶解度数据通常用溶解度对温度所标绘的曲线来表示，该曲线称为溶解度曲线。图2-79中示出了几种常见的无机物在水中的溶解度曲线。

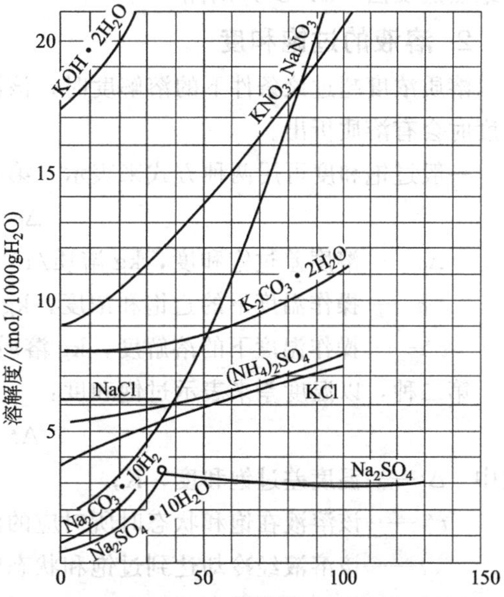

图 2-79 几种无机物在水中的溶解度曲线

由图2-79可知，有些物质的溶解度随温度的升高而迅速增大，如$NaNO_3$、KNO_3等；有些物质的溶解度随温度升高以中等速度增加，如KCl、$(NH_4)_2SO_4$等；还有一类物质，如NaCl等，随温度的升高溶解度变化不明显；此外，一些化合物的溶解度曲线上有折点，物质在折点两侧含有的水分子数不等，故转折点又称为变态点。例如，低于32.4℃时，从硫酸钠水溶液中结晶出来的固体是

$Na_2SO_4 \cdot 10H_2O$，而在这个温度以上结晶出来的固体是 Na_2SO_4。

溶解度特征对于结晶方法的选择起决定性的作用。对于溶解度随温度变化敏感的物质，适合用变温结晶方法分离；对于溶解度随温度变化缓慢的物质，适合用蒸发结晶法分离等。

(二) 饱和溶液与过饱和溶液

1. 饱和溶液与溶解度曲线

达到固、液相平衡时的溶液称为饱和溶液。溶液含有超过饱和量的溶质，则称为过饱和溶液。同一温度下，过饱和溶液与饱和溶液的浓度差称为过饱和度。

溶液的过饱和度与结晶的关系可用图 2-80 表示。图中 *AB* 线为具有正溶解度特性的溶解度曲线，*CD* 线表示溶液过饱和且能自发产生晶核的浓度曲线，称为超溶解度曲线。这两条曲线将浓度-温度图分为三个区域：*AB* 线以下的区域称为稳定区，稳定区中溶液尚未达到饱和，因此没有结晶的可能；*CD* 线以上的区域称为不稳区，在此区域中，溶液能自发地产生晶核；*AB* 线和 *CD* 线之间的区域称为介稳区，在这个区域内，不会自发地产生晶核，但如果在溶液中加入晶种（在过饱和溶液中人为地加入的小颗粒溶质晶体），这些晶种就会长大。此外，大量的研究工作证实，一个特定物系只有一条确定的溶解度曲线，但超溶解度曲线的位置却要受很多因素的影响，如有无搅拌、搅拌强度大小、有无晶种、晶种大小与多寡、冷却速率快慢等，因此应将超溶解度曲线视为一簇曲线。

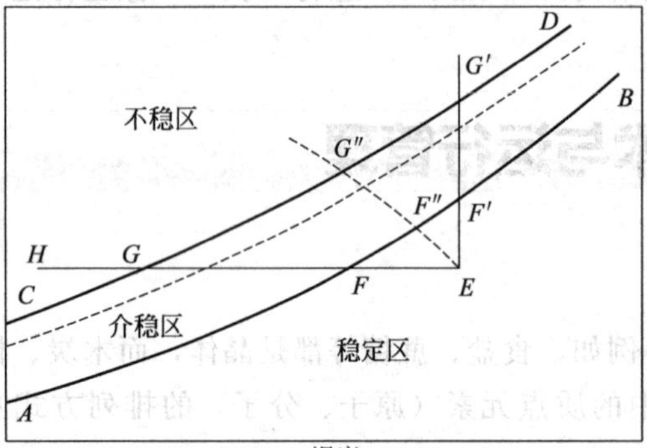

图 2-80　溶液的过饱和与超溶解度曲线

图 2-80 中初始状态为 *E* 的洁净溶液，分别通过冷却法（*EFH*）、蒸发法（*EF′G′*）或真空绝热蒸发法（*EF″G″*）结晶。

2. 溶液的过饱和度

溶质浓度超过该条件下的溶解度时，该溶液称为过饱和溶液，过饱和溶液达到一定过饱和度时会有溶质析出。

一般过饱和度可用两种方式来表示。第一种，以浓度差来表示过饱和度：

$$\Delta c = c - c^* \tag{2-40}$$

式中　Δc——溶度差过饱和度，kg 溶质/100kg 溶剂；

c——操作温度下的过饱和浓度，kg 溶质/100kg 溶剂；

c^*——操作温度下的溶解度，kg 溶质/100kg 溶剂。

第二种，以温度差来表示过饱和度：

$$\Delta t = t^* - t \tag{2-41}$$

式中　Δt——温度差过饱和度，K；

t^*——该溶液在饱和状态时所对应的温度，K；

t——该溶液经冷却达到过饱和状态时的温度，K。

(三) 结晶过程的两个阶段

晶体的生成包括晶核的形成和晶体的生长两个阶段。

1. 晶核的形成

晶核是过饱和溶液中初始生成的微小晶粒，是晶体成长过程中必不可少的核心。结晶过程是一个相变过程。在开始由气相或液相形成晶相时，一般说是很困难的，原子或分子在气相或液相的吉布斯函数很高，必须在很大程度上降低其分子熵才能形成晶核。晶核可以由均相成核或非均相成核两种过程及三种成核形式：初级均相成核、初级非均相成核及二次成核。在高过饱和度下，溶液自发地生成晶核的过程，称为初级均相成核；溶液在外来物（如大气中的微尘）的诱导下生成晶核的过程，称为初级非均相成核；而在含有溶质晶体的溶液中的成核过程，称为二次成核。二次成核也属于非均相成核过程，它是在晶体之间或晶体与其他固体（器壁、搅拌器等）碰撞时所产生的微小晶粒的诱导下发生的。均相成核是指在大体积过饱和体系中自然形成晶核，体系各部分成核的概率相同。

晶核形成的过程：在溶液中，质点元素不断地作不规则的运动，随着温度的降低或溶剂量的减少，不同质点元素间的引力相对地越来越大，以致达到不能再分离的程度，结合成线晶，线晶结合成面晶，面晶结核成按一定规律排列的细小晶体，形成所谓的“晶胚”。晶胚不稳定，进一步长大则成为稳定的晶核。

结晶是以过饱和度为推动力的，如果溶液没有过饱和度产生，晶核就不能形成。在介稳区内，晶体就可以增长，但晶核的形成速率却很慢，尤其在温度较低，溶液的黏度很高，溶液的密度较大时，阻力也比较大，晶核的形成也比较困难。

在大部分的结晶操作中，晶核的产生并不困难，而晶体的粒度增长到要求的大小则需要精细的控制。往往有相当一部分多余出来的晶核远远超过取出的晶体粒数，必须把多余的晶核从细晶捕集装置中不断取出，加以溶解，再回到结晶器内，重新生成较大粒的晶体。

2. 晶体的生长

晶体的生长过程是指在过饱和溶液中已有晶核形成或加晶种后，以过饱和度为推动力，溶液中的溶质向晶核或加入的晶体运动并在其表面上进行有序排列，使晶体格子扩大的过程。

影响结晶成长速率的因素很多：过饱和度、粒度、物质移动的扩散过程等。

解释结晶成长的机理有：层生长理论、布拉维法则、扩散理论、吸附层理论。下面介绍关于晶体生长的三种主要的理论。

(1) 层生长理论　科塞尔（Kossel，1927）首先提出，后经斯特兰斯基（Stranski）加以发展的晶体的层生长理论亦称为科塞尔-斯特兰斯基理论。

它的主要观点是在晶核的光滑表面上生长一层原子面时，质点在界面上进入晶格“座位”的最佳位置是具有三面凹入角的位置。质点在此位置上与晶核结合成键放出的能量最大。因为每一个来自环境相的新质点在环境相与新相界面的晶格上就位时，最可能结合的位置是能量上最有利的位置，即结合成键时应该是成键数目最多，释放出能量最大的位置。

(2) 布拉维法则　1855 年，法国结晶学家布拉维（A. Bravis）从晶体具有空间格子构造的几何概念出发，论述了实际晶面与空间格子构造中面网之间的关系，即实际晶体的晶面常常平行于网面结点密度最大的面网，这就是布拉维法则。

(3) 扩散理论　按照扩散理论，晶体的生长过程由三个步骤组成：①溶质由溶液扩散到晶体表面附近的静止液层；②溶质穿过静止液层后达到晶体表面，生长在晶体表面上，晶体增大，放出结晶热；③释放出的结晶热再靠扩散传递到溶液的主体去。

二、结晶设备

(一) 常见的冷却结晶设备

冷却结晶法是指基本上不除去溶剂，而是使溶液冷却而成为过饱和溶液而结晶。适用于溶解度随温度下降而显著减小的物系。例如，硝酸钾、硝酸钠等溶液。

1. 空气冷却式结晶器

空气冷却式结晶器是一种最简单的敞开型结晶器，靠顶部较大的开敞液面以及器壁与空气间的换热而达到冷却析出结晶的目的。由于操作是间歇的，冷却又很缓慢，对于含有多结晶水的盐类往往可以得到高质量、较大的结晶。但必须指出，这种结晶器的能力是较低的，占用地面积大。它适用于生产硼砂、铁矾、铁铵矾等。

2. 釜式结晶器

冷却结晶过程所需的冷量由夹套或外部换热器供给，如图 2-81 及图 2-82 所示，采用搅拌是为了提高传热和传质速率并使釜内溶液温度和浓度均匀，同时可使晶体悬浮，有利于晶体各晶面成长。图 2-82 所示的结晶器为外循环式冷却结晶器，既可间歇操作，也可连续操作。若制作大颗粒结晶，宜采用间歇操作，而制备小颗粒结晶时，采用连续操作为好。

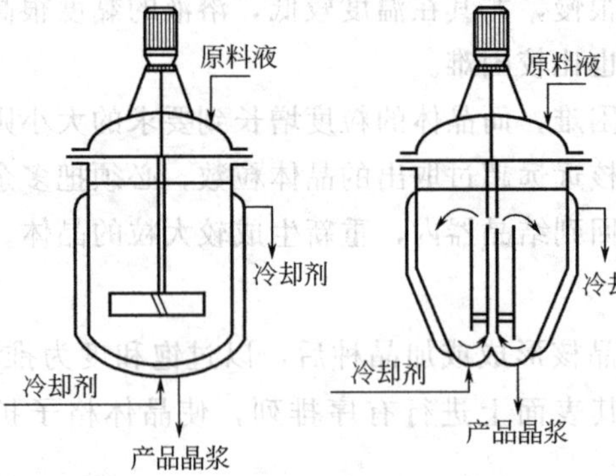

图 2-81　内循环式冷却结晶器

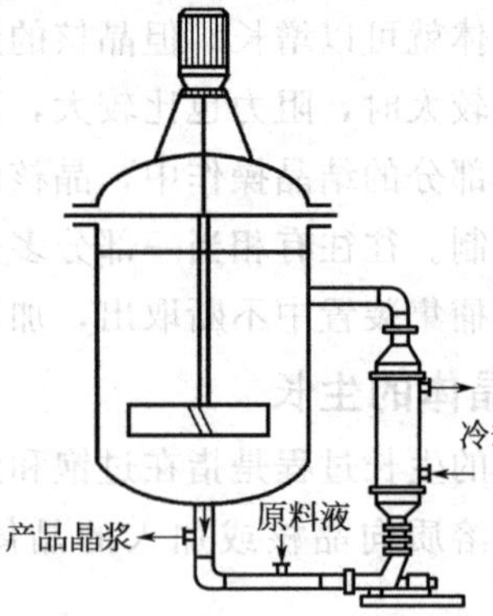

图 2-82　外循环式冷却结晶器

外循环式冷却结晶器的优点是：冷却换热器面积大，传热速率大，有利于溶液过饱和度的控制。缺点是循环泵易破碎晶体。

3. Krystal-Oslo 分级结晶器

Krystal-Oslo 结晶器是 1919 年由挪威 Issachen 及 Jeremiassen 等人开发的一种制造大粒结晶、连续操作的结晶器，又称为 Oslo（奥斯陆）式结晶器、Jeremiassen 式结晶器或 Krystal 式结晶器。如图 2-83 所示，这种结晶器至今还广泛使用着。这类结晶器根据用途分为蒸发式与冷析式以及真空蒸发式三种类型。不论过饱和度产生的方法如何，过饱和溶液都是通过晶床的底部，然后上升，从而消失过饱和度。接近饱和的溶液由结晶段的上部溢流而出，再经过循环泵进行下一次强制循环，送入过饱和发生器再返回晶床的底部。设计与操作控制在过饱和发生器中不超过介稳定区的限度；在溢流口上面的一段，通过的流量在不取出成品晶浆时等于在溢流管处注入的加料流率，因此上升速度很低，细小结晶就在这一段积累，由一个外设的细晶捕集器间歇式连续取出，经过沉降后，或者过滤，或者用新鲜加料液溶解，也可以辅之以加热助溶的办法，消除过剩的细小结晶，溶化后的溶液供给结晶器作为原料液。这样可以保证结晶颗粒稳步长大。

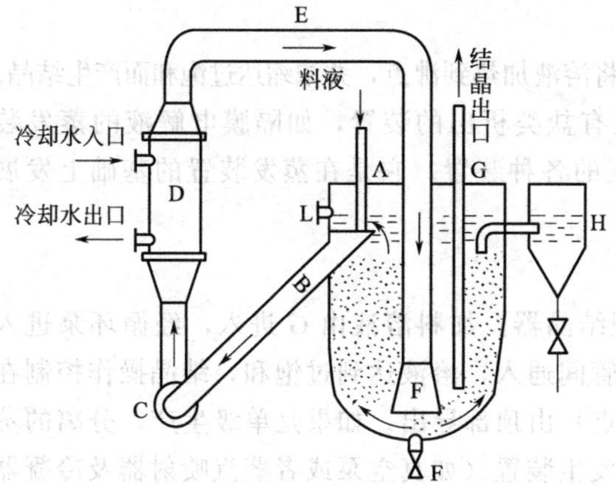

图 2-83　Krystal 式冷却结晶器

A—结晶器进料管；B—循环管入口；C—主循环泵；D—冷却器；E—过饱和吸入管；F—放空管；G—晶浆取出管；H—细晶捕集器

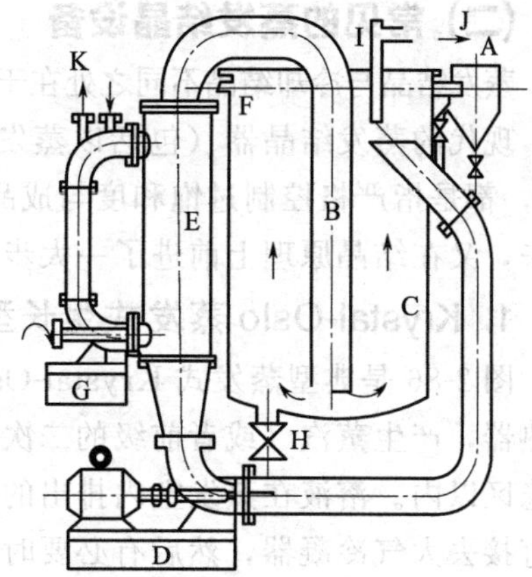

图 2-84　冷却式连续分级结晶器

A—细晶器捕集器；B—中心降液管；C—分级段；D—主循环泵；E—冷却器；F—溢流口；G—辅助循环泵；H—取出口；I—加液口；J—冷剂出口；K—排放出口

冷却式 Krystal 分级结晶器（图 2-84）的过饱和产生设备是一个冷却换热器，一般是溶液通过换热器的管程，且管程是以单程式的最普遍，冷却介质通过壳程。

须指出的是壳程冷却介质的循环方式。在管程通过的溶液的过饱和度设计限是靠主循环泵的流量所控制，但是冷却介质的状况也同样会使溶液发生过饱和度超过设计限的问题，因为新鲜的冷却介质冲入换热器壳程时，与溶液温度差很大，而过饱和度的介稳区是很狭窄的一个区域。为了防止这一现象发生，不致使溶液在冷却介质入口处迅速结垢，必须再加上一套辅助循环泵以消除这一现象。这说明换热器中产生的过饱和度超限不仅可能发生在管程的进出口两端；而且也受到管壁内外两侧流体状况的影响。为此就不得不使冷剂间接地通过辅助循环系统加以缓冲，见图 2-85。

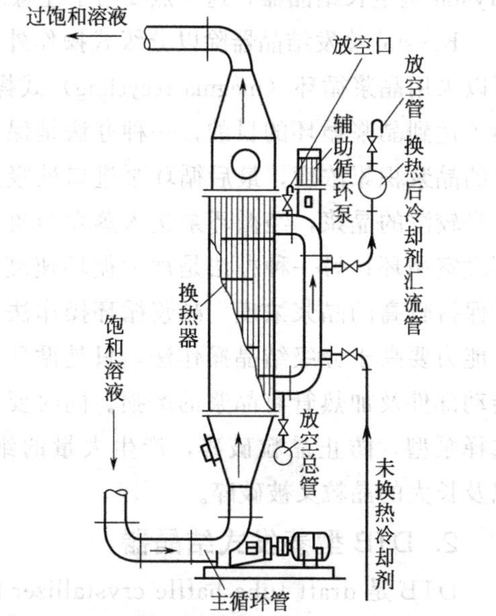

图 2-85　Krystal-Oslo 结晶器冷却换热器的辅助冷剂循环系统

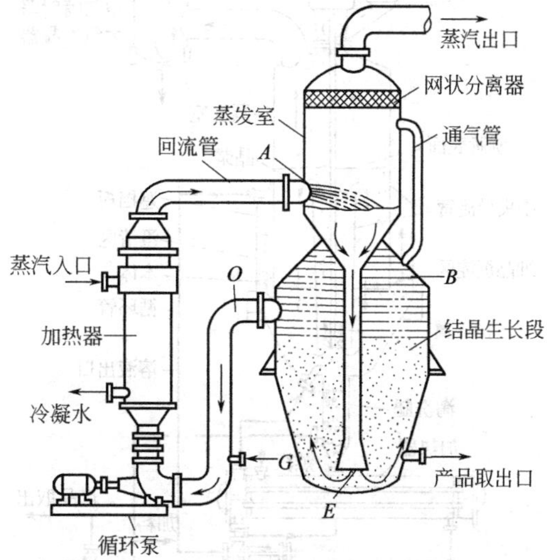

图 2-86　Krystal-Oslo 型蒸发结晶器

(二) 常见的蒸发结晶设备

蒸发结晶与冷却结晶不同之处在于，前者需将溶液加热到沸点，并浓缩达过饱和而产生结晶。

现代的蒸发结晶器（包括以蒸发为主，又有盐类析出的装置，如隔膜电解液的蒸发装置），都是指严格控制过饱和度与成品结晶粒度的各种装置。它是在蒸发装置的基础上发展起来，又在结晶原理上前进了一大步。

1. Krystal-Oslo 蒸发式生长型结晶器

图 2-86 是典型蒸发式 Krystal-Oslo 生长型结晶器。加料溶液由 *G* 进入，经循环泵进入加热器，产生蒸汽（或者前级的二次蒸汽）在管间通入，溶液达到过饱和，结晶操作控制在介稳区以内。溶液在蒸发室内排出的蒸气（*A* 点）由顶部导出。如果是单级生产，分离的蒸气直接去大气冷凝器，然后有必要时通过真空发生装置（如真空泵或者蒸汽喷射器及冷凝器组）；如果是多效的蒸发流程，排出蒸气则通入下一级加热器或者末效的排气、冷凝装置。

溶液在蒸发室分离蒸汽之后，由中央下行管送到结晶生长段的底部（*E* 点），然后再向上方流经晶体流化床层，过饱和得以消失，晶床中的晶粒得以生长。当粒子生长到要求的大小后，从产品取出口排出，排出晶浆经稠厚器离心分离，母液送回结晶器。固体直接作为商品，或者干燥后出售。

Krystal 蒸发结晶器大多数是采用分级的流化床，粒子长大后沉降速度超过悬浮速度而下沉，因此底部聚积着大粒的结晶，晶浆的浓度也比上面的高，空隙率减小，实际悬浮速度也必然增加，因此正适合分级粒度的需要。这也正好是新鲜的过饱和溶液先接触的所在，在密集的晶群中迅速消失过饱和度，流经上部由 *O* 点排出，作为母液排出系统；或者在多效蒸发系统中进入下一级蒸发。

生长型蒸发结晶器的结构比一般蒸发器复杂得多，投资也必然高。因此，原则上在前级没有达到析出结晶的浓度时，就无必要按照这种结晶器设计。只有肯定有结晶析出时才采用 Krystal 型生长结晶器，这一点要给予注意。

Krystal 蒸发结晶器除以分级式操作外，也可以采用晶浆循环（magma recycling）式操作。为了达到晶浆循环的目的，一种办法是保持较高的晶浆积累浓度，最后循环泵进口处吸入的也是较浓的晶浆，经循环泵送入蒸发器再进入蒸发室循环；另一种办法是加大循环速度，同时保持较高的晶浆浓度。晶浆循环操作法的生产能力要高于分级结晶操作法，只是循环泵的转动部件及加热管有晶浆的磨损。同时要注意选择泵型，防止晶粒破碎，产生大量的细晶，以及长大的晶粒又被破碎。

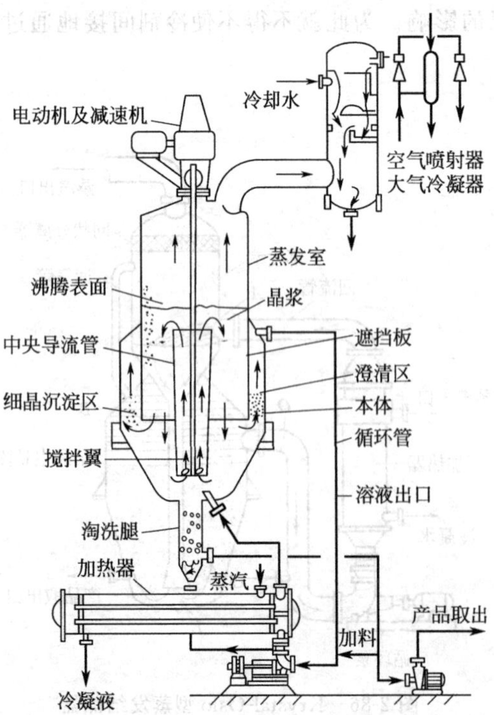

图 2-87 DTB 蒸发结晶装置简图

2. DTB 型蒸发式结晶器

DTB 是 draft tube baffle crystallizer 的缩写，即遮挡板与导流管的意思，简称“遮导式”结晶器，如图 2-87 所示。

DTB型蒸发式结晶器可以与蒸发加热器联用，也可以把加热器分开，结晶器作为真空闪蒸制冷型结晶器使用。这种结晶器是目前采用最多的类型。它的特点是结晶循环泵设在内部，阻力小，驱动功率省。为了提高循环螺旋桨的效率，需要有一个导热液管。遮挡板的钟罩形构造是为了把强烈循环的结晶生长区与溢流液穿过的细晶沉淀区隔开，互不干扰。

过饱和产生在蒸汽蒸发室。液体循环方向是经过导流管快速上升至蒸发液面，然后使过饱和液沿环形面积流向下部，属于快升慢降型循环，在强烈循环区内晶浆的浓度是一致的，所以过饱和度的消失比较容易，而且过饱和溶液始终与加料溶液并流。由于搅拌桨的水力阻力小，循环量较大，所以这是一种过饱和度最低的结晶器。器底设有一个分级腿（elutriation leg），取出的产品晶浆要先穿过它，在此腿内用另外一股加料溶液进入，作为分级液流，把细微晶体重新漂浮进入结晶生长区，合格的大颗粒冲不下来，落在分级腿的底部，同时对产品也进行一次洗涤，最后由晶浆泵排出器外分离，这样可以保证产品结晶的质量和粒径均匀，不夹杂细晶。一部分细晶随着溢流溶液排出器外，用新鲜加料液或者用蒸汽溶解后返回。

3. 喷雾式结晶器

当溶液与冷剂不互溶时，就可以利用溶液直接接触，这样，就省去了与溶液接触的换热器，防止了过饱和度超过时造成结垢。如喷雾式结晶器。

喷雾式结晶器也称湿壁蒸发结晶器，结构简图如图2-88所示。这种结晶器在操作时将浓缩的热溶液与大量的冷空气相混合，产生冷却及蒸发的效应，从而使溶液达到过饱和，结晶得以析出。有很多工厂用浓缩热溶液进行真空闪蒸直接得到绝热蒸发的效果使结晶析出的例子。操作时以25～40m/s高速度由一台鼓风机直接送入冷空气，溶液由中心部分吸入并被雾化，这时雾滴高度浓缩直接变为干燥结晶，附着在前方的硬质玻璃管上；或者变成两相混合的晶浆由末端排出，稠厚，离心过滤。此类结晶器设备紧凑简单，缺点是结晶粒度往往比较细小。

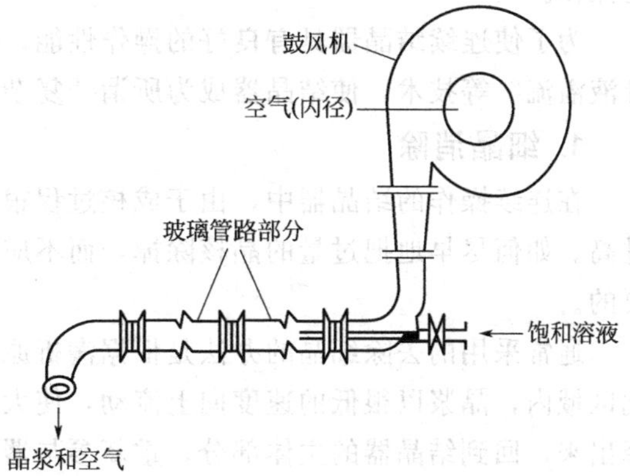

图2-88　喷雾式结晶器

三、结晶器操作

（一）间歇式冷却结晶器的操作

在中小规模的结晶过程中广泛采用间歇操作，它与连续结晶相比，操作较为简单。

（1）控制降温速度结晶　在间歇操作的结晶过程中，为了控制晶体的大小和晶形，获得粒度较均匀的晶体产品，必须尽一切可能防止多余的晶核生成，一种较好的控制手段是缓缓降温，将溶液的过饱和度控制在介稳区中，以使晶体能更好地生长。

（2）搅拌结晶　间歇式结晶釜一般都配有搅拌装置，搅拌能促进传热，使结晶温度均匀，不致颗粒大小不一，但应注意搅拌的形式和搅拌的速度。

锚式搅拌径向流动较好，而桨式搅拌则有利于轴向流动，框式搅拌则既有径向流动又有轴向流动，在间歇式结晶釜中是一个很好的选择。

搅拌转速过慢，影响结晶釜内的传热过程，不利于结晶产能的提高；搅拌转速太快，会导致对晶体的机械破损加剧，影响产品的质量，转速太慢，则可能起不到搅拌的作用，适当的搅拌速度对间歇结晶是很重要的操作参数。

(3) 加晶种的控制结晶　在间歇操作的结晶过程中，为了控制晶体的晶型，往往通过向溶液中加入适当数量及适当粒度的晶种，让被结晶的溶质只在晶种表面上生长。在整个结晶过程中，加入晶种并小心地控制溶液的温度或浓度，这种操作方式称为“加晶种的控制结晶”。晶种的加入量取决于整个结晶过程中可被结晶出来的溶质量、晶种的粒度和所希望得到的产品粒度。

(4) 间歇冷却结晶的最佳操作程序　采用自然冷却操作，则在结晶过程的初始阶段溶液的过饱和度急升或急降，有发生初级成核的危险，又有生产能力低下的问题；采用按恒速降温操作，比自然冷却稍好，但类似于上述自然冷却操作的缺点依然存在；按适宜冷却程序操作，使过饱和度自始至终维持在某一预期的恒定值，能使操作得到实质性的改善。

(二) 连续式冷却结晶器的操作

连续结晶器的操作有以下几项要求：①结晶器控制产品粒度分布合理；②结晶器具有尽可能高的生产强度；③降低结晶垢的速率，延长结晶器正常运行的周期；④维持结晶器的稳定操作。

为了使连续结晶器具有良好的操作性能，往往采用“细晶消除”、“粒度分级排料”、“清母液溢流”等技术，使结晶器成为所谓“复杂构型结晶器”。

1. 细晶消除

在连续操作的结晶器中，由于成核过程很不容易控制，较普遍的情况是晶核的生成速率过高。如何尽早地把过量的晶核除掉，而不应让它们生长到大一些的粒度后再消除之是很重要的。

通常采用的去除细晶的办法是根据淘析原理，在结晶器内部或外部建立一个澄清区，在此区域内，晶浆以很低的速度向上流动，使大于某一“细晶切割粒度”的晶体能从溶液中沉降出来，回到结晶器的主体部分，重新参与器内晶浆循环，并继续生长。所谓细晶切割粒度是指操作者或设计者要求去除的细晶的最大粒度，小于此粒度的细晶将从澄清区溢流而出，进入细晶消除循环系统，以加热或稀释的方法使之溶解，然后经循环泵重新回到结晶器中去。

2. 清母液溢流

清母液溢流是调节结晶器内晶浆密度的主要手段，增加清母液溢流量无疑可有效地提高器内的晶浆密度。

从澄清区溢流而出的母液分为两部分，一部分排出结晶系统，另一部分则进入细晶消除系统，经溶解消晶后重又回到结晶器中去。当澄清区的细晶切割粒度较大时，为了避免流失过多的固相产品，可使溢流而出的含有细晶的母液先经过旋液分离器或湿筛，而后分为两股，使含有细晶较多的流股进入细晶消除循环，而含有少量细晶的流股则排出结晶系统。

四、结晶操作的故障判断及处理

在结晶操作中，由于控制不当，会出现一些不正常工作现象，主要有以下方面：①晶体颗粒太细；②产生晶垢；③堵塞；④蒸发结晶器的压力波动；⑤晶浆泵不上量；⑥稠厚器下料管堵。具体产生原因及处理方法见表 2-10。

表 2-10 结晶操作的不正常现象、产生原因及处理方法

现象	原　因	相应处理方法
晶体颗粒太细	①过饱和度增加过多 ②温度过低 ③操作压力过低 ④晶种过多	①降低过饱和度 ②提高温度 ③增加操作压力 ④控制晶种或增加细晶消除系统
产生晶垢	①溶质沉淀 ②留死角 ③流速不匀 ④保温不均 ⑤搅拌不均 ⑥杂质	①防止沉淀 ②防止死角 ③控制流速均匀 ④保温均匀 ⑤搅拌均匀 ⑥去除杂质
堵塞	①母液中含杂质 ②不能及时地清除细晶 ③产生晶垢 ④晶体的取出不畅	①除去杂质 ②消除细晶 ③除去晶垢,及时地清洗结晶器 ④通过加热及时地取走晶体
蒸发结晶器的压力波动	①换热器的传热不均 ②结垢 ③溶液的过饱和度波动 ④排气不畅 ⑤结晶器的液面、溢流量过高	①均匀传热 ②消除结垢 ③控制溶液的过饱和度 ④清洗结晶器及换热器及管路 ⑤控制结晶器的液位及溢流量
晶浆泵不上量	①叶轮或泵壳磨损严重 ②管线或阀门被堵 ③叶轮被堵塞 ④晶浆固液比过高 ⑤泵反转或漏入空气	①停泵检修更换 ②停泵清洗或清扫 ③水洗或汽冲 ④减少取出量或带水输送 ⑤维修可更换填料
稠厚器下料管堵	①稠厚器内存料过多 ②管线阀门被堵 ③器内掉有杂物	①减少进料量,用水带动取出 ②用水洗或吹蒸汽 ③停车放空取出杂物

五、连续式蒸发结晶操作的参数控制

1. 投入量的控制

在投入量的恒稳控制系统中，流量的测量仪表应选用电磁流量计或堰式流量计等。投入量的变化直接影响结晶器内溶液过饱和度的大小。此外，投入量还与产量成正比。

2. 取出量的控制

取出量的控制是个重要但未能妥善解决的问题。许多连续结晶器在晶浆取出管路上安装调节阀来调节取出量，但这样做并不可靠，因为这种阀常有堵塞的可能。可加装定时器，使阀每隔 1～2min 全开一次以清除堆积在阀门处的晶体，从而避免堵塞现象。调节阀堵塞的发生与产品的粒度关系很大，一般情况下只有产品粒度很细时才能使用节流方法来调节取出量。目前，也有用考克或改用胶管阀的，便于晶疤堵塞时清理。在冬季，取出管最容易结疤堵塞。在取出时还可采用变速泵，根据结晶器内的液位高低来控制变速泵的转速。这个方法的缺点在于泵的转速与取出量的关系是非线性的，因而调节特性不良，且可调范围亦较窄。现在更常采用的方法是在结晶器的排料口处，将一股母液引回到取出管中去，以降低管中的晶浆密度，低密度晶浆的流量可以在很宽的范围内调节。这个方法的缺点是所取出的晶浆必

须先经过一个沉降槽或增稠器，使晶浆密度增至适合于过滤或离心分离的程度。

3. 液位控制

绝大多数的真空冷却结晶器需在恒定的液位高度下操作，所以液位控制系统须能保证液位与预期高度相差在 150mm 之内。对于 DTB 结晶器，液位高度是指结晶器的进料口与器内沸腾表面之间的高度差。过高的液位使循环晶浆中的晶粒不能被充分地送入产生过饱和度的液体表面层。液位过低时，液位的微小变化可能切断导流筒上缘的循环通道，破坏结晶器的运行。真空冷却结晶器的液位控制系统中，变送器可采用压差变送器，其低压测压口与结晶器的气液分离室相连。压差变送器可以是法兰插入式，也可以用测压连接管与结晶器相连，而连接管内可被清洗，但清洗溶液的温度应较低，以防止它在连接管中沸腾而干扰液面控制。一般情况下，液位控制系统以进料量作为调节参数，但在有些情况下则以母液的再循环量或取出量为调节参数。

4. 绝对压力的控制

真空冷却结晶器的操作压力（绝压）必须仔细控制，因为它的变化可直接影响结晶温度。结晶器内的绝压由真空系统的排气速率控制。绝压控制系统应能使器内温度保持在预置点 0.5K 之间。通常在结晶器顶部安装压力变送器。

5. 加热蒸汽量的控制

对于蒸发结晶器，溶液的过饱和度主要取决于输入的热流强度。控制加热蒸汽压力或流量皆可达到控制热流强度的目的，经验证明最好是控制蒸汽流量。对于大多数的蒸发结晶设备，加热蒸汽流量直接正比于结晶器的生产速率、循环晶浆的单程温升及热交换温差。控制系统不但应能监测此温差值，据以重新设置加热蒸汽流量的给定值，还须具有内部自锁功能，当驱动循环泵或螺旋桨的电机因过载或断电而停止转动时，应能自动切断蒸汽的输入。

6. 晶浆密度的控制

结晶器内的晶浆密度是一个重要的操作参数，可用悬浮液中两点间的压差来表征晶浆密度，此两点在垂直方向上必须有足够大的距离，使测量仪表有较大的读数，如晶浆有较大的密度，则两测压点间的垂直距离可为 150～250mm。一般情况下，此两测压点可设置在结晶器主体的液面下方。对于强制外循环结晶器，两测压点安装在晶浆循环管路上也能成功地测量晶浆密度。液体的湍流运动使输出信号存在相当强的噪声，故须在测压连接管上加装阻尼阀或采用适当的电子阻尼器。在晶浆控制系统中，按压差变送器输出的信号，调节清母液溢流速率，保持结晶器内晶浆密度恒定。

7. 其他需要监测的参数

结晶系统需要测量温度的点包括进料、出料、液氨、冷却水或其他载冷体等，还需要监测加热器的温差以及各种母液成分的变化。循环泵或循环螺旋桨的电机的电流波动，也需监测。还需经常监测晶浆泵的电机的电流大小。

参 考 文 献

[1] 刘承先，张裕萍．流体输送与非均相分离技术．北京：化学工业出版社，2008.

[2] 姚玉英．化工原理．天津：天津科学技术出版社，2012.

[3] 何潮洪等．化工原理操作型问题的分析．北京：化学工业出版社，1998.

[4] 崔克清．化工单元运行安全技术．北京：化学工业出版社，2006.

[5] 时钧．化学工程手册．第 2 版．北京：化学工业出版社，1990.

[6] 廖传华，周勇军，周玲．输送过程与设备．北京：中国石化出版社，2008.
[7] 刘春玲，于月明．物料输送与传热．北京：化学工业出版社，2012.
[8] 柴诚敬，张国亮．化工流体力学与传热．北京：化学工业出版社，2000.
[9] 钱颂文．换热器设计手册．北京：化学工业出版社，2002.
[10] 任晓善．化工机械维修手册（下卷）．北京：化学工业出版社，2004.
[11] 潘学行．传热、蒸发与冷冻操作实训．北京：化学工业出版社，2006.
[12] 潘文群．传质与分离操作实训．北京：化学工业出版社，2006.
[13] 邝生鲁．化学工程师技术手册（上册）．北京：化学工业出版社，2002.
[14] 冷士良．化工单元过程及操作．北京：化学工业出版社，2002.
[15] 陈英南，刘玉兰．常用化工单元设备的设计．上海：华东理工大学出版社，2005.
[16] 秦书经，叶文邦等．换热器．北京：化学工业出版社，2003.
[17] 贺匡国．化工容器及设备简明设计手册．北京：化学工业出版社，2002.
[18] 王明辉．化工单元过程课程设计．北京：化学工业出版社，2002.
[19] 崔继哲．化工机器与设备检修技术．北京：化学工业出版社，2000.
[20] 汤金石，赵锦全．化工过程及设备．北京：化学工业出版社，1996.
[21] 刘佩田，闫晔．化工单元操作过程．北京：化学工业出版社，2004.
[22] 王锡玉，蒋立军，秦墅君．化工操作工．北京：化学工业出版社，2008.
[23] 张新战．化工单元过程及操作．北京：化学工业出版社，2006.
[24] 朱宝轩，刘向东．化工安全技术基础．北京：化学工业出版社，2004.
[25] 贾绍义，柴诚敬．化工传质与分离过程．北京：化学工业出版社，2007.
[26] 杜克生，张庆海，黄涛．化工生产综合实习．北京：化学工业出版社，2007.
[27] 冷士良，张旭光．化工基础．北京：化学工业出版社，2007.
[28] 陶贤平．化工单元操作实训．北京：化学工业出版社，2008.

第三章 化学反应过程与管理

第一节 催化剂相关知识

一、催化剂基本原理

参加到化学反应体系中，可以改变化学反应的速率，而其本身的化学性质和量，在反应前后均不发生变化的物质，称为催化剂，又称触媒。加快化学反应速率的催化剂为正催化剂，减慢化学反应速率的催化剂称为负催化剂。

催化剂的基本特征是：

（1）催化剂参与催化反应，但是反应终了催化剂复原；

（2）催化剂改变了反应途径，降低了反应的活化能；

（3）催化剂具有特殊的选择性。其一，不同类型的化学反应，各有其适宜的催化剂。其二，对于同样的反应物体系，应用不同的催化剂，可以获得不同的产物。

二、催化剂的性能

(一) 催化剂的活性

催化剂的活性就是催化剂的催化能力，它是评价催化剂好坏的重要指标。在工业上，常用单位时间内单位质量（或单位表面积）的催化剂在给定条件下所得的产品的量来表示。一般用转化率（或时空得率）来表示。

$$X_A=\frac{\text{反应物 A 已转化的物质的量}}{\text{反应物 A 的起始物质的量}}\times 100\% \tag{3-1}$$

时空得率为单位体积催化剂上所得产物的质量，其单位为 $kg/(m^3 \cdot h)$。这类数值与反应装置和条件有关，而且在给定条件下，若催化剂层存在着物理因素（传热、传质等）的影响，则其活性数值并不代表催化剂本身的本征活性。在理论研究中，常采用无物理因素影响的动力学参数（反应速率、反应速率常数、活化能等）来表征催化剂的活性。但反应速率和反应速率常数与催化剂计量的基准单位（表面积、体积、质量）有关。以表面积为基准的量分别称为表面比反应速率和表面比速率常数；以质量为基准的称为比反应速率或催化剂的比活性。反应速率常数的数值还与所用的速率方程的形式有关。

随着对催化作用的活性中心认识的深入和测试方法的进步，已引用酶催化中的转化频率来表示一般催化剂的活性。转化频率是指单位时间内每个活性中心上起反应的次数或分子数，其数值须注明温度、起始浓度或压力和反应温度。

（二）催化剂的选择性

催化剂的选择性指催化剂对反应类型、复杂反应（平行或串联反应）的各个反应方向和产物结构的选择催化作用。催化剂的选择性通常用产率或选择率和选择性因子来量度。如果已知主、副反应的反应速率常数分别为 k_1 和 k_2，则选择性用选择性因子 S 来表示，$S=k_1/k_2$。产率越高或选择性因子越大，则催化剂的选择性越好。在实际应用中，还采用收率（以 Y 表示）来综合衡量催化剂的活性和选择性。

$$S=\frac{\text{所得目的产物的物质的量}}{\text{已转化的某一反应物的物质的量}}\times 100\% \tag{3-2}$$

$$Y=\frac{\text{生成目的产物的物质的量}}{\text{起始反应物的物质的量}}\times 100\% \tag{3-3}$$

催化剂有的是单一化合物，有的是络合化合物，还有的是混合物。催化剂有选择性，不同的反应所用的催化剂有所不同。例如，淀粉氧化用的催化剂以 $NaClO_2$ 作氧化剂，Ni^{2+}、Fe^{2+}、Cu^{2+} 等催化作用较好；若用 H_2O_2 作氧化剂时，Fe^{2+}、Mn^{2+} 等效果好，而 Ni^{2+}、Cu^{2+}、Co^{2+} 等效果较差；当用 $KMnO_4$ 为氧化剂时，是以自身反应产生的 Mn^{2+} 作催化剂，但 Fe^{2+}、Ni^{2+}、Cu^{2+} 等均无催化作用。

同一反应也有不同效果的催化剂。例如，聚乙烯醇缩甲醛化反应，以酸作催化剂，其效果是盐酸（HCl）＞硫酸（H_2SO_4）＞磷酸（H_3PO_4）。同是苯酚与甲醛反应合成酚醛树脂，使用氢氧化钠、氢氧化钡、盐酸、氨水、草酸、醋酸、甲酸、硫酸、磷酸、氧化镁、氧化锌等催化剂，其产品性能都有所不同。催化剂的选择性的度量用主产物的产率来表示。

（三）催化剂的稳定性

催化剂的稳定性是指催化剂对温度、毒物、机械力、化学侵蚀、结焦积污等的抵抗能力，分别称为耐热稳定性、抗毒稳定性、机械稳定性、化学稳定性、抗污稳定性。这些稳定性都各有一些表征指标，而衡量催化剂稳定性的总指标通常以寿命表示。催化剂的寿命是指催化剂能够维持一定活性和选择性水平的使用时间。催化剂每活化一次能够使用的时间称为单程寿命；多次失活再生而能使用的累计时间称为总寿命。

（四）固体催化剂的物理性能

催化剂的物理特性决定了催化剂的使用性能。其主要物理特性包括比表面积、堆密度、颗粒密度、真密度、空隙率、孔容积、粒度、力学性能等。

1. 密度

催化剂的密度包括堆密度和颗粒密度。

催化剂的堆密度是指催化剂单位堆积体积的质量，单位为 kg/m^3。堆积体积是催化剂颗粒堆积时的外观体积。堆密度大，单位体积反应器装填的催化剂质量多，设备利用率大。

颗粒密度为催化剂单位颗粒体积的质量，单位为 kg/m^3。真密度为单位真实体积的质量，单位为 kg/m^3。真实体积是除去催化剂颗粒之间的空隙和颗粒的内孔容积的体积。

测定堆密度通常使用量筒法；颗粒密度则用汞置换法。

2. 孔结构

描述微孔结构的主要参数有孔隙率、比孔容积、孔径分布、平均孔径等。

催化剂的孔隙容积与颗粒体积之比称为孔隙率，常用 ε 表示；单位质量催化剂具有的孔隙容积称为比孔容。孔径分布一般用气体吸附法与压汞法联合测绘。

3. 比表面积

催化剂的比表面积为单位质量催化剂所具有的总面积，单位为 m^2/g。催化剂的表面积越大，活性越高。性能良好的催化剂应具有较大的比表面积。

4. 机械强度

催化剂颗粒抵抗摩擦、撞击、重力、温度和相变应力等作用的能力，统称为机械稳定性或机械强度。测定机械强度的方法有砝码法、弹簧压力计法、油压机法、刀刃法、撞击法、球磨法、气升法、破碎最小降落高度法等。

5. 热导率

热导率又称导热系数，是当两等温面间的距离为1m、温差为1℃时，由于热传导在单位时间内穿过 $1m^2$ 面积的热量。催化剂的热导率对强放热反应特别重要。

6. 粒度

粒度是指催化剂颗粒的大小。常用筛目（筛号）表示。筛目是指每平方英寸上的筛孔数。

三、固体催化剂的制备

1. 固体催化剂的制备方法

制造催化剂的每一种方法，实际上都是由一系列的操作单元组合而成。为了方便，人们把其中关键而具特色的操作单元的名称定为制造方法的名称。传统的方法有机械混合法、沉淀法、浸渍法、溶液蒸干法、热熔融法、浸溶法（沥滤法）、离子交换法等，现发展的新方法有化学键合法、纤维化法等。

2. 工业催化剂的要求

工业催化剂应满足如下要求：

（1）活性高　催化剂活性高，转化率才高。

（2）选择性好　选择性好的催化剂才能有效抑制副反应，减少副产物的生成，简化后处理工序，节约生产费用。

（3）热稳定性高　化学稳定性高，才能保证催化剂使用寿命长。

（4）机械强度高。

（5）原料易得，毒性小、成本低，催化剂容易制造。

四、催化剂的活化和再生

1. 催化剂的活化

制备好的催化剂往往不具有活性，必须在使用前进行活化处理。催化剂的活化就是将制备好的催化剂的活性和选择性提高到正常使用水平的操作过程。在活化过程中，将催化剂不断升温，在一定的温度范围内，使其具有更多的接触面积和活性表面结构。活化过程常伴随着物理和化学变化。

2. 催化剂的使用

催化剂在装填时，应使催化剂装填均匀，以免气流分布不均匀而造成局部过热，烧坏催化剂。

催化剂在使用时，应防止催化剂与空气接触，避免已活化或还原的催化剂发生氧化而活性衰退；应严格控制原料纯度，避免与毒物接触而中毒或失活；应严格控制反应温度，避免因催化剂床层局部过热而烧坏催化剂；应尽量减少操作条件波动，避免因温度、压力的突然变化而造成催化剂的粉碎。

3. 催化剂的再生

对活性衰退的催化剂，采用物理、化学方法使其恢复活性的工艺过程称为再生。催化剂活性的丧失，可以是可逆的，也可以是不可逆的。催化剂的活性衰退经过再生处理以后，可以恢复活性的称为暂时性失活。经再生处理不能恢复活性的称为永久性失活。

催化剂的再生根据催化剂的性质及失活原因、毒物性质及其他有关条件，各有其特定的方法，一般分化学法和物理法。

4. 催化剂的寿命

催化剂的寿命是指催化剂的有效使用期限，是催化剂的重要性质之一。催化剂在使用过程中，效率会逐渐下降，影响催化过程的进行。例如，因催化活性或催化剂选择性下降，以及因催化剂粉碎而引起床层压力降增加等，均导致生产过程的经济效益降低，甚至无法正常运行。

催化剂的活性与使用时间有关，二者之间的关系可以用催化剂寿命曲线来表示（见图 3-1）。该曲线可以分为三个时期：催化剂在使用一段时间后，活性达到最高，称为成熟期；当催化剂成熟后活性会略有下降并在一个相当长的时间内保持不变，这段时间因使用条件而异，可以从数周，到数年，称为稳定期；最后催化活性逐渐下降，此期称为衰老期。某些催化剂在老化后可以再生，使之重新活化。

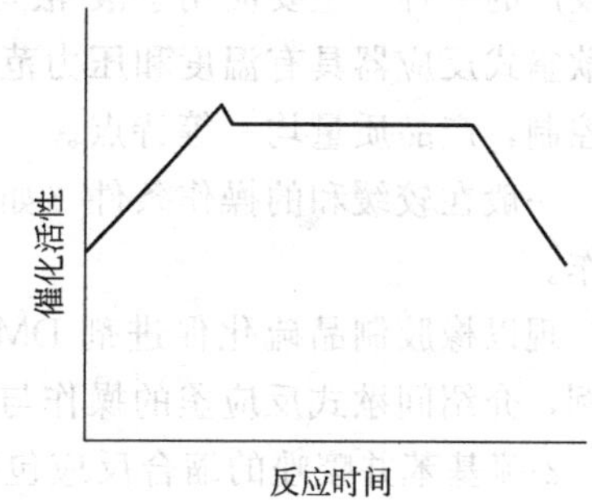

图 3-1　催化剂活性与时间的关系图

引起催化剂效率衰减而缩短其寿命的原因很多，主要有：

① 原料中杂质的毒化作用（又叫催化剂中毒）；

② 高温时的热作用使催化剂中活性组分的晶粒增大，从而导致比表面积减少，或者引起催化剂变质；

③ 反应原料中的尘埃或反应过程中生成的炭沉积物覆盖了催化剂表面（黑色颗粒为镍，丝状物为炭沉积物）；

④ 催化剂中的有效成分在反应过程中流失；

⑤ 强烈的热冲击或压力起伏使催化剂颗粒破碎；

⑥ 反应物流体的冲刷使催化剂粉化吹失。

对于常见的负载型催化剂来说，有以下情况要考虑：

① 活性组分在载体表面上负载的牢固程度会导致活性组分的流失程度；

② 载体表面积炭或比表面积收缩会导致催化剂与反应物接触的面积减少；

③ 反应过程中的副反应产物可能覆盖催化剂的活性中心而失活；

④ 反应物料中含有与催化剂中活性物质反应的杂质，即毒物，导致催化剂失活等。

常见使催化剂中毒的毒物有：

① 硫化物，如 H_2S、CS_2、RSH、H_2SO_4 等；

② 含氧化合物，如 CO、CO_2、H_2O 等；

③ 含 P、As、Cl 及重金属化合物。

催化剂中毒原因主要是催化剂表面活性中心吸附毒物，转变为表面化合物，阻碍原活性中心与反应物分子接触。吸附在催化剂表面的化合物可以分为永久性占领物（不能除去，活性不能恢复又称永久性中毒）和暂时性占领物（通过一般方法可除去，恢复原活性，暂时性中毒）。

第二节
间歇釜式反应器的操作与控制

一、间歇釜式反应器的工艺原理

间歇釜式反应器又称槽型反应器或锅式反应器，它是各类反应器中结构较为简单且又应用较广的一种。主要应用于液-液均相反应过程，在气-液、液-液非均相反应过程也有应用。间歇釜式反应器具有温度和压力范围宽、适应性强，操作弹性大，连续操作时温度、浓度容易控制，产品质量均一等特点。

一般在较缓和的操作条件（如常压、温度较低且低于物料沸点）下应用间歇釜式反应器操作。

现以橡胶制品硫化促进剂 DM（2,2-二硫代苯并噻唑）的中间产品（2-巯基苯并噻唑）为例，介绍间歇式反应釜的操作与控制。

2-巯基苯并噻唑的缩合反应包括备料工序和缩合工序，此处就与间歇釜式反应器有关的缩合工序作介绍。则以多硫化钠（Na_2S_n）、邻硝基氯苯（$C_6H_4ClNO_2$）及二硫化碳（CS_2）为原料的缩合工序的反应如下。

主反应：

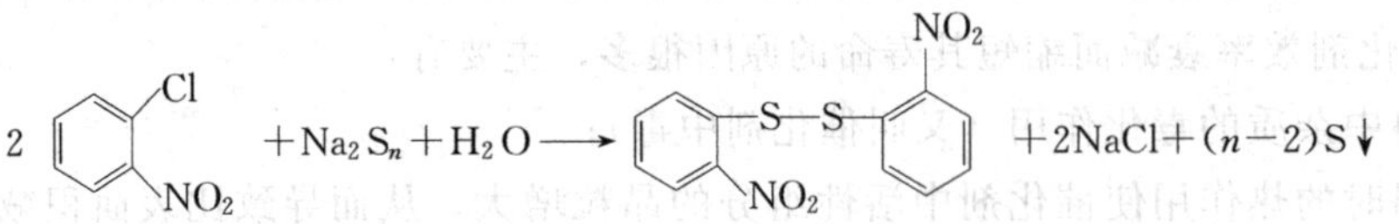

$$2\ \underset{NO_2}{\overset{Cl}{\bigcirc}} + Na_2S_n + H_2O \longrightarrow \underset{NO_2}{\bigcirc} S-S \underset{NO_2}{\bigcirc} + 2NaCl + (n-2)S\downarrow \qquad (3\text{-}4)$$

$$\underset{NO_2}{\bigcirc} S-S \underset{NO_2}{\bigcirc} + 2CS_2 + 2H_2O + 3Na_2S_n \longrightarrow$$

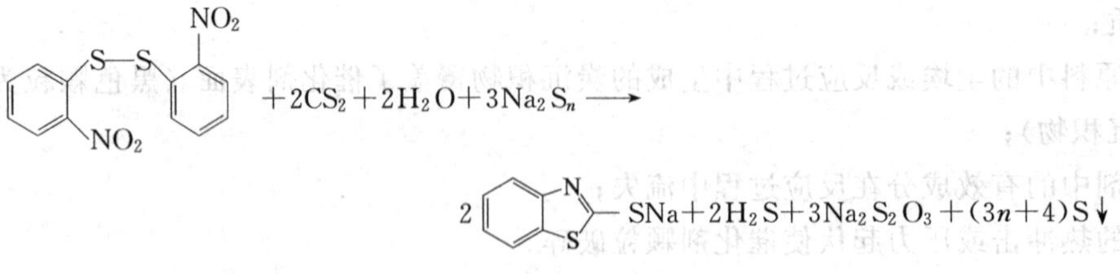

$$2\ \overset{N}{\underset{S}{\bigcirc}}-SNa + 2H_2S + 3Na_2S_2O_3 + (3n+4)S\downarrow \qquad (3\text{-}5)$$

副反应：

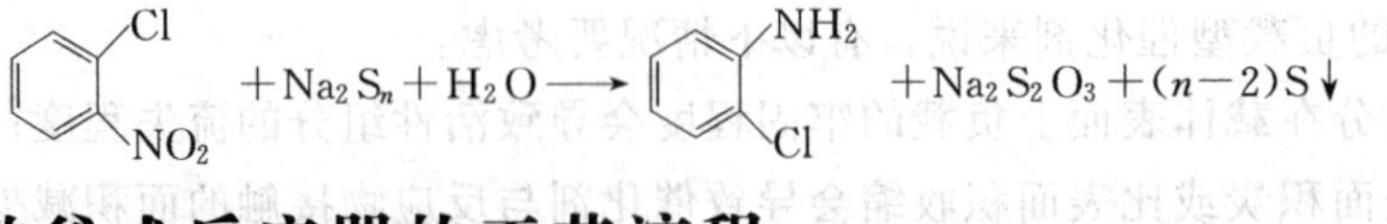

$$\underset{NO_2}{\overset{Cl}{\bigcirc}} + Na_2S_n + H_2O \longrightarrow \underset{Cl}{\overset{NH_2}{\bigcirc}} + Na_2S_2O_3 + (n-2)S\downarrow \qquad (3\text{-}6)$$

二、间歇釜式反应器的工艺流程

(一) 工艺流程及说明

1. 工艺流程图

间歇釜式反应器单元带控制点的工艺流程图如图 3-2 所示。

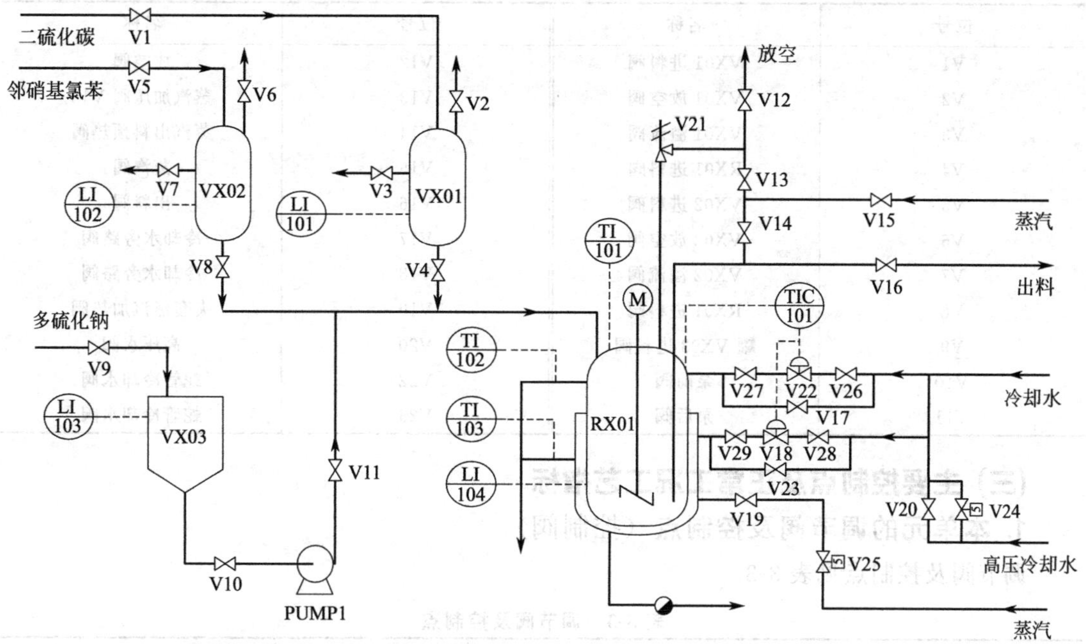

图 3-2　间歇釜式反应器单元带控制点的工艺流程图

2. 工艺流程说明

来自备料工序的 CS_2、$C_6H_4ClNO_2$、Na_2S_n 分别注入计量罐及沉淀罐中，经计量沉淀后利用位差及离心泵压入反应釜中，釜温由夹套中的蒸汽、冷却水及蛇管中的冷却水控制，设有分程控制 TIC101（只控制冷却水），通过控制反应釜温来控制反应速率及副反应速率，来获得较高的收率及确保反应过程安全。

本工艺流程中，主反应的活化能要比副反应的活化能要高，因此升温后更利于反应收率。在 90℃的时候，主反应和副反应的速率比较接近，因此，要尽量延长反应温度在 90℃以上时的时间，以获得更多的主反应产物。

(二) 主要设备及作用

1. 间歇反应釜单元主要设备

间歇反应釜单元主要设备及作用见表 3-1。

表 3-1　间歇反应釜单元主要设备及作用

序号	名 称	位号	作用
1	R01	间歇反应釜	反应
2	VX01	CS_2 计量罐	计量罐
3	PUMP1	离心泵	泵
4	VX02	邻硝基氯苯计量罐	计量罐
5	VX03	Na_2S_n 沉淀罐	沉淀罐

2. 现场手动阀

手动阀见表 3-2。

表 3-2　手动阀

位号	名称	位号	名称
V1	VX01 进料阀	V12	放空阀
V2	VX01 放空阀	V13	蒸汽加压阀 V13
V3	VX01 溢流阀	V14	蒸汽出料预热阀
V4	RX01 进料阀	V15	蒸汽阀
V5	VX02 进料阀	V16	出料阀
V6	VX02 放空阀	V17	冷却水旁路阀
V7	VX02 溢流阀	V18	冷却水旁路阀
V8	RX01 进料阀	V19	夹套蒸汽加热阀
V9	罐 VX03 进料阀	V20	高压水阀
V10	泵前阀	V22	蛇管冷却水阀
V11	泵后阀	V23	蛇管冷却水阀

(三) 主要控制点及正常工况工艺指标

1. 本单元的调节阀及控制点（控制阀）

调节阀及控制点见表 3-3。

表 3-3　调节阀及控制点

位号	说明	类型	正常值	量程高限	量程低限	工程单位
TIC101	反应釜温度控制	PID	115	500	0	℃
TI102	反应釜夹套冷却水温度	AI		100	0	℃
TI103	反应釜蛇管冷却水温度	AI		100	0	℃
TI104	CS_2 计量罐温度	AI		100	0	℃
TI105	邻硝基氯苯罐温度	AI		100	0	℃
TI106	多硫化钠沉淀罐温度	AI		100	0	℃
LI101	CS_2 计量罐液位	AI		1.75	0	m
LI102	邻硝基氯苯罐液位	AI		1.5	0	m
LI103	多硫化钠沉淀罐液位	AI		4	0	m
LI104	反应釜液位	AI		3.15	0	m
PI101	反应釜压力	AI		20	0	atm

2. 正常工况工艺指标

正常工况工艺指标见表 3-4。

表 3-4　正常工况工艺指标

序号	名称	位号	指标
1	CS_2 计量罐液位	LI101	1.4m
2	邻硝基氯苯罐液位	LI102	1.2m
3	多硫化钠沉淀罐液位	LI103	3.6m
4	反应釜冷却水温度	TI102、TI103	＞60℃
5	反应釜反应温度	TIC101	90～128℃
6	反应釜压力	PI101	＜8atm

(四) 仿真操作界面图

1. 间歇反应釜系统 DCS 图

仿真系统中间歇反应釜 DCS 图如图 3-3 所示。

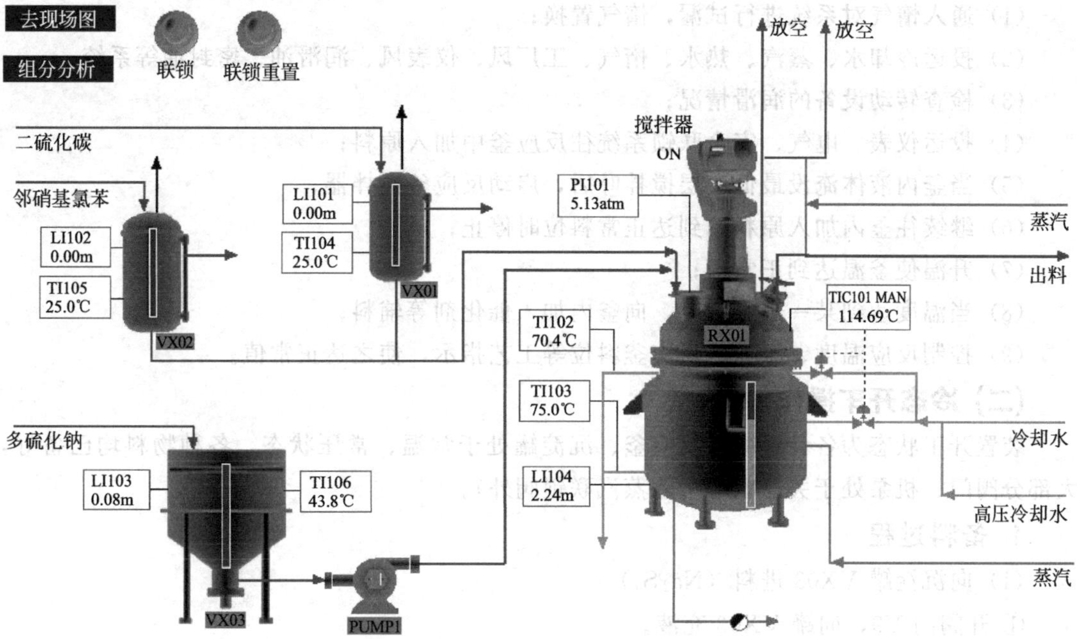

图 3-3 间歇反应釜系统 DCS 图

2. 间歇反应釜系统现场图

间歇反应釜系统现场图如图 3-4 所示。

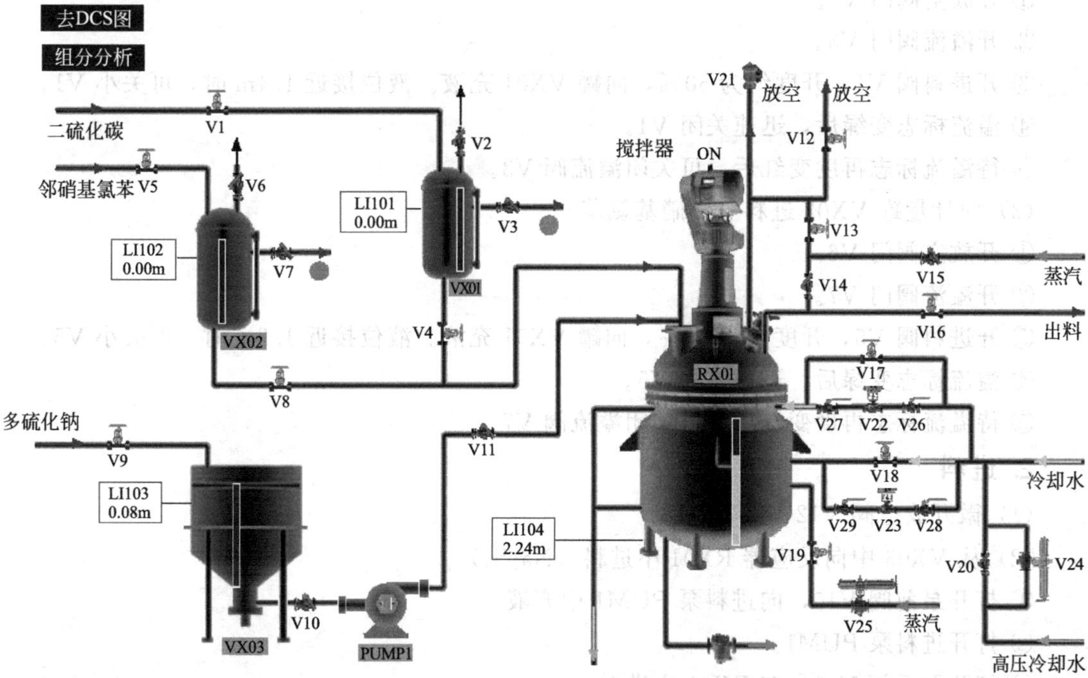

图 3-4 间歇反应釜系统现场图

三、间歇釜式反应器的操作与运行

(一) 开车前准备

一般间歇釜式反应器开车前准备按如下步骤进行:

(1) 通入惰气对系统进行试漏，惰气置换；

(2) 投运冷却水、蒸汽、热水、惰气、工厂风、仪表风、润滑油、密封油等系统；

(3) 检查转动设备的润滑情况；

(4) 投运仪表、电气、安全联锁系统往反应釜中加入原料；

(5) 当釜内液体淹没最低一层搅拌叶后，启动反应釜搅拌器；

(6) 继续往釜内加入原料，到达正常料位时停止；

(7) 升温使釜温达到正常值；

(8) 当温度达到某一规定值时，向釜内加入催化剂等辅料；

(9) 控制反应温度、压力、反应釜料位等工艺指示，使之达正常值。

(二) 冷态开车操作

装置开工状态为各计量罐、反应釜、沉淀罐处于常温、常压状态，各种物料均已备好，大部分阀门、机泵处于关停状态（除蒸汽联锁阀外）。

1. 备料过程

(1) 向沉淀罐 VX03 进料（Na_2S_n）

① 开阀门 V9，向罐 VX03 充液。

② VX03 液位接近 3.60m 时，关小 V9，至 3.60m 时关闭 V9。

③ 静置 4min（实际 4h）备用。

(2) 向计量罐 VX01 进料（CS_2）

① 开放空阀门 V2。

② 开溢流阀门 V3。

③ 开进料阀 V1，开度约为 50%，向罐 VX01 充液。液位接近 1.4m 时，可关小 V1。

④ 溢流标志变绿后，迅速关闭 V1。

⑤ 待溢流标志再度变红后，可关闭溢流阀 V3。

(3) 向计量罐 VX02 进料（邻硝基氯苯）

① 开放空阀门 V6。

② 开溢流阀门 V7。

③ 开进料阀 V5，开度约为 50%，向罐 VX01 充液。液位接近 1.2m 时，可关小 V5。

④ 溢流标志变绿后，迅速关闭 V5。

⑤ 待溢流标志再度变红后，可关闭溢流阀 V7。

2. 进料

(1) 微开放空阀 V12，准备进料。

(2) 从 VX03 中向反应器 RX01 中进料（Na_2S_n）

① 打开泵前阀 V10，向进料泵 PUM1 中充液。

② 打开进料泵 PUM1。

③ 打开泵后阀 V11，向 RX01 中进料。

④ 至液位小于 0.1m 时停止进料。关泵后阀 V11。

⑤ 关泵 PUM1。

⑥ 关泵前阀 V10。

(3) 从 VX01 中向反应器 RX01 中进料（CS_2）

① 检查放空阀 V2 开放。

② 打开进料阀 V4 向 RX01 中进料。

③ 待进料完毕后关闭 V4。

(4) 从 VX02 中向反应器 RX01 中进料（邻硝基氯苯）

① 检查放空阀 V6 开放。

② 打开进料阀 V8 向 RX01 中进料。

③ 待进料完毕后关闭 V8。

(5) 进料完毕后关闭放空阀 V12。

3. 开车

(1) 检查放空阀 V12、进料阀 V4、V8、V11 是否关闭。打开联锁控制。

(2) 开启反应釜搅拌电机 M1。

(3) 适当打开夹套蒸汽加热阀 V19，观察反应釜内温度和压力上升情况，保持适当的升温速度。

(4) 控制反应温度直至反应结束。

4. 反应过程控制

(1) 当温度升至 55～65℃左右关闭 V19，停止通蒸汽加热。

(2) 当温度升至 70～80℃左右时微开 TIC101（冷却水阀 V22、V23），控制升温速度。

(3) 当温度升至 110℃以上时，是反应剧烈的阶段。应小心加以控制，防止超温。当温度难以控制时，打开高压水阀 V20。并可关闭搅拌器 M1 以使反应降速。当压力过高时，可微开放空阀 V12 以降低气压，但放空会使 CS_2 损失，污染大气。

(4) 反应温度大于 128℃时，相当于压力超过 8atm（1atm＝101325Pa），已处于事故状态，如联锁开关处于“on”的状态，联锁启动（开高压冷却水阀，关搅拌器，关加热蒸汽阀）。

(5) 压力超过 15atm（相当于温度大于 160℃），反应釜安全阀作用。

（三）热态开车操作

1. 反应中要求的工艺参数

(1) 反应釜中压力不大于 8atm。

(2) 冷却水出口温度不小于 60℃，如小于 60℃易使硫在反应釜壁和蛇管表面结晶，使传热不畅。

2. 主要工艺生产指标的调整方法

(1) 温度调节　操作过程中以温度为主要调节对象，以压力为辅助调节对象。升温慢会引起副反应速率大于主反应速率的时间段过长，因而引起反应的产率低。升温快则容易反应失控。

(2) 压力调节　压力调节主要是通过调节温度实现的，但在超温的时候可以微开放空阀，使压力降低，以达到安全生产的目的。

(3) 收率　由于在 90℃以下时，副反应速率大于正反应速率，因此在安全的前提下快速升温是收率高的保证。

（四）停车操作

间歇釜式反应器的停车应首先停进催化剂、原料等；再继续加入溶剂，维持反应系统继续运行；待化学反应停止后，停进所有物料，停搅拌器和其他传动设备，卸料；最后用惰气置换，置换合格后交检修。

在冷却水量很小的情况下，反应釜的温度下降仍较快，则说明反应接近尾声，可以进行停车出料操作了。

（1）打开放空阀 V12 约 5～10s，放掉釜内残存的可燃气体。关闭 V12。

（2）向釜内通增压蒸汽。

① 打开蒸汽总阀 V15。

② 打开蒸汽加压阀 V13 给釜内升压，使釜内气压高于 4atm。

（3）打开蒸汽预热阀 V14 片刻。

（4）打开出料阀门 V16 出料。

（5）出料完毕后保持开 V16 约 10s 进行吹扫。

（6）关闭出料阀 V16（尽快关闭，超过 1min 不关闭将不能得分）。

（7）关闭蒸汽阀 V15。

四、间歇釜式反应器典型事故及处理

间歇反应釜单元操作的典型事故及处理方法见表 3-5。

表 3-5　间歇反应釜单元操作的典型事故及处理方法

事故名称	主要现象	处理方法	处理步骤
超温(压)事故	温度大于 128℃(气压大于 8atm)	加大冷却，降低反应速率	(1)开大冷却水，打开高压冷却水阀 V20 (2)关闭搅拌器 PUM1，使反应速率下降 (3)如果气压超过 12atm，打开放空阀 V12
搅拌器 M1 停转	反应速率逐渐下降为低值，产物浓度变化缓慢	停止操作，出料维修	(1)关闭搅拌器 M1 (2)开放空阀 V12，放可燃气 (3)开 V12 阀 5～10s 后关放空阀 V12 (4)通增压蒸汽，打开阀 V15 (5)通增压蒸汽，打开阀 V13 (6)开蒸汽出料预热阀 V14 (7)开蒸汽出料预热阀 V14 片刻后关闭 V14 (8)开出料阀 V16，出料 (9)出料完毕，保持吹扫 10s，关闭 V16 (10)关闭蒸汽阀 V15 (11)关闭阀门 V13 (12)RX01 出料完毕
蛇管冷却水阀 V22 卡	开大冷却水阀对控制反应釜温度无作用，且出口温度稳步上升	开旁路	开冷却水旁路阀 V17 调节
出料管堵塞	出料时，内气压较高，但釜内液位下降很慢	开出料预热蒸汽阀 V14 吹扫 5min 以上(仿真中采用)。拆下出料管用火烧化硫黄，或更换管段及阀门	(1)关闭搅拌器 M1 (2)开放空阀 V12，放可燃气 (3)开 V12 阀 5～10s 后关放空阀 V12 (4)开蒸汽阀 V15 (5)通增压蒸汽，打开阀 V13 (6)开出料预热阀 V14 吹扫 5min 以上 (7)出料管不再堵塞后，关闭出料预热阀 V14 (8)开出料阀 V16，出料 (9)出料完毕，保持吹扫 10s，关闭 V16 (10)关闭蒸汽阀 V15 (11)关闭阀门 V13 (12)RX01 出料结束
测温电阻连线故障	温度显示置零		改用压力显示对反应进行调节(调节冷却水用量)

五、间歇釜式反应器的运行控制

1. 反应温度控制

对于反应系统操作是最关键的。反应温度的控制一般有如下三种方法：

（1）通过夹套冷却水换热；

（2）通过反应釜组成气相外循环系统，调节循环气体的温度，并使其中的易冷凝气相冷凝，冷凝液流回反应釜，从而达到控制反应温度的目的；

（3）料液循环泵，料液换热器和反应釜组成料液外循环系统控制反应温度，通过料液换热器能够调节循环料液的温度，从而达到控制反应温度的目的。

2. 压力控制

反应温度恒定时，在反应物料为气相时主要通过催化剂的加料量和反应物料的加料量来控制反应压力。如反应物料为液相时，反应釜压力主要决定物料的蒸气分压，也就是反应温度。反应釜气相中，不凝性惰性气体的含量过高是造成反应釜压力超高的原因之一。此时需放火炬，以降低反应釜的压力。

3. 液位控制

反应釜液位应该严格控制。一般反应釜液位控制在70%左右，通过料液的出料速率来控制。连续反应时反应釜必须有液位自动控制系统，以确保液位准确控制。液位控制过低反应产率低；液位控制过高，甚至满釜，就会造成物料浆液进入换热器、风机等设备中造成事故。

4. 原料浓度控制

料液浓度过高，造成搅拌器电机电流过高，引起超负载跳闸，停转，就会造成釜内物料结块，甚至引发飞温，出现事故。停止搅拌是造成事故的主要原因之一。控制料液浓度主要通过控制溶剂的加入量和反应物产率来实现。

有些反应过程还要考虑对加料速度和催化剂用量的控制。

第三节 固定床反应器的操作与控制

一、固定床反应器的工艺原理

本节以催化选择加氢的办法，脱除乙烯装置中的乙炔（乙烯生产过程中的碳二加氢工段）工艺流程为例介绍固定床反应器仿真操作与运行控制。

本例中的固定床反应器仿真单元操作训练选用的是一种对外换热式气-固相催化反应器，热载体是丁烷。在乙烯装置中，液态烃热裂解得到的裂解气中乙炔约含（1000～5000）$\times 10^{-6}$，为了获得聚合级的乙烯、丙烯，须将乙炔脱除至要求指标。催化选择加氢是最常用的方法之一。

在加氢催化剂存在下，碳二馏分中的乙炔加氢为乙烯，就加氢可能性来说，可发生如下反应。

主反应：
$$C_2H_2 + H_2 \longrightarrow C_2H_4 + 174.3\text{kJ/mol} \quad (3\text{-}7)$$

副反应：
$$C_2H_2 + 2H_2 \longrightarrow C_2H_6 + 311.0\text{kJ/mol} \quad (3\text{-}8)$$

$$C_2H_4 + H_2 \longrightarrow C_2H_6 + 136.7\text{kJ/mol} \quad (3\text{-}9)$$

$$mC_2H_4 + nC_2H_2 \longrightarrow \text{低聚物（绿油）} \quad (3\text{-}10)$$

高温时，还可能发生裂解反应：

$$C_2H_2 \longrightarrow 2C + H_2 + 227.8kJ/mol \quad (3\text{-}11)$$

实际生产中希望只发生主反应（3-7），既能使原料中的乙炔脱除，又能增产乙烯；副反应（3-8）是乙炔加氢得到乙烷，但对乙烯的增产没有贡献；反应（3-9）～反应（3-11）是不希望发生的反应。

1. 反应温度

反应温度对催化剂加氢性能影响较大，碳二加氢反应均是较强的放热反应，高温不仅有利于副反应的发生，而且对安全生产造成威胁。一般地，提高反应温度，提高催化剂活性，但选择性降低。采用钯型催化剂时，反应温度为30～120℃，本装置反应温度由壳侧中冷载热体控制在44℃左右。

2. 炔烃浓度

炔烃浓度对催化剂反应性能有着重要影响。加氢原料所含炔烃、双烯烃浓度高，反应放热量大，若不能及时移走热量，使得催化剂床层温度较高，加剧副反应的进行，导致目标产物乙烯的加氢损失，并造成催化剂的表面结焦的不良后果。

3. 氢烃比

乙炔加氢反应的理论氢炔比为1.0，如氢炔比小于1.0，说明乙炔未能脱除。当氢炔比超过1.0时，就意味着除了满足乙炔加氢生成乙烯需要的氢气外，有过剩的氢气出现，反应的选择性就下降了。一般采用的炔烃比为1.2～2.5。本装置中控制碳二馏分的流量是56186.8t/h，氢气的流量是200t/h。

4. 一氧化碳

一氧化碳会使加氢催化剂中毒，影响催化剂的活性。在加氢原料中的一氧化碳的含量有一定的限制，如碳二加氢所用的富氢中一氧化碳含量应小于5×10^{-6}。

二、固定床反应器的工艺流程

(一) 工艺流程及说明

1. 工艺流程图

固定床反应器单元带控制点的工艺流程图如图3-5所示。

2. 工艺流程说明

反应原料分两股，一股温度为－15℃左右的烃原料（以C_2为主），进料量由流量控制器FIC1425控制；另一股温度为10℃左右的H_2与CH_4的混合气，进料量由流量控制器FIC1427控制。FIC1425与FIC1427为比值控制，两股原料按一定比例在管线中混合后经原料气/反应气换热器（EH423）预热，再经原料预热器（EH424）预热到38℃，进入固定床反应器（ER424A/B）。预热温度由温度控制器TIC1466通过调节预热器EH424加热蒸汽（S3）的流量来控制。

ER424A/B中的反应原料在2.523MPa、44℃下反应生成C_2H_6。当温度过高时会发生C_2H_4聚合生成C_4H_8的副反应。反应器中的热量由反应器壳侧循环的加压C_4冷剂蒸发带走。C_4蒸汽在水冷器EH429中由冷却水冷凝，而C_4冷剂的压力由压力控制器PIC1426通过调节C_4蒸汽冷凝回流量来控制，从而保持C_4冷剂的温度。

(二) 固定床单元主要设备及作用

1. 固定床单元主要设备

固定床单元主要设备见表3-6。

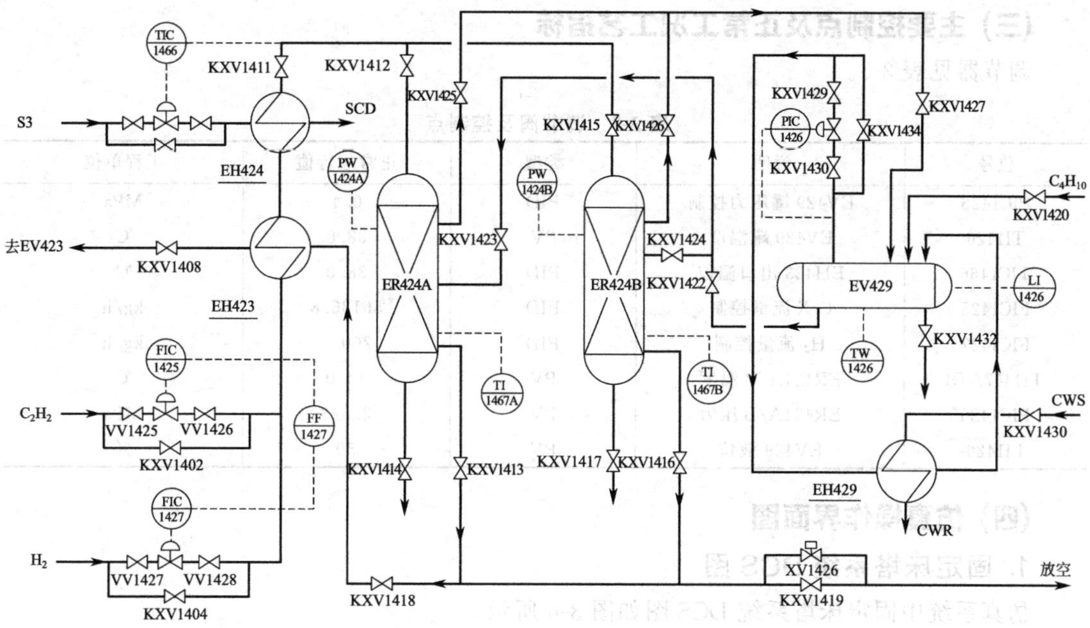

图 3-5　固定床反应器单元带控制点的工艺流程图

表 3-6　固定床单元主要设备及作用

序　号	位　号	名　称
1	EH423	原料气/反应气换热器
2	EH424	原料气预热器
3	EH429	C_4 蒸汽冷凝器
4	EV429	C_4 闪蒸罐
5	ER424A	碳二加氢固定床反应器
6	ER424B	碳二加氢固定床反应器(备用)

2. 现场手动阀

手动阀见表 3-7。

表 3-7　手动阀

位　号	名　称	位　号	名　称
VV1425	调节阀 FV1425 前阀	KXV1417	ER424B 排污阀
VV1426	调节阀 FV1425 后阀	KXV1418	ER424A/B 反应物出口总阀
VV1427	调节阀 FV1427 前阀	KXV1419	反应物放空阀
VV1428	调节阀 FV1427 后阀	KXV1420	EV429 的 C_4 进料阀
VV1429	调节阀 PV1426 前阀	KXV1422	EV429 的 C_4 出口阀
VV1430	调节阀 PV1426 后阀	KXV1423	ER424A 的 C_4 冷剂入口阀
KXV1402	调节阀 FV1425 旁通阀	KXV1424	ER424B 的 C_4 冷剂入口阀
KXV1404	调节阀 FV1427 旁通阀	KXV1425	ER424A 的 C_4 冷剂气出口阀
KXV1411	E424 原料气出口阀	KXV1426	ER424B 的 C_4 冷剂气出口阀
KXV1412	ER424A 原料气入口阀	KXV1427	EV429 的 C_4 冷剂气入口阀
KXV1413	ER424A 反应物出口阀	KXV1430	EH429 冷却水阀
KXV1414	ER424A 排污阀	KXV1432	EH429 排污阀
KXV1415	ER424B 原料气入口阀	KXV1434	调节阀 PV1426 旁通阀
KXV1416	ER424B 反应物出口阀	XV1426	电磁阀

(三) 主要控制点及正常工况工艺指标

调节器见表 3-8。

表 3-8　调节阀及控制点

位号	说明	类型	正常运行值	工程单位
PIC1426	EV429 罐压力控制	PID	0.4	MPa
TI1426	EV429 罐温度	PV	38.0	℃
TIC1466	EH423 出口温控	PID	38.0	℃
FIC1425	C_2X 流量控制	PID	56186.8	kg/h
FIC1427	H_2 流量控制	PID	200.0	kg/h
TI1467A/B	ER424A/B 温度	PV	44.0	℃
PIC1426	ER424A/B 压力	PV	2.523	MPa
LI1426	EV429 液位	PV	50	%

(四) 仿真操作界面图

1. 固定床塔系统 DCS 图

仿真系统中固定床塔系统 DCS 图如图 3-6 所示。

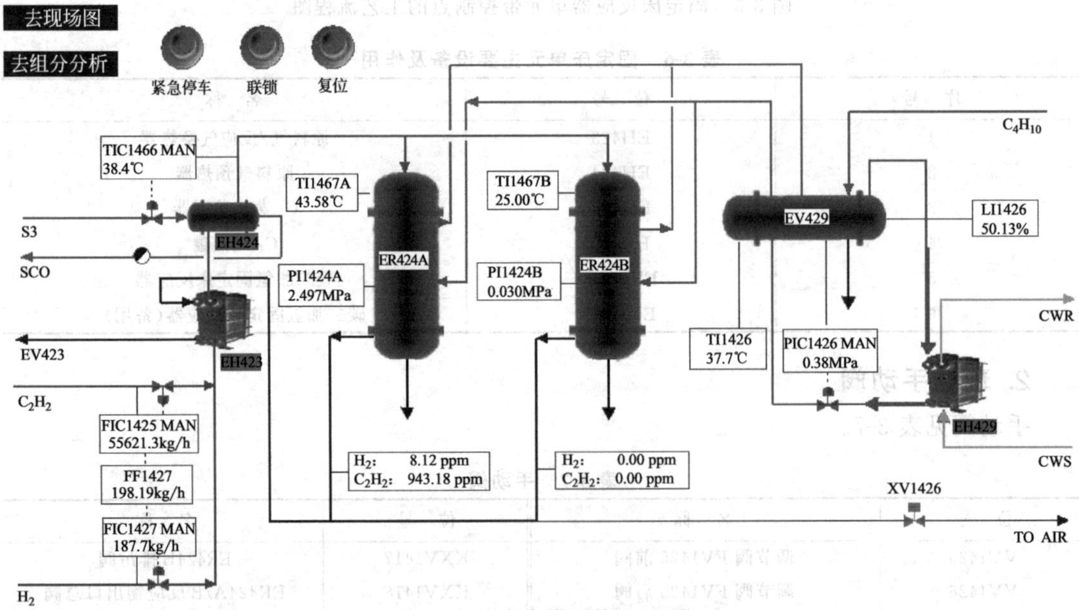

图 3-6　固定床塔系统 DCS 图

2. 固定床系统现场图

仿真系统中固定床系统现场图如图 3-7 所示。

三、固定床反应器的操作

(一) 开车操作

装置的开工状态为反应器和闪蒸罐都处于已进行过氮气冲压置换后，保压在 0.03MPa 状态。可以直接进行实气冲压置换。

1. EV429 闪蒸器充丁烷

① 确认 EV429 压力为 0.03MPa。

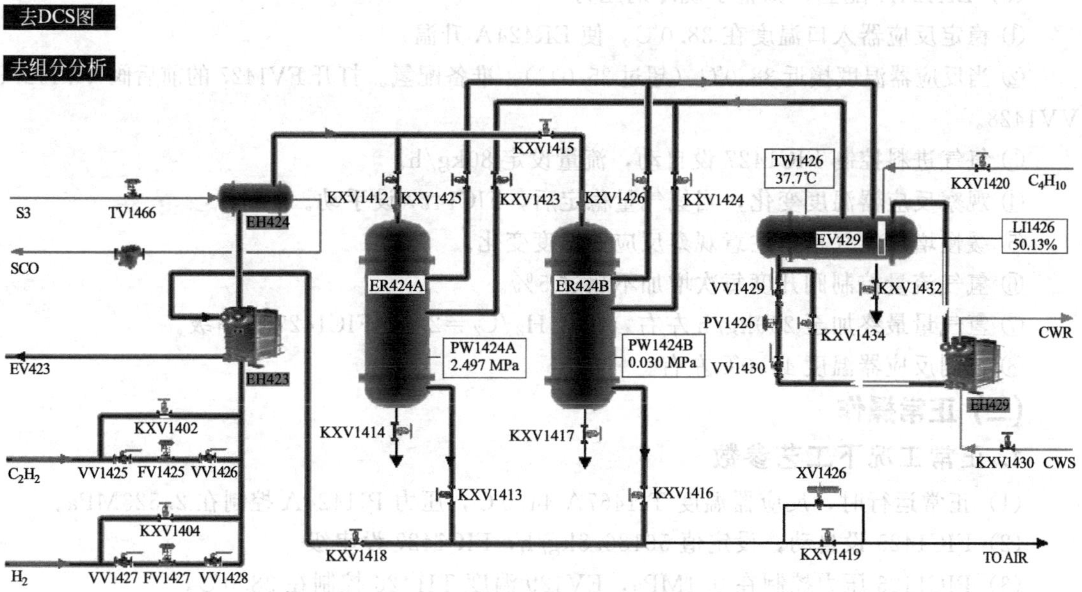

图 3-7　固定床系统现场图

② 打开 EV429 回流阀 PV1426 的前后阀 VV1429、VV1430。

③ 调节 PV1426（PIC1426）阀开度为 50%。

④ EH429 通冷却水，打开 KXV1430，开度为 50%。

⑤ 打开 EV429 的丁烷进料阀门 KXV1420，开度 50%。

⑥ 当 EV429 液位到达 50%时，关进料阀 KXV1420。

2. ER424A 反应器充丁烷

（1）确认事项

① 反应器 0.03MPa 保压。

② EV429 液位到达 50%。

（2）充丁烷。打开丁烷冷剂进 ER424A 壳层的阀门 KXV1423，有液体流过，充液结束；同时打开出 ER424A 壳层的阀门 KXV1425。

3. ER424A 启动

（1）启动前准备工作

① ER424A 壳层有液体流过。

② 打开 S3 蒸汽进料控制 TIC1466。

③ 调节 PIC1426 设定，压力控制设定在 0.4MPa。

（2）ER424A 充压、实气置换

① 打开 FIC1425 的前后阀 VV1425、VV1426 和 KXV1412。

② 打开阀 KXV1418。

③ 微开 ER424A 出料阀 KXV1413，丁烷进料控制 FIC1425（手动），慢慢增加进料，提高反应器压力，充压至 2.523MPa。

④ 慢开 ER424A 出料阀 KXV1413 至 50%，充压至压力平衡。

⑤ 乙炔原料进料控制 FIC1425 设自动，设定值 56186.8kg/h。

(3) ER424A 配氢，调整丁烷冷剂压力

① 稳定反应器入口温度在 38.0℃，使 ER424A 升温。

② 当反应器温度接近 38.0℃（超过 35.0℃），准备配氢。打开 FV1427 的前后阀 VV1427、VV1428。

③ 氢气进料控制 FIC1427 设自动，流量设定 80kg/h。

④ 观察反应器温度变化，当氢气量稳定后，FIC1427 设手动。

⑤ 缓慢增加氢气量，注意观察反应器温度变化。

⑥ 氢气流量控制阀开度每次增加不超过 5%。

⑦ 氢气量最终加至 200kg/h 左右，此时 $H_2/C_2=2.0$，FIC1427 投串级。

⑧ 控制反应器温度 44.0℃左右。

(二) 正常操作

1. 正常工况下工艺参数

(1) 正常运行时，反应器温度 TI1467A 44.0℃，压力 PI1424A 控制在 2.523MPa。

(2) FIC1425 设自动，设定值 56186.8kg/h，FIC1427 设串级。

(3) PIC1426 压力控制在 0.4MPa，EV429 温度 TI1426 控制在 38.0℃。

(4) TIC1466 设自动，设定值 38.0℃。

(5) ER424A 出口氢气浓度低于 50×10^{-6}，乙炔浓度低于 200×10^{-6}。

(6) EV429 液位 LI1426 为 50%。

2. ER424A 与 ER424B 间切换

① 关闭氢气进料。

② ER424A 温度下降低于 38.0℃后，打开 C_4 冷剂进 ER424B 的阀 KXV1424、KXV1426，关闭 C_4 冷剂进 ER-424A 的阀 KXV1423、KXV1425。

③ 开 C_2H_2 进 ER424B 的阀 KXV1415，微开 KXV1416。关 C_2H_2 进 ER-424A 的阀 KXV1412。

3. ER424B 的操作

ER424B 的操作与 ER424A 操作相同。

(三) 停车操作

1. 正常停车

(1) 关闭氢气进料，关 VV1427、VV1428，FIC1427 设手动，设定值为 0%。

(2) 关闭加热器 EH424 蒸汽进料，TIC1466 设手动，开度 0%。

(3) 闪蒸器冷凝回流控制 PIC1426 设手动，开度 100%。

(4) 逐渐减少乙炔进料，开大 EH429 冷却水进料。

(5) 逐渐降低反应器温度、压力，至常温、常压。

(6) 逐渐降低闪蒸器温度、压力，至常温、常压。

2. 紧急停车

(1) 与停车操作规程相同。

(2) 也可按急停车按钮。

四、固定床反应器典型事故及处理

固定床单元操作的典型事故及处理方法见表 3-9。

表 3-9　固定床单元操作的典型事故及处理方法

事故名称	主要现象	处理方法	处理步骤
氢气进料阀卡住	氢气量无法自动调节	1. 降低 EH429 冷却水量； 2. 用旁通阀 KXV1404 手动调节氢气量	(1)将 FIC1427 打到手动 (2)关闭 FIC1427 (3)关闭 VV1427 (4)关闭 VV1428 (5)关小 KXV1430 阀，降低 EH429 冷却水量 (6)用旁路阀 KXV1404 调节氢气量 (7)当氢气流量恢复正常后，将 KXV1430 开到 50%
预热器 EH424 阀卡住	换热器出口温度超高	1. 增加 EH429 冷却水量； 2. 减少配氢量	(1)开大阀 KXV1430，增加 EH429 冷却水的量 (2)将 FIC1427 改为手动 (3)关小 FV1427 阀，减少配氢量
闪蒸罐压力调节阀卡住	闪蒸罐温度、压力超高	1. 增加 SH429 冷却水量； 2. 用旁通阀 KXV1434 手动调节	(1)将 PIC1426 转为手动 (2)关闭 PIC1426 (3)关闭 VV1430 (4)关闭 VV1429 (5)开大阀 KXV1430，增加 EH429 冷却水的量 (6)用旁路阀 KXV1434 手动调节
反应器漏气	反应器压力迅速降低	停工	(1)关闭氢气进料阀 VV1427 (2)关闭 VV1428 (3)FIC1427 打到手动 (4)关闭 FV1427 (5)TIC1466 打到手动 (6)关闭加热器 EH424 蒸汽进料阀 TC1466 (7)PIC1426 打到手动 (8)全开闪蒸器回流阀 PV1426 (9)FIC1425 打到手动 (10)逐渐关闭乙炔进料阀 FV1425 (11)关闭 VV1425 (12)关闭 VV1426 (13)逐渐开大 EH429 冷却水进料阀 KXV1430 闪蒸器温度：TW1426 降到常温 反应器压力：P424A 降至常压 反应器温度：TI1467A 降至常温
EH429 冷却水进口阀卡住	闪蒸罐压力、温度超高	停工	(1)关闭氢气进料阀 VV1427 (2)关闭 VV1428 (3)FIC1427 打到手动 (4)关闭 FV1427 (5)TIC1466 打到手动 (6)关闭加热器 EH424 蒸汽进料阀 TIC1466 (7)PIC1426 打到手动 (8)全开闪蒸器回流阀 PV1426 (9)FIC1425 打到手动 (10)逐渐关闭乙炔进料阀 FV1425 (11)关闭 VV1425 (12)关闭 VV1426 闪蒸器温度：TW1426 降到常温 反应器压力：P424A 降至常压 反应器温度：TI1467A 降至常温
反应器超温	反应器温度超高，会引发乙烯聚合的副反应	增加 EH429 冷却水量	开大阀 KXV1430，增加 EH429 冷却水的量

五、固定床反应器的运行控制

1. 温度控制

(1) 控制反应器入口温度　对加热炉式换热器提供热源的反应，要严格控制反应器入口物料的温度，即控制加热炉出口温度或换热器终温，这是整个反应装置的重要工艺指标。

(2) 控制反应床层间的温度　对剧烈放热反应，应及时移走热量以保证正常生产，在正常的生产操作中，可以通过调节冷激气量来降低床层温度。

(3) 原料组成的变化对反应温度的影响　原料组成变化会影响反应速率和反应热效应的变化，进而引起床层温度的变化。

(4) 反应初期与末期的温度变化　生产初期，催化剂的活性较高，反应温度可以稍低。随着生产时间的延长，催化剂活性有所下降，可以在允许操作范围内适当提高反应温度。

(5) 反应温度的限制　反应器床层任何一点温度超过正常温度一定值时应停止进料；必要时，要采用紧急措施，或启动高压放空系统以防止温度继续升高而引起反应失控。

2. 压力控制

反应压力主要通过气体的分压来调节，压力出现波动，对整个反应的影响较大。

(1) 压缩机的压力调节　一般情况下，不要改变循环压缩机的出口压力，也不要随便改变高压分离器压力调节器的给定值。如果压力升高，通常通过压缩机每一级的返回量来调节，必要时可通过增加排放量来调节；压力降低，一般需增加新鲜气的补充量。

(2) 反应温度的影响　反应温度升高，会导致反应的程度加大，耗气量增加，压力下降，因而反应过程中须严格控制反应温度，尽量避免出现温度波动。

(3) 原料变化的影响　原料改变，耗氢量也变，装置压力降低，循环氢压缩机入口流量下降，此时应补充新鲜氢气。如果原料带水，系统压力会上升，系统压差增大。

3. 空速控制

在操作过程中，需要进行提温提空速时，应"先提空速后提温"，而降空速降温时则"先降温后降空速"。操作过程中，应尽量避免空速大幅度下降，从而引起反应温度极度升高。

第四节 流化床反应器的操作与控制

一、流化床反应器的工艺原理

流化床是一种利用气体（或液体）通过颗粒状固体层，而使固体颗粒处于悬浮运动状态，并进行气固相反应过程（或液固相反应过程）的反应器。

本节以 HIMONT 工艺连续本体法聚丙烯装置的气-固相流化床非催化反应器为例，介绍流化床反应器仿真操作与运行控制。

本仿真单元所选用的是一种气-固相流化床非催化反应器，取材于 HIMONT 工艺连续本体法聚丙烯装置的气相共聚反应器，用于生产高抗冲共聚体。

乙烯、丙烯以及反应混合气在一定的温度（70℃）和一定的压力（1.35MPa）下，通过具有剩余活性的干均聚物（聚丙烯）的引发，在流化床反应器里进行反应，同时加入氢气以改善共聚物的本征黏度，生成高抗冲击共聚物。

主要原料：乙烯、丙烯、具有剩余活性的干均聚物（聚丙烯）和氢气。

主产物：高抗冲击共聚物（具有乙烯和丙烯单体的共聚物）。

副产物：无。

反应方程式： $nC_2H_4+nC_3H_6 \longrightarrow [C_2H_4-C_3H_6]_n$ (3-12)

本工艺特点是气相共聚反应是在均聚反应后进行，聚合物颗粒来自均聚，在气相共聚反应器中不再有催化剂组分的分布问题。气相共聚反应器采用气相法密相流化床，所生成的聚合物颗粒大，呈球形，不但流动性好，且不易被气流吹走，从而相应地缩小了反应器的体积。

气相共聚生产高冲聚合物时，均聚体粉料从共聚反应器顶部进入流化床反应器。与此同时，按一定比例恒定地加入乙烯、丙烯和氢气，以达到共聚产品所需要的性质，聚合的反应热靠循环气体的冷却而导出。

气相反应聚合速率的控制是靠调节反应器内的气体组成（H_2/C_2、C_2/C_3 之比）和总的系统压力、反应温度及物料面高度来实现。

二、流化床反应器的工艺流程

(一) 工艺流程及说明

1. 工艺流程图

流化床反应器单元带控制点工艺流程图如图 3-8 所示。

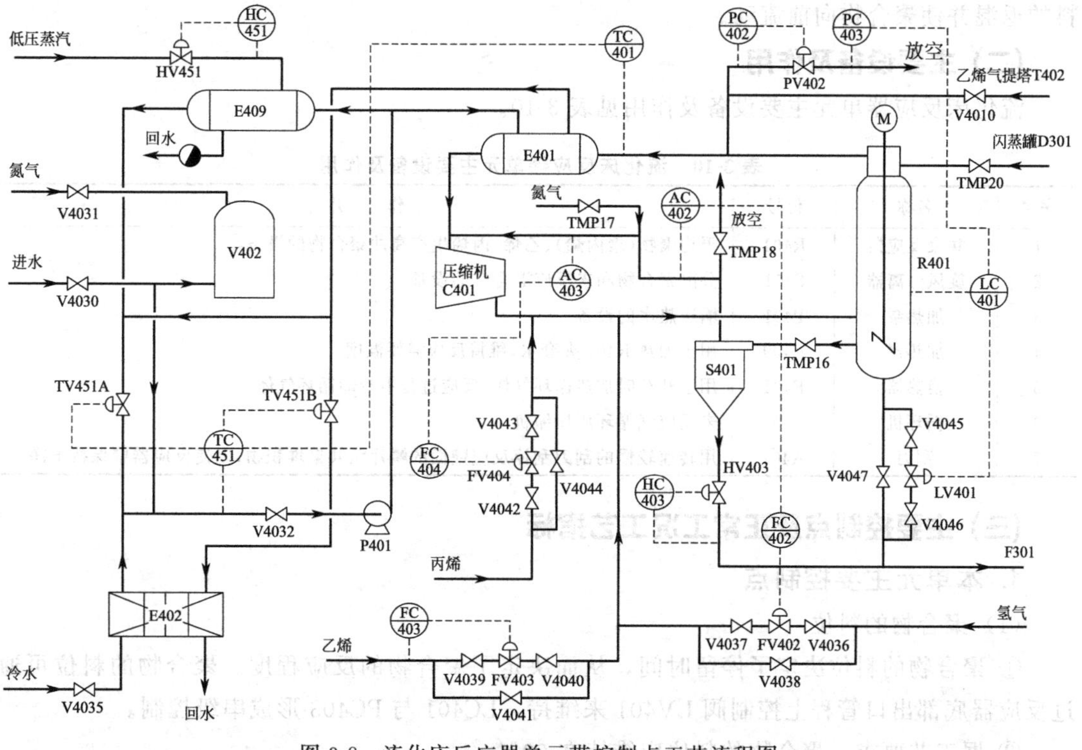

图 3-8 流化床反应器单元带控制点工艺流程图

2. 工艺流程说明

在压差作用下，来自闪蒸罐 D301 的具有剩余活性的干均聚物（聚丙烯）从顶部进入到气相共聚流化床反应器，落在流化床的床层上。

在气体分析仪的控制下，氢气被加到乙烯进料管道中，以改进聚合物的本征黏度，满足加工需要。

聚合物从顶部进入流化床反应器，落在流化床的床层上。流化气体（反应单体）通过一个特殊设计的栅板进入反应器。由反应器底部出口管路上的控制阀来维持聚合物的料位。聚合物料位决定了停留时间，从而决定了聚合反应的程度，为了避免过度聚合的鳞片状产物堆积在反应器壁上，反应器内配置一转速较慢的刮刀，以使反应器壁保持干净。

栅板下部夹带的聚合物细末，用一台小型旋风分离器 S401 除去，并送到下游的袋式过滤器中。

所有未反应的单体循环返回到流化压缩机的吸入口。

来自乙烯汽提塔顶部的回收气相与气相反应器出口的循环单体汇合，而补充的氢气、乙烯和丙烯加入到压缩机排出口。

循环气体用工业色谱仪进行分析，调节氢气和乙烯的补充量，分别由 FC402 和 FC403 来控制。然后调节补充的丙烯进料量以保证反应器的进料气体满足工艺要求的组成，由 FC404 来控制。

用脱盐水作为冷却介质，用一台立式列管式换热器将聚合反应热撤出。该热交换器位于循环气体压缩机之前。

共聚物的反应压力约为 1.4MPa（表压），温度为 70℃，注意，该系统压力位于闪蒸罐压力和袋式过滤器压力之间，从而在整个聚合物管路中形成一定压力梯度，以避免容器间物料的返混并使聚合物向前流动。

(二) 主要设备及作用

流化床反应器单元主要设备及作用见表 3-10。

表 3-10 流化床反应器单元主要设备及作用

序号	名称	位号	作用
1	共聚反应器	R401	干均聚物(聚丙烯)、乙烯、丙烯生产高冲聚合物的设备
2	旋风分离器	S401	分离聚合物和未反应混合气的设备
3	加热泵	P401	输送热水的设备
4	加热器	E409	用于加热 R401 夹套水，维持反应需要温度
5	换热器	E401	用于开车时加热循环气体，反应过程中冷却循环气体
6	循环机	C401	未反应气循环用压缩机
7	刮刀	A401	用转速较慢的刮刀刮掉反应壁面的鳞片状共聚堆积物，以使反应器壁保持干净

(三) 主要控制点及正常工况工艺指标

1. 本单元主要控制点

(1) 聚合物的料位

① 聚合物的料位决定了停留时间，从而决定了聚合物的反应程度。聚合物的料位可通过反应器底部出口管程上控制阀 LV401 来维持，LC401 与 PC403 形成串级控制。

② 据工艺要求，聚合物的料位应维持在 60%。

(2) 反应气循环温度

① 乙烯、丙烯以及反应混合气在 70℃、1.3MPa（表）下进行反应；

② 反应开始时其温度调节主要依靠 E401 循环夹套水 TC451 来调节；

③ 随着反应的进行，共聚反应器料位高度的增加，循环气温度升高，因此应及时调整 TC401 的阀开大小。

(3) 反应气压力　反应气压力应维持在 1.4MPa 下进行。主要依靠 PC402 来调节。

2. 正常工况下主要工艺参数

(1) 温度控制点及控制指标见表 3-11。

表 3-11　温度控制点及控制指标

序　号	名　称	位　号	指标/℃
1	循环气温度	TC401	70
2	循环水温度	TC451	50
3	E401 循环气出口温度	TI403	60
4	R401 原料气进料温度	TI404	60
5	E401 循环水入口温度	TI405(1/2)	45/50
6	E401 循环水出口温度	TI406	50

(2) 压力控制点及控制指标见表 3-12。

表 3-12　压力控制点及控制指标

名　称	位　号	指　标
系统压力	PC402、PC403	1.4MPa、1.35MPa

(3) 流量控制点及控制指标见表 3-13。

表 3-13　流量控制点及控制指标

序　号	名　称	位　号	指　标
1	循环水入口流量	FI401	56t/h
2	氢气进料流量	FC402	0.35kg/h
3	乙烯进料流量	FC403	567.0kg/h
4	丙烯进料流量	FC404	400.0kg/h
5	R401 原料气进料流量	FI405	120t/h

(4) 其他控制指标见表 3-14。

表 3-14　其他控制点及控制指标

序　号	名　称	位　号	指　标
1	反应器料位	LC401	60%
2	循环气中氢气含量	AC402	0.18
3	循环气中丙烯含量	AC403	0.38
4	R401 未反应气体中 H_2 含量	AI40111	0.0005
5	R401 未反应气体中 C_2H_2 含量	AI40121	0.3478
6	R401 未反应气体中 C_2H_6 含量	AI40131	0.0026
7	R401 未反应气体中 C_3H_6 含量	AI40141	0.5864
8	R401 未反应气体中 C_3H_8 含量	AI40151	0.0621

(四) 仿真操作界面图

计算机屏幕显示的流化床反应器仿真界面图如下。

1. 流化床反应器系统 DCS 图

流化床反应器系统 DCS 图，如图 3-9 所示。

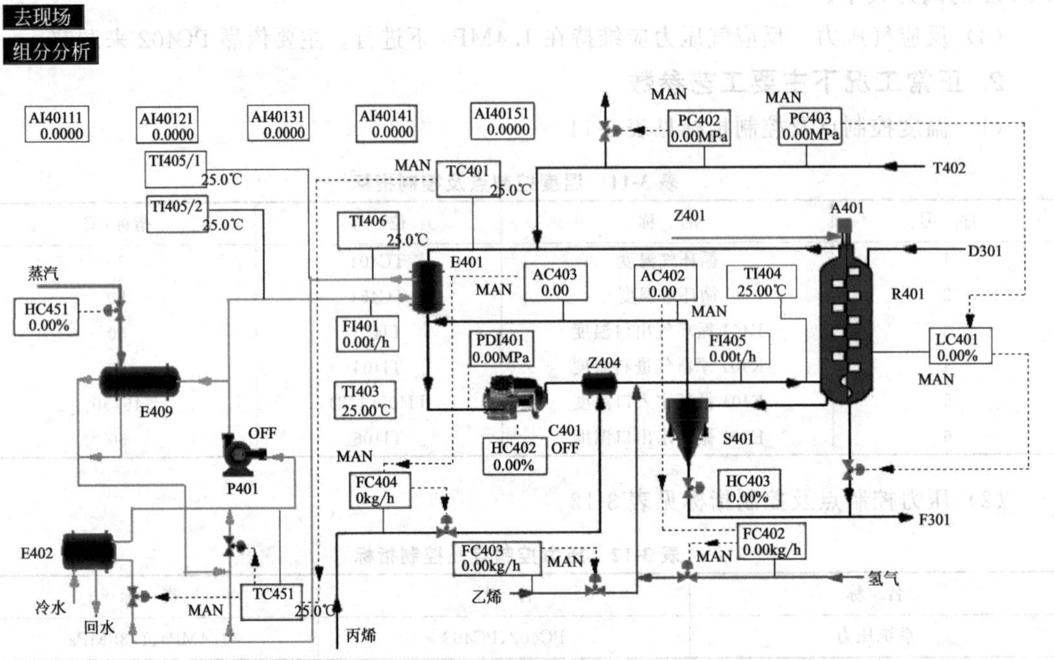

图 3-9　流化床反应器系统 DCS 图

2. 流化床反应器系统现场图

流化床反应器系统现场图如图 3-10 所示。

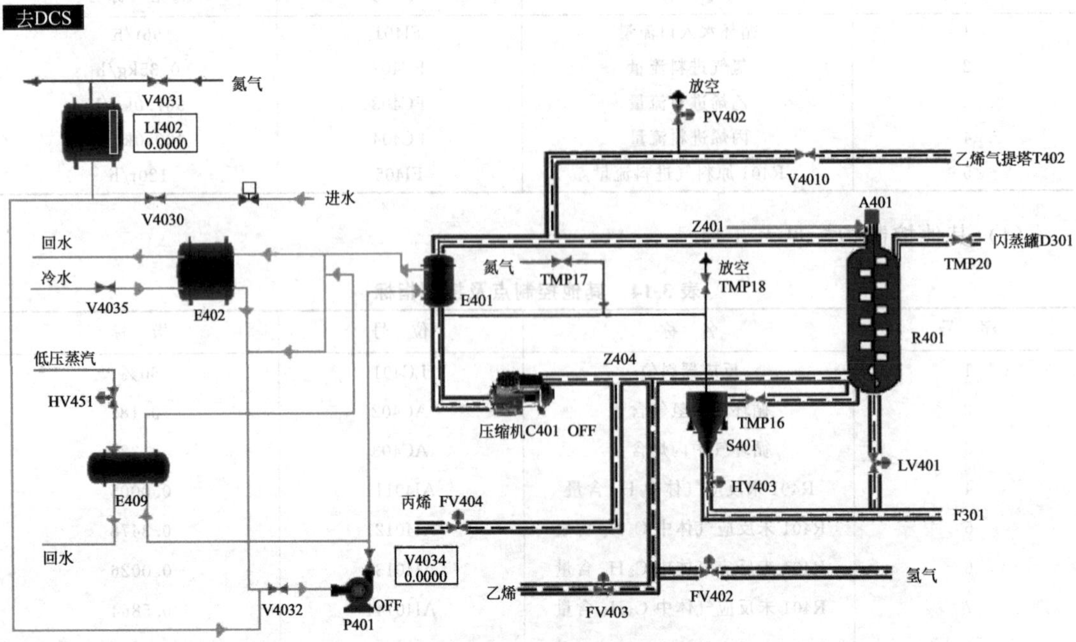

图 3-10　流化床反应器系统现场图

三、流化床反应器的操作

（一）冷态开车操作

1. 开车准备

准备工作包括：系统中用氮气充压，循环加热氮气，随后用乙烯对系统进行置换（按照实际正常的操作，用乙烯置换系统要进行两次，考虑到时间关系，只进行一次）。这一过程完成之后，系统将准备开始单体开车。

（1）系统氮气充压加热

① 充氮。打开充氮阀，用氮气给反应器系统充压，当系统压力达 0.7MPa（表）时，关闭充氮阀。

② 当氮充压至 0.1MPa（表）时，按照正确的操作规程，启动 C401 共聚循环气体压缩机，将导流叶片（HC402）定在 40%。

③ 环管充液。启动压缩机后，开进水阀 V4030，给水罐充液，开氮封阀 V4031。

④ 当水罐液位大于 10%时，开泵 P401 入口阀 V4032，启动泵 P401，调节泵出口阀 V4034 至 60%开度。

⑤ 手动开低压蒸汽阀 HC451，启动换热器 E409，加热循环氮气。

⑥ 打开循环水阀 V4035。

⑦ 当循环氮气温度达到 70℃时，TC451 投自动，调节其设定值，维持氮气温度 TC401 在 70℃左右。

（2）氮气循环

① 当反应系统压力达 0.7MPa 时，关充氮阀。

② 在不停压缩机的情况下，用 PIC402 和排放阀给反应系统泄压至 0.0MPa（表）。

③ 在充氮泄压操作中，不断调节 TC451 设定值，维持 TC401 温度在 70℃左右。

（3）乙烯充压

① 当系统压力降至 0.0MPa（表）时，关闭排放阀。

② 由 FC403 开始乙烯进料，乙烯进料量设定在 567.0kg/h 时投自动调节，乙烯使系统压力充至 0.25MPa（表）。

2. 干态运行开车

本规程旨在聚合物进入之前，共聚集反应系统具备合适的单体浓度，另外通过该步骤也可以在实际工艺条件下，预先对仪表进行操作和调节。

（1）反应进料

① 当乙烯充压至 0.25MPa（表）时，启动氢气的进料阀 FC402，氢气进料设定在 0.102kg/h，FC402 投自动控制。

② 当系统压力升至 0.5MPa（表）时，启动丙烯进料阀 FC404，丙烯进料设定在 400kg/h，FC404 投自动控制。

③ 当系统压力升至 0.8MPa（表）时，打开旋风分离器 S401 底部阀 HC403 至 20%开度，维持系统压力缓慢上升。

（2）准备接收 D301 来的均聚物

① 丙烯进料阀 FV404 改为手动，开度至 85%。

② 当 AC402 和 AC403 平稳后，调节 HC403 开度至 25%。

③ 启动共聚反应器的刮刀，准备接收从闪蒸罐（D301）来的均聚物。

（3）共聚反应物的开车

① 确认系统温度 TC451 维持在 70℃左右。

② 当系统压力升至 1.2MPa（表）时，开大 HC403 开度在 40%和 LV401 在 20%～25%，以维持流态化。

③ 打开来自 D301 的聚合物进料阀。

(二) 正常运行（稳定状态的过渡）

1. 反应器的液位

（1）随着 R401 料位的增加，系统温度将升高，及时降低 TC451 的设定值，不断取走反应热，维持 TC401 温度在 70℃左右。

（2）调节反应系统压力在 1.35MPa（表）时，PC402 自动控制（设定值 1.35MPa）。

（3）手动调节 LV401 至 30%。

（4）当液位达到 60%时，将 LC401 设置投自动。

（5）随系统压力的增加，料位将缓慢下降，PC402 调节阀自动开大，为了维持系统压力在 1.35MPa，缓慢提高 PC402 的设定值至 1.40MPa（表）。

（6）当 LC401 在 60%投自动控制后，调节 TC451 的设定值，待 TC401 稳定在 70℃左右时，TC401 与 TC451 串级控制。

2. 反应器压力和气相组成控制

（1）压力和组成趋于稳定时，将 LC401 和 PC403 投串级。

（2）FC404 和 AC403 串级联结。

（3）FC402 和 AC402 串级联结。

(三) 正常停车操作

1. 降反应器料位

（1）关闭催化剂来料阀 TMP20。

（2）手动缓慢调节反应器料位。

2. 关闭乙烯进料，保压

（1）当反应器料位降至 10%，关乙烯进料。

（2）当反应器料位降至 0%，关反应器出口阀。

（3）关旋风分离器 S401 上的出口阀。

3. 关丙烯及氢气进料

（1）手动切断丙烯进料阀。

（2）手动切断氢气进料阀。

（3）排放导压至火炬。

（4）停反应器刮刀 A401。

4. 氮气吹扫

（1）将氮气加入该系统。

（2）当压力达 0.35MPa 时放火炬。

（3）停压缩机 C401。

四、流化床典型事故及处理

流化床反应器单元操作的典型事故及处理方法见表 3-15。

表 3-15 流化床反应器单元操作的典型事故及处理

事故	原 因	现 象	处 理 方 法
1. 泵 P401 停	运行泵 P401 停	温度调节器 TC451 急剧上升，然后 TC401 随之升高	(1)调节丙烯进料阀 FV404，增加丙烯进料量 (2)调节压力调节器 PC402，维持系统压力 (3)调节乙烯进料阀 FV403，维持 C_2/C_3 比
2. 压缩机 C401 停	压缩机 C401 停	系统压力急剧上升	(1)关闭催化剂来料阀 TMP20 (2)手动调节 PC402，维持系统压力 (3)手动调节 LC401，维持反应器料位
3. 丙烯进料停	丙烯进料阀卡	丙烯进料量为 0.0	(1)手动关小乙烯进料量，维持 C_2/C_3 比 (2)关催化剂来料阀 TMP20 (3)手动关小 PV402，维持压力 (4)手动关小 LC401，维持料位
4. 乙烯进料停	乙烯进料阀卡	乙烯进料量为 0.0	(1)手动关丙烯进料，维持 C_2/C_3 比 (2)手动关小氢气进料，维持 H_2/C_2 比
5. D301 供料停	D301 供料阀 TMP20 关	D301 供料停止	(1)手动关闭 LV401 (2)手动关小丙烯和乙烯进料 (3)手动调节压力

五、流化床反应器的运行控制

对于一般的工业流化床反应器，需要控制和测量的参数主要有颗粒粒度、颗粒组成、床层压力和温度、流量等。

1. 颗粒粒度的控制

颗粒粒度和组成对流态化质量和化学反应转化率有重要影响。

在流化床反应器的直径及气体流速一定的条件下，固体颗粒的粒度变小，流化床的高度就会升高，在同样质量的前提下，固体颗粒的数量增加，与气体接触的面积也会增大，反应速率提高；然而随着颗粒直径的减小，可能引起如下问题：

(1) 气流阻力减小，气流增大；

(2) 颗粒未充分燃烧即被吹出反应区间，堵塞管路；

(3) 下部床层厚度减小，形成气孔；

(4) 反应停止。

2. 压力的测量与控制

压力和压降的测定，是了解流化床各部位是否正常工作较直观的方法。工业装置上往往采用带吹扫气的金属管作测压管。测压管直径一般为 12～25.4mm，反吹风量至少为 $1.7m^3/h$，反吹气必须经过脱油、去湿方可应用。为了确保管线不漏气，所有丝接的部位最后都采用焊接，同时也要确保阀门不漏气。

由于流化床呈脉冲式运动，需要安装有阻尼的压力指示仪表，如压差计、压力表等。有经验的操作者常常能通过测压仪表的运动预测或发现操作故障。

3. 温度的测量与控制

流化床催化反应器的温度控制取决于化学反应的最优反应温度的要求。一般要求床内温度分布均匀，符合工艺要求的温度范围。通过温度测量可以发现过高温度区，进一步判断产生的原因是存在死区，还是反应过于剧烈，或者是换热设备发生故障。通常由于存在死区造成的高温，可及时调整气体流量来改变流化状态，从而消除死区。如果是因为反应过于激烈，可以通过调节反应物流量或配比加以改变。换热器是保证稳定反应温度的重要装置，正常情况下通过调节加热剂或制冷剂的流量就能保证工艺对温度的要求。但是设备自身出现故障的话，就必须加以排除。最常用的温度测量办法是采用标准的热敏元件。如适应各种范围温度测量的热电偶。可以在流化床的轴向和径向安装这样的热电偶组，测出温度在轴向和径向的分布数据，再结合压力测量，就可以对流化床反应器的运行状况有一个全面的了解。

4. 流量控制

气体的流量在流化床反应器中是一个非常重要的控制参数，它不仅影响着反应过程，而且关系到流化床的流化效果。所以作为既是反应物又是流化介质的气体，其流量必须要在保证最优流化状态下，有较高的反应转化率。一般原则是气量达到最优流化状态所需的气速后，应在不超过工艺要求的最高或最低反应温度的前提下，尽可能提高气体流量，以获得最高的生产能力。

气体流量的测量一般采用孔板流量计，要求被测的气体是清洁的。当气体中含有水、油和固体粉尘时，通常要先净化，然后再进行测量。系统内部的固体颗粒流动，通常是被控制的，但一般并不计量。它常常根据温度、压力、催化剂活性、气体分析等要求来调整。

参 考 文 献

[1] 李永远，冯智．化工生产仿真实训．北京：中国劳动社会保障出版社，2012.

[2] 丁惠平．有机化工工艺．北京：化学工业出版社，2008.

[3] 窦锦民．有机化工工艺．北京：化学工业出版社，2005.

[4] 张新战．化工单元操作．北京：化学工业出版社，2005.

第四章 化工生产过程与管理

第一节 化工生产管理

一、生产管理

生产管理是对企业日常生产活动的计划、组织和控制，是与产品制造密切相关的各项管理工作的总称。

化工生产管理就是按照企业经营目标和化工生产要求，通过对生产过程行使计划、组织、指挥、协调、控制等职能，合理配置企业的人、财、物等生产要素和生产过程的不同阶段、环节、工序，使它们紧密衔接成一个协调的系统，按照计划规定的品种规格、数量、质量、成本、合同履约期等要求，生产优质产品，实现企业的经济效益最大化。

(一) 化工生产管理的内容

1. 生产准备

(1) 对生产过程的空间、时间安排进行分析和研究，确定生产组织形式和工序之间的衔接方式；

(2) 制定各项生产技术标准，对各项技术经济标准进行测定；

(3) 安排生产，组织各种原材料、辅助材料、燃料动力、零配件的供应，设备和工业装置的安装和调试，安全文明生产准备，环保措施的落实等；

(4) 建立能适应市场变化的生产指挥系统和运行规则。

2. 生产组织

(1) 在市场分析的基础上，进行生产预测；

(2) 结合企业实际，编制切实可行的生产计划，作为企业的生产纲领，设备、劳资、成本、财务各部门经过平衡统一起来；

(3) 建立生产信息收集、分析和存储系统；

(4) 编制生产作业计划，将任务落实到班组和个人。

3. 生产控制

(1) 在生产计划实施过程中，要严格生产控制，定期与计划部门对比，找出差距，分析原因，进行调整。生产控制包括进度控制、质量控制、成本控制、库存控制等。

(2) 对日常生产活动要做好协调和调度工作，使生产有节奏按比例进行。

（3）加强现场管理，提高职工素养，保持清洁的生产环境和良好的生产秩序。只有加强现场管理，才能保证生产质量，提高企业的竞争能力。

（二）化工生产管理的目标

生产管理的目标是使装置“安、稳、长、满、优”地运转。“安”是安全生产，化工生产安全是前提，没有安全就没有生产；“稳”是稳定的生产状态，装置运行状况稳定，各工序投入产出均衡；“长”是长周期运行，装置开工率高，有效开工时间长；“满”是满负荷，装置要有高的负荷率，充分发挥设备效能；“优”就是优化生产状态及条件，以获得最优的生产效果。

二、化工生产过程的组织

化工生产过程指从劳动对象进入生产领域到制成成品的全过程。包括：所需原材料的贮备阶段；劳动者将劳动资料作用于劳动对象，经过包括化学反应在内的加工工序，使其按预定目的变成化工产品的劳动过程。

（一）化工生产过程的特点

化工企业的生产过程除与其他工业有许多共性之外有自己的特性。

1. 生产技术具有多样性、复杂性

化工生产过程大部分是在高温、高压或深冷、高真空条件下进行，具有多样性、复杂性的特点。多样性表现在化工产品品种繁多。而每一种产品的生产都需要一种到几种特定技术；复杂性表现在产品、原料、工艺流程等技术，涉及电子、冶金、机械制造等许多技术领域。同一种产品，原料和流程也不一样。如生产合成氨，可以用煤作原料，也可用重油或天然气作原料，其工艺流程各不相同。

2. 化工生产过程具有严格的比例性和连续性

化工生产属于高度自动化、资产和技术密集的连续生产过程，从原材料到产品加工的各个环节，都是通过管道输送、自动控制，形成一个紧密衔接的生产系统。往往一个环节出故障，会使整个生产过程中断，造成巨大损失。

化工生产对各种物料都有严格的比例要求，即上下工序间，甚至各车间各工段间按一定比例进行生产。否则不仅会影响产量，造成浪费，甚至可能发生事故。

3. 化工生产综合利用的迫切性

在生产一种化工产品时，往往会产生许多副产品，如生产乙烯时，同时有丙烯、丁二烯和一系列的芳烃产生出来，这些副产品有很多具有易燃、易爆、有毒等特性。这样就要求合理利用副产品，否则将浪费资源，污染环境。

4. 化工生产具有高能耗的特性

化工生产的能耗在各工业部门中占首位。这是由于化工生产既要用煤、石油、天然气作燃料、动力，又要用它们作化工原料。另外，许多化工产品是在高温高压或深冷条件下进行生产，均需消耗大量能量。

（二）化工生产过程的分类

化工企业的生产过程是指从准备生产起，经过一系列生产操作到按预定计划生产出产品的全部过程。在这一过程中，既有直接进行物料化学反应的基本生产过程，又有提供动力、能源乃至材料供应等辅助生产过程。概括起来，大致可分为四个部分：生产准备过程、基本

生产过程、辅助生产过程和生产服务过程。

(1) 生产准备过程　是指化工生产投料前所进行的全部技术准备工作过程。如：确定设计方案并根据设计要求编制操作规程，进行设备调试与仪表检验以及操作人员培训等。

(2) 基本生产过程　是指劳动者直接对劳动对象进行加工，并把劳动对象变成工业产品的过程。如电解食盐水生产烧碱、氯气的过程。

(3) 辅助生产过程　是指为了保证基本生产的正常进行所必需的各种辅助生产活动，如动力供给、设备维修等。

(4) 生产服务过程　是指为基本生产过程和辅助生产过程提供的各种服务活动。例如，材料和半成品供应，产品贮运等。

以上四部分中，基本生产过程是直接生产产品的过程，其他部分则是为它服务，按它的要求工作的。所以，基本生产过程在企业的全部化工生产活动中居主导地位。

(三) 化工生产过程的组织管理工作

任何一种化工产品部是经过许多工序和许多不同工种工人，使用不同的设备把原料进行加工制造出来的。因此，必须使各工序之间、工种岗位之间，紧密配合才能保证生产顺利进行，就需要合理组织生产过程。因此，化工生产过程的组织管理目的是对化工生产的各工序各岗位进行合理安排，合理利用人力物力，用最少的时间和资金取得尽可能大的经济效果。其主要工作内容包括：

(1) 要由上到下建立生产管理系统，并有严格的规章制度，使各个生产环节乃至每个岗位、每台设备都有明确的操作要求和责任制。

(2) 企业的生产领导人员和管理人员要定期了解生产情况，定期检查人员配备、设备状况、动力供给、原材料供应及产品贮运等环节的生产状况，发现问题及时纠正。

(3) 要做好以下日常工作：①加强生产计划性。明确各车间、工段、班组的任务，规定月、旬、日、班的工作量；加强生产调度工作，保持均衡生产；②加强在制品的管理。保持为实现均衡生产所需要的在制品数量；严格控制在制品贮存量和移动，并每日盘点、登记。

三、化工生产计划

化工企业生产计划是化工企业管理的依据，是根据市场需求对企业生产任务作出的统筹安排，规定在计划期内产品生产的品种、质量、数量和进度的指标。企业生产计划是企业经营计划的重要组成部分，同时也是企业编制供应、劳资、财务等计划的基础。

生产计划按计划期长短，可分为：①中长期生产计划，计划期在3～5年以上；②年度生产计划，计划期为1年；③生产作业计划，又称短期生产计划，计划期为月度和月度以下。

(一) 生产计划的指标体系

生产计划是由生产指标体现的，为了有效地全面指导计划期限内的生产活动，生产计划应建立以产品品种、产品质量、产品产量和产值四类指标为内容的生产指标体系。

1. 产品品种指标

产品品种指标是企业在计划期内规定应当生产的品种，包括品名、品种数和计划期内生产的新产品及更新换代产品。这一指标是衡量企业产品组合的合理性和满足市场需求能力的主要指标。产品品种完成情况可以用产品品种计划完成率和产品品种计划完成程度指标进行核算。

2. 产品质量指标

产品质量指标是企业在计划期内达到质量标准的各种产品数量与全部产品的比例。企业的产品质量是综合反映企业生产技术水平和管理水平的重要标志，产品质量指标一般用产品合格率和等级品率来表示。

3. 产品产量指标

产品产量指标是在计划期内完成一定合格产品的数量指标，它反映企业生产发展水平，是企业计算产值、劳动生产率、成本、利润等一系列指标的基础，也是分析企业各种产品之间的比例和进行产品平衡分配的依据。常用的指标有以下两种。

(1) 自然实物产量指标，即把名称、用途相同，而规格成分不同的同类产品，按其实物单位直接相加所得的总产量。

(2) 标准实物产量指标，即把不同规格或不同化学成分含量的产品产量按不同的折合系数折合成为某一标准规格或含量的产品产量。

4. 产值指标

产值指标是用货币值单位计算来表示产值数量的指标。由于企业多种产品的实物计量单位不同，为了计算不同品种产品总量，需要运用综合反映企业生产成果的价值指标，这就是产值指标。企业产值指标有工业商品产值、工业总产值和净产值。

化工企业的生产计划除了上述四种指标外，还有生产能力利用指标、主要物资和能源消耗指标、劳动生产率指标、生产成本指标等。

(二) 年度生产计划的编制步骤

编制生产计划是企业生产管理的一项重要工作，通常包括以下步骤。

(1) 调查研究　要收集各种计划资料依据，包括：国家有关政策；企业外部环境的变化情况，如地区经济发展趋势、行业生产动态、市场预测等数据；企业内部情况，如企业长远规划，上期完成合同情况和产品库存量，各种生产资料的储备量，动力、燃料的供应保证程度，设备运行状态，职工思想状态等。

(2) 编制计划草案　在调查研究基础上，制订出计划草案，规定产品按季、按月的产量、质量与品种要求，规定计划所需原料、材料、能源需要量、成本降低率和各种技术组织措施。

(3) 综合平衡　将计划草案的各项生产指标同各方面的条件进行平衡，使生产任务落实到实处。综合平衡包括：生产指标与生产能力之间的平衡；生产指标与劳动力之间的平衡；生产指标与物资供应、能源之间的平衡；生产指标与技术条件之间的平衡；生产指标与资金之间的平衡。在编制计划时要留有余地，保证在执行中有良好的弹性和应变能力。

(4) 审批定案　企业完成年度生产计划的编制后，经职代会讨论通过，由厂长组织实施。

(三) 生产作业计划

生产作业计划是年度生产计划的具体安排，生产作业计划规定的指标应包括产量、质量、物资消耗、能源消耗、设备维修和班组成本等。

1. 生产作业计划的内容

编制产品和中间产品的分步产量计划；编制辅助车间的生产计划；编制设备检修计划；确定主要原材料、备品备件的需要量和供应时间；制订完成计划的措施等。

2. 生产作业计划的作用

（1）细化生产计划　把生产计划任务，按月、旬、周、日具体安排到车间、班组及每个生产岗位，对生产进度和完成的产品产量、质量、品种等指标提出具体要求。

（2）协调各部门和各生产环节　生产作业计划详细规定各生产环节之间的衔接办法，把各生产因素紧密结合起来。保证生产过程各项比例配合适当，有节奏、均衡地生产。

（3）规定职工的生产活动　如规定原材料供应的数量、质量和时间，规定设备检修的安排，规定水、电、汽的需用量等工作。

四、生产控制

生产控制是根据生产计划拟定一套程序与方法，来控制各项生产活动，以便在预定的时间和成本限度内，生产预定数量的合格产品，达到生产目标。

生产控制涉及生产过程中的人、机、物各个方面，有生产进度控制、质量控制、成本控制和实物控制。

① 进度控制　对生产量和生产期限的控制，也称生产作业控制。其主要目的是完成生产计划所规定的期量标准。生产系统运行过程中，库存、质量、维修等方面问题都会影响到生产作业进度。例如，生产预测不准、原材料供应跟不上、装置与设备发生故障、质量较差造成返工等会影响生产作业进度。有时候劳动情绪和出勤率降低，也会造成进度差异。

② 实物控制　是对原料、半成品、在制品和成品等实物的流动线路发生的差异的控制。物流路线应按规定的方向和速度进行控制。物流方向发生混乱，会破坏生产的比例性；物流速度发生差异，会破坏生产的节奏性。化工企业应当制定物流控制图表，规定严格的物流路线、时间和数量、质量标准。发现误差要及时采取措施加以处理。对一些物料非连续流动的生产过程，物料在工序之间经常会有暂存现象，还要建立各种原料、在制品、半成品的工序交接制度。

③ 成本控制　是指对产品制造过程中的活劳动和物化劳动消耗与计划指标出现的差异进行控制。具体包括产量、质量、原材料、能源消耗、工时等各项费用的指标，对其余定额之间的差距进行控制，从而使生产过程的各项资源消耗和费用开支限制在定额标准范围之内。成本控制的重点应放在产品成本的“可变成本”部分。

④ 质量控制　生产过程的质量控制，应建立工序质量控制点，确定控制指标，使用控制图进行质量控制、质量管理评审。

生产控制的程序包括作业安排、作业分配、作业监督和作业控制。

① 作业安排　它是以作业计划为依据，以生产调度令的形式下达车间当日、当班生产指标，并核查完成作业所需的原材料、设备、工器具、上岗人员的准备。这是进行生产控制的基础。

② 作业分配　它是以任务单形式下达到岗位和作业者。任务单要注明名称、方法、进度、质量、消耗、设备保养、安全、工序交接等具体要求，并要做好任务单的发放、传递、回收、整理和保管工作。

③ 作业监督　它是对生产作业活动进行检查，生产管理人员要通过专职人员监督、仪表监督和作业人员互相监督，了解生产作业进度，作业方法，人力、物资消耗，安全生产和质量等方面的实际情况。

④ 作业控制　它是在有科学的生产安排和明确的作业分配，并在及时、准确、系统监

督的前提下，按生产计划和实际差异对生产活动进行调节。

五、生产调度

生产调度工作是组织实施作业计划的主要手段，是企业生产指挥系统的组成部分，并负责日常生产指挥工作。现代化工企业生产环节多，协作关系复杂，连续性强，情况变化快，某一局部发生故障，会很快波及整个生产系统。因此加强生产调度工作，对于及时掌握生产进度，分析影响生产的各种因素，根据不同情况采取相应措施，使生产安全、顺利、均衡有序是非常必要的。

1. 生产调度的内容

(1) 按照生产作业计划的要求组织日常生产活动，检查计划执行情况和存在的问题，并及时采取措施，加以解决；

(2) 检查、督促、协调各有关部门及时做好生产准备工作的供应，机器设备的检修、劳动力的调配和信息反馈等；

(3) 对轮班计划完成情况进行统计分析，随时掌握生产进度；

(4) 及时处理生产中发生的各种事故，保证生产装置正常运行。

2. 生产调度的原则

(1) 计划性原则　调度工作必须以生产作业计划为依据，以保证计划的完成为目的。

(2) 预见件原则　生产调度工作要贯彻预防为主的方针，对生产过程中的各种矛盾和隐患，要采取预防性措施。

(3) 统一性原则　生产调度工作必须保证高度集中统一，统一指挥，形成强有力的生产调度系统。

(4) 及时性原则　对生产活动中出现的问题，调度人员应迅速查明原因，采取果断措施，解决问题，恢复正常生产秩序，使相关损失减到最低。

3. 生产调度制度

(1) 调度值班制度　由于化工企业装置连续运转，生产不能中断，厂部、车间都应该实行调度值班制，以便及时发现问题、解决问题。

(2) 调度报告制度　要把当天生产活动情况以及调度处理结果，及时以日报形式向主管部门报告。

(3) 调度会议制度　要定期召开由领导、各部门主管人员参加的调度会议，以汇总生产进度，了解薄弱环节，制订有效措施，保证生产作业计划的顺利完成。

(4) 现场调度制度　一般性的协调问题可由调度员在现场处理；生产中急需解决的重大问题，需由领导、技术人员、调度人员及工人在现场共同研究加以解决。

第二节 工艺规程和操作规程

化工企业的工艺操作是极其严格的，必须按一定的规章制度进行。基本制度主要有五项，即工艺规程、岗位操作法、工艺卡、质量标准以及分析规程。其中有的属于标准规范，在化工企业中统称为五项文件。这些文件的制订及贯彻是工艺管理的首要任务。其中，工艺规程是指导生产、组织生产、管理生产的基本法规，是全装置生产、管理人员借以搞好生产的基本依据。

一、工艺规程

工艺规程是先进科学技术和工人先进生产经验的总结，企业各级生产指挥人员、生产技术人员和一线操作工人进行生产的共同技术依据。各种产品的生产工艺规程，都是用文字、表格和图纸将产品、原料、工艺过程、工艺设备、工艺指标、安全技术等主要内容给以具体的规定和说明，它是一项综合性的技术文件，具有技术法规的作用，通常每种产品都应当有它的生产工艺技术规程。如在同一工艺流程中，同时联产几种产品，也可编制一种共同的生产工艺技术规程。

1. 工艺规程的主要内容

为使一个化工装置能够顺利开车、正常运行以及安全生产出符合质量标准的产品，且产品又能达到设计规模，在装置投运开工前，必须编写一个该装置的工艺规程。工艺规程应包括以下内容。

(1) 有关装置及产品基本情况的说明　例如，装置的生产能力；产品的名称、物理化学性质；质量标准以及它的主要用途；本装置和外部公用辅助装置的联系，包括原料和辅助原料的来源，水、电、汽的供给，以及产品的去向等。

(2) 装置的构成，岗位的设置及主要操作程序　如一个装置分成几个工段，应按工艺流程顺序列出每个工段的名称、作用及所管辖的范围。如己内酰胺装置由环己烷工段、己内酰胺工段及精制工段三个工段组成，环己烷工段则从原料苯加氢制备环己烷到环己烷氧化成环己酮为止，从成品环己酮起始则列入己内酰胺工段；按工段列出每个工段所属的岗位，以及每个岗位的所管范围、职责和岗位的分工；列出装置开停工程序以及异常情况处理等内容。

(3) 工艺技术方面的主要内容　如原料及辅助原料的性质及规格，反应机理及化学反应方程式；流程叙述、工艺流程图及设备一览表；工艺控制指标，包括反应温度、反应压力、配料比、停留时间、回流比等；每吨产品的物耗及能耗等。

(4) 环境保护方面的内容　列出“三废”的排放点及排放装置及其组成；介绍三废处理措施，列出“三废”处理一览表。

(5) 安全生产原则及安全注意事项　应结合装置特点列出本装置安全生产有关规定、安全技术有关知识、安全生产注意事项等。对有毒有害装置及易燃易爆装置更应详细列出有关安全及工业卫生方面的规章。

(6) 成品包装、运输及贮存方面的规定　列出包装容器的规格、重量，包装、运输方式及贮存中有关注意事项，批量采样的有关规定等。

上述 6 个方面的内容，可以根据装置的特点及产品的性能给予适当简化或细化。

2. 工艺规程的通用目录

常见的化工装置操作规程编写的有关章节如下：

(1) 装置概况；

(2) 产品说明；

(3) 原料、辅助原料及中间体的规格；

(4) 岗位设置及开停工程序；

(5) 工艺技术规程；

(6) 工艺操作控制指标；

（7）安全生产规程；

（8）工业卫生及环境保护。

3. 工艺规程的执行

工艺规程是化工装置生产管理的技术法规，工艺规程一经编制、审核、批准颁发实施后，具有一定的法律效力，任何人都无权随意变更操作规程。对违反操作规程而造成生产事故的责任人，无论是生产管理人员还是操作人员，都要追究其责任，并根据情节及事故所造成的经济损失，给予一定的行政处分，对事故情节恶劣、经济损失重大的责任人，还要追究其法律责任。在化工生产中由于违反操作规程而造成跑料、燃烧、爆炸、失火、人员伤亡的事故屡见不鲜。

工艺规程一经确定即可作为审订其他一系列技术文件的依据，如：岗位操作法和责任制、安全技术规程、设备维护检修制度、产品质量检验标准和检验规程、原始记录制度和交接班制度等。

为了保证工艺规程的贯彻执行，要求保持工艺规程的严肃性和相对稳定性。操作工人和技术人员要做到熟练掌握和严格遵守。同时，要加强对职工的技术教育培训工作，对职工进行工艺规程和操作方法的教育培训，确保每个岗位操作人员都必须学好工艺规程，了解装置全貌以及装置内各岗位构成，了解本岗位在整个装置中的作用，以提高他们的生产技能，增强遵守操作纪律的自觉性。同时，要建立严格的检查制度，严格的执行工艺规程，按工艺规程办事，以保证工艺规程的正确执行。

4. 工艺规程的编制和修订

工艺规程是按产品的技术标准和企业的生产条件，在企业总工程师的领导下进行制订的。工艺规程的编制极为严格，其通常的编写程序如下。

（1）先由技术部门组织熟悉该工艺的有关人员负责起草初稿。工艺技术人员通过学习和熟悉装置的设计说明书及初步设计等有关设计资料，了解工艺意图及主要设备的性能，根据中试情况及收集的国内外同行业生产情况，着手编写工艺规程初稿。

（2）编写好的初稿应广泛征求有关生产管理人员及岗位操作人员的意见，按车间与工段分别组织操作人员进行讨论，集中群众智慧，补充和修改，确定修改稿。需要指出的是，操作规程的部分章节如安全生产原则、环境保护及工业卫生等内容应由一些相关专业人员负责编写或者参与编写。

（3）完成好的修改稿交由车间领导初审，再由该产品所属车间的技术骨干、质量监督负责人、安全环保负责人、生产负责人、设备负责人、设计工程师等会同签字，再将修订稿上报给企业生产技术部门。

（4）经技术部门联合相关质量监督、安全环保、生产部门审查后报请企业总工程师进一步审查，最后由企业负责人批准后公布实行。

企业的生产装置在生产一个阶段以后的3～5年期间，由于技术进步及企业生产的发展，需要对原有装置进行改造或更新、扩大生产能力、改革原有的工艺过程等，这样需要对原有的工艺流程、主要设备及控制手段进行修改，相应地需要对原有的工艺规程进行修订。修订的工艺规程必须按照上述同样的报批程序，由技术人员牵头组织修订，修订稿上报给上级审查，最后由企业负责人批准下达，修订稿一经批准下达，原有的工艺规程即宣告失效。

工艺规程的制订、补充和修改，要注意总结和吸收生产实践的经验，坚持执行合理化建议制度，集中职工智慧，改进工艺技术。许多企业虽然没有进行扩建及技术改造，但根据生产管理的需要仍然应及时地修订工艺规程，在装置生产 2～3 年后通常要对原有的操作规程进行修订或补充。这是因为经过 2～3 年的生产实践，一线生产岗位人员在实践中积累了很多宝贵的经验，能发现装置中的一些缺陷及薄弱环节，因此有必要将这些经验及改进措施补充到原有的工艺操作规程中去，使之更加完善。

5. 工艺卡

工艺卡是根据工艺管理和技术经济管理的需要而制订的。工艺卡规定了产品的工艺路线和流程、产品的配方及重要的质量指标、工艺指标和技术经济指标及国外同类产品的有关资料。

工艺卡由技术部门的工艺技术人员负责编写，技术科长审核后。由总工程师审批。随着工艺规程的修订，工艺卡相应地要重新编制。

其主要内容是：

(1) 产品概况，包括商品名称、结构式、设计生产能力、实际生产能力、不变价格、出厂价格等；

(2) 质量控制，包括主要项目、技术指标、工艺路线等；

(3) 工艺过程，包括工艺流程、厂控工艺指标、厂控操作指标；

(4) 主要设备的名称和规格；

(5) 主要原料的名称、规格、实际消耗；

(6) 主要用途。

二、岗位操作法

岗位操作法也称岗位操作规程。岗位操作法是根据工艺规程和生产装置的技术条件并结合实际经验而制订的具体操作程序和方法，还包括交接班制、巡回检查制等几种责任制度。

岗位操作法是保证产品质量，保证在操作过程中设备运行安全及工人人身安全所必需具备的文件，每个工艺操作岗位都必须制订。岗位操作法是每个岗位操作工人借以进行生产操作的依据及指南，它与工艺规程一样，一经颁发实施即具有法定效力，是工厂法规的基础材料及基本守则。

1. 岗位操作法的主要内容

(1) 本岗位的基本任务　应以简洁明了的文字列出本岗位所从事的生产任务，如原料准备岗位，每班要准备哪几种原料，它的数量、质量指标、温度、压力等；准备好的原料送往什么岗位，每班送几次，每次送几吨。本岗位与前、后岗位是怎么分工合作的，特别应明确两个岗位之间的交接点，防止造成两不管的状况。

(2) 工艺流程概述　说明本岗位的工艺流程及起止点，并画出工艺流程图；说明原辅材料和其他材料规格、性能；规定中间体（本岗位制成品）质量标准。

(3) 设备描述　应列出本岗位生产操作所使用的所有设备、仪表，标明其数量、规格、材质、重量等，通常以设备一览表的形式来表示。

(4) 生产操作法及要求　列出本岗位的开车、停车及正常操作的具体步骤及操作要领。如先开哪个管线及阀门；是先加料还是先升温，加料及升温具体操作步骤如何？要加多少料？温度升到多少摄氏度？都要详细列出，特别是空车开工及倒空物料作抢修准备的停工。

(5) 生产工艺指标和操作指标　如反应温度、操作压力、投料量、配料比、反应时间、反应空间速度等。凡是由车间下达本岗位的工艺控制指标，应一个不漏地全部列出。

（6）仪表使用规程　列出仪表的启动程序及有关规定。

（7）异常情况及其处理　列出本岗位通常发生的异常情况有哪几种，发生这些异常状况的原因分析，以及采用什么处理措施来解决上列的几种异常状况，措施要具体化，要有可操作性。

（8）巡回检查制度及交接班制度　应标明本岗位的巡回检查路线及其起止点，必要时以简图列出，列出巡回检查的各个点、检查次数、检查要求等。交接班制度应列出交接时间、交接地点、交接内容、交接要求及交接班注意事项等。

（9）安全生产守则　应结合装置及岗位特点列出本岗位安全工作的有关规定及注意事项，如本岗位不能穿带钉子的鞋上岗；如有的岗位需戴橡皮围裙及橡皮手套进行操作等，都应以具体的条款列出。

（10）操作人员守则　应从生产管理角度对岗位人员提出一些要求及规定，如上岗不能抽烟；必须按规定着装等。以提高岗位人员素质，实现文明生产。

上述基本内容也应结合每个岗位的特点予以简化或细化，但必须符合岗位生产操作及管理的实际要求。编写中内容应具体，结合一些理论，但要突出具体操作。文字要简洁明了，含义应明确，以免导致误操作。如是上道岗位或下道岗位的工作内容及所管辖范围，则在本岗位的操作法中就不应列出，如必须列出时应明确本岗位的职责只是予以配合。操作人员如对岗位操作法中有些内容、要求不够清楚时，应及时请示值班领导，不能随意解释及推测，否则岗位操作发生事故应由操作人员负主要责任。

另外，由于化工生产具有连续性的特点，因此必须严格执行交接班制度，要做到交班清、接班严，及时消除事故隐患，才能确保安全生产。

2. 岗位操作法的执行

岗位操作法是操作规程的实施和细化。每个操作工人在走上生产岗位之前都要经过岗位操作法的学习及考试，只有熟悉岗位操作法，并能用操作法中的有关内容来指导实施正常生产操作的人员，经过考核合格才能走上操作岗位。同样，任何个人无权更改操作法的有关内容，每个操作人员都必须认真学习及掌握好岗位操作法，严格按操作法进行操作，不能违反操作法或随意更改操作法，如果由此而造成生产事故则要追究其责任。在实际化工生产中，由于违反岗位操作法而造成跑料、泄漏、爆炸、失火及人身伤亡等事故，时有发生。如某石油化工厂的聚丙烯装置，岗位操作人员由于未按操作法将低压瓦斯放空阀关严，致使瓦斯气外逸至包装车间形成可燃气体，当包装机启动时火花与可燃气体相遇即引起爆燃，造成了伤亡事故。

此外，岗位操作法是企业考核工人转正定级的基本依据，也是新工人进行教育培训的基础教材。对于新进厂的职工，他们在正式上岗前必须通过企业的工艺技术培训，学习工艺规程及岗位操作法。而对一线操作技术人员，每年必须按岗位操作法对其进行定期培训和考核，可以根据考核成绩决定其技术等级，以激励职工不断学习和进取。

3. 岗位操作法的编制和修订

岗位操作法是根据工艺规程的原则而制订的具体操作步骤。岗位操作法一般由装置的工艺技术人员牵头组织编写初稿，车间安全员、班组长及其他一些生产骨干共同参与编写工作，编写过程可与工艺规程同步。通常由工艺技术人员学习装置的设计说明书、初步设计及试车规程和工艺规程，在此基础上编写岗位操作法。一般在化工投料之前，先编写一个初稿供试车用，也叫试行稿。在化工试车总结基础上，对初稿进行补充、修改、完善，然后正常试生产一段时期后再最终确定送审稿。由于试车阶段毕竟时间较短，许多问题一时尚未暴露出来，通常试生产一个时期后，再确定最终稿。为了使工厂在试生产阶段有法可依，可将这一阶段的岗位操作法定为试行稿或暂行稿，交由厂生产技术科审查备案。

初稿确定后由车间主任组织讨论修改后试行，试行一阶段后再作修改，交由厂生产技术部门及总工程师进行审定，最后由企业负责人批准颁发。岗位操作法一经批准下达即具有法定效力，不得随意修改，各类人员都应维护它的严肃性。

岗位操作法的修订工作与工艺规程情况基本类似。一般是由于科技进步或提高生产能力，对原有的工艺流程或主要设备进行技术改造或创新，也有是由于工艺技术人员在生产中发现了装置上的一些缺陷或薄弱环节后，提出了一些改进的意见和措施，这样原有的操作法就必须进行修订和补充。修订和报批的程序与前述相同。新操作法一旦报批颁发，原有的操作法即失效。此外，在企业管理模式进行调整时，也会对岗位操作法进行适当修改或补充。

第三节 质量管理与质量保证

一、质量与质量管理

(一) 质量

质量是指产品或服务满足规定要求的特征和特性的总和。质量，不能仅仅理解为产品本身，还应包括产品质量形成的过程、服务工作及用户的需要。通常质量包括产品质量、工序质量和工作质量。

1. 产品质量

产品质量指适合规定用途，满足消费者一定需要的特性。化工产品的质量特性一般可概括为以下五个方面。

(1) 性能　指产品满足使用目的所具备的技术特性。如化工产品适合高温、低温、湿度、速度等不同条件下使用的性能、特点等。

(2) 寿命　指产品在规定条件下满足规定功能要求的使用期限，如轮胎的行驶里程数等。

(3) 可靠性　指产品在规定时间内，规定条件下，完成规定功能的能力。如一台化工装置，不仅在启用时各项性能指标须合乎要求，而且在规定期限中应保持运转安全良好。

(4) 安全性　指产品流通和使用过程中保证安全的程度。如防止对操作人员造成伤害事故、影响健康以及防止污染环境的性能，如农药在使用中有安全保证。

(5) 经济性　指产品寿命周期总费用的大小。衡量产品的经济性，不仅看制造成本，特别还要注意产品的使用成本，要求取得两者最优的经济效益。

2. 工序质量

工序质量是指工序能稳定地生产合格产品的程度。影响工序质量的主要因素是人、机器、材料、方法和环境等，工序质量是这 5 大因素的综合反映。

3. 工作质量

工作质量是指企业全体员工在各项工作中满足规定要求的程度。它直接或间接地影响产品质量和工序质量。

工作质量很难定量地加以衡量，却体现在企业的一切生产、经营和技术活动中，并通过企业的工作效率、产品质量、企业经济效益表现出来。工作质量是产品质量的基础，产品质量是工作质量的综合反映。

(二) 质量管理

1. 质量管理的概念

质量管理是指对确定和达到质量要求所必需的职能活动的管理。化工企业质量管理工作是多方面的，主要包括质量政策的制订、质量目标的制订、质量控制和质量保证的组织和实施等几个方面。

(1) 制订企业质量方针　质量方针是由组织的最高管理者正式发布的总质量宗旨和方向。质量方针是企业管理者对质量的指导思想和承诺，是企业进行质量管理的前提，通常以企业文件形式发布。质量方针是供方质量行为的准则，内容包括：产品设计质量、同供应厂商关系、质量活动的要求、售后服务、制造质量、经济效益和质量检验的要求、关于质量管理教育培训等。

(2) 制订近期和远期的质量目标　质量目标是企业在一定时期内要达到的或要保持的质量水平方面的定量要求。质量目标应当建立完整的体系。首先是产品质量目标及其目标体系；其次是为保证产品质量目标而必需的工程质量、工作质量及其子目标的目标体系。常见的质量目标如降低废品率，减少用户退货，使产品指标达到设计要求产品的质量等。

(3) 严格实施质量控制　质量控制是为保持某一产品、过程和服务质量，满足规定的质量要求所采取的作业技术和活动。其基本工作内容有制定工序质量控制、质量成本控制、进行质量管理评审等。

(4) 建立健全的质量保证体系　通过质量保证体系，把分散在企业各个专业管理部门的质量职能，如对企业的工作质量、产品质量、服务质量等方面的质量管理活动纳入一个统一的管理体系，有利于实现对用户的质量保证，这是企业能否实现质量目标的关键环节。

2. 质量管理发展的三个阶段

质量管理起源很早，大致经历了质量检验、统计质量管理、全面质量管理三个阶段。

在工业化之前，产品质量主要依靠工人的技巧来保证，生产与检验并未分开。大约在20世纪20年代以后，机器逐渐代替了手工操作，产品能够大批量生产，废、次品也大量出现，很多企业不得不设立质量检验工序，这一阶段被称为质量检验阶段。

产品废、次品的大量出现所带来的损失，给人们提出事先预防的要求。1931年美国休哈特（W. A. Shewhart）的《工业产品质量的经济检验》一书问世，逐步形成了统计质量管理理论。第二次世界大战期间，美国国防工业采用统计质量管理标准取得成功。由于这种方法能给企业带来巨额利润，第二次世界大战后，统计质量管理方法在民用企业中广泛采用，20世纪五六十年代，其他工业化国家纷纷效仿。企业质量管理由质量检验进入统计质量管理阶段。统计管理主要局限于生产过程的质量管理，而不是全过程的质量管理，因此不能保证企业完全满足用户的需求。

随着科学技术的发展，大型、复杂机械电子产品不断出现，人们对产品质量提出了更高的要求。美国通用电气公司的费根堡姆（Armand Feigenbaum）博士提出了全面质量管理的概念，主张从产品设计、制造到销售、使用的各个环节都开展质量管理工作，把企业各个部门组成一个质量保证体系。这种全面管理的理论，很快为其他国家接受并加以发展。全面质量管理方法的核心是永无止境地推进质量改进，追求用户满意，不断满足或超出用户的期望。20 世纪 60 年代至今是全面质量管理阶段。

二、全面质量管理

(一) 全面质量管理的概念和特点

全面质量管理就是企业各职能部门和全体职工，运用现代科学和管理技术，控制影响产品质量的全部过程和所有因素，经济地研制、生产和提供用户满意产品的系统管理活动，简称 TQC。它涉及产品质量形成的全过程，要求组织的各部门以及包括从组织最高领导直到一般工作人员的全体成员参加。全面质量管理要求实施全过程、全组织的质量管理，具有以下特点。

1. 全面性

管理的对象是全面的，管理的对象不只是产品质量，而且包括工作质量和工序质量，通过改善企业各方面的工作质量来提高产品质量；管理的范围是全面的，即实行全过程的质量管理，它要求对形成产品质量的设计试制过程、制造过程、辅助生产过程、使用过程进行全过程的质量管理；参加管理的人员是全面的，要求企业各部门的职工都参加质量管理。

2. 科学性

全面质量管理的科学性体现在：符合产品形成规律和市场竞争规律的思想观点，一切为了用户；通过 PDCA 循环简单而科学地改进产品和工作质量，此循环可以不断改进产品和工作质量；注重科学依据，不凭主观印象和经验片面地处理问题。

3. 经济性

全面质量管理自始至终贯穿着以最经济的手段生产用户满意的产品，保证企业、用户、社会都能获利。具体表现在两方面：其一是追求产品质量与产品寿命周期内支付的总费用之间的最佳组合，防止盲目追求过剩质量，提高产品的社会经济效益；其二是用最经济的手段以最优成本实现最佳产品质量水平，提高企业经济效益。

(二) 全面质量管理的要点

1. 一切为用户着想

全面质量管理的指导思想就是从对指标负责转变为对用户负责，了解用户，研究用户，按用户的需求进行生产。在质量管理中，用户的概念不仅指一般意义的产品销售后的直接用户，还有更广泛的意义：在企业上、下道工序之间，下道工序是上道工序的用户。

2. 一切以预防为主

“预防为主”的观点，就是把注意力集中到可能影响产品质量的各种因素上，质量管理工作的由事后把关转为事前控制，由消极的检验出废次品转为积极地预防废次品的产生。质量优良的产品是设计、制造出来，而不是检验出来，在产品设计和生产制造时，控制各种影响产品质量的因素，保证产品性能、寿命、可靠性、安全性、经济性等质量要求。

3. 一切凭数据讲话

任何质量都是通过一定的数量界限表现出来的。全面质量管理强调一切凭数据讲话，把所有反映质量问题、质量水平的事实数据化，并用统计方法对数据进行整理加工和分析，从中找出质量变化规律，实现对产品质量的控制。

4. 一切按 PDCA 循环办事

PDCA 循环分为四个阶段：计划阶段（Plan）、执行阶段（Do）、检查阶段（Check）和处理阶段（Action），将成功的经验加以肯定，将遗留的问题反映到下一个 PDCA 循环，这是全面质量管理的工作方式。

(三) 生产现场的全面质量管理

生产现场的全面质量管理，是在生产第一线为了实现设计质量指标，满足用户质量要求的一系列管理过程。

1. 生产现场质量管理的任务

（1）掌握生产过程中产品质量形成的规律　生产过程中影响产品质量的因素很多，产品质量指标往往也不止一项，把握各因素与各指标间的变化规律，对于提高产品质量非常重要。

（2）控制生产工序　产品质量的好坏决定于设计水平和生产控制水平。当工艺过程、操作方法确定之后，生产工序的控制水平是决定产品质量好坏的关键。

2. 现场质量管理的内容

（1）控制原料质量　化工原料的质量对生产过程影响极大，使用不合格原料，不仅影响产品质量，还会导致后处理工序加重、“三废”增加等一系列后果。控制原料质量是现场全面质量管理的重要环节。

（2）严格执行工艺规程　化工企业应遵照工艺规程的要求，按程序、按路线、按时间、按标准、按指令进行操作。

（3）认真做好现场记录　化工质量管理以预防为主，要求必须及时、准确、系统地掌握全厂各工序的质量现状及其趋势，及时、准确地记录和统计、汇总生产质量状况，如化工生产原始记录必须按时、逐项、如实记录。

（4）交接班工作　化工交接班时，是工艺数据波动的多发期，对产品质量影响较大，所以，做好交接班工作，对保证产品质量有非常重要的意义。

（5）做好质量检验工作　生产操作中应按工艺技术规程对产品和中间产品进行检验。以在线分析仪表显示值作为操作参数的依据，或者以相关的工艺参数变化作依据进行调整，如压力、温度、组分之间的关系，当出现工艺操作参数波动，或对产品质量有异议时，应立即取样检测。

（6）工序管理点的质量控制　工序是产品质量形成的基本环节，建立工序质量管理点，有针对性地对某些关键项目进行重点监视和管理，是提高产品质量、降低成本的有效方法。

实施工序管理点的质量控制，首先要对全部工序进行分析、评定，根据关键性、薄弱性的原则，选择建立工序质量控制点。其次，要逐个确定质量控制点的工序质量控制要素（在化工生产中主要是工艺参数），确定控制要素的目标值（控制中心），允许波动范围，确定工序是否异常的判断标准。要以正式技术文件的形式，公布控制点名称、控制要素及参数、控制方法、判断标准、考核标准和控制责任。

三、质量保证体系

(一) 质量保证体系的基本内容

质量保证体系是企业以提高产品质量为目标，运用系统的概念和方法，把质量管理职能和活动合理地组织起来，形成一个任务明确、职责和权限互相协调、互相促进的有机整体。

质量保证体系的基本内容，就是控制从设计到销售的质量管理全过程。它包括以下几个方面。

1. 设计试制过程的质量管理

设计试制过程包括调查研究、产品设计、工艺设计、装置设计与制造等环节，设计试制过程对产品质量的形成起着决定性作用，企业应根据市场需要，结合企业实际，制定新产品质量目标；组织设计员、工艺员参加设计、审查和工艺论证，审查设计是否与质量目标相符，验证产品在工艺上是否可行；保证工艺技术文件的质量；做好产品质量特性、重要性分级等。

2. 制造过程的质量管理

制造过程是产品的形成阶段，这一阶段的质量管理内容包括：加强工艺管理，严格执行工艺规程。全面控制影响工序质量的各个因素；加强技术检验工作，保证不合格的原材料、零部件不投产，不合格产品不流入下道工序。保证出厂产品全部符合质量标准；掌握质量动态。

通过质量分析找到产生废品的原因、责任、改进措施；控制关键工序，通过设立管理点和运用控制图等方法，使生产过程处于受控状态。

3. 供应与辅助过程的质量管理

供应与辅助过程涉及物资供应、运输服务、设备维修和动力供应等部门。他们供应的物资分别构成产品实体或产品的辅助材料，是生产不可缺少的条件，这些部门的工作对产品质量有直接或间接的影响。

4. 使用过程的质量管理

产品的使用过程是企业实现生产目的和使用价值的过程，也是对产品质量实际验证的过程。产品只有经过使用，才能鉴别出质量的优劣。所以这一过程是全面质量管理不可缺少的一环。

使用过程的质量管理包括：开展技术服务，编制产品使用说明书，进行技术指导；设置用户服务机构，建立服务档案、协助用户安装、调试、培训操作员；调查产品使用效果，并进行分析研究，反馈到设计、生产过程中，为改善产品质量提供科学依据。

(二) 质量保证体系运转的方式

要把分散在各部门、各环节的质量保证活功组成一个高效、严密的质量保证有机整体，互通情报，协同动作。质量保证体系各组成部分要按照计划（Plan）、实施（Do）、检查（Check）、处理（Action）4 个阶段运转，见图 4-1。这 4 个阶段构成一个工作循环，称 PDCA 工作循环。

PDCA 工作循环用于质量管理活动的全过程。利用它可以不断发现问题，研究产生问题的原因，并采取解决措施。在每个循环要求正确的捕捉、传递信息；运用数理统计方法整理、分析、归纳信息；采取适当方法解决问题。其中，成功的以标准化加以确认巩固。通过处理不正确的，防止再发生，在实施中发现的新问题通过下一次循环解决。

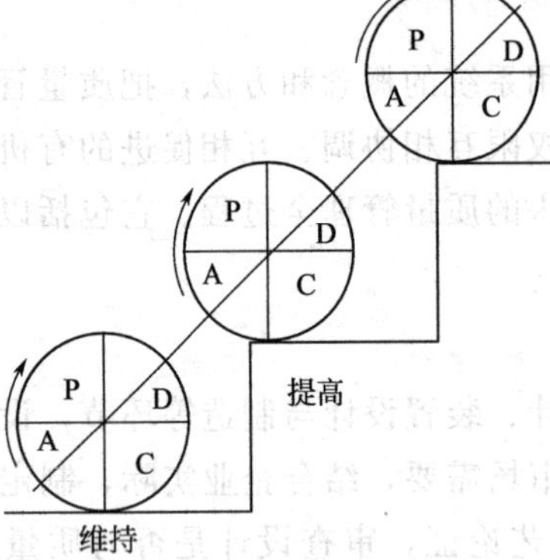

图 4-1 PDCA 循环四阶段

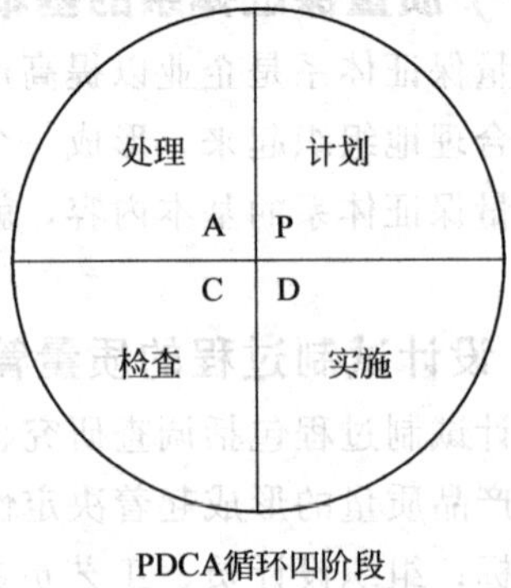

图 4-2 PDCA 循环的螺旋上升

PDCA 循环的特点如下。

(1) 循环按计划—实施—检查—处理四阶段不停运转。

计划——包括确定方针、目标、管理项目、活动计划和具体方法，制定工作标准、责任与权限。

实施——执行计划，完成任务。实施前要正确理解计划内容，树立执行计划的整体观念。

检查——检查计划、标准的执行情况，是否按计划规定的要求完成，是否有效果。要检查最终质量是否符合标准要求。这是 PDCA 循环得以上升的关键所在。

处理——根据检查的结果，把成功的经验和失败的教训加以总结，成功的，要巩固、充实、提高。失败的要找出原因，加以纠正。遗留问题和新出现的问题放在下一个循环中解决。

(2) 大环套小环，小环保大环，相互促进。PDCA 循环适用于企业各方面的工作。从整个企业的质量管理来看，PDCA 循环是一个大循环，而各车间、各部门的质量管理，又有各自的 PDCA 循环，依次往下又有更小的 PDCA 循环，直至具体落实到每个人。这样就形成了大循环套小循环。其中上一级 PDCA 循环是下一级 PDCA 循环的依据，下一级 PDCA 循环是上一级 PDCA 的贯彻落实和具体化。通过 PDCA 循环，可以把企业各项工作有机联系起来，相万促进．使产品质量和工作质量得到不断的提高。

(3) PDCA 循环螺旋上升。PDCA 循环并不是单循环周而复始运动，而是螺旋上升运动。它每循环一次都有新的内容与目标，都应解决一些质量问题，使质量水平提高一步，见图 4-2。

四、质量保证模式

1. ISO 9000 质量体系

在第二次世界大战中，欧洲各国急需大量军用物资，要求必须保证产品质量，并提出了严格的规格和对产品一致性的要求。由于这些军需品来不及经过严格的检验，就要运上战场。所以对生产厂商就提出了严格的质量保证要求。这种要求在战后得到发展。1987 年，国际标准化组织（ISO）颁布出版了 ISO 9000 系列国际质量标准，即《质量管理和质量保证体系系列标准》，简称 ISO 9000。

许多国家都等效转化为适合自己的国家标准。中国于 1992 年 10 月将此标准等同转化为国家标准，代号为（GB/T 19000-ISO 9000）。

2. ISO 9000 的作用

ISO 9000 系列标准从根本上讲是将购方对质量管理事项标准化，要求供方遵守它，借此来获得一定质量标准的产品保证。以文件的形式明文规定所组织进行的活动和工序的目的及方法，明确在哪里和应该做什么，明确各个作业和整个体系的管理，并以此整体化的观点从各自活动等目的出发把复杂体系运转中所必须完成的作业和顺序以标准化的形式规定下来，并以此为体系运转。

ISO 9000 标准等于将质量体系变为可以看得见的东西，从而使产生的结果的过程处于可以控制的状态，使人们能够掌握应该在何处怎么做。由于这样将每人应该完成的工作以文件形式明确下来、能够提高整体活动的效率，使质量得到保证。

3. 企业质量保证模式的选择

ISO 9000 系列标准共有 3 个质量保证模式：ISO 9001、ISO 9002、ISO 9003。ISO 9003 有 12 项条款，用于企业只保证在最终检验和试验时符合要求的场合，适用于较简单的产品。在 ISO 9003 的基础上增加了 6 条，就是 ISO 9002，企业要保证制造和安装阶段符合规定要求，适用于绝大多数制造业、安装业，也可用于服务业。ISO 9001 在 ISO 9002 的基础上增加了设计与服务条款，适用于为顾客提供专门服务的企业。在获得认证的前提下企业应选择最经济、最大限度减少评价范围的模式。如某企业可选 ISO 9001 或 ISO 9002 时，一般选择 ISO 9002。

ISO 9001《质量体系——设计、开发、生产、安装和服务的质量保证模式》分别对 20 个质量体系要素提出具体要求，涉及产品质量形成的全过程。其主要特点是：

① 要求供方提供产品的设计、开发、生产、安装和服务等全过程质量保证能力的足够证据；

② 所涉及的质量体系要素最多；

③ 需要提供的证据最多，因此所需质量保证费用最高。

ISO 9002《质量体系——生产、安装和服务的质量保证模式》分别对 19 个质量体系要素提出具体要求，着重对生产、安装和服务等过程的质量体系进行检查，不涉及设计过程的质量体系要素。其主要特点是：

① 要求供方提供产品的生产、安装和服务等全过程质量保证能力的足够证据依据，建立对供方的信任；

② 在三种质量保证模式标准中，所涉及的质量体系要素的数量和所需的质量保证费用均为中等。

ISO 9003《质量体系——最终检验和试验的质量保证模式》分别对 16 个质量体系提出了具体要求，它围绕产品最终检验和试验过程的质量保证，对其他各有关过程提出了相应的要求。其主要特点是：

① 仅要求提供与最终检验和试验过程有关的质量保证能力的足够证据；

② 在三种质量保证模式标准中，所涉及的质量体系要素的数量以及所提出的要求最少；

③ 要求出具的证据最少。因此，所需的质量保证费用也能够最少。

第四节 技术管理与技术改造

一、技术与技术管理

技术是人类在长期的生产活动（生产实践和科学实验）中不断发展和积累起来的对自然界斗争的经验总结，这些经验体现在三方面：一是劳动手段，包括机器设备、工具和装置；二是工艺方法；三是劳动者掌握的劳动技能和经验。

企业的技术管理包括生产技术工作和科学研究工作两个方面的管理。生产技术管理主要是对生产过程中的工艺、质量、安全、设备、环保等技术工作的管理；科学研究管理则是对企业里试验、研究、设计、试制等科研工作的管理。两者不能截然分开，生产中提出科研课题，研究成果应用于生产，其目的都是为了促进企业生产技术水平的提高。此外，为其服务的计量、标准化、情报、档案等工作，也是企业技术管理不可缺少的组成部分。

化工技术管理就是对化工企业中与生产有关的全部技术活动的组织、指挥和协调。现代化工企业是技术密集型的装置工业企业，由于化工生产过程的特殊性和化工产品本身的特性决定了化工产品开发极为复杂。在现代科学技术装备下，化工企业的新技术、新工艺、新产品层出不穷，技术进步快，产品更新换代的周期日益缩短，发挥科学技术作用，提高化工产品质量或开发新产品，对于提高劳动生产率、降低能耗等具有很好的现实意义。因此，技术管理是保证化工企业生产顺利进行的必要条件。

另外，化工企业是耗能大户，在部分企业中原材料等耗费在产品成本中的比重甚至高达70%以上，这需要企业应改革工艺、改造设备、开发新的技术路线，提高自身的市场竞争力，从这个角度而言，加强技术管理也是化工企业自身发展的客观需要。

化工企业技术管理的主要内容有：拟订企业技术发展规划，制订技术文件；技术开发、技术改造、技术引进等方面管理；技术革新、技术发明和专利管理等方面管理；新产品的开发和产品设计管理；生产技术装备工作；工艺管理；标准化管理和计量管理；技术情报管理；技术经济论证等。

二、技术开发

(一) 技术开发内容

技术开发内容有：资源开发、产品开发、工艺路线、新原料路线开发。化学工业是一个产品多样化的工业，化工企业的技术开发要围绕发展新产品，改进老产品的工艺路线、操作方法、设备装置和新原料路线工艺过程的开发来进行，以不断满足社会需要。

1. 产品的开发

产品开发是指利用科学技术的新成果，开发研制功能、质量、外观等方面都优于原有产品的活动。产品开发在技术开发中占有相当重要的位置。在市场经济条件下，产品在市场上的竞争能力，直接决定着企业的命运，因此企业的技术开发应该把产品开发放到突出的位置。

产品开发是为了提供新的化工产品以满足国民经济对新材料、新功能产品的需要。化学工业是一个产品品种繁多的工业产品，新产品日新月异。为了提高市场竞争力，化工企业必须加速新产品的开发，同时要注意对原有产品的改进，以延长产品的寿命周期，满足市场的需求。

2. 工艺的开发

工艺的开发又称过程开发，主要指通过改进工艺、优化流程、改变工艺条件等方法，达到降低生产成本的目的。它可以是为生产新产品而开发的新工艺，也可以是为了生产现有产品而开发的新的生产工艺。工艺开发会给企业带来一系列的好处，如生产效率的提高，原材料的节约，产品成本费用的下降，工人劳动强度的降低等。

与新工艺过程开发紧密联系的是关键设备的研究开发。还有对引进技术和装置的消化、吸收，也可以看成是工艺开发研究的一部分。

3. 资源的开发

资源开发是指运用先进的科学技术，对资源进行开发利用的活动。资源开发又有两种：一种是为现有产品寻找价廉易得的新原料，开辟新的原料路线；另一种是从某种原料出发，研制成各种产品的工艺工程。

节约原材料和能源是降低原材料消耗和能耗的重要途径，对于化工企业，能耗大，原材料占产品的成本比例高，更应从生产工艺、设备改造着手，提高能源利用率。同时积极开发新能源、新材料，充分利用和回收化学反应热。

4. 改善生产环境，开展综合利用的技术开发

针对化工产品污染、不安全、副产物多等特点，开展“三废”综合利用、消除污染、改善劳动条件、保障生产安全等方面的技术开发。

对引进技术的消化和提高，每个企业应根据不同的时间、地点、条件、准确选择技术开发的重点。新技术开发应当采用设计、基础研究、工程研究技术研究和经济评价相结合的方法，从而缩短从研究放大到工业化生产的周期，使实验室研究成果尽快应用到工业生产。

5. 技术的引进

从其他企业或科研机构引进先进技术，这比单纯引进成套装置更为重要。所以配合引进工作、开展研究开发的工作，也是新技术开发的内容。

(二) 技术开发途径

1. 独创型

独创型的技术开发是以科学研究活动作为先导，它从基础研究、应用基础研究开始，通过应用研究取得技术上的重大突破，即发明与发现。再通过发展研究（开发研究）拿出生产性样品，并在工厂中进行试生产，最后投入大批量生产。对于大型化工企业可以从应用研究取得成果后，再进行技术开发；而对小企业，主要是从外部（研究机构或高等院校）取得应用研究成果，然后在厂内研究开发部门进行技术开发。

2. 引进型

这是指从企业外部引进新技术。引进技术必须花大力气加以消化、吸收，经过消化、吸收后才能在本企业生根，并要在吸收基础上加以综合创新，这样才能纳入本企业的技术体系。引进型的技术开发又可以交叉运用多种方法，这些方法包括：引进成套或关键技术（设备），由本企业工程技术人员掌握使用；引进新技术成果，与本企业有关技术成果结合起来；引进初步研究成果在本企业加以培植，最后形成化工产品。

3. 综合型与延伸型

这是通过对现有技术的综合与延伸，进行技术开发形成新技术，使现有技术向纵深发展。

4. 总结、提高型

这是指通过生产实践经验的总结、提高来开发新技术。

三、化工新产品的开发

新产品是指过去从未生产过的初次试制成功的产品。与老产品相比，新产品必须是采用新的设计或通过改变设计或采用新的原材料，在产品结构、化学成分和用途上与老产品有本质不同或显著差异，产品性能比老产品有显著提高等。因此，在老产品基础上略加改进，与老产品用途基本相同，只是形状或性能稍差异者不能作为新产品。

产品创新是技术创新的核心问题之一。企业的新产品开发项目在新产品正式批量生产之前，一般需要经过多个阶段，即新产品的构思、筛选、形成产品概念、选定营销策略、商业分析、研究试制、市场试销和批量生产上市。也就是说新产品的形成过程主要包括以下几个阶段：构思新产品、定向基础研究、应用研究、开发、试制、大规模生产试验、商业化生产。商业化生产的产品为“成熟产品”。

化工企业开发新产品可根据企业自身的科研技术条件以及生产产品的类型来选择开发方式。一般来说，大体有三种方式。

(1) 自行研制设计。这是针对化工企业产品现状和存在的问题，根据市场需要，开展有关新技术、新材料方面的研究，研制出独具特色的产品。企业自行承担新产品开发设计全过程的工作。

(2) 技术引进。这是指化工企业在开发某种新产品时，有计划、有重点地引进国外成熟的新技术、新产品。这样可以节约产品的研制费用，缩短开发周期。

(3) 自行研制与技术引进相结合。这是指企业在对引进的技术消化和吸收的基础上，将引进技术与本企业的科研活动相结合，推动本企业的科研创新，在引进技术的基础上不断创新，开发出新产品。

四、技术改造

技术改造是现有生产中，采用新的、先进的技术，改善或更新陈旧和落后的技术。技术改造过程中，把科技成果应用于企业生产各个环节，通过适量的投入，用先进的技术改造落后的技术，用先进的工艺和装备代替原来的工艺和装备。技术改造也常常包含技术创新和技术发明。企业技术改造的目的是：节省能源，降低消耗，提高产品质量，促进产品更新换代，改善和保护生态环境，提高劳动生产率，使企业保持旺盛的生命活力。

1. 技术改造的主要内容

技术改造包括以下几个方面的内容。

(1) 产品的改革　是指利用先进的技术和科研成果改革老产品和发展新产品，以满足市场需要和开拓新的市场。

(2) 工艺及工艺设备的改革　包括工艺方法、工艺流程、操作手段的改革，设备的改革包括机器的改革，试验、检测手段等改革。

(3) 节约能源和降低原材料消耗　这是企业一项多环节的技术改造，它是通过产品结构改进、工艺改进实现的。

(4) 厂房设施的改造和劳动环境的改善，改造那些不利于安全生产、不利于职工身体健康、不适合生产要求的工艺布局、设施和建筑物，如将有“三废”排放的开放式工艺改造成无“三废”排放的封闭式工艺。

(5) 技术管理方法和手段的改造等。

2. 技术改造的技术经济分析

企业技术改造是一项影响大、牵涉面广、技术含量高的工作，只有进行科学的组织管理，才能保证项目能取得预期效果。要搞好企业的技术改造首先要制订技术改造规划。在体现技术改造的基本原则和基本要求后，使企业明确一定时期内技术改造方向、目的和重点，准备和创造技术改造所需的各种条件。

实现老企业的技术改造必备三个条件：其一是要有先进可行的技术；其二要适时筹措足够的资金；其三是改造后能提高经济效益。

企业进行技术改造，要花费一定的投资。为使技术改造取得较为理想的经济效益，包括企业的效益和社会效益，必须对改造项目进行经济效果评价，以避免盲目投资。通常对投资的经济效果分析可采用投资效果系数和投资回收期等指标进行分析。对固定资产、生产工艺等进行改造时，如果资金投入过大，技术改造的收益相对较低，就会得不偿失，不能按期实现盈利。另外，如果技术改造不能及时，装置过了经济寿命周期还在使用，也会使产品质量、生产效率、企业技术进步和企业在市场中的竞争力受到影响。

五、工艺管理

化工企业的工艺管理也称工艺技术管理或工艺过程管理，这是企业技术管理的一项日常工作。所谓工艺过程，就是借助于化学反应和物理变化，并运用生产工具，改变物质组成和内部结构，将原料或半成品加工成为生产资料和消费品的过程。对这一过程进行操作、控制、分析、改进和总结，研究以最有效、最合理、最经济的先进工艺，保证产品质量和最佳经济运行的实现，这就是化工企业的工艺管理。

工艺管理的具体内容是随企业的生产类型不同而异，一般包括：工艺的研究与试验，工艺设计，产品结构的工艺性分析审查，工艺操作规程的制订，设计和制造工艺装备，日常的工艺工作等内容。

第五节 化工设备管理

化工设备管理是化工企业对化工设备的整个寿命周期进行的全面管理，包括设备选择、设备的使用与保养、设备维修和设备的更新改造。

一、设备的选择与评价

合理地选购设备，可以使企业以有限的设备投资获取最大的生产经济效益，这是设备管理的首要环节。

设备选择的目的是为生产需要选择最优的技术装备，也就是选择技术上先进，经济上合理的最优设备。在设备选择时，必须全面考虑技术和经济效果。

(一) 影响设备选择的技术因素

(1) 生产性　指设备的生产效率。在选择设备时总是力求选择那些以最小的输入获得最大的输出的设备。设备的生产效率一般以设备在单位时间（小时、天、月、年）内生产的产品产量来表示。

(2) 可靠性　指一个系统、一台设备在规定的时间和使用条件下，无故障地实现规定功能的程度。设备的可靠性越多，故障率也越低，经济效益越高。现代化工企业大都采用大型化、连续化、自动化的设备装置，如设备停产造成损失也越大，因此对设备可靠性的要求十分高。

(3) 维修性　即可修性、易修性。维修性好的设备是指设备结构简单，零部件组合合理，维修的零部件可以迅速拆卸，易于检修，零部件的通用化、标准化程度高。

(4) 节能性　是指设备的能量利用效率。一般以机器开动单位时间的能耗量来表示，如小时耗电量、耗汽（气）量；也有以单位产品的能耗量来表示，如每吨合成氨耗电量等。

(5) 通用性　即强调设备的标准化、系列化、通用化，以便于设备的备用、检修、备件贮备等的管理。

(6) 安全性　指设备对生产安全的保障性能。例如，是否安装了自动报警、自动保护、自动检测等自动控制装置。

(7) 环保性　指设备对排污、噪声、震动等方面的控制性能，如设备是否配备了相应降低噪声、控制有毒物质的排放等附属设备。

(8) 成套性　指设备的性能、能力等方面的配套程度高，各类设备及主辅机之间在性能、能力方面互相配套。设备配套包括单机配套、机组配套和项目配套。

(二) 设备选择时的经济评价

设备选购时要综合考虑其先进性和经济性，要求是以设备最低的寿命周期总成本，来获得最大的使用效果。设备选购时必须对经济性能作出科学的分析与评价。设备的经济分析方法很多，主要是根据经济指标来分类的。

1. 寿命周期费用法

寿命周期费用法也称费用效益分析法。寿命周期费用法，不是单纯追求较低的设备购置费，还考虑在设备寿命周期中围绕该设备支出的维持费，包括操作工的工资、维修费、运转中的保养费、能源消耗费、备品配件消耗费、保险金、固定资产税等。

$$\text{寿命周期费用}=\text{购置费}+\text{维持费} \tag{4-1}$$

为了取得最佳经济效果，不仅要比较寿命周期费用的大小，还要比较设备投资费用效率。

2. 资金回收期法

资金回收期法是以回收设备所需的时间来评价设备经济性的一种方法。资金回收期法中，用设备的净收益分期偿还设备投资本金，同时逐年支付尚未还清投资的利息，直至总净收益等于投资本利和时，这段时间就是回收期。通常，回收期低于预期使用寿命的 1/2 时，此方案方可考虑。回收期越短越好。

二、设备的使用与保养

1. 设备的正确使用

设备的合理使用、正确操作包括以下几方面：

（1）要根据设备的结构、性能和技术特性合理安排生产任务。不同的机器设备是根据不同工作原理设计制造的，所以它的性能、指标、技术参数也是规定的。企业在安排生产任务时要根据设备的生产能力来安排生产计划，不能超压、超温、超负荷使用。

（2）操作工人要严格遵守操作规程。注意控制各项操作指标，如温度、压力、真空度、转速、流量、电压、电流等。操作中如发现不正常现象，要立即查明原因，排除故障，保证设备正常运转。

（3）为设备制造良好的使用环境和条件，并配备必要的监控仪器仪表。

（4）针对设备的不同特点和要求，制订一套科学的规章制度，包括安全操作规程、定期检查维护规程等。

（5）建立和健全各级责任制。任何人都要明确自身职责和所在岗位的操作要求，保证正确使用设备。

2. 设备的维护保养

设备的维护保养是设备自身运动的客观要求。设备在使用过程中必然带来对设备零部件的机械磨损，以及介质的化学腐蚀作用，这导致各类设备在使用中会不断地产生性能劣化。

在化工生产中最常见设备劣化现象是磨损、蚀损、污损和老损。磨损通常是有传动设备中的相对摩擦而造成；而蚀损则由化工介质、电化学腐蚀等造成；污损是由尘埃及油污粉尘等造成；老损则是由材料质地老化、脆化和变质所造成。另外，即使设备仍在工作，但相应的产量、质量和收率下降，消耗量增大等也应当看作是设备的劣化。设备维护保养的任务就是按照规章制度对设备进行清洗、润滑、调整、紧固、除锈、防腐等措施，以减少以上因素对设备使用的影响，以延缓设备的磨损，延长设备的使用寿命，保证设备能正常运转。

具体的维护保养方法如下。

① 投产前必须做好设备维护保养的准备工作。编制维修保养规程，设备润滑卡片和图表；对工人进行技术培训，指导工人学习设备的结构、性能、使用、维护保养、安全操作等知识，考核合格者方可操作该设备；对设备的精度、性能、安全装置、控制和报警装置进行全面检查。

② 在设备使用中，必须严格执行岗位责任制，认真排查安全隐患及不正常状态，确保设备的安全运行。

③ 认真搞好设备润滑，执行设备润滑规程。严格“五定”和“三级过滤”要求，对设备进行润滑（五定：定点、定质、定量、定时、定人。三级过滤：润滑油由大桶到油箱、油箱到油壶、油壶到设备都要过滤，计三次）。

④ 贯彻以维护为主、检修为辅的原则。严格执行维护保养制度，操作工应做到“四懂”、“三会”（懂结构、懂原理、懂性能、懂用途；会使用、会维护保养、会排除故障）。

设备的维护保养工作，依据工作量大小、难易程度，可以划分为四个等级。

① 例行保养，或叫日常保养。它保养的项目和部位较小，大多数是在设备的外部，重点是对设备进行清洗、润滑、紧固易松动的螺丝，检查零部件的状况，此项工作由设备操作工承担。

② 一级保养，除要做到例行保养工作外，还要部分地检查或调整设备。例如，检查调节各指示仪表与安全防护装置，检查各控制、传动连接机构的零部件等。一级保养是在专职检修人员指导配合下，由操作工承担，它是定期进行的（与小修同时进行）。

③ 二级保养，由专职检修人员承担，操作工参加，也是定期进行的。这项工作主要是

对设备进行内部清洗、润滑、局部解体检查和调整、更换或修复磨损的零部件等。

④ 三级保养，有专业维修人员执行，操作工协助，主要是对设备的主体部分进行解体检查和调整，同时更换磨损的零部件，并对主要零部件的磨损情况进行测量鉴定。

3. 设备检查

设备检查分为日常检查、定期检查和专项检查三种，有特殊需要时进行性能检查与事故检查。

日常检查主要由操作工进行，制定班组巡回检查制度予以保证，对复杂的、关键的设备由化、机、电、仪表工人每日配合检查，目的是及时发现异常现象并加以排除。

定期检查按规定时间对设备进行检查，查明零部件的实际磨损程度，确定修理时间和修理内容。定期检查可采用班组周检查，车间月检查，全厂季检查，这类设备检查不解体，大部分在设备运行中进行，机、电、表同时进行。

专项检查是设备管理部门根据设备日常和定期检查的统计资料或根据本行业同类设备发生的问题，研究确定的项目进行特殊检查，参加人员依据项目内容和紧迫程度而定。如对高压容器的探伤检查等。当发生重大事故，为查明原因也属于专项检查。

三、设备的维修

1. 计划检修的种类

化工检修可分为计划检修和计划外检修。根据原化工部《化工厂设备维护检修规程》的规定，结合企业设备管理的经验和设备使用状况，制订设备检修计划，有计划地维护、检查、修理设备称为计划检修。根据检修的内容、周期和要求，计划检修可分为小修、中修和大修。运行中设备突然发生故障或事故，必须进行不停工或临时停工的检修称为计划外检修。

2. 化工设备检修的特点

与其他行业相比，化工设备检修具有频繁、复杂、危险等特点。

(1) 化工设备在运行中腐蚀、磨损严重，除了计划小修、中修、大修外，计划外检修和临时停工抢修也很多，检修作业极为频繁。

(2) 化工设备中很多是非定型设备，种类繁多，规格不一。要求检修人员具有丰富的理论知识和操作技术，熟悉设备的结构、性能、特点；化工检修内容繁杂，计划外检修通常无法预测，作业内容和作业人员经常变动。检修是多工种、多岗位、上下多层次、设备内外作业、露天作业、高空作业较多，易受气候、环境影响，各类人员进出工作现场频繁，这些都增加了检修工作的复杂性和管理难度。

(3) 化工设备检修时大多残存有易燃、易爆、有毒物质，化工检修又需进罐、进塔和动火作业，化工设备检修往往具有较大危险性，需要严格执行检维修方案。

3. 化工检修的验收

检修作业结束前，项目负责人应组织有关检修和操作人员进行一次全面检查，主要是清点人员、工具、器材等，防止遗留在设备或管道内。还应检查是否有漏掉的检修项目，计划内的测厚、探伤等是否按要求进行，设备上的防护罩、盖板、栅栏等是否恢复原状，最后检查检修现场是否清理等，这项工作务必认真、细致。

检查无误后，由指挥部组织检修人员和操作人员进行试车和验收，根据设备要求分别进行耐压试验、气密性试验、运转、调整、负荷试车和验收。

四、设备的改造与更新

设备的改造与更新是指对在技术上或经济上不宜继续使用的设备，用新的、比较先进的设备进行更换，或用先进的技术进行改造。

为维持设备正常工作所需要的特性和功能，必须对已遭磨损的设备进行及时合理的补偿，补偿的方式有大修理、更换、现代化改装。其补偿方式随不同的磨损情况而有所不同。若设备磨损主要是有形磨损所致，则应视有形磨损情况而决定补偿方式。如磨损较轻，则可通过大修理进行补偿；如磨损较重，修复时需花费较多的费用，这时选择更新还是修理，则应对其进行经济分析比较，以确定恰当的补偿方式；若磨损太严重，根本无法修复，或虽修复，但其精度已达不到，则应该以更新作为补偿手段。对于由于无形磨损所致，则应采用局部更新（设备现代化改装）或全部（整台设备）更新。

1. 设备寿命

设备的寿命是指设备从投入使用开始，由于磨损，直到设备在技术上或经济上不宜使用为止的时间。由于受到有形磨损和无形磨损的影响，设备寿命有几种不同的形态：物理寿命、技术寿命和经济寿命。设备在改造与更新中应充分考虑设备的这三种寿命。

(1) 物理寿命　物理寿命也称为自然寿命，是指设备从投入使用开始，直到不再具有正常功能而报废时为止的整个时间过程。设备抵抗有形磨损的能力，与无形磨损无关。

(2) 技术寿命　技术寿命是指设备能维持其使用价值的时间过程，即从设备投入使用开始，随着技术进步和性能更好的新型设备的出现，使其因技术落后而丧失了使用价值，它的长短主要取决于无形磨损的影响，一般短于物理寿命。科学技术发展越快，设备技术寿命越短。

(3) 经济寿命　经济寿命是指设备从投入使用开始到如果继续使用经济上已经不合理为止的整个时间过程。它是由有形磨损和无形磨损共同作用决定的。

2. 设备技术改造

设备的技术改造指应用现代的技术成就和先进经验，适应生产的需要，改变现有设备的结构，改善现有设备的技术性能和经济效果，使之达到或部分达到新设备的水平。设备技术改造是克服现有设备的技术陈旧状况，消除无形磨损，更新设备的重要手段。

与更换设备比较，对设备进行技术改造具有以下优点：

(1) 设备技术改造对生产的针对性和适应性较强。由于设备技术改造往往与生产实际需求密切结合，因此效果通常较好，有时比引进先进的新设备更适用。

(2) 设备技术改造充分利用了原有设备的可用部分，因此节约了设备更新的基本投资。

(3) 设备技术改造的周期短，往往比重新设计、制造一台机器所用的时间少，这对企业的产品更新换代十分有利。

(4) 设备技术改造能改善设备拥有量的构成比。通过改造将旧的万能设备改造为专用设备。提高设备的生产效率，以及改变工艺用途，从而使构成比向先进的方面转化。

相对于更新方案，设备技术改造是否最优越，还应进行经济性比较。

3. 设备的更新

设备更新是彻底消除有形磨损和无形磨损的手段，即采用技术更先进、效率更高、性能更强大、费用更经济的新设备来代替相对落后、低效的老设备。设备更新的主要依据一般是设备的经济寿命。

设备的经济寿命是从经济的角度考察设备使用的合理时间界限。设备在使用过程中，从经济上看，一方面随着使用时间的延长，设备的磨损程度逐渐增大，造成设备的技术性能也逐渐劣化，效率降低，维修量加大，平均年运行费用逐渐增大，从而使平均年收益逐渐减少。另一方面，随着时间的延长，设备投资分摊到每年的数额，即平均折旧额减少。可见，年平均维持费和年平均折旧费对平均年净收益有着不同的影响，并随着设备使用时间的延长发生相应的变化。如图 4-3 所示。

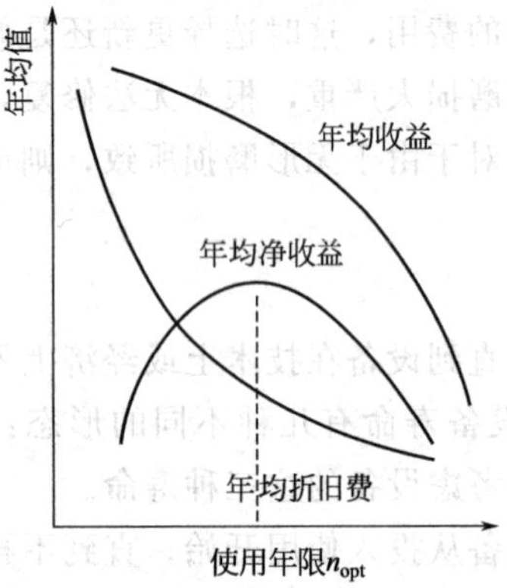

图 4-3　年均净收益的变化示意图

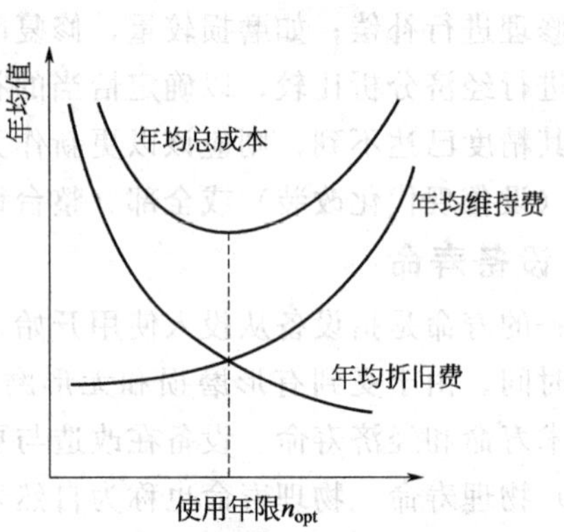

图 4-4　年均总成本的变化示意图

年均净收益曲线是年均收益曲线与年均折旧费曲线之差，故是一条上凸的曲线，存在着极大值。极大值所对应的设备使用年限 n_{opt}，即是设备的经济寿命。它表明，当设备的使用年限等于设备的经济寿命时，设备产生的年均净收益最大；而超过经济寿命，由于年均净收益下降，就可考虑设备的更新或更换。此外，如果设备的使用年限不到设备的经济寿命，由于平均分摊到各年的折旧费用增大，致使设备的年均净收益受到不利的影响，这时更换设备也可能是不合适的。

另外，还可以从设备的平均年总成本的变化来考察、计算设备的经济寿命。在图 4-4 中，年均总成本曲线是年均折旧费曲线和年均维持费曲线之和，是一条下凹的曲线，有极小值存在。该极小值所对应的设备使用年限 n_{opt}，也即设备的经济寿命。从上述分析可知，年均净收益和年均总成本都随着设备使用年限而变化，且有极大值或极小值存在。只要求出极大值或极小值所对应的年限，即可知道设备的经济寿命。

设备的经济寿命的计算方法主要有年均费用法和低劣化数值法。

(1) 年均费用法　年均费用法是通过计算出设备在使用年限中各年的总费用，以及到某年为止的年平均费用。最小年平均费用所对应的年限即为设备的经济寿命。

在不考虑资金的时间因素时，设备使用的年均费用为：

$$AC_t = \frac{\sum_{t=1}^{n} C_t + D_t}{t} \tag{4-2}$$

式中　AC_t——设备使用 t 年条件下的年均费用；

C_t——设备第 t 年的维持费；

D_t——设备使用至第 t 年的累计折旧费。

通常，计算年均费用还需要考虑资金的时间因素。

(2) 低劣化数值法　设备随着使用时间的增长，设备的磨损程度会不断加剧，使得设备的性能下降，为此维持费用不断增加，这种情况称为设备的低劣化。在对设备的各种费用和分项低劣化数值缺乏的情况下，可以假定设备的低劣化程度逐年线性增加，每年增加值为 λ。如果设备使用 t 年，第 t 年的运转费用劣化值为 $t\lambda$，在 t 年内的平均劣化值则是 $\frac{t+1}{2}\lambda$。

如不考虑资金的时间价值，设备的年平均总费用将为：

$$AC_t=\frac{t+1}{2}\lambda+\frac{I_0-S}{t} \tag{4-3}$$

式中　AC_t——设备作用 t 年条件下的年均费用；

I_0——设备原值；

S——设备残值；

λ——设备年低劣值；

t——设备年限。

由于经济寿命是年平均总费用最小的使用年限，即 AC_t 值最小时的 t 值，可对 AC_t 进行微分，并令：$dAC_t/dt=0$

则：

$$t_{opt}=\sqrt{\frac{2(I_0-S)}{t}} \tag{4-4}$$

相应的最低年均费用为：

$$AC_{min}=\frac{t_{opt}+1}{2}\lambda+\frac{I_0-S}{t_{opt}} \tag{4-5}$$

例4-1　某企业两年前花费 7 万元购买了一台设备，估计可用 7 年，期末残值为 0，现已服务两年，设后期该设备的年低劣化数值为 5000 元/年，求该设备剩余的经济寿命。（设备按直线法折旧）

解　设备使用 2 年后，按照直线法折旧，除去 2 年的折旧额，当前设备的价值为 5 万元，即

$I_0=50000$ 元，$S=0$ 元，$\lambda=5000$ 元

代入公式则有：

$$t_{opt}=\sqrt{\frac{2(I_0-S)}{t}}=\sqrt{\frac{2(50000-0)}{5000}}=4.47\ (\text{年})$$

第六节　班组管理

班组是在企业进行劳动分工的基础上，把生产过程中相互协作的有关人员组织在一起，从事生产劳动的基层生产单位和行政组织。

一、班组的生产管理

1. 生产准备工作

班组长在上岗前组织组员对设备、水、电、汽等进行全面检查。班组长重点检查本班的工艺、设备运行、安全生产、环境卫生。组员按巡检路线重点检查设备主要部位、控制点、仪表、注油点、水、电、汽。接班前由班长召开班前会，听取巡检情况汇报，传达上级的指

示，安排工作，检查着装。

2. 上岗后的管理

生产中应严格执行生产调度的指令，及时进行工艺调整，按时进行巡回检查，做好工序管理点的监控，密切注意原料、半成品的工艺稳定。稳定性要通过平稳率来衡量。

各项记录应准确、及时、全面、字迹清楚、整洁，做到记录规格化、字体规范化、检查经常化、讲评制度化、管理标准化，并按职能科室要求，及时上报统计资料，主动接受检查指导。

3. 开好班后会

交班后班长召开班后会，听取组员工作汇报，了解工作状况，存在问题，总结讲评当日工作情况，对组员进行表扬或批评。核算、公布班组的物料消耗，传达上级有关指示。

二、班组的质量管理

班组的质量管理是以班组为主体，以班组从事的工作为对象，找出影响产品质量和工作质量的各种因素，并在生产工艺过程中加以控制和管理。

做好班组质量管理应从以下几个方面入手。

1. 开展思想教育

认真学习全面质量管理知识，树立质量第一的观念。班组长要把“质量第一”的思想教育贯穿班组工作的始终。思想教育的另一个重点，就是要动员全组成员自觉参与班组质量管理。

2. 严格执行班组质量负责制

树立用户第一，下一道工序就是用户的观点，严格控制工艺条件，确保本组产品合格长应对本班工作和产品质量负责，组员要严格工序控制，执行工艺标准，贯彻工艺纪律，提高产品质量。

3. 建立工序控制点

落实以产品为龙头，以工艺为基础，以“三全”管理为内容的质量保证体系，严格贯彻质量保证措施，实现“人、机、料、法、环”的最佳结合，搞好工作质量，搞好工序质量，保证产品质量。

4. 对质量事故坚持“三不放过”原则

①不查清原因不放过；②不吸取教训不放过；③没有改进措施不放过。对不合格产品坚持不计产量、不计产值、不推出厂的“三不原则”。

5. 质量考核

对班组质量管理要定期进行考核评比，并给予相应的物质和精神奖励。

三、班组的技术管理

1. 班组技术管理的任务

班组技术管理是车间技术管理的基础，对化工企业的班组管理来说，主要是进行工艺操作的管理和设备运行的维护管理，这要求班组成员必须熟悉工艺原理、工艺流程、设备结构与性能、操作规程等。班组技术管理工作对建立良好的生产技术工作秩序，提高劳动生产率，提高质量，减少消耗，降低成本，获取最佳技术经济效果起着重要作用。

2. 班组技术管理工作的主要内容

(1) 贯彻工艺文件，严肃工艺纪律　班组对新调入生产岗位的职工，一律要经过工艺规程学习和考试。执行新规程前也要对全体职工集中培训，考试成绩合格者才可分配工作。在生产过程中要定期进行操作法考试，不及格者限期补考，否则不能上岗。

(2) 组织技术攻关　班组应组织职工针对生产薄弱环节技术创新或攻关，在确保质量和安全的基础上加以解决，提高生产效率，达到生产任务同生产能力平衡。保证完成和超额完成任务。

(3) 学习文化技术　班组每个成员，要做到“四懂三会四过硬”，即懂结构、懂原理、懂性能、懂用途；会使用、会维护保养、会排除故障；机器上过得硬，熟悉机器性能，会排除故障；操作上过得硬，动作熟练、准确；质量上过得硬，产品合乎规格要求；复杂情况过得硬，有安全知识，能预防、判断、处理事故。

班组要定期组织“操作比武”。“操作比武”是锻炼和提高工人岗位技能水平的好形式。“比武”要结合生产活动来进行，对在“比武”中取得好成绩的个人要给予精神和物质奖励。

(4) 做好技术档案的保管和使用工作。产品图纸、工艺技术文件和其他技术资料是企业组织生产的依据，一定要精心保管，遇到技术难题时，应细心查阅，完全领会后再操作，以免造成损失。

四、班组的设备管理

1. 设备的日常点检

设备的日常点检是由工人对自己操作的设备进行日常检查，主要检查转动设备的动密封点、轴承、温度等。静止设备的静密封点、腐蚀、老化、变形、裂纹、松动等。

2. 日常保养

日常保养主要是注油和擦拭工作，应按时注油，定时清洗润滑系统，保持油具清洁，系统畅通。为了预防设备腐蚀、老化，每班应定时擦拭设备。

3. 建立岗位包机制

岗位包机制是把每台设备定机、定人管理，一种形式是把班组负责的设备按岗位包给组员。另一种是由机、电、化、仪多工种组成包机组，由组长组织，负责日常巡检、维护、保养、处理设备异常。

五、班组的经济核算

班组经济核算是以班组作为核算和考核的单位，通过制定指标和下达计划任务，开展日常核算和划清经济责任，确定其生产活动的经济成果，并定期检查、分析、考核、奖励，借以挖掘潜力、促进增产节约、提高经济效果。

1. 班组的经济核算

班组经济核算是企业生产第一线的、群众性的、局部性的核算。班组工人是直接生产者。通过班组经济核算，能够充分发挥群众当家理财的作用，改进管理，提高经济效果，促进优质、高产、低消耗。同时，班组经济核算是企业全面经济核算的基础，是整个核算工作的落脚点。班组核算的经济指标，是厂级和车间经济核算指标的具体化。企业经济效果的好坏，直接取决于一个班组经济活动成果和指标完成情况。而班组核算的资料，又是厂级和车间经济核算的基础资料，它的准确性、真实性、及时性都直接影响厂级和车间经济核算的质量。

2. 班组经济核算的内容和方法

班组核算的内容包括：产量核算、质量核算、劳动核算、物资消耗核算等。

（1）产量核算　班组的产量，是指班组生产的半成品或成品的数量，通常以实物量（如件、吨、立方米）来计算。产量核算均以实际产量与计划产量对比，来核算产量指标的完成情况。

（2）质量核算　质量的核算指标主要有：等级品率、合格品率、废品率，这些指标均以百分比表示。

① 等级品率。是某一等级产品产量占该种产品全部产量的百分比。

② 合格品率。是指产品中合格品数占全部产品数量的百分比。

③ 废品率。是指废品数量占全部产量的百分比。

（3）劳动核算　一般是用定额工时进行核算的。工时指标的核算要以产量为基础，先以实际产量乘以单位产品定额工时，求出实际产量所应消耗的定额工时总数，然后比上实际工时。

（4）物资消耗核算　班组是各种物资的直接消耗者，由班组自己核算各种物资消耗，对节约物资、降低成本具有重要意义。各种物资消耗定额是核算物资消耗的依据，核算的方法主要以实际消耗量与消耗定额进行对比。

班组核算指标除以上几项外，还可根据需要进行出勤率、设备利用率、文明安全生产指标的核算。

六、班组的安全管理

1. 班组安全活动日

一般在周一上班前半个小时进行，内容有进行常规安全意识教育，讨论上级有关安全生产的规定，组织安全知识学习，进行安全工作讲评等。

2. 安全活动分析

一般每月一次，主要是对班组生产中的不安全因素进行分析，常用的方法有危险度评价、事故树分析、事故案例分析、本班工作场所的现场分析，目的是找出隐患，及时防范。

3. 制订事故处理预案

对生产设备和工艺情况进行分析，针对可能发生的事故制订准确周密的防范措施和事故处理方案，形成文字后，由车间批准并上报厂部。

搞好班组的安全管理是搞好企业安全生产的基础，也是减少伤亡和各类事故的有效办法。

4. 班组安全管理的基本要求

（1）建立健全班组安全生产管理体系　明确班组安全负责人，配齐安全员，并分工明确，按各自的职责范围和要求，认真开展工作。

（2）安全管理目标明确具体　做到人人不违章，班组无轻伤、爆炸、着火、工艺操作、机电设备、质量、污染、厂内交通等事故。

（3）班组所有人员必须做到“八懂四会”　即懂规章制度、懂安全技术知识、懂岗位操作法、懂设备构造和性能、懂工艺流程及原理、懂职业性危害和防治、懂防火防爆知识、懂伤亡事故报告和事故急救知识；会操作维护保养设备、会预防事故和排除故障、会正确使用防护用具、会使用灭火器材。

第七节 技术经济分析

一、化工技术经济及其研究内容

技术经济学是现代管理科学中一门新兴的综合性学科，是技术科学和经济科学相互渗透和外延发展形成的一门交叉性学科。它是研究为达到某一预定目的可能采取的各种技术政策、技术方案及技术措施的经济效果，进行计算、分析、比较和评价，选出技术先进、经济合理的最优方案的一门学科，是一门研究如何使技术、经济及社会协调发展的学科。

技术经济学的研究内容：在工程层面，技术经济学的主要研究内容是项目可行性研究，其中主要包括项目的技术选择、财务评价与国民经济评价、项目社会评价、项目环境影响评价等；在企业层面，主要研究内容包括设备更新与技术改造，新产品开发管理，企业技术创新与技术推广，企业核心竞争力，企业知识产权管理等；在产业层面，主要研究内容包括技术经济预测，产业技术创新与推广，产业技术政策、行业共性技术与关键技术的选择，产业技术标准、产业国际竞争力等。

化工技术经济学是技术经济学的一个分支学科，它是结合化学工业的技术特点，应用技术经济学的基本原理和方法，研究化学工业发展中的规划、科研、设计、建设和生产各方面和各阶段的经济效益问题，探讨提高化工生产过程和整个化学工业的经济规律、能源和资源的利用率以及局部和整体效益问题的一门交叉学科。

二、资金的时间价值

1. 资金的时间价值概念

资金的时间价值是指把一定的资金投入到扩大再生产及循环周转过程中，随着时间的推移而产生的增值。假如将一笔资金存入银行或作为投资成功地用于扩大再生产或商业循环周转，随着时间的推移，将产生增值现象，这些增值就是资金的时间价值。资金时间价值最常见的表现形式是借款或贷款利息和投资所得到的纯利润。资金的时间价值来源于劳动者在社会生产中所创造的价值，如果资金不投入到生产或流通领域周转，不与劳动者的劳动相结合，它就不可能形成增值。

利息、纯利润或纯收益是体现资金时间价值的基本形式，可作为衡量资金时间价值的基本尺度。这种尺度通常分为绝对尺度和相对尺度。

资金时间价值的绝对尺度是指借贷的利息和经营的纯利润或纯收益，也就是资金使用的报酬，体现了资金在参与生产流通运动过程中的增值。作为绝对尺度的利息、纯利润或纯收益的数额与本金数额、原投入资金多少以及时间长短有关。

在单位时间内的利息额、纯利润或纯收益与本金或原投入资金额的比率，分别称为利率、盈利率或收益率，也统称为资金报酬率，是一种相对指标。这种相对指标反映了单位本金或单位原投入资金额的增值随时间变化，称为相对尺度，体现了资金随时间变化的增值率。技术经济分析中，在分析和计算资金的时间价值时，较多地采用相对尺度，单位时间通常为一年。

2. 利息与利率

利息是指占用资金所付的代价，如果将一笔资金存入银行或借贷出，这笔资金就称为本金。经过一段时间后，储户或出贷者可在本金之外再得到一笔金额，这就称为利息。这一过程可表示为：

$$F=P+I \tag{4-6}$$

式中 F——第 n 个计息周期末的本利和；

P——本金；

I——利息。

利率是在一个计息周期内所得的利息额与借贷金额或本金之比，一般以百分数表示，其表示式为：

$$i=\frac{I_1}{P}\times 100\% \tag{4-7}$$

式中 i——利率；

I_1——一个计息周期的利息。

式(4-7) 表明，利率是单位本金经过一个计息周期后的增值额；利息也通常根据利率来计算。利息有两种计息方法，即单利计息和复利计息。

单利计息是只用本金计算利息，即不把前期利息累加到本金中去计算出的利息。我国银行存款利息实行单利计息，单利的计算公式为：

$$F=P(1+ni) \tag{4-8}$$

式中 n——计息周期数。

计息周期是指计算利息的时间单位，如年、季度、月等。

复利计息是不仅本金要计算利息，而且前一周期中已获得的利息也要作为这一周期的本金计算利息。以这种方式计算出的利息叫做复利。一般复利的计算公式为：

$$F=P(1+i)^n \tag{4-9}$$

我国银行贷款利息为复利。复利计息比较符合资金在社会再生产过程中的实际运动状况，因此在技术经济分析中，没有特别说明的情况下，一般是按复利计息的。

3. 名义利率和实际利率

在技术经济分析中，常采用年利率即以年为计息周期。但在实际的经济活动中，则可能有各种计息方式，如以季度、月和周甚至以天为计息周期。如果将这些实际的利率换算成年利率，这种年利率就称为名义利率。实际利率与名义利率的关系为：

$$i=\left(1+\frac{r}{m}\right)^m-1 \tag{4-10}$$

或：

$$r=m\left[(1+i)^{1/m}-1\right] \tag{4-11}$$

式中 i——实际利率；

r——名义利率；

m——年计息次数。

名义利率是指计息周期的实际利率乘以一年中计息周期数所得年利率。按年计息时，名义利率与实际利率是相同的，但当按季度、月、周等计算时，两者则不一致。

例如，年利率为12.0%，本金1000元，如果按年计息，一年本利和为：

$$F=P(1+i)^n=1000\times(1+0.12)^1=1120\ (元)$$

实际年利率为：

$$i=\frac{1120-1000}{1000}\times 100\%=12.00\%$$

可见，所得到的名义利率与实际利率相同。

如果按月计息，且实际月利率为 1.0%，本金 1000 元，此时名义利率为 1.0%×12=12.0%。由于实际上是按月计息，一年 12 个月，即计息 12 次，实际上一年后本利和为：

$$F=1000\times(1+0.01)^{12}=1126.8\ (元)$$

实际年利率为：

$$i=\frac{1126.8-1000}{1000}\times 100\%=12.68\%$$

这个 12.68%是实际利率，高于名义利率 $r=12.0\%$。

三、现金流量及现金流量图

1. 现金流量的概念

如果将某一技术方案作为一个系统，对其在整个寿命周期内所发生的费用和收益进行分析和计量。则在某一时间上，该系统实际支出的费用称为现金流出，该系统的实际收益称为现金流入，现金流入和流出的净差额，称为净现金流量，计算式为：

$$净现金流量=现金流入-现金流出=收入款-支出款 \tag{4-12}$$

净现金流量可以是正数、负数和零。正数表示经济系统在一定寿命周期内有净收益，负数表示只有净支出或亏损，零表示盈亏平衡。

2. 现金流量的构成

在项目技术经济分析与评价中。项目寿命周期内现金流量主要构成要素如下。

(1) 固定资产投资及其贷款利息 I_P　除了项目固定资产投资在建设期全部投入外，固定资产投资贷款建设期利息实际上也已转为本金投入。所以，在技术经济分析和财务评价中，应将固定资产投资以及其建设期贷款利息都作为项目的现金流出项计算。

(2) 流动资金投资 I_F　在项目建成投产时还需要投入流动资金，以支付试生产和正式投产所需的原料、燃料动力等费用，才能保证生产经营活动的正常进行。因而，在技术经济分析和财务评价中，应将流动资金投资作为现金流出项计算。

(3) 经营成本 C　经营成本是在项目建成投产后的整个运行期内，为生产产品或提供劳务等而发生的经常性成本费用支出，该经营成本应作为现金流出项计算。

(4) 销售收入 S　销售收入是项目建成投产后出售产品或提供劳务的收入。在技术经济分析和财务评价中，应将销售收入作为重要的现金流入项计算。

(5) 税金 R　国家颁布的税种有多种。在技术经济分析中，对项目进行财务评价时，税金作为重要的现金流出项计算。但在项目的国民经济评价时，税金既不属于现金流出，也不属于现金流入。

(6) 新增固定资产投资 I_Φ 与新增流动资金投资 I_W　在项目建成投产后的运行过程中，如果需增加投资，则新增加的固定资产投资和追加的流动资金，在技术经济分析和评价中均作为现金流出项计算。

(7) 回收固定资产净残值 I_s　在项目经济寿命周期结束，固定资产报废时的残余价值扣除清理回收费用之后的余额，称为固定资产的净残值，应将其作为现金流入项计算。

(8) 回收流动资金 I_r 在项目经济寿命周期结束，终止生产经营活动时，应收回投产时以及投产后追加的流动资金，这部分回收的流动资金应作为现金流入项计算。

根据上述现金流量的构成要素、现金流量 CF 在不同时期的计算式可分别表示为：

建设期：
$$CF=I_P+I_F \tag{4-13}$$

生产期：
$$CF=S-C-R-I_\Phi-I_W \tag{4-14}$$

最末年：
$$CF=S-C-R+I_s+I_r \tag{4-15}$$

3. 现金流量图

现金流量图是以简易图形描述项目在整个寿命周期内各时间点的现金流入和流出状况，直观、清晰，有利于分析、检查、核对。根据资金的时间价值特性，资金不仅有数量性，还有时间性，因此要准确地表明一笔资金的价值，必须标明数额和时间。现金流量图不仅能表明每一笔资金的数量大小，还能表明该资金发生的时间，这在技术经济分析中是不可缺少的。

现金流量图的绘制方法如下。

(1) 以横轴为时间坐标，横轴向右延伸表示项目的时间延续，轴线可分成若干间隔，每一个间隔代表一个时间单位，时间单位可为年、季度、月、周、日等，建设项目一般以年为时间单位。

(2) 横轴上的点称为时点，时点通常表示的是该年的年末，也是下一年的年初。零时点即为第 1 年开始之时点。

(3) 横轴上方的垂直向量代表现金流入量，箭头向上；横轴下方的垂直向量代表现金流出量，箭头向下。垂直线的长短反映出现金流入流出数量的大小。

(4) 为简化和便于比较，通常规定在利息周期发生的现金流量均发生在该周期期末，如销售收入、经营成本、利润、税金、贷款利息等经常性收支项目发生在各时期的期末。回收固定资产净残值与回收流动资金则在项目经济寿命周期末发生。

图 4-5 反映了某化工项目的现金流量状况。从图中可以得知，该项目建设周期为 1 年，生产期为 9 年，第 1 年初固定资产投资是 3000 万元，第 2 年初开始投产，投入流动资金 1000 万元。投产后，年收入 1200 万元。

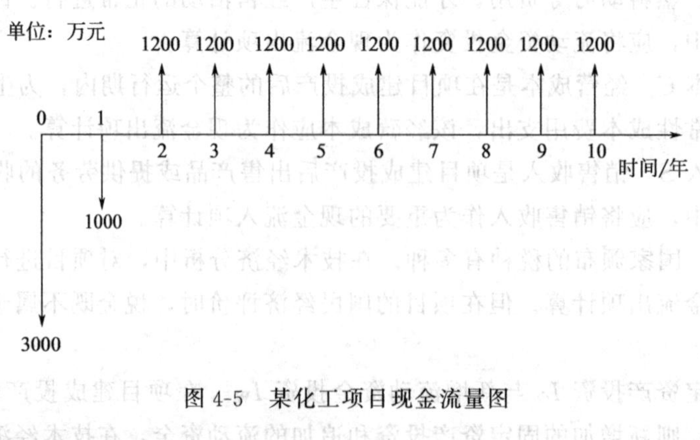

图 4-5 某化工项目现金流量图

四、资金的等效值及其计算

1. 资金等效值的概念

由资金的时间价值可知，一笔资金投入社会流通或再生产，随着时间的推移，在不同时间，其绝对值是变化的。假设有人今年存入银行 1000 元，在年利率为 7%时，3 年后可得本利和为：

$$1000\times(1+0.07)^3=1225.04\ (元)$$

5 年后，本利和为：

$$1000\times(1+0.07)^5=1402.55\ (元)$$

尽管资金的绝对数额不等，但在年利率为 7%的条件下，5 年后的 1402.55 元或 3 年后的 1225.04 元的实际经济价值与今年的 1000 元却相同。这表明不同数额的资金，折算到某一相同时点所具有的实际经济价值是相等的，这就是资金的等效值或等值的基本概念。

资金的等效值考虑了资金的时间价值，在同一系列中，不同时间点发生的有关资金，虽然它们的数额不等，但其价值可能相同。决定资金等效值有三个因素：资金的数额、资金发生的时间、利率。其中，利率是一个关键的因素，资金的等效值是以同一利率为依据的。

资金的等效值在技术经济评价中具有非常重要的作用。根据资金等效值的概念，可将不同时间点的现金流量分别换算成某一时间点的现金流量，并保持其价值相等。把不同时间发生的资金支出和收入换算到同一时间，便于对不同技术方案的经济情况进行比较和分析。

在资金的等效值计算中，把将来某一时间点的现金流量换算成现在时间点的等效值现金流量，称为“折现”或“贴现”。一般把将来时间点的等效值现金流量经折现后的现金流量叫做“现值”，而把将来时间点与现值具有同等价值的现金流量称为“终值”。

资金的等效值计算是以复利计算公式为基础，并经常使用现金流量图作为重要的辅助计算工具。等效值计算中的基准点一般选取计算期的起点，即最初存款、借款或投资的时间。资金等效值的计算，根据现金流量的状况是计算现值还是终值，可分为几种类型，包括一次支付类型等效值的计算、等额分付类型等效值的计算、等差序列现值计算等。

2. 一次支付类型等效值的计算

一次支付又称为整付，是指流入或流出现金流量均在一个时点处一次发生，其典型的现金流量图如图 4-6 所示。在所考虑的资金时间价值的条件下，若流入项目系统的现金流量正好能补偿流出的现金流量。则 F 与 P 就是等值的。一次支付 F 的等效值计算公式有两个，即一次支付终值公式和一次支付现值公式。

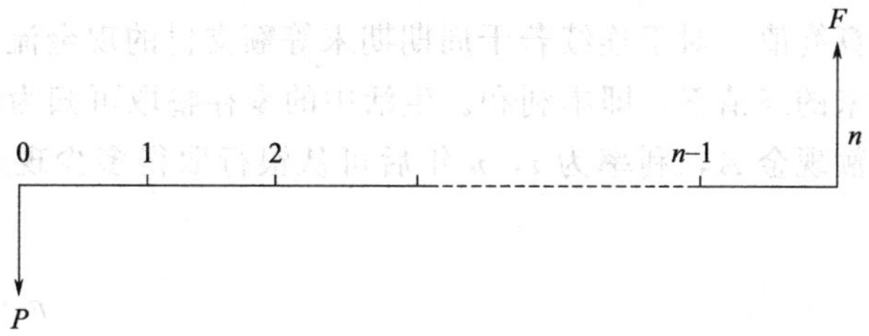

图 4-6　一次支付现金流量图

（1）一次支付终值公式　一次支付终值公式就是前面求本利和的复利计算公式，亦称为一次支付复利公式。是等效值计算的基本公式，其他计算公式可由此为基础导出。

一次支付终值公式为：

$$F=P(1+i)^n \tag{4-16}$$

式中　F——资金的终值；

P——资金的现值；

i——利率；

n——计息周期。

上式在形式上与式(4-9）相同，但 F、P 是等效值概念上的终值和现值。i 可以是银行利率，更一般地说它是用于资金等效值计算的折现率，可取为银行利率，也可取为投资利润率，或者取为社会平均利润率。

例4-2 某化工企业计划开发一项新产品，拟向银行借贷款 100 万元，若年利率为 6%，借期为 3 年。问 3 年后，应一次性归还银行的本利和是多少？

解 3 年后归还的本利应和现在所借的 100 万元等值。

$$F=P(1+i)^n=100\times(1+0.06)^3=119.10\ (万元)$$

即 3 年后应一次性归还银行 119.10 万元。

（2）一次支付现值公式 该公式实际上是一次支付终值公式的逆运算，表示如果欲在未来的第 n 期期末一次收入 F 数额的现金流量，在利率为 i 的复利计算条件下，求出现在应一次投入或支付的本金 P 是多少。其计算公式为：

$$P=F(1+i)^{-n}=\frac{F}{(1+i)^n} \tag{4-17}$$

式中，$\frac{1}{(1+i)^n}$称为一次支付现值系数，或称为折现（贴现）系数。

例4-3 某化工企业拟在 3 年后购置一套新生产设备，估计费用为 100 万元。设银行存款利率为 10%，现在应存入银行多少元？

解 根据计算公式 $P=F(1+i)^{-n}$，可得到：

$$P=F(1+i)^{-n}=100\times(1+0.1)^{-3}=75.13\ (万元)$$

即现在应存入银行 75.13 万元。

3. 等额分付类型等效值的计算

等额分付是多次支付形式中的一种。多次支付是指现金流入和流出在各个时点上发生，而不是仅在一个时点上。各时点上现金流量的大小可以不相等，也可以相等。当现金流量序列是连续的，并且现金流量大小相等，则为等额系列现金流量。下面介绍等额系列现金流量的四个等效值计算公式。

（1）等额分付计算终值 对于连续若干周期期末等额支付的现金流量 A，按利率复利计算，求其第 n 周期期末的终值 F，即本利和。生活中的零存整取可归为此类计算。例如，若每年都往银行存入等额现金 A，利率为 i，n 年后可从银行取得多少现金？这一问题的现金流量图如图 4-7 所示。

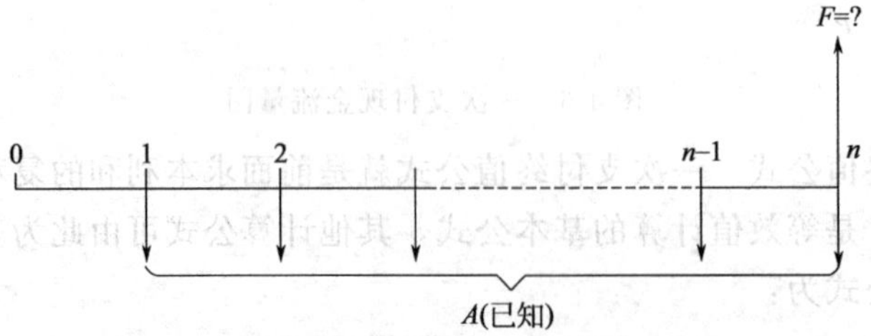

图 4-7 等额分付终值计算现金流量图

在 n 期期末一次收回的总终值 F，应等于每期期末的等额支付值 A 在 n 期期末的终值和，利用一次支付终值公式可得：

$$F=A(1+i)^0+A(1+i)^1+A(1+i)^2+\cdots+A(1+i)^{n-1}$$
$$=A[1+(1+i)+(1+i)^2+\cdots+(1+i)^{n-1}] \quad (4\text{-}18)$$

上式中 $[1+(1+i)+(1+i)^2+\cdots+(1+i)^{n-1}]$ 是一公比为 $(1+i)$ 的等比级数。根据等比级数的求和公式，可求出此等比级数的和为 $\frac{(1+i)^n-1}{i}$。

等额分付终值公式：

$$F=A\left[\frac{(1+i)^n-1}{i}\right] \quad (4\text{-}18a)$$

式中，A 是连续的每期期末等额支付值，或称为等额年值。

例4-4 某项目的建设期为 5 年。建设期间，每年末向银行借贷 100 万元，年利率为 10%，银行要求在第 5 年末一次性偿还全部借款和利息。请计算第 5 年末一次性偿还的资金总额。

解 $$F=100\left[\frac{(1+0.1)^5-1}{0.1}\right]=610.51\text{（万元）}$$

即第 5 年末一次性偿还的总金额为 610.51 万元。

(2) 等额资金分付计算年值　这种情况与上述等额分付计算终值过程相反，即按计划在第 n 年末需要资金 F，采用每年等额筹集的方式，在利率为 i 时，每年要存入多少资金 A？解决这样问题的计算公式为：

$$A=\frac{F}{(1+i)^n-1} \quad (4\text{-}19)$$

图 4-8 为等额分付资金计算年值现金流量图。

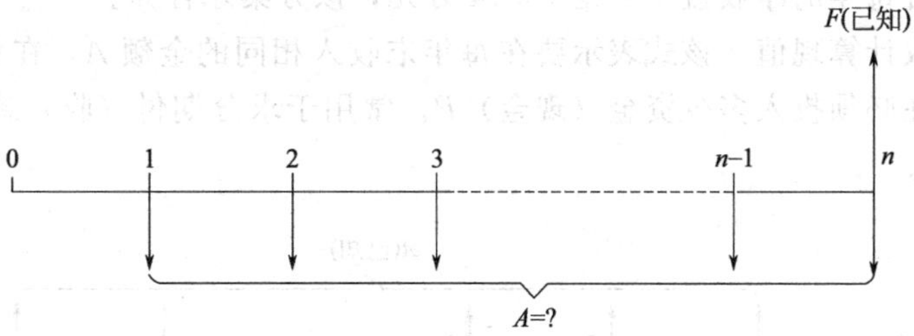

图 4-8　等额分付资金计算年值现金流量图

例4-5 某企业计划 4 年后进行技术改造，估计需要资金 500 万元。拟用每年向银行存入等额专项资金筹集这笔钱款。若银行存款利率为 7%，问每年末至少应存入多少资金？

解 $A=F\left[\frac{i}{(1+i)^n-1}\right]=500\left[\frac{0.07}{(1+0.07)^4-1}\right]=112.61$（万元）

即每年末应向银行存入 112.61 万元。

例4-6 某企业计划 5 年末应向银行偿还 1000 万元，拟采用每年向银行存入等额资金的方式偿还债务，若银行存款利率为 7%，问每年末至少应存入多少资金？

解 $A=F\left[\frac{i}{(1+i)^n-1}\right]=1000\left[\frac{0.07}{(1+0.07)^5-1}\right]=173.89$（万元）

即每年末应向银行存入 173.89 万元。

(3) 计算等额资金回收年值　该公式用于现在投入现金流量现值 P，在利率为 i，复利计算的条件下，在 n 期内与其等值的连续的等额支付序列值 A 的计算，其现金流量图如图 4-9 所示。

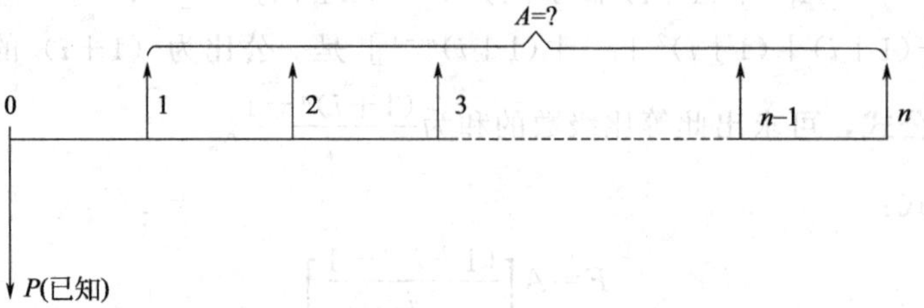

图 4-9 等额资金回收年值计算现金流量图

等额分付资金回收公式，可将一次支付终值公式代入等额分付偿债基金公式导出。

因 $$F=P(1+i)^n,\ A=F\left[\frac{i}{(1+i)^n-1}\right]$$

故 $$A=P(1+i)^n\cdot\left[\frac{i}{(1+i)^n-1}\right]=P\left[\frac{i(1+i)^n}{(1+i)^n-1}\right]$$

上式常用于现在投入一笔资金，在今后若干年的每年年末等额回收，求每笔回收资金 A 的数额。

例4-7 某企业拟建一套小型化工生产装置，需投资 300 万元，希望在 5 年内回收这笔投资费用。若利率为 8%，问该生产装置每年的净收益至少是多少，该方案才合算？

解 已知 $P=300$ 万元，$i=8\%$，$n=5$。

$$A=P\left[\frac{i(1+i)^n}{(1+i)^n-1}\right]=300\times\left[\frac{0.08\times(1+0.08)^5}{(1+0.08)^5-1}\right]=75.14\ (\text{万元})$$

即该生产装置每年的净收益至少是 75.14 万元，该方案才合算。

(4) 等额回收计算现值 该式表示要在每年末收入相同的金额 A，在利率为 i、复利计息的条件下，现在必须投入多少资金（现金）P。常用于求分期付（收）款的现值，其流量图如图 4-10 所示。

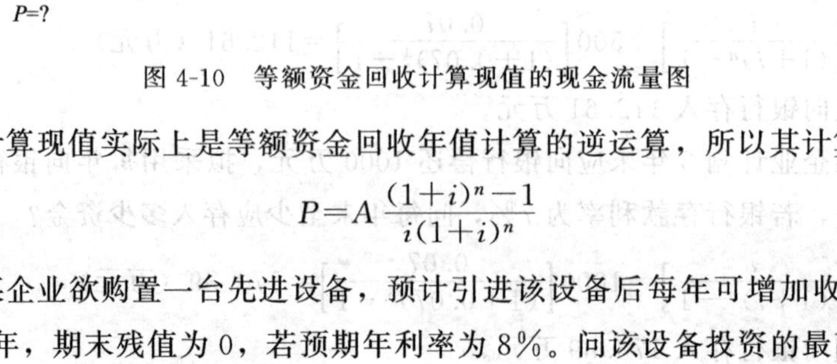

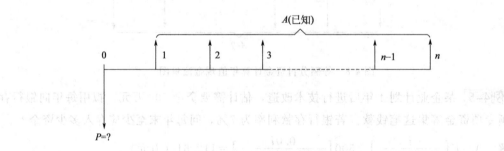

图 4-10 等额资金回收计算现值的现金流量图

等额回收计算现值实际上是等额资金回收年值计算的逆运算，所以其计算公式为：

$$P=A\frac{(1+i)^n-1}{i(1+i)^n} \tag{4-20}$$

例4-8 某企业欲购置一台先进设备，预计引进该设备后每年可增加收益 15 万元，该设备可使用 10 年，期末残值为 0，若预期年利率为 8%。问该设备投资的最高限额是多少？

解 已知 $A=15$ 万元、$i=8\%$，得：

$$P=A\frac{(1+i)^n-1}{i(1+i)^n}=15\frac{(1+0.08)^{10}-1}{0.08(1+0.08)^{10}}=100.65(\text{万元})$$

设备投资最高限额为100.65万元。

五、化工项目的技术经济评价

对于工程或项目的新建、改建和扩建，以及大型设备的改造和更新，必须对工程项目进行全面的技术经济评价。例如，资金投入是否合理？是否能按期获得效益？在经济效益评价中，有单方案经济评价和多方案经济评价。所谓单方案是指为达到某个既定目标，仅考虑用一种技术方案，对其经济效益的评价即是单方案经济评价。实际上，为了满足某个需要或既定目标，可以采用几种不同的技术方案，这些方案彼此可以互相代替以达到同一目的。此时，既要研究各方案自身的经济效益，又要比较各方案之间的相对经济效益，从而选出最优方案，这就是多方案经济评价。

技术方案经济效益计算和评价的方法有多种形式。根据是否考虑资金运用的时间因素，可将这些方法分为两大类，即静态评价方法和动态评价方法，它们在技术经济分析中各有其特点。下面将介绍其分析和评价的基本方法。

(一) 静态评价方法

在评价项目经济效益的指标中，一类不考虑资金时间价值的指标，叫做静态评价指标。利用这类指标对技术方案进行评价，称为静态评价方法。静态评价比较简单、直观、运用方便，但不够准确。静态评价主要用于项目可行性研究初始阶段的粗略分析和评价，以及技术方案的初选阶段。

1. 静态投资回收期法

投资回收期，也称为投资偿还期或投资返本期，是指技术方案实施后的净收益或净利润抵偿全部投资额所需的时间，一般以年表示。不考虑资金时间价值因素的投资回收期，称为静态投资回收期。

投资回收期是反映技术方案清偿能力的重要指标，希望投资回收期越短越好，其一般计算公式为：

$$\sum_{t=0}^{P_t}(CI-CO)_t=0 \tag{4-21}$$

式中　P_t——以年表示的静态投资回收期；

CI——现金流入量；

CO——现金流出量；

t——计算期的年份数。

如果投产后每年的净收益 $(CI-CO)_t$ 相等，即

$$(CI-CO)_1=(CI-CO)_2=\cdots=(CI-CO)_t=Y$$

或者用年平均净收益计算，则静态投资回收期的计算可简化为：

$$P_t=\frac{I}{Y} \tag{4-22}$$

式中　I——总投资；

Y——年平均净收益。

投资回收期的起点，一般从建设开始年份算起，也可以从投产年或达产年算起，但应予

注明。

对所求得的技术方案的投资回收期 P_t 应与部门或行业的标准投资回收期 P_s 进行比较。当 $P_t < P_s$ 时，认为技术方案在经济上是可行的；当 $P_t > P_s$ 时，认为技术方案在经济上不可取。

例4-9 对某建设项目的计算结果显示，该项目第一年建成，投资 100 万元。第二年投产并获净收益 20 万元，第三年的净收益为 30 万元，此后连续五年均为每年 50 万元。试求该项目的静态投资回收期 P_t。

解 将已知条件代入静态投资回收期计算式得：

$$\sum_{t=0}^{P_t}(CI-CO)_t=-100+20+30+50=0$$

即该项目的静态投资回收期从建设开始年算起为 4 年，若从投产年算起为 3 年。

静态投资回收期 P_t 也可用财务现金流量表中累计净现金流量计算：

$$(P_t)=\text{累计净现金流量开始出现正值年份数}-1+\frac{\text{上年累计净现金流量绝对值}}{\text{当年净现金流量}} \tag{4-23}$$

静态投资回收期法的主要优点：经济含义直观、明确，计算方法简单易行；投资回收期明确地反映了资金回收的速度，是项目评价的重要指标。但静态投资回收期法没有考虑资金的时间价值，不符合资金运作的实际情况，特别是银行贷款利率较高或资金额较高时，计算结果往往偏差很大，同时该方法没有反映投资回收后项目的收益和费用。因此，静态投资回收期没有全面地反映项目的经济效益，难以对不同方案进行正确的评价和选择。

2. 静态投资效果系数法

投资效果系数，又称投资收益率，是指项目方案投产后取得的年净收益与项目总投资额的比率。投资效果系数体现了项目投产后，单位投资所创造的净收益额，是考察项目投资盈利水平的重要指标。

在不考虑资金时间价值的条件下，得出的投资效果系数，称为静态投资效果系数。依据静态投资效果系数对项目进行评价，称为静态投资效果系数法。

静态投资效果系数 E 可按下式计算

$$E=\frac{Y}{I} \tag{4-24}$$

式中 Y——项目年平均净收益；

I——项目总投资额。

根据比较的基准或分析的目的不同。Y 也可以是年平均利润总额，或者年平均利税总额等。

用静态投资效果系数对项目进行评价时，应将计算出的项目静态投资效果系数 E，与部门或行业的标准投资效果系数 E_s 相比较。若 $E \geqslant E_s$，则表明在经济上该项目方案可以接受；反之，则在经济上不可取。投资回收期 P_t 与投资效果系数 E 有直接的联系；由式(4-22) 和式(4-24) 可得

$$E=\frac{I}{P_t} \quad \text{或} \quad E_s=\frac{I}{P_s} \tag{4-25}$$

静态投资效果系数法的优点：经济含义明确、计算方法简单、使用方便；明确地体现了项目的获利能力。由于没有考虑资金的时间价值因素，使得静态投资效果系数法评价结论的

可靠性、准确性可能受到较大影响；只反映了项目投资的获利能力，但投资所承担的风险性完全没有体现。

(二) 动态评价方法

动态评价是指对项目方案的效益和费用的计算时考虑了资金的时间价值因素，用复利计算的方式，将不同时点的支出和收益折算为相同时点的价值，从而完全满足时间可比性的原则，能够科学、合理地对不同项目方案进行比较和评价。

根据评价指标不同，技术经济分析中的动态评价方法主要包括动态投资回收期法、净现值法、净年值法、内部收益率法。

1. 动态投资回收期法

在采用投资回收期对项目进行评价时，为了克服静态投资回收期法未考虑资金时间价值的缺点，应采用动态投资回收期法。动态投资回收期，是指在考虑资金时间价值条件下，按一定利率复利计算，收回项目总投资所需的时间，通常以年表示。

该方法是以现值法计算各时期资金流入与流出的净现值，由此计算出当其累计值正好补偿全部投资额时所经历的时间。这也是动态投资回收期计算

$$\sum_{t=0}^{P'_t}(CI-CO)_t(1+i)^{-t}=0 \tag{4-26a}$$

或

$$\sum_{t=0}^{P'_t}Y_t(1+i)^{-t}=0 \tag{4-26b}$$

式中 P'_t——动态投资回收期；

Y_t——每年的净收益或净现金流量；

i——贷款利率或基准收益率。

动态投资回收期也可直接从财务现金流量表中计算净现金流量现值累计值求出。其计算式为：

$$P'_t=\text{净现金流量现值累计值开始出现正值的年份数}-1+\frac{\text{上年净现金流量现值累计值的绝对值}}{\text{当年净现值流量现值}} \tag{4-27}$$

将计算出的项目动态投资回收期 P'_t 与标准投资回收期 P_s 或行业平均投资回收期比较。当 $P'_t \leqslant P_s$ 时，表示项目在经济上可接受；反之，一般认为该项目不可取。

例4-10 某企业现在投资 1990 万元，预测在使用期前 5 年内收回成本，每年产品销售收入 1000 万元，年经营成本 500 万元，若贷款利率为 0.1，问此方案是否可行？

解 根据已知条件，采用列表法计算，由表 4-1 可知，动态投资回收期应在 5～6 年之间，得到：

$$P_t=6-1+\frac{94.61}{282.24}=5.33$$

该项目的动态投资回收期为 5.33 年，超过了预期年限，所以该项目在经济上不可接受。

表 4-1　动态投资回收期计算表　　单位：万元

年份	净现金流量	净现金流量现值	净现金流量现值累计值
0	−1990	−1990.00	−1990.00
1	500	454.55	−1535.45
2	500	413.22	−1122.23

续表

年份	净现金流量	净现金流量现值	净现金流量现值累计值
3	500	375.66	−746.57
4	500	341.51	−405.07
5	500	310.46	−94.61
6	500	282.24	187.63
7	500	256.58	444.21
8	500	233.25	677.46

动态投资回收期法考虑了资金的时间价值，所反映的项目风险性和盈利能力更加真实、可靠。但此方法没有反映投资收回以后项目的收益、项目使用年限和项目的期末残值等，不能全面地反映项目的经济效益。

2. 净现值法和净现值比率法

(1) 净现值法　净现值法是动态评价方法中最重要的方法之一。它不仅考虑了资金的时间价值，也考虑了项目在整个寿命周期内收回投资后的经济效益状况，弥补了投资回收期法的缺陷。

净现值是指技术方案在整个寿命周期内，对每年发生的净现金流量，用一个规定的基准折现率 i_0，折算为基准时刻的现值，其总和称为该方案的净现值（NPV）。

$$NPV = \sum_{t=0}^{n}(CI - CO)_t(1 + i_0)^{-t} = \sum_{t=0}^{n}CF_t(1 + i_0)^{-t} \tag{4-28}$$

如果每年的净现金流量相等，投资方案只有初始投资 I，则净现值可用等额分付现值公式导出为：

$$NPV=CF\frac{(1+i_0)^n-1}{i_0(1+i_0)^n}-I \tag{4-29}$$

式中　NPV——净现值；

i_0——基准折现率；

CI——现金流入；

CO——现金流出；

CF——净现金流量；

n——项目方案的寿命周期。

其中，$(CI-CO)_t=CF_t$ 称为第 t 年的净现金流量；$(1+i_0)^{-t}$ 称为第 t 年的折现因子，$CF_t(1+i_0)^{-t}$ 叫做第 t 年的净现金流量现值。

净现值充分考虑了资金的时间价值，将方案计算期内的每年的净现金流量集中在期初的同一时间节点上，能直观、明确地反映方案在整个寿命周期内获利能力。净现值判别方案的优劣的准则是：

① 净现值>0 时，方案的投资不仅能获得基准收益率所预定的经济效益，而且还能获得超过基准收益率的现值收益，说明该方案在经济上是可取的。净现值越大，表明获利能力越强。

② 净现值=0 时，技术方案的经济收益刚好达到基准收益水平，说明在经济上是合理的，一般可取。

③ 净现值<0 时，方案的经济效益没有达到基准收益水平，说明方案一般不可取。

将净现值指标用于单方案评价时，如果 $NPV \geqslant 0$，方案通常可取；而用于多方案评价时，当各方案投资额的现值相等时，净现值最大的方案最优。因此，也可按净现值的大小对项目排队，优先考虑净现值大的项目。

净现值的折算一般以投资开始为基准，计算步骤如下：

① 列表或作图标明整个寿命周期内逐年现金的流入和现金的流出，算出逐年的净现金流量；

② 将各年的净现金流量乘以对应年份的折现因子，得出逐年的净现金流量的现值；

③ 将各年的净现金流量现值求和，即得该项目的净现值。

例4-11 某项目各年净现金流量如表 4-2 所示，试用净现值评价项目的经济性（设年利率 $i=8\%$）。

表 4-2 某项目的现金流量

项目 \ 年份	0	1	2	3	4～10
投资	40	700	150		
收入				670	1050
其他支出				450	670
净现金流量	−40	−700	−150	220	380

解 根据已知条件，分别计算各年的净现金流量并累加得到：

$$NPV=\sum_{t=0}^{n}(CI-CO)_t(1+i_0)^{-t}=\sum_{t=0}^{n}CF\cdot(1+i_0)^{-t}$$

$$\begin{aligned}NPV&=-40+(-648.15)+(-128.60)+174.64+279.31+258.62+239.46\\&\quad+221.73+205.31+190.09+176.01\\&=928.43\ (\text{万元})\end{aligned}$$

$NPV>0$，说明此项目在经济上可行。

(2) 净现值比率法　用净现值评价投资项时，没有考虑其投资额的大小，因而不能直接反映资金的使用效率。为此，引入净现值比率作为净现值的辅助指标。

净现值比率，又称净现值率或净现值指数，它是指净现值与投资额的现值之比值。其计算公式：

$$NPVR=\frac{NPV}{I_p}=\frac{NPV}{\sum\limits_{n=0}^{n}I_t\cdot\frac{1}{(1+i_0)^t}} \tag{4-30}$$

式中　$NPVR$——项目方案的净现值比率；

I_p——项目方案的总投资现值；

I_t——项目方案第 t 年的投资。

净现值比率反映了方案的相对经济效益，即反映了资金的使用效率，它表示单位投资现值所产生的净现值，也就是单位投资现值所获得的超额净效益。

用净现值比率评价方案时，当 $NPVR \geqslant 0$ 时，表示方案可行；当 $NPVR<0$，方案一般不可行。用净现值比率进行方案比较时，以净现值较大的方案为优。

例4-12 设有 A、B 两种方案，它们的各自初始投资额和各年净收益如表 4-3 所示，如果折现率 $i_0=0.1$，试分别用净现值和净现值比率比较方案的优劣。

表 4-3 方案 A、B 的初始投资额和年净收益 单位：万元

方案	初始投资	年净收益					
		第 1 年	第 2 年	第 3 年	第 4 年	第 5 年	第 6 年
A	1000	250	250	250	250	250	250
B	500	130	130	130	130	130	130

解 用净现值

$$NPV(\mathrm{A})=250\times\frac{(1+0.1)^6-1}{0.1\times(1+0.1)^6}-1000=250\times4.3553-1000=88.82\text{（万元）}$$

$$NPV(\mathrm{B})=66.18\text{（万元）}$$

因为 $NPV(\mathrm{A})>NPV(\mathrm{B})$，故从净现值大小看，方案 A 较优。

用净现值比率

$$NPVR(\mathrm{A})=\frac{NPV(\mathrm{A})}{I_p(\mathrm{A})}=\frac{88.82}{1000}=0.08882$$

$$NPVR(\mathrm{B})=\frac{NPV(\mathrm{B})}{I_p(\mathrm{B})}=\frac{66.18}{500}=0.1324$$

因 $NPV(\mathrm{B})>NPV(\mathrm{A})$，故方案 B 较优。

根据计算结果，虽然方案 A 的净现值较大，但方案 A 的投资是方案 B 的两倍，而其年净收益现值却不到方案 B 的两倍。另外，方案 B 中每万元能获得 0.1324 万元的额外经济收益（现值），而方案 A 中每万元只能获取 0.08882 万元的额外经济收益。因此，方案 B 优于方案 A。

因此，在用净现值评价方案时，还应同时计算净现值比率作为辅助评价指标。尤其是两方案的投资额相差较大时，净现值比率指标在优选方案时更显重要。

3. 净年值法

净年值法是将项目方案在寿命周期内不同时间点发生的所有现金流量，均按设定的折现率换算为与其等值的等额分付年金。由于都换算为一年内的现金流量，而且各年现金流量相等，满足时间可比性，可对方案进行评价、比较和选优。

净年值（NAV）是指将方案寿命期内逐年的现金流量换算成均匀的年金系列就是换算成等额净年金。净年值的计算公式为：

$$NAV=\left[\sum_{t=0}^{n}CF_t(1+i_0)^{-t}\right]\left[\frac{i_0(1+i_0)^n}{(1+i_0)^n-1}\right] \tag{4-31}$$

项目方案的净年值 $NAV\geqslant0$，表明方案可行；当 $NAV<0$ 则方案一般不可按受。在比较多方案时，因为净年值的大小体现了方案在寿命周期内每年除了能获得设定收益率的收益外，所获得的等额超额收益。所以，净年值法对于寿命不相等的各个方案进行比较和选择，是最便捷的方法。

例4-13 某化工企业拟建一套生产装置，现提出两种方案，有关的经济情况列于表4-4。如果选样 $i_0=10\%$，试比较和选择两方案。

表 4-4 方案 A、B 的经济情况

方案	初始投资/万元	年收益/万元	寿命期/年
A	700	180	12
B	500	120	15

解 用净年值指标选择方案，得到：

$$NAV(A)=180-700\times\frac{0.1\times(1+0.1)^{12}}{(1+0.1)^{12}-1}=74.11\ (万元)$$

$$NAV\ (B)\ =120-500\times\frac{0.1\times\ (1+0.1)^{15}}{(1+0.1)^{15}-1}=54.26\ (万元)$$

$NAV(A)>NAV(B)$，故方案 A 优于方案 B。

采用净年值法，可在对寿命期不同的多方案进行比较，避免了净现值法的不足。

4. 内部收益率法

对于任何一项技术方案在寿命周期内，其净现值通常是随着折现率的增大而减小。当折现率增大到某一特定的数值 $i_0=IRR$ 时，净现值 $NPV=0$。这种使技术方案净现值为零时的折现率 IRR，称为该技术方案的内部收益率。在技术经济评价方法中，除净现值法以外，内部收益率法是另一种最为重要的动态评价方法，其计算表达式如下。

$$\sum_{t=0}^{n}CF_t\cdot(1+IRR)^{-t}=0 \tag{4-32}$$

将计算得到的内部收益率 IRR 与项目的基准收益率 i_0 相比较。当 $IRR\geqslant i_0$ 时，则表示项目方案的收益率已超过或者达到基本的或通常的水平；若 $IRR<i_0$，表明项目方案的收益率未达到设定的收益水平，不应接受。

内部收益率反映技术方案在该收益率的条件下，整个寿命周期内的净收益刚够补偿全部投资的本息，因而，内部收益率表示技术方案可能承受的最高贷款利率。当 IRR 等于或大于基准收益率 i_0 时，说明该方案的净收益达到或超过最低的要求。因此，内部收益率也可以理解为投资项目对占用资金的一种回收能力，其值越高，经济效益越好。

内部收益率计算实际上是解高次方程，运算十分复杂，不易求得结果，通常采用试差法求 IRR 值。一般的计算程序是：先假设内部收益率 IRR 的一个初值为 i_0，并把 i_0 代入式(4-32)，当净现值即式(4-32) 的左边为正时，增大 i_0 值；如果净现值为负，则减少 i_0 值。直到净现值等于零，此时的折现率即为所求的内部收益率 IRR。

常采用的试差法有手算试差法和计算机迭代法两类。手算试差法的方法为：先给定一初值 i_0 试算，直到两个相连折现率 i_1 和 i_2 之差不超过 2%～5%，且 i_1 和 i_2 所对应的净现值 NPV_1 和 NPV_2 分别为正和负，可以用以下公式计算 IRR。

$$\frac{IRR-i_1}{i_2-i_1}=\frac{|NPV_1|}{|NPV_1|+|NPV_2|} \tag{4-33}$$

即

$$IRR=i_1+\frac{|NPV_1|}{|NPV_1|+|NPV_2|}(i_2-i_1) \tag{4-34}$$

参 考 文 献

[1] 陈胜利．化工企业管理与安全．北京：化学工业出版社，1999.

[2] 韩文光．化工装置实用操作技术指南．北京：化学工业出版社，2001.

[3] 贺亚娟．化工生产管理．上海：上海交通大学出版社，1988.

[4] 赵志军．化工企业管理与技术经济．北京：化学工业出版社，2003.

[5] 匡跃平．现代化工企业管理．北京：中国石化工业出版社，2003.

[6] 沈泽济，董明柏主编．化工企业技术管理．北京：化学工业出版社，1989.

[7] 宋航，付超．化工技术经济．北京：化学工业出版社，2003.

[8] 韩玉墀，王慧伦．化工工人技术培训读本．北京：化学工业出版社，2004.
[9] 刘史煌．化工企业管理、安全和环境保护．北京：化学工业出版社，1986.
[10] 孙丽萍．技术经济分析．北京：科学出版社，2005.
[11] 苏健民．化工技术经济．北京：化学工业出版社，1999.
[12] 化学工业部人事教育司．化工生产管理知识．北京：化学工业出版社，1997.
[13] 尹洪福．化工生产设备管理．北京：化学工业出版社，1997.
[14] 方真，林彦新，邢凯旋．化工企业管理．北京：中国石化工业出版社，2007.

第五章 化工生产装置的开车与运行

第一节 装置的技术文件知识

化工装置生产技术文件，按照 ISO 9000 系列的要求，应该分为工艺规程、安全规程、操作规程。各个技术文件的大致目录如下。

一、工艺规程

(1) 装置简介（即前言，包括装置于何时建设、采用何种技术、装置主要任务）；
(2) 产品说明；
(3) 原材料技术规格；
(4) 生产原理；
(5) 工艺流程说明；
(6) 工艺控制条件一览表；
(7) 生产控制分析一览表；
(8) 开停车程序；
(9) 生产中常见的不正常现象及处理办法；
(10) 联锁动作应答表；
(11) 原材料消耗一览表；
(12)"三废"处理一览表；
(13) 主要设备一览表；
(14) 工艺技术改造说明；
(15) 附件：工艺流程图（最好是 PFD 图）。

二、安全规程

(1) 前言；
(2) 采用规范；
(3) 术语及定义；
(4) 生产原理及流程简述；
(5) 主要危险物污染物的物化性质；
(6) 紧急事故预案（含地震、雷击、停电、失火、爆炸等）。

不同的企业在国家规范的要求下还有其他规定，比如中石化就有自己的安全规程编写规范。

三、操作规程

（1）前言；

（2）岗位任务及管辖范围；

（3）开车前必须具备的条件；

（4）开车前的准备工作；

（5）开车（要分类写：正常情况下的开车、紧急停车后的开车等，根据装置的情况不同，内容也有相应的变化）；

（6）停车（含临时停车、正常停车、紧急停车等）；

（7）正常运行中的检查和维护；

（8）主要（关键）工艺参数；

（9）岗位操作要点（转动设备、特殊设备等）；

（10）常见故障及处理；

（11）岗位操作安全要点；

（12）附件：工艺流程图。

第二节 装置的工艺、生产控制技术知识

一、化工生产过程的操作控制

化工生产装置的工艺过程参数的控制和质量指标控制及相关管理中最为重要的是反应工艺过程的控制。

反应器的主要工艺参数包括反应压力、反应温度、反应物进口组成和空速。这些参数的确定和优化组合，通常需经过系统的工艺试验探索出来，或利用反应动力学模型作多种方案计算，再在工艺试验中加以检验。

一个产品生产的工艺流程中，都要明确规定主要控制点及主要工艺参数的控制范围。其中主要工艺控制点包括：

① 温度、压力、压差、流量、液面等；

② 所用测量仪表的型号、精度，一次仪表在现场的工艺位置，二次仪表在仪表盘上的位置；

③ 测量指示、测量记录、自动控制、控制阀的位置、仪表自控、自调装置的位置及操作。

化工生产操作人员根据生产工艺操作规程所规定的控制点以及温度、压力、流量和液位等工艺参数的操作控制来实现合格产品的生产。操作人员的操作控制一般分为三个方面：

① 检测、观察仪表所显示的工艺参数；

② 把观察到的工艺参数值与工艺操作规程所规定的范围进行对比，并进行判断是否需

要更换操作条件；

③ 根据对比判断结果，进行实际操作，如通过加热或冷却、开大或关小阀门、提高或降低液位等来实现对工艺过程的控制。

巡视与观测是化工生产控制过程中必不可少的环节。巡视与观测可以看成是对工艺过程控制系统是否正确运行的校验或验证。在化工生产中，特别是连续化生产中，由于大量仪表和自控装置的运用，使操作人员远离生产现场的设备，但是在实际的操作控制过程中，除了操作人员因主观因素引起操作失误而影响生产的正常运行外，还会因一些客观的因素如仪表失灵、渗漏、阀门堵塞、大风损坏设备和冬季冻坏管路设备等影响正常的生产，甚至引发事故。因此，在严格操作控制条件的同时，必须严格执行巡回检查和观测的制度，不仅要明确规定巡回检查的间隔时间，而且要规定巡回检查的路线和观测点，以便及时发现问题，预防质量事故及安全事故的发生。

化工生产操作控制中监测也是发挥工艺过程控制中的校验功能，监测内容包括工艺参数和取样分析测试。操作控制、巡回检查和监测的情况，要详细地做好原始记录。原始操作记录是技术管理的重要依据，是总结经验、改进工艺的依据，也是查清质量问题、安全事故的依据，所以原始记录应该是操作控制中很重要的组成部分。

二、化工生产中开、停车的一般要求

化工生产中，开、停车的生产操作是衡量操作工人水平高低的一个重要标准。随着化工先进生产技术的迅速发展，机械化、自动化水平不断提高，对开、停车的技术要求也越来越高。开、停车进行的好坏，准备工作和处理情况如何，对生产的进行都有直接影响。化工生产中的开、停车包括基建完工后的第一次开车，正常生产中的开、停车，特殊情况（事故）下突然停车，大修、中修后的开车等。

(一) 基建完工后的第一次开车

基建完工后的第一次开车，一般按四个阶段进行：开车前的准备工作、单机试车、联动试车和化工试车。

1. 开车前的准备工作

(1) 施工工程安装完毕后的验收工作；

(2) 开车所需原料、辅助原料、公用工程（水、电、汽等），以及生产所需物资的准备工作；

(3) 技术文件、设备图纸及使用说明书和各专业的施工图，岗位操作法和试车文件的准备；

(4) 车间组织的健全、人员配备及考核工作；

(5) 核对配管、机械设备、仪表电气、安全设施及盲板和过滤网的最终检查工作。

2. 单机试车

单机试车的目的是为了确认转动和传动设备是否合格好用，相关设备是否符合有关技术规范，如空气压缩机、制冷用氨压缩机、离心式水泵和带搅拌设备等。

单机试车是在不带物料和无载荷情况下进行的。首先要断开联轴器，单独开动电动机，运转 48h，观察电动机是否发热、振动，有无噪声，转动方向是否正确等。当电动机试验合格后，再和设备连接在一起进行试验，一般也运转 48h（此项试验应以设备使用说明书或设计要求为依据）。在运转过程中，经过细心观察和仪表检测，均达到设计要求时（如温度、压力和转速等）即为合格。如在试车中发现问题，应会同施工单位有关人员及时检修，修好后重新试车，直到合格为止，试车时间不准累计。

3. 联动试车

联动试车是用水、空气或和生产物料相类似的其他介质，代替生产物料所进行的一种模拟生产状态的试车。目的是为了检验生产装置连续通过物料的性能（当不能用水试车时，可改用介质，如煤油等代替）。联动试车时也可以给水进行加热或降温，观察仪表是否能准确地指示出通过的流量、温度和压力等数据，以及设备的运转是否正常等情况。联动试车能暴露出设计和安装中的一些问题，在这些问题解决以后，再进行联动试车，直至认为流程畅通为止。联动试车后要把水或煤油放空，并清洗干净。

4. 化工试车

以上各项工作都完成后，则进入化工试车阶段。化工试车是按照已制定的试车方案，在统一指挥下，按化工生产工序的前后顺序进行，化工试车因生产类型的不同而异。

综上所述，一个化工生产装置的开车是一个非常复杂也很重要的生产环节。开车的步骤并非一样，要根据具体地区、部门的技术力量和经验，制订切实可行的开车方案。正常生产检修后的开车和化工试车相似。

（二）停车及停车后的处理

在化工生产中停车的方法与停车前的状态有关，不同的状态，停车的方法及停车后处理方法也就不同。一般有以下三种方式。

1. 正常停车

生产进行到一段时间后，由于设备需要检查或检修而进行的有计划的停车，称为正常停车。这种停车，是逐步减少物料的加入，直至完全停止加入，待所有物料反应完毕后，开始处理设备内剩余的物料，处理完毕后，停止供汽、供水，降温降压，最后停止转动设备的运转，使生产完全停止。

停车后，对某些需要进行检修的设备，要用盲板切断该设备上物料管线，以免可燃气体、液体物料漏过而造成事故。检修设备动火或进入设备内检查，要把其中的物料彻底清洗干净，并经过安全分析合格后方可进行。

2. 局部紧急停车

生产过程中，在一些想象不到的特殊情况下的停车，称为局部紧急停车。如某设备损坏、某部分电气设备的电源发生故障、某一个或多个仪表失灵等，都会造成生产装置的局部紧急停车。

当这种情况发生时，应立即通知前步工序采取紧急处理措施。把物料暂时贮存或向事故排放部分（如火炬、放空等）排放，并停止进料，转入停车待生产的状态（绝对不允许再向局部停车部分输送物料，以免造成重大事故）。同时，立即通知下步工序，停止生产或处于待开车状态。此时，应积极抢修，排除故障。待停车原因消除后，应按化工开车的程序恢复生产。

3. 全面紧急停车

当生产过程中突然发生停电、停水、停汽或发生重大事故时，则要全面紧急停车。这种停车事前是不知道的，操作人员要尽力保护好设备，防止事故的发生和扩大。对有危险的设备，如高压设备应进行手动操作，以排出物料；对有凝固危险的物料要进行人工搅拌（如聚合釜的搅拌器可以人工推动，并使本岗位的阀门处于正常停车状态）。

对于自动化程度较高的生产装置，在车间内备有紧急停车按钮，并和关键阀门锁在一起。当发生紧急停车时，操作人员一定要以最快的速度去按下这个按钮。为了防止全面紧急停车的发生，一般的化工厂均有备用电源。当第一电源断电时，第二电源应立即供电。

从上述可知，化工生产中的开、停车是一个很复杂的操作过程，且随生产的品种不同而有所差异，这部分内容必须载入生产车间的岗位操作规程中。

第三节 物料衡算与热量衡算

一、物料衡算的方法和步骤

（一）物料衡算的基本方法

物料衡算的理论依据是质量守恒定律。对于任一化工过程单元或过程单元系统，不论是物料加工过程还是化学加工过程，也不论是总过程还是单元过程，均服从质量守恒定律，即：

进入的物料量－流出的物料量＋生成的物料量－消耗的物料量＝累积的物料量

（二）物料衡算的基本步骤

物料衡算的对象有针对单元设备的衡算和针对化工过程的衡算两类，无论哪一类计算都需按以下步骤进行。

1. 确定物料衡算的对象和范围

物料衡算的对象和范围都是根据计算任务来确定的。在确定衡算系统的范围时，应了解该范围所包括的系统性质，如定常态或非定常态、连续或间歇、有相变或无相变和有循环物料或无循环物料等。

2. 绘制物料衡算流程示意图

绘制衡算系统物料流程图的目的在于清晰地显示物料衡算系统，通常用实线方框表示工艺步骤或设备，用虚线方框表示衡算范围，用箭头表示物料的流向，并在图上标明物料的组成、流量、温度和压力等参数。

3. 写出化学反应式

当系统内有化学反应发生时，应列出各工艺步骤中已配平的主反应和副反应，如果副反应多，为了简化计算可适当省略影响较小的副反应。

4. 收集有关资料和数据

进行物料衡算之前，应为衡算准备有关资料和信息。需要收集的数据资料一般包括以下几方面。

(1) 生产规模　即确定的生产能力或原料处理量，和年工作时数相关。一般情况，设备能正常运转，生产过程中不出现特殊问题，且公用系统又能保障供应时，年工作时数可采用8000～8400h。全年停车检修时间较多的生产，年工作时数可采用8000h。目前大型化工生产装置一般都采用8000h。若生产难以控制易出不合格产品或因堵漏常常停车检修的生产，或者试验性车间，生产时数则采用7200h。

(2) 消耗定额　指生产每吨合格产品需要的原料、辅助原料以及动力等消耗。消耗定额的高低，直接反映生产工艺水平及操作技术水平的优劣。

(3) 转化率　表示原料通过化学反应产生化学变化的过程，定义式为：

$$转化率=\frac{反应消耗的原料量}{原料量}\times 100\% \tag{5-1}$$

转化率愈高，说明参加反应的反应物数量愈多。

(4) 选择性　在许多化学反应中，不仅有生成目的产物的主反应，还有生成副产物的副反应存在，转化的原料中只有一部分生成目的产物。选择性的定义式为：

$$选择性=\frac{生成目的产物的原料量}{反应掉的原料量}\times 100\% \tag{5-2}$$

选择性表示了反应过程中，主反应在主、副反应竞争中所占的比例，反映了反应向主反应方向进行的趋向性。

(5) 单程收率　选择性高只能说明反应过程中副反应很少，但若通过反应器的原料只有很少一部分进行反应，即转化率很低，反应器的生产能力仍然很低，只有综合考虑转化率和选择性，才能确定合理的工艺指标。

$$单程收率=\frac{生成目的产物的原料量}{原料投料量}\times 100\% \tag{5-3}$$

单程收率与转化率、选择性之间的关系式为：

$$单程收率=转化率\times 选择性 \tag{5-4}$$

单程收率高说明生产能力大，标志过程既经济又合理，故化工生产中希望单程收率愈高愈好。

(6) 原料、助剂、中间产物和产品的规格和组成有关的物理、化学常数。

5. 选择计算基准

当进行物料衡算时，必须选择一个计算基准。从理论上讲，选择任何一种计算基准都能得到正确的结果。但实际上，计算基准选择得恰当，可以使计算简化，避免出现错误。

对不同的化工过程，采用什么基准适宜，需视具体情况而定，不能作硬性规定。例如，当进料的组成未知时（如煤、原油等），只能选单位质量作基准；当密度已知时，也可选体积作基准。但是不能选 1mol 煤或 1mol 原油作基准，因为不知道它们的相对分子质量。对于有化学反应的系统，可以选某一反应物质的量作基准。因为化学反应是按反应物之间的摩尔比进行的。

6. 建立物料衡算式并进行计算

根据物料平衡方程列出物料衡算式，衡算式的数目应与未知项（应求的变量）的数目相等，以便联立求解。如果衡算式的数目不够，则用试差法求解，计算过程最好采用计算机。

7. 列出物料衡算表

将物料的名称、数量、组成分别列于表中，以便核对计算结果。此表也是进行能量衡算的依据。

二、热量衡算

在化工生产中，能量的消耗是一项重要的经济技术指标，它是衡算工艺过程、设备设计、操作制度是否合理的主要指标之一。能量衡算的基础是物料衡算，所以能量衡算一般在物料衡算结束后进行，物料衡算和能量衡算又是设备计算的基础。

全面的能量衡算包括热能、动能、电能、化学能和辐射能等。但在许多化工操作过程中，经常涉及的能量是热能，所以化工设计中的能量衡算是热量衡算。

1. 热量传递

热量传递是化工生产中能量传递的重要形式。物料的混合、加热和冷却，化学反应及相变化等过程都伴有热量的交换。

连续流动系统的总能量衡算式为

$$Q+W=\Delta H+g\Delta z+\Delta u^2/2 \tag{5-5}$$

式中　W——单位质量流体所接受的外功或所做的外功，接受外功时 W 为正，向外界做功时 W 为负，kJ/kg；

ΔH——单位质量流体的焓变，kJ/kg；

$g\Delta z$——单位质量流体的位能变化，kJ/kg；

u——流体流速，m/s；

Q——单位质量流体所吸收的热或放出的热，吸收热量时为正，放出热量则为负，kJ/kg。

2. 显热、潜热、反应热

将物质加热至某一温度不发生相变时，所需的热量叫做显热；当物质发生相变时（此过程中温度保持不变），所需的热量叫做潜热。当换热过程中含有化学反应时，在计算中必须把反应热考虑进去，此时热量还包括有反应热（注意单位要保持一致）。大多数化学反应都放出或吸收一定的热量，系统在一定条件下，反应物以化学计量完全反应时，反应前后系统发生的能量变化，称为反应热。

（1）显热　对恒压系统，显热可通过摩尔定压热容 $C_{p,m}$ 进行计算，即：

$$Q_p=\Delta H=n\int_{T_1}^{T_2}C_{p,m}\,\mathrm{d}T \tag{5-6}$$

式中　Q_p——系统吸收或放出的热，kJ/mol；

ΔH——系统的焓变，kJ/mol；

n——物料的物质的量，mol；

$C_{p,m}$——物料的真实摩尔定压热容，kJ/(mol·K)；

T_1，T_2——物料进、出系统的温度，K。

（2）潜热　潜热按下式计算：

$$Q=n\Delta H_{\mathrm{m}} \tag{5-7}$$

式中　Q——相变时物料吸收或放出的热，kJ；

n——物料的物质的量，mol；

ΔH_{m}——由相变引起的摩尔焓，kJ/mol。

在一般的有机化工生产中，常遇到的相变化有汽化和冷凝、溶解和凝固，而升华和凝华则较少遇到。

（3）反应热　化工生产中，化学反应通常在定压或定容条件下进行。若过程在进行时没有非体积功，反应热就是系统反应前后的焓变，或内能差。根据能量守恒定律，在恒温、恒压下，则有：

$$Q_p = \Delta H$$

在恒温、恒容下，则有：

$$Q_V = \Delta U \tag{5-8}$$

如果反应物或生成物为气体且符合理想气体定律，则定容反应热与定压反应热的关系为

$$Q_p - Q_V = \Delta H - \Delta U = \Delta nRT \tag{5-9}$$

式中，Δn 为反应前后气体物质的量之差，即：

$$\Delta n = n(\text{气态产物}) - n(\text{气态反应物}) \tag{5-10}$$

第四节 总体试车方案的编制与优化

一、编制的原则

1. 要有可靠的技术根据

在编制总体方案之前，必须要获得各个装置与其他装置发生关联关系的那些重要技术数据，这些数据首先要来自该装置的技术提供者（国内的研究院、设计院、引进装置的工程公司等）。大部分数据可以从他们提供的设计图纸、开工手册、技术文件中得到，但有些属于开工期间的特殊数据在一般技术资料中不一定明确，还必须通过一定的努力，才能索取到可靠的数据。某些数据会直接导致技术提供方和工程投资方的利益冲突。因此，还要通过必要的谈判乃至据理力争，才能得到合情合理的技术数据，作为编制总体方案的依据。

2. 技术经济原则

编制总体试车方案的根本目的就是要在保证开工安全的基础上最大限度地减少开工费用，在计划要求的时间内拿出质量合格的产品。技术安全是前提，开车不顺利，甚至发生重大事故，一切理想的目标都将落空，更谈不上经济效益。而在安全顺利开车的基础上，经济效益的好坏则大有差别，一个总体方案编制合理、执行认真的工厂，可以做到以合理的建设投资，最低的试车费用，最短的开工时间，最好的产品质量和最小的环境影响达到原始启动的目的。为此，必须不断地优化总体试车方案，以使其得到最好的经济效益。在具体执行过程中，还要根据现场实际出现的情况和问题，及时修订和调整方案，实行动态管理。

二、总体试车方案编制提纲

1. 工程概况

（1）生产装置、公用工程的规模及建设情况；

（2）原料、燃料供应及产品流向。

2. 总体试车方案的编制依据与编制原则

3. 试车的指导思想和应达到的标准

4. 试车应具备的条件

5. 试车的组织与指挥系统

（1）试车三级组织机构与指挥；

（2）技术顾问组；

(3) 试车保运体系。

6. 试车进度

(1) 试车进度的安排原则、试车进度、投入原料与出合格产品的时间；

(2) 试车程序、主要控制点、装置考核与试生产时间安排；

(3) 试车统筹进度关联图。

7. 物料平衡

(1) 投料试车的负荷；

(2) 主要原料消耗计划指标与设计值（或合同保证值）的对比；

(3) 物料平衡表

① 主要产品产量汇总表；

② 主要原料消耗表；

③ 投料试车运行状态表；

④ 经济技术指标；

⑤ 主要物料投入产出图。

8. 燃料、动力平衡

(1) 燃料、水、电、汽、风、氮气的平衡

(2) 附表

① 燃料平衡表；

② 用电计划表；

③ 热负荷表；

④ 蒸汽用量平衡表；

⑤ 用水平衡表；

⑥ 氮气平衡表。

9. 环境保护

(1) 环保监测及“三废”处理；

(2)“三废”处理的措施、方法及标准；

(3)“三废”排放与处理一览表。

10. 安全技术与工业卫生

(1) 安全设施（包括安全联锁系统、紧急排放系统、报警、检测系统，泄压、防爆系统，关键设备保护措施，易燃、易爆、有毒物料的保管、使用，运输措施，救护措施等）；

(2) 工业卫生设施（包括防尘、防毒、防噪声、防放射性等）。

11. 试车的难点及对策

包括试车程序、“倒开车”，装置负荷、物料平衡等方面的难点分析及相应的对策。

12. 经济效益预测

(1) 测算条件；

(2) 测算结果及分析。

13. 其他需要说明和解决的问题

三、总体试车方案的优化

编制整体试车方案的根本目的，就是为了优化这一方案。因此，在整个编制与执行过程

中，始终要围绕这个主题采取各种措施。

优化方案的首要问题是明确总体试车的总目标，在大多数情况下，一个化工装置建成投产，其目标都是一致的，就是在规定的期限内，安全、优质、低耗地启动装置，生产合格产品。尤其是某些联合装置的下游产品装置，为了保证上游已开工装置中间产品的出路，必须保证本装置的试车进度，这种情况可以称为进度型。但在某些特定情况下，目标会有所不同。尤其在今后市场经济不断发展的条件下，对一个企业而言，来自外部的行政干预不断减少，出于自身市场竞争的要求，试车成本和经济效益的考虑会越来越多，试车进度并不限定在某年某日之前必须出产品，而是要求在一个大致的期限内以最少的物料消耗和最低的试车成本来求得企业最好的经济效益，这种情况可以称为效益型。还有些情况，一个新装置，采用了某项新开发的技术或设备，装置投产带有某种试验的性质，这时的总体试车方案就要突出技术攻关的特点。总体试车方案是为实现目标服务的。在制订方案之前，领导层一定要提出明确可行的目标作为制订方案的主要依据。

总体试车方案的优化是一项要求很高、难度很大的工作：主持和参加这项工作的人员对于全局性的工作及其相互之间的联系要有清楚的了解，对于每个单项工序的技术要点要有必要的知识，对于各种方案的调整、利弊要有敏捷的思维能力和协调能力。因为各种方案的调整都会有工作的难度和局部利益的碰撞，编制总体方案的人要善于说服局部服从整体。最后，还应能熟练地掌握网络计划技术来制订和修订计划。为了编好这一方案，一般需要组织一个专家小组，抽调若干合适的人员分工合作。对于大型项目或联合装置，也有组织领导小组或委员会等形式，以对专家小组提供的各种方案进行审议、选择和定案，并推动计划的实施。方案制订的过程也是一个调查研究、集思广益的过程，中间可能要经过几个回合的反复，最后形成一个最佳化的方案。

根据多年来化工装置原始启动的实践，总体试车方案的优化可以从以下几个方面入手。

(1) 关键线路工序自身的优化。这是首要的优化步骤。总开工期是关键线路上各工序时间总和形成的。因此，在这个线路上的工序每缩短一天，总开工周期也将缩短一天，其经济效果十分显著。因此，应该逐个地对这些工序进行认真研究。

(2) 重新确定各工序的时间。在开工工序中，有些工序的时间是通过数学计算确定的，如烘炉升降温所需要的时间，均有科学的依据，不能随意变动。而有些工序所需的时间则带有较多的主观因素，往往只能凭经验进行估计。按照统筹学的说法可能出现 3 种时间，即乐观估计时间 a、悲观估计时间 b 和最可能的估计时间 m，在实际计算中，完成一项工序的期望（平均）时间 T_E，可按以下经验公式计算：

$$T_E = \frac{a + 4m + b}{t} \tag{5-11}$$

上述公式，实际上是一种算术加权平均，其准确程度涉及概率理论，计划评审法（PERT）就是研究网络实现概率的一种方法，在一般总体试车计划中，尚不需要做到这种程度，但从上述公式可以看出 a、b、m 都是一个变量，都存在着各种实际上和心理上的不确定因素。对某一工序所需时间的认定都会受到对其重要性的认识的影响。在很多情况下，重视和不重视结果是不一样的。一个工序，若处在非关键线路上它的时间长短与大局无妨。一旦列入关键线路，需要召集有关的人员重新估计它所需要的时间，以免贻误全局。

(3) 通过组织措施缩短工序时间。这也是常见的措施。许多工序，只要领导重视，组织得当，或投入一定的人力物力，均可大大缩短时间。如金陵石化公司炼油厂引进法国 IFP

技术建设的60万吨/年连续重整联合装置，根据协议，在反应再生系统安装完毕，投入生产之前，要经过IFP技术人员的现场检查，整改和确认才能进行下一个工序的工作，原计划需用42天时间，由于外方原因专家要比原计划推迟24天才能到达现场，由于这一工序处在关键线路上，整个开工周期就要延长。为了突破这个难点，工厂采取了有效的组织措施，工程技术人员在IFP专家到达现场之前认真查阅IFP提供的技术资料和质量标准，首先在非关键线路的时间内自行进行了预检和整改，在IFP人员到达现场后与其积极配合，日夜加班进行整改，实际在关键线路上只占用14天的时间，确保了总体试车进度。在总体试车网络中的很多工作，如管线的吹扫、催化剂的装填在必要时均可以加强人力物力，将单班作业改为两班甚至三班作业，均可以有效地缩短关键线路所占用的时间。

(4) 通过技术措施缩短工序时间。比如大型透平离心式压缩机组，由于处于高速(10000r/min以上)、大功率（10000kW以上）状态下运转，其润滑系统要求极其严格，在安装结束开始单机试车之前都要对其润滑油系统进行油洗。根据制造商的经验，一般情况下这一工序至少要3～4周，个别案例有高达100天左右的。如果机组安装时间比较短，油洗工序处在非关键线路上，时间长短并无太大影响。但如果压缩机组由于到货、安装等原因处在关键线路上，则这一工序影响极大。这时，可以在机组安装的同时，在非关键线路时间内对整个润滑油管道采取酸洗、钝化措施（也有将其材质由碳钢改为不锈钢的）之后再进行油洗，这样，该工作占用关键线路的时间便可以缩短，因而也可使总体试车时间大大缩短。

第五节 化工装置的单机试运

一、单机试运的目的

装置的单机试运又称单机试车。这是化工装置基建安装工作基本结束（但尚未全部结束，现场可能还有部分安装扫尾、防腐保温等工作在交叉进行）时，由基建逐步转向生产的开始，一般也是总体试车网络计划的起点。但这一个过程仍属于安装阶段，各项工作仍以安装单位为主，生产人员处于配合的位置。

单机试运一般是针对运转机械设备而言，如各种泵、风机、压缩机、搅拌机、干燥机等。从广义上讲也包括静止设备安装试压后的清洗、吹扫、气密以及电气、仪表单台设备性能的试验（即仪表的单校）。

单机试运的目的是对运转机械输入动力（电力，蒸汽等）以使机械启动（由电动机至整个机组），在接近或达到额定转速的情况下初步检验该机械的制造（包括设计）与安装质量，尽早发现其存在的各种缺陷并加以消除，以为下一步联动试运和化工投料打好基础。在总体试车网络图上，这一阶段尚处在安装阶段，如果从总的工程建设网络上来观察，多数和安装收尾工序处于交叉作业或平行作业状态，一般尚未占用工程建设的关键线路，在这种情况下要努力实行“单机试车要早”的方针，即一旦具备单机试车条件，安装和生产人员要密切配合，尽早开始单机试车工作，避免或减少单机试车阶段过多地被推迟到占用关键线路状况的出现。对于生产人员，更应该主动介入和促进这项工作，以取得工程整体的良好效益。

二、单机试运的条件

理想单机试运的条件是整个装置的安装工作均已完毕，在工程进度上单独留出一个阶段进行单机试车。但在实际工作中这种情况十分少见（除去某些特殊情况，如受某些外界条件限制，不要求工程早日投产），多数情况下是采取分区域、分阶段组织单机试运，在这种情况下进行单机试运至少要具备以下条件。

（1）在装置大面积处于工程扫尾的环境下，局部区域内的设备安装工作已经完成，包括以下两个方面。

① 主机及其附属设备（含电机）的就位，找平、找正、检查及调整试验等安装工作包括单机有关的电气、仪表安装调校工作均全部结束，并有齐全的安装记录。重要的安装数据如找平、找正数据，汽缸间隙数据，二次灌浆记录，附属容器，管道试压仪表调校记录等以及生产人员需要了解的重要数据均应即时出示确认。

② 二次灌浆层已达到设计强度，基础抹面工作已经结束。与试运转有关的设备、管道已具备使用条件，应该抽加的角板按角板图要求执行完毕，润滑油系统已按设计要求处理合格（包括必要的酸洗钝化，油洗，换油等工作）。除去有特殊要求的部位（如为了试运期间进行检查等原因）外与该单机有关的防腐、保温、保冷等工作已全部结束。

（2）现场环境符合必要的安全条件。如附近的通道通畅，脚手架已拆除，必要的通信、消防、救护条件要具备。

（3）动力条件已经具备。常用的为电力和蒸汽。装置的总配电所已经送电，该单机开关已经受电（电压、周波均应符合要求）。蒸汽管网已经吹扫完毕，蒸汽供应已经落实，该单机入口蒸汽管道已处于热备用状态，蒸汽参数达到设计提出的试车参数要求，排汽系统通畅无阻。冷却水总管已处于工作状态，回水畅通。仪表用风总管已经接通，有合格的仪表风送达该机仪表控制系统。对于那些有特殊要求的机组（如水力透平、燃气轮机、制冷机组等）应按其设计要求准备好试车条件。

（4）组织工作已经完成，至少应包括以下几点。

① 生产与安装（或甲方与乙方）等各方面关系已协调明确。一般可以临时组织一个单机试运的工作小组（或领导小组），明确参加试运的具体人员及其职责、关系，在一般情况下，单机试运工作应以安装方为主，生产（或建设单位）、设计等有关方面参加，并由生产方提供公用工程条件（对于大型机组等情况，多由生产方提供操作人员在安装方指导下负责具体操作）。润滑油的质量要保证合格。

② 单机试运方案应由安装单位负责编制，并经生产单位联合确认。引进设备尚需经卖方现场专家确认。对于某些大型联合机组的单机试运方案可由安装、生产等方面联合编制方案，并经试车领导机构或上级有关部门批准后执行。大型电动机组（以上）的原始启动要取得供电部门的同意。

③ 有关单机试运的安全措施已经贯彻落实。如安装扫尾与单机试运交叉作业配送电安全管理制度（务必防止误送电事故出现）的建立与落实，试运转设备安全措施的检查与整改（如运转设备的安全罩，电气设备的接地，各种安全保护自动联锁装置的确认等），试车区域必要的局部隔离，现场的消防，防护条件检查等。

三、单机试运的阶段划分

单机试运一般分为原动机的单机试运、机组无负荷试运和有负荷试运三个阶段。

1. 原动机（此处指电动机）的单机试运

即拆除电动机与机组联轴节（通称靠背轮）的联接机构（大型联轴节拆开后还需加装临

时保护设施，以防磨损齿轮），然后对电动机单独通电启动进行试运转。电机单机试运时应特别注意电机转动方向是否正确，如果反向运转应迅速停机调整相位。

2. 机组无负荷试运

电动机（或蒸汽透平等）单机试运完成之后，即可以将联轴节重新完好地联接起来，进行整个机组的无负荷试运。所谓无负荷试运，实际是指机组在一般条件下可以做到的最低负荷下的运转。对于可调节转速的机组应从最低转速启动然后逐步提高，对于固定转速的机组应从最低负载下启动。例如，对于往复式压缩机应在出口压力最低的条件下（出口阀门全开）进行启动和试运转。而对于离心式机械则应在流量最低（出口阀门关闭）的条件下进行试运。其目的是逐步增加机组负荷，一是对某些机组和部件需要一定的无负荷或低负荷的磨合期（如齿轮，胀圈，密封件等），二是尽早地暴露机组缺陷并减少可能带来的损坏和损失。一旦在无负荷试运中出现重大的故障，就应该停止试运，对故障进行检查修理，待故障消除后再进行第二次无负荷试运。

无负荷试运时机组所采用的工作介质最好是设计规定的介质，但在很多情况下，单机试运进行得很早，装置尚未投料，往往无法提供设计规定的工作介质，这时多用水、空气、氮气等介质代替。

大型高速透平机械对润滑油系统要求极高。对于一台新安装的机组，在其原始启动前必须对润滑油系统进行专门的清洗。

3. 有负荷（带负荷）试运

在无负荷试运按照规定时间达到质量标准之后，机组即可转入有负荷试运。如果试运的工作介质符合设计工艺条件的要求，就可以按照试运规定从最低负荷条件下分阶段逐次增加机组负荷。通常条件下，主要是增加转速，增大介质流量，提高机组出口压力，在特殊工艺条件下，如热油泵、低温泵等还应尽可能创造条件使其在接近设计条件下运行。有负荷试运的最终负荷应达到额定工艺条件。在有的情况下，各种额定条件难以同时实现，这时可按转速、压力、流量、温度的顺序选取试运条件，或逐个达到上述各项条件。有些大型机组按照制造厂的要求还要进行超负荷试验。如往复式压缩机要在额定压力的条件下测试安全阀的起跳性能，透平式压缩机要在额定转速的条件下测试调速系统脱扣保护性能。有些与工艺安全关系重大的机泵，如高压锅炉给水泵等还要进行自启动试验，这些均应严格按照制造厂商、设计单位或现场专家的书面规定进行。

对于无法提供正常工艺介质而以其他介质临时替代的机组，其带负荷试验的条件要按照重新计算后的条件执行。

四、单机试运的一般规定及通用原则

适用于一般化工通用机械，对于某些特殊专用设备试车前应参照原设备说明书。

1. 单机试运时间

参照 HG 20203—2000《化工机器安装工程施工及验收通用规范》。

2. 单机试运的工作介质

单机试运的工作介质最好采用原设计的介质，但在很多情况下，为了缩短总体试车时间，尽早暴露和消除设备缺陷，有必要在化工投料前使用临时介质进行单机试运。从实用、经济的观点出发，最常用的液体介质是水，气体介质为空气和氮气。使用代用介质时主要注意以下两个问题。

(1) 对于以离心泵为代表的液体输送机械，其运转所需功率与工作介质的密度有直接的关系。为慎重起见，在使用临时工作介质时要进行一些简单的估算，对于大型机组还应进行详细的核算。

(2) 对于气体输送压缩机械，由于气体的性质和液体差别很大，其密度、比热容均远低于液体，压缩前后体积变化很大，大量能耗转化为气体的温升，容易破坏润滑油膜，形成析炭，甚至产生恶性爆炸事故。因此，在采用代用工作介质时，不仅要注意功率变化，更要注意压缩气体的温升情况。为防止类似事故发生，一般规定使用空气为介质时其出口温度不得超过140℃。

3. 单机试运应达到的设备质量标准

化工机械的种类很多，对于化工机械的设备质量标准在制造厂出具的设备资料中一般都有说明。有些特殊的设备和大型机组还有特殊的要求。在单机试运中应尽可能地按照这些标准对设备的制造和安装质量（也包括设计质量）进行检查。如果达不到标准应该找出原因予以消除，然后再进行第二次单机试运直到达到标准为止。

4. 单机试运的原始记录

单机试运应做好各项原始记录。

第六节 化工装置开车前的吹扫和清洗

化工装置中管道、设备的吹洗方法通常包括：水冲洗、空气吹扫、酸洗钝化、油清洗和脱脂等，本节主要介绍水冲洗、空气吹扫和蒸汽吹扫。

一、水冲洗

1. 冲洗原则

(1) 水冲洗应以管内可能达到的最大流量或不小于1.5m/s的流速进行，冲洗流向应尽量由高处往低处冲水。

(2) 水冲洗的水质应符合冲洗管道和设备材质要求。

(3) 冲洗需按顺序采用分段连续冲洗的方式进行，其排放口的截面积不应小于被冲洗管截面积的60%，并要保证排放管道的畅通和安全，只有上游冲洗口冲洗合格，才能复位进行后续系统的冲洗。

(4) 只有当泵的入口管线冲洗合格之后，才能按规程启动泵冲洗出口管线。

(5) 管道与塔器相连的，冲洗时，必须在塔器入口侧加盲板，只有待管线冲洗合格后，方可连接。

(6) 水冲洗气体管线时，要确保管架、吊架等能承受盛满水时的载荷安全。

(7) 管道上凡是遇有孔板、流量仪表、阀门、疏水器、过滤器等装置，必须拆下或加装临时短路设施，只有待前一段管线冲净后再重新安装，然后方可进行下一段管线的冲洗工作。

(8) 直径600mm以上的大口径管道和有人孔的容器等先要人工清扫干净。

(9) 工艺管线冲洗完毕后，应将水尽可能从系统中排除干净，排水时应有一个较大的顶部通气口，在容器中液位降低时，以避免设备内形成真空损坏设备。

(10) 冬季冲洗时要注意防冻工作，冲洗后应将水排尽，必要时可用压缩空气吹干。

(11) 不得将水引入衬有耐火材料等憎水材料的设备和管道容器中。

2. 水冲洗应具备的条件

(1) 系统管道设备冲洗前，必须编写好冲洗方案，它通常包括：编写依据、冲洗范围、应具备的条件，冲洗前的准备工作、冲洗方法和要求、冲洗程序、检查验收等 7 个部分；

(2) 设备、管道安装完毕、试压合格，按 PID 图检查无误；

(3) 按冲洗程序要求的临时冲洗配管安装结束；

(4) 本系统所有仪表调试合格，电气设备正常投运；

(5) 泵、电机等设备单机试验合格并连接；

(6) 冲洗水已送至装置区；

(7) 冲洗工作人员及安装维修人员已作好安排，冲洗人员必须熟悉冲洗方案。

3. 水冲洗的方法

(1) 水冲洗按方案中的冲洗程序采用分段冲洗的方法进行，即每个冲洗口合格后，再复位进行后续系统的冲洗。

(2) 各泵的入口管线冲洗合格之后，按规程启动泵冲洗出口管线，合格后再送塔器等冲洗。

(3) 冲洗时，必须在换热器、塔器入口侧加盲板，只有待上游段冲洗合格后，才可进入设备。

(4) 各塔器设备冲洗之后，要入塔检查并清扫出机械杂质。

(5) 在冲洗过程中，各管线、阀门等设备一般需间断冲洗 3 次，以保证冲洗效果。

(6) 在水冲洗期间，所有的备用泵均需切换开停 1 次。

(7) 水冲洗合格后，应填写管段和设备冲洗记录。

二、空气吹扫

1. 吹扫原则

(1) 选用空气吹扫工艺气体介质管道，应保证足够的气量，使吹扫气体流动速度大于正常操作的流速，或最小不低于 20m/s。

(2) 工艺管道空气吹扫气源压力一般要求为 0.6～0.8MPa，对吹扫质量要求高的可适当提高压力，但不要高于其管道操作压力。低压管道和真空管道可视情采用 0.15～0.20MPa 压力的气源吹扫。

(3) 管道及系统吹扫，应预先制订吹扫方案。它通常包括：编制依据、吹扫范围、吹扫气源、吹扫应具备的条件，临时配管、吹扫的方法和要求、操作程序，吹扫的检查验收标准，吹扫中的安全注意事项及吹扫工器具和靶板等物资准备等。

(4) 应将吹扫管道上安装的所有仪表测量元器件（如流量计、孔板等）拆除，防止吹扫时流动的脏杂物将仪表元器件损坏。同时，还应对调节阀采取适当的保护措施（原则上，阀前吹扫合格后再通过，必要时，需拆除后加临时短管连接）。

(5) 吹扫前，必须在换热器、塔器等设备入口侧前加盲板，只有待上游吹扫合格后方可进入设备，一般情况下，换热器本体不参加空气吹扫。

(6) 吹扫时，原则上不得使用系统中调节阀作为吹扫的控制阀。如需要控制系统吹扫风量时，应选用临时吹扫阀门。

(7) 吹扫时，应将安全阀与管道连接处断开，并加盲板或挡板，以免脏杂物吹扫到阀底，使安全阀底部密封面磨损。

(8) 系统吹扫时，所有仪表引压管线均应打开进行吹扫，并应在系统综合气密试验中再次吹扫。

(9) 所有放空火炬管线和导淋管线，应在与其联接的主管后进行吹扫，设备壳体的导淋及液面计、流量计引出管和阀门等都必须吹扫。

(10) 在吹扫进行中，只有在上游系统合格后，吹扫空气才能通过正常流程进入下游系统。

(11) 当管道直径大于 500mm 和有人孔的设备，吹扫前先要用人工清扫，并拆除其有碍吹扫的内件。

(12) 所有罐、塔、反应器等容器，在系统吹扫合格后应再次进行人工清扫，并复位相应内件，封闭时要按照隐闭工程封闭手续办理。

2. 空气吹扫应具备的条件

(1) 工艺系统管道、设备安装竣工，强度试压合格。

(2) 吹扫管道中的孔板、转子流量计等已抽出内件后安装复位，压差计、液面计、压力计等根部阀门处于关闭状态。

(3) 禁吹的设备、管道、机泵、阀门等已装好盲板。

(4) 供吹扫用的临时配管、阀门等施工安装已完成。

(5) 需吹扫的工艺管道一般暂不保温。

(6) 提供吹扫空气气源的压缩机已空气运转，公用工程满足压缩机具备连续供气条件。

(7) 吹扫操作人员及安装维修人员已作好安排，并熟悉吹扫方案。

(8) 绘制好吹扫的示意流程图，图上应标示出吹扫程序、流向、排气口；临时管线、临时阀门等和事先要处理的内容。

(9) 准备好由用户、施工单位（工程）、试车执行部门三方代表签署的吹扫记录表，以便吹扫时填写，内容应包括吹扫时间、吹扫次数、吹扫介质的参数、靶板状况、复位状况、部件保护情况等内容。

3. 吹扫方法和要点

(1) 按照吹扫流程图中的顺序对各系统进行逐一吹扫。吹扫时先吹主干管，主管合格后，再吹各支管。要将导淋、仪表引压管、分析取样管等进行彻底吹扫，防止出现死角。

(2) 吹扫采用在各排放口连续排放的方式进行，并以木锤连续敲击管道，特别是对焊缝和死角等部位应重点敲打，但不得损伤管道，直至吹扫合格为止。

(3) 吹扫开始时，需缓慢向管道送气，当检查排出口有空气排出时，方可逐渐加大气量至要求量进行吹扫，以防因阀门、盲板等不正确原因造成系统超压或使空气压缩机系统出现故障。

(4) 在使用大流量压缩机进行吹扫时，应同时进行多系统吹扫，以缩短吹扫周期，但同时在进行系统切换时，必须缓慢进行，并与压缩机操作人员密切配合，听从统一指挥，特别要注意防止造成压缩机出口流量减小发生喘振的事故。

(5) 为使吹扫工作有序进行和不发生遗漏，需绘制另一套吹扫实施情况的流程图，用彩色笔分别标明吹扫前准备完成情况，吹扫已进行情况和进行的日期，使所有参加吹扫工作的人员都能清楚地了解进展情况，并能防止系统吹扫有遗漏的地方。该图应存档备查。

(6) 系统吹扫过程中，应按流程图要求进行临时复位。在吹扫结束确认合格后，应进行全系统的复位，以准备下步系统进行综合气密试验。

三、蒸汽吹扫

化工装置的蒸汽系统通常有多个压力等级参数，以适用不同设备和工艺条件的需要。蒸汽吹扫通常按管道使用参数范围分为高、中压和低压三个级别的吹扫方法进行，它们对吹扫的要求也各不相同。

1. 蒸汽管网吹扫方法和要点

(1) 蒸汽吹扫通常按管网配置顺序进行，一般先吹扫高压蒸汽管道，然后吹扫中压管道，最后吹扫低压蒸汽管道。对每级管道来说，应先吹扫主干管，在管段末端排放，然后吹扫支管，先近后远，吹扫前干、支管阀门最好暂时拆除、临时封闭，当阀前管段吹扫合格后再装上阀门继续吹洗后面的管段。对于高压管道上的焊接阀门，可将阀芯拆除后密封吹扫。各管段疏水器应在管道吹洗完毕后再装上。

(2) 蒸汽管线的吹扫方法用暖管吹扫降温的方式重复进行，直至吹扫合格。如是周而复始地进行，管线必然冷热变形，使管内壁的铁锈等附着物易于脱落，故能达到好的吹扫效果。

(3) 蒸汽吹扫必须先充分暖管，并注意疏水，防止发生水击（水锤）现象。在吹扫的第一周期引蒸汽暖管时，应特别注意检查管线的热膨胀、管道的滑动、弹簧支吊架等的变形情况是否正常。暖管应缓慢进行。即先向管道内缓慢地送入少量蒸汽，对管道进行预热，当吹扫管段首端和末端温度相近时，方可逐渐增大蒸汽流量至需要值进行吹扫。

(4) 高、中压蒸汽暖管时，其第一次暖管时间要适当长一些，大约需要4～5h，即大约每小时升温100℃左右，第二轮以后的暖管时间可短一些，在1～4h即可。每次的吹扫时间大约为，因为降温是自然冷却，故降温时间决定于气温，一般使管线冷至100℃以下即可，吹扫反复的次数，对于第一次主干管的吹扫来说，因其管线长，反复次数亦要多一些，当排汽口排出的蒸汽流目视清洁时方可暂停吹扫进行吹扫质量检查。通常主干管的吹扫次数在20～30次左右，各支管的吹扫次数可少一些。经过酸洗钝化处理的管道，其吹扫次数可有明显的下降。

(5) 高、中压蒸汽管道、蒸汽透平入口管道的吹扫效果需用靶板检查其吹扫质量。其靶板可以是抛光的紫铜片，厚度约2～3mm，宽度为排汽管内径的5%～8%，长度等于管子内径。亦可用抛光的铝板，厚度约8～10mm。连续两次更换靶板检查，吹扫时间1～3min，如靶板上肉眼看不出任何因吹扫而造成的痕迹，吹扫即告合格（如设计单位另有要求应按要求办）。低压蒸汽管道可用抛光木板置于排汽口检查，板上无锈和脏物，蒸汽冷凝液清亮、透明，即为合格。

2. 蒸汽吹扫的安全注意事项

蒸汽吹扫特别是高、中压蒸汽管网的吹扫是一项难度较大的工作。因此，在吹扫流程安排、吹扫时间和临时措施及安全防范等方面，都要根据管网实际情况做好周密安排和搞好吹扫的各项协同工作。

(1) 高、中压蒸汽吹扫时，温度高、流速快、噪声大且呈无色透明状态，所以吹扫时一定要注意安全，排放口要有减噪声设备，且排放口必须引至室外并朝上，排放口周围应设置围障，在吹扫时不许任何人进入围障内，以防人员误入吹扫口范围而发生人身事故。

(2) 蒸汽吹扫时，由于蒸汽消耗量大，且高低幅度变化大，因此供汽锅炉必须做到下列几点：

① 严密监视和控制除氧器水位，防止给水中断而干烧；

② 降压吹扫时，由于控制阀门开关速度快，锅筒水位波动很大，要采取措施，防止满水和缺水的事故发生；

③ 要严格控制锅筒上、下壁温差不大于42℃；

④ 吹扫汽轮机蒸汽入口管段时，汽轮机应处于盘车状态，以防蒸汽意外进入汽轮机而造成大轴弯曲变形。

第七节 设备和管道的酸洗与钝化操作

一、酸洗与钝化的化学反应原理

(一) 酸洗、钝化清洗技术的工艺程序

酸洗、钝化的清洗作业因现场被清洗设备、管道的材质、锈垢等附着物的性质和使用要求等的不同，而有不同的清洗配方和工艺条件。但其工艺程序和清洗原理一般是相同的，即由水冲洗去除泥砂、灰尘，碱洗去除油脂和碱溶物，水冲洗置换，酸洗去除氧化鳞皮和锈垢，水冲洗置换和漂洗，钝化保护，过程的残液处理等七个部分组成。

(二) 酸洗、钝化的化学反应原理

1. 碳钢设备、管道表面氧化铁垢层清洗原理

(1) 盐酸酸洗除锈机理　盐酸加缓蚀剂等添加剂组成一定浓度的酸洗液，其除锈反应机理可以简述为以下三个方面。

① 化学溶解　其反应式如下：

$$Fe_2O_3 + 6HCl \longrightarrow 2FeCl_3 + 3H_2O \tag{5-12}$$

$$Fe_3O_4 + 8HCl \longrightarrow 2FeCl_3 + FeCl_2 + 4H_2O \tag{5-13}$$

$$FeO + 2HCl \longrightarrow FeCl_2 + H_2O \tag{5-14}$$

生成的氯化亚铁和三氯化铁能溶于酸洗液中。与此同时，酸溶液还会与钢铁基体发生化学反应：

$$Fe + 2HCl \longrightarrow FeCl_2 + H_2\uparrow \tag{5-15}$$

② 电化学还原性溶解　这个反应主要是在钢铁表面上锈层不连续处产生的局部电池阴极反应。该反应进行得很快。

阴极反应　$$Fe_2O_3(锈层) + 6H^+ + 2e \longrightarrow 2Fe^{2+} + 3H_2O \tag{5-16}$$

阳极反应　$$Fe(基体) - 2e \longrightarrow Fe^{2+} \tag{5-17}$$

锈层溶解到酸洗液中的主要是亚铁离子，而不是三价铁离子。

③ 机械剥离　由于酸洗液渗入锈层最内部，与最内层的金属氧化物及金属基体表面发生化学和电化学反应，生成溶于酸洗液中的亚铁盐、三价铁盐及放出氢气等原因，从而使尚未发生反应的大量铁氧化物脱离金属表面而进入溶液。这就是我们称之的铁氧化物机械

剥离。

在除锈过程中，为了加快除锈速度，通常在酸洗液中加入 0.5%～1.5%的氢氟酸或其他氟化物。它们对 α-Fe_2O_3 和 Fe_3O_4 有良好的溶解特性，这是由于氟离子对铁的络合能力很强。除了氢氟酸和氟化物外，也可通过加其他促进剂来加速除锈过程，如添加 0.2%～0.5%的烷基酚聚氧乙烯醚等。

(2) 柠檬酸酸洗除锈机理　柠檬酸是酸洗中应用最多和最早的一种有机酸。它适用于不锈钢、碳钢等多种金属设备材料。与无机酸酸洗不同，柠檬酸酸洗要在约 90℃的较高温度下进行，不可使其低于 80℃，以免产生柠檬酸铁沉淀。

柠檬酸加氨与缓蚀剂等组成的酸洗液，其酸洗除锈过程可描述为三个阶段：第一阶段是柠檬酸与氨水反应，生成柠檬酸铵；第二阶段是铁氧化物与酸的化学反应；第三阶段是铁离子与柠檬酸铵离子的络合反应，生成柠檬酸亚铁铵和柠檬酸铁铵的络合物。

(3) 酸洗缓蚀剂　在酸洗过程中，酸是除去金属表面氧化铁锈垢的主剂，但同时它也对金属材料的基体发生溶解腐蚀作用，产生的氢气还会渗入金属基体，造成材料的氢脆。酸洗时，还存在三价铁离子和溶解氧的腐蚀等。这些都将导致材料遭受不同程度的破坏。为了防止和减缓酸洗时产生的这些危害，可通过添加少量能阻止或减缓腐蚀的物质使金属材料得到保护，这种物质就称为缓蚀剂（或称腐蚀抑制剂）。

不同物质组成的缓蚀剂在不同的介质中对于不同的材料有不同的缓蚀作用。含氮、硫物质阻滞阴、阳极过程；有的缓蚀剂吸附于金属表面形成连续的薄层，阻隔清洗介质对金属的腐蚀；有的缓蚀剂可与金属作用形成保护层；有的缓蚀剂阻滞腐蚀的电化学过程，妨碍氢气的放电形成，抑制腐蚀溶解和析氢、吸氢。缓蚀机理各不相同。

缓蚀剂因组成和使用环境的不同，可分为无机、有机和气相缓蚀剂三种。酸洗用缓蚀剂通常都选用有机缓蚀剂，这是一类属于吸附型缓蚀剂，它吸附于金属表面，形成几个分子厚的不可见膜，一般同时阻滞阳极和阴极反应，但影响不同。常用品种有胺类、杂环类、长链脂肪酸以及含有硫和氧等元素的有机化合物等。

2. 钝化的作用及钝化剂

钝化是酸洗作业的最后一个主环节。酸洗虽然清除了金属表面的氧化铁等锈垢，但金属基体表面也明显被活化，当暴露于大气中，非常容易受到氧化腐蚀。因此，酸洗后的金属表面应立即进行防锈处理。利用某些具氧化性的化合物与已活化的金属表面作用，可生成一层薄而坚密的保护性氧化膜（通常膜厚不到 30nm），从而形成了对基体金属进一步氧化扩展的阻力，这种处理称为钝化。据测定，良好的钝化可使材料表面的电位值上升到接近铂、金等贵金属的电位，这也是钝化的特征之一。很明显，钝化对防止腐蚀有重要意义，因而也就成为设备、材料表面经酸洗去除锈垢后需立即进行的工序。

酸洗用钝化剂种类很多，常用的有亚硝酸钠、磷酸三钠和联氨（水合肼）等。采用亚硝酸钠作钝化剂处理已活化的金属表面时，能得到比较稳定而连续的呈钢灰色（或银灰色）磁性氧化膜，其保护膜密而薄，钝化效果好。用磷酸三钠作钝化剂生成的保护膜是呈黑色的磷酸铁和铁氧的混合物。由于磷酸铁盐在高温下易分解，所以采用磷酸钠作钝化处理不适合于高温高压锅炉。在有氧存在的情况下，采用联氨钝化酸洗活化后的金属表面，能生成棕红色或棕褐色的磁性氧化铁保护膜，同样具有较好的钝化效果。钝化效果除了和钝化剂的选用有关外，钝化时溶液的 pH、温度、钝化剂浓度和钝化时间等都对钝化效果有很大影响。这些都是实际使用时要严格控制的。

二、酸洗与钝化的一般操作方法

化工装置的酸洗钝化操作一般在装置的设计文件或操作手册中均应给出详细说明，操作者应按其规定严格执行。

一般来说，整个酸洗钝化通常包括以下程序：酸洗前的准备、酸洗除锈垢的操作和过程监测、废液处理、工程验收等4个部分。

（一）酸洗前的准备

1. 酸洗钝化方案的制订

一般在进行酸洗之前，需根据被清洗设备、管道、阀门等的材质、结构和锈垢的类型、被清洗空间容量等制订正确的清洗方案。它包括以下几个方面。

（1）规定清洗程序。通常均为水冲洗、碱洗、水冲洗、酸洗、水冲洗、漂洗与钝化。

（2）选择或试验确定碱洗、酸洗、漂洗与钝化的药剂与配方、清洗工艺条件（温度、时间等）。其中特别是酸洗药剂与配方和工艺条件的选择与确定，它是酸洗成败的关键。

（3）选择合适的清洗方式。化工装置由于系统包容设备多、设备结构复杂，通常都采用循环清洗法。

（4）清洗回路的划分。为保证清洗效果，清洗通常分为若干回路进行，并使流程中设备、管道等采取串联清洗方式。绘制清洗流程示意图。

（5）清洗用化学药品和公用工程水、电、汽、风等的需用数量和质量的要求，水、电、汽、风等的供应方式。酸洗钝化全过程通常需要耗用被清洗空间（连同临时泵站和管线）约15～22倍去离子水，这是在方案中要特别注意的，因此一般酸洗钝化都是在去离子水系统正常生产后进行这一工作的。其他电、汽、风的连续供应对保证清洗也十分重要。

（6）过程工艺条件的控制，如各阶段清洗液的升、降温，药剂的加入和浓度，pH的控制等。

（7）循环清洗用临时泵站及临时配管，各清洗回路加插盲板说明。

（8）过程的废液处理和临时设施。

（9）人员组织和通信联络等后勤保障。

（10）现场安全防护措施和安全用品的配备等。

2. 循环清洗系统的基本流程和主要设备

（1）酸洗钝化基本流程　循环清洗系统的典型流程见图5-1。

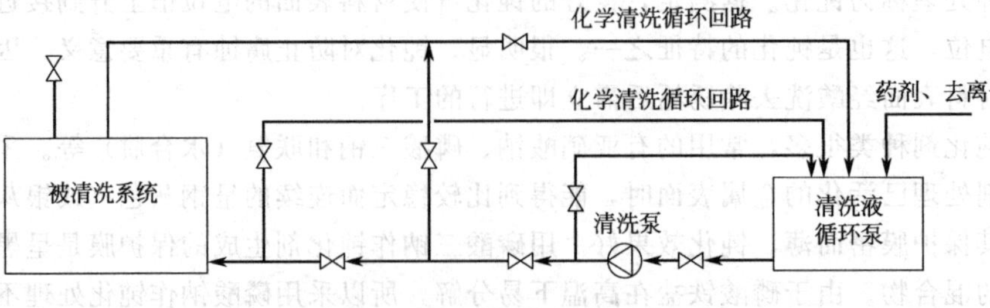

图5-1　循环清洗系统典型流程图

（2）主要设备及配管要求

① 清洗液循环槽　它是被清洗系统和清洗泵之间的中继设备，槽应有足够的容积和高度，并配有蒸汽加热盘管和安装液位计、温度计，槽底应设有排污底阀，以便顺利地排出

沉渣。

② 循环清洗泵　泵应耐腐蚀，泵的扬程除应高于被清洗系统的最高处外，还应加上系统运行时的管路压降。泵的流量应使清洗液在被清洗的管道中流速约0.5m/s。当缓蚀剂缓蚀率高、清洗液配制操作正确时，清洗泵亦可用普通离心泵替代。

③ 临时配管　临时配管应有足够的截面积，以保证清洗液在被清洗系统中的流速和流量。阀门应灵活、严密、耐腐蚀。临时配管安装试压合格后，应进行临时保温敷设。

④ 滤网　清洗泵入口应装过滤网，滤网孔径应小于5mm，且应有足够的流通面积，以保证清洗泵的正常运转。

3. 循环清洗系统的试运转

当循环清洗用临时泵站、配管与被清洗系统连接安装完毕后，应进行清水负荷试车。

(1) 全系统试压至1.0MPa合格（循环槽除外）。

(2) 启动循环泵，先进行小循环回路操作，而后进行大循环回路操作，确认泵的扬程、流量能满足清洗要求。

(二) 酸洗钝化的操作和过程监测

1. 水冲洗

(1) 直流水冲洗　打开系统各正常排放阀和入废水池排放总阀，由系统顶端送入去离子水冲洗系统设备和管道，至出水清澈或浓度小于10×10^{-6}为止。

(2) 热水循环冲洗　系统回路充满去离子水，通过在循环槽直接或间接蒸汽加热，使全系统在75～85℃下循环冲洗2～4h，排放。

2. 碱洗

(1) 向回路加入去离子水，加热至80℃左右，恒定，注入化学药品，各循环回路碱洗时所需要化学药品数量、投药次序、加入回路后溶液各组分浓度、控制清洗温度及循环时间等详见方案规定。

(2) 加药时需缓慢进行，以免造成回路中溶液浓度不均匀。

(3) 分析测定回路进出口溶液pH＝10.5～10.9，浑浊度、电导率相等为合格。

(4) 碱洗结束，排尽碱液，以去离子水直流冲洗，排入废水池，直到进出口值相等，冲洗水变清。再回路循环0.5h，当循环水pH不超过新鲜去离子水的pH0.2为合格。

3. 酸洗

(1) 碱洗后的热水循环冲洗合格后，水不需排除。继续维持或降至酸洗要求的温度、投药。其投药次序、加入回路后溶液浓度、控制循环温度及酸洗时间等详见方案规定。

(2) 酸洗阶段要进行化学分析控制。

(3) 由于酸洗溶液具有强的腐蚀性，故酸洗温度应控制在指标的下限操作。

(4) 酸洗后溶液中的铁离子浓度一般为8g/L左右，当分析测定溶液中的酸含量在至少3h内稳定，且酸溶液尚有足够溶解更多的铁的能力时，酸洗可告结束。

(5) 酸洗结束，排尽酸液，以去离子水冲洗（与碱洗相同）。

(6) 酸洗液缓蚀率的测定方法。酸洗液缓蚀效率的测定方法有许多种，但最方便最可靠的一种是失重法。

4. 漂洗与钝化（以$NaNO_2$为钝化剂）

(1) 酸洗后的热水循环冲洗结束后，冲洗水部分排放，并同时补充冷去离子水，使回路温度降至 35～40℃，投药、钝化时各回路的投药数量、投药次序、加入回路后溶液浓度、控制循环温度、时间等要求详见方案规定。

（2）钝化阶段要进行化学分析控制。

（3）排出钝化液、系统干燥后充氮保护。

(三) 酸洗与钝化的安全防护和废液处理

1. 酸洗钝化的安全防护

酸洗钝化作业现场除遵循化工装置的通用安全规定外，还须做到以下几点。

（1）清洗回路（包括临时泵站及管道）安装结束后，应进行约 1MPa 的水压试验（清洗用循环槽只做注水试验），以防清洗时具有强烈腐蚀性和有毒的清洗液可能造成的外漏而发生烧伤和烫伤等人身安全事故。

（2）清洗回路的高点应装有排气口，使酸洗过程中产生的二氧化碳，或因缓蚀效果不好产生的氢气，能够畅通地排出设备系统之外。

（3）钝化阶段，绝不能在清洗液 pH＜5.5 的情况下向回路中注入 $NaNO_2$，以防产生有毒的氧化氮气体。注入的柠檬酸量（以质量计）必须 4 倍于可溶解的 Fe 的数量，以防氢氧化铁或氢氧化亚铁沉淀。

（4）清洗液从回路排放时注意打开顶部放空阀，以免形成负压而损坏设备。

（5）整个清洗操作的始终，要注意循环槽内液位，防止清洗液循环泵抽空损坏。

（6）在酸洗期间不得在现场进行动火、焊接，以防空气中的氢气达到危险浓度时，遇火发生爆炸。

（7）从事化学清洗的操作人员必须佩戴必要的安全保护用品，如防护眼镜、防酸服、胶鞋及胶制手套等。

2. 排出废液的处理

酸洗钝化过程中排出的废液含有大量剩余清洗药剂和反应产物。其废液对环境危害甚大，必须严格执行国家规定的排放标准。未经处理的废液不得随意采用渗坑、渗井和漫流的方式排放。一般情况下，酸洗钝化的作业应在工厂污水处理装置投产之后进行。其排出的废水经初步处理后再排入总的污水处理装置处理后排放。如不具备此条件时必须设置临时处理设施以解决污染问题。为此，对废液需根据现场实际情况，采取如下处理方法。

（1）稀释法　当少量浓度不高的碳酸钠、氢氧化钠或磷酸钠等清洗液从系统排放时，应采用较多的水进行冲稀排放，使混合后进入污水管道的废液 pH 值在 6～9，悬浮物＜500mg/L，符合国家排放标准。

（2）中和法　对于浓度较高的酸、碱废液采用稀释法排放是不适宜的。因此需采用中和法处理。

① 碱洗废液的中和

a. 将碱洗废液与后面的酸洗废液（但不包括柠檬酸酸洗废液）中和，使 pH 值达到 7～9 排放。

b. 采用投药中和法。常采用中和剂为工业用硫酸、盐酸。

② 酸洗废液的中和　酸洗废液中除柠檬酸废液采用焚烧法处理外，其他大都采用中和法处理。

a. 将酸洗废液与碱洗废液中和，使 pH 值达到 6～9 排放。

b. 采用投药中和法。常用中和剂有：纯碱、烧碱、氨水和石灰乳等。

(3) 焚烧法　柠檬酸酸洗废液由于生物需氧量（BOD）值高，约在20000～50000mg/L间，通常采用焚烧法处理。即把柠檬酸废液排至煤场或灰场，使其与煤混合后送入炉膛内焚烧。

(4) 钝化废液的处理　亚硝酸钠废液不能与废酸液排入同一池中，否则，会生成大量氮氧化物气体，形成有毒黄烟，严重污染环境。但亚硝酸钠废液处理目前尚没有一个十分有效的方法，比较好的几种方法如下。

① 尿素分解法　尿素经盐酸酸化后投入废液中，与亚硝酸钠反应，使生成氮气，尿素投加量为每千克亚硝酸钠投加0.45kg尿素。

② 氯化铵处理法　将氯化铵投入废液中，与亚硝酸钠反应。氯化铵的加入量应为亚硝酸钠含量的3～4倍，为了加快反应速率，防止亚硝酸钠在低pH时会分解造成二次污染，可向废液中通入蒸汽，维持温度70～80℃，控制pH在5～9。

③ 次氯酸钙处理法　将次氯酸钙加入废液中，与亚硝酸钠反应。次氯酸钙的投加量为亚硝酸钠的2.6倍，反应在常温下进行，通入压缩空气搅拌效果更好。

④ 联氨废液的处理　联氨废液通常采用次氯酸钠分解法处理，联氨与次氯酸钠反应仅需10min即可，分解出氮气，不产生COD和氮的残留。

第八节 化工装置的水压试验和气密性试验

一、化工装置的水压试验（强度试验）

化工装置建成后投产前或者大检修后，均需按规定进行压力试验，就是通常所称的试压，它包括强度试验和气密性试验。

压力试验是对压力容器和管道系统的一次综合性考核，通过压力试验，就能检验容器和管道是否具有安全地承受设计压力的能力（即耐压强度）、严密性、接口或者接头的质量、焊接质量和密封结构的紧密程度。此外，可观测受压后容器和管道的母材焊缝的残余变形量，还可以及时发现材料和制造过程中存在的问题。

强度试验包括液压强度和气压强度试验。为防止试压过程中发生意外通常采用液压强度试验。

液压强度试验的加压介质通常采用洁净水，故液压强度试验常被称为水压试验。如果不用水而改用其他液体时，所用的液体必须是流动性好、无毒、沸点和闪点高于耐压强度试验温度且不可能导致其他危险。

对奥氏体不锈钢容器和管道系统进行水压试验时应严格控制水的氯离子含量，因为氯离子对奥氏体不锈钢产生严重的晶间腐蚀。因此试验前应先检查水中的氯离子含量，一般要求在25mg/L以下，超过时应采取相应措施（例如，加入硝酸钠溶液进行处理）。

水压试验前容器和管道系统上的安全装置、压力表、液面计等附件及全部内构件均应装配齐全并经检查合格。

水压试验时，试验环境和水的温度应保证高于试验容器材质的无塑性转变温度(NDT)，目的是为了防止材质冷脆产生低应力脆性断裂。通常应该在环境温度5℃以上进行，否则应有防冻措施。对于碳钢和16MnR钢制容器和管道，试验用水温应不低于5℃，其他低合金钢（不包括低温容器），试验用水温不低于15℃。如因板厚等因素会造成脆性转变温度升高，还应适当提高试验用水温。

关于水压试验的压力规定、升压程序、合格标准、安全措施和防范等，除了遵照设计文件规定外，还必须根据压力容器安全技术监察规程和SH 3501—2011《石油化工有毒、可燃、介质钢制管道工程施工及验收规范》进行。

水压试验前，应将不参与水压试验的系统、设备、仪表和管道加盲板隔离（加盲板的部位应有明显的标记和记录）。

水压试验时应将水缓慢充满容器和管道系统，打开容器和管道系统最高处阀门，将滞留在容器和管道内的气体排净。容器和管道外表面应保持干燥，待壁温与水温接近时方能缓慢升压至设计压力，确认无泄漏后继续升压到规定的试验压力，根据容积大小保压10～30min，然后降压至设计压力，保压进行检查，保压时间不少于30min，检查期间压力应保持不变。

检查重点是各焊缝及连接处有无泄漏、有无局部或整体塑性变形，大容积的容器还要检测基础下沉情况（对要求在基础上作水压试验且容积大于$100m^3$的设备，水压试验的同时，在充水前、充水时、充满水后、放水时和放完水后，均应按预先标定的测点作基础沉降观察，详细记录基础下沉和回升情况，填写基础沉降观察记录）。

检查时可用小锤沿焊缝及平行于焊缝15～20mm处轻轻敲打。如发现泄漏，不得带压紧固和修理，以免发生危险。缺陷排除后，应重新作水压试验。

水压试验结束后，打开容器和管道的最低处阀门降压放水，排水时，不得将水排至基础附近，大型设备排水时，应考虑反冲力作用及其他安全注意事项。另外，排水时容器顶部的放空阀门一定要打开，以防薄壁容器抽瘪。水放净后，采用压缩空气或惰性气体将其内表面吹干，严防器内和管内存水。试验用压力表不得少于两个并经校验合格，其精度不低于1.5级，表面刻度值为最大被测压力值的1.5～2倍。压力表应分别装在最高处和最低处，试验压力应以最高处的压力读数为准。

试验压力遵照压力容器安全技术监察规程和SH 3501—2011《石油化工有毒、可燃介质钢制管道工程施工及验收规范》和设计文件规定执行。压力容器水压试验的试验压力见表5-1。

表5-1 压力容器水压试验的试验压力

压力容器名称	压力等级	水压试验压力($p_T=\eta p$)/MPa
钢制和有色金属制压力容器	低压	$1.25p$
	中压	$1.25p$
	高压	$1.25p$
铸铁		$2.00p$
搪玻璃		$1.25p$

设计温度（壁温）≥200℃的钢制或≥150℃的有色金属制压力容器，水压试验压力p'_T按下式计算：

$$p'_T = p_T \cdot [\sigma]/[\sigma]^t = \eta p \cdot [\sigma]/[\sigma]^t \tag{5-18}$$

式中　p——压力容器的设计压力（对在用压力容器为最高工作压力），MPa；

p'_T——设计温度下的耐压试验压力，MPa；

p_T——试验温度下的耐压试验压力，MPa；

η——耐压试验压力系数；

$[\sigma]$——试验温度下材料的许用应力，MPa；

$[\sigma]^t$——设计温度下材料的许用应力，MPa。

管道系统水压试验压力见表 5-2。

表 5-2　管道系统水压试验压力

管道级别			设计压力/MPa	水压试验压力/MPa
真空				0.196
中低压	地上管道			1.25p
	埋地管道	钢	≤0.49	1.25p
		铸铁	>0.49	2p
				p+0.49
高压				1.5p

设计温度高于 200℃的碳钢或高于 350℃的合金钢管道的水压试验压力，应按下式换算：

$$p_t = Kp \cdot \frac{[\sigma]_1}{[\sigma]_2} \tag{5-19}$$

式中　p_t——设计温度下的水压试验压力，MPa；

p——设计压力，MPa；

K——压力系数，中低压取 1.25，高压取 1.5；

$[\sigma]_1$——常温时材料的许用应力，MPa；

$[\sigma]_2$——设计温度时材料的许用应力，MPa。

水压试验必须严格按规程、规范、设计文件的要求和批准的水压试验方案一步一步进行，严禁逾越。

管道系统和设备一同试压时，以设备的试验压力为准，并确保与其他无关系统隔离。

二、气密性试验的目的、条件和控制标准

气密性试验主要是检验容器和管道系统各连接部位（包括焊缝、铆接缝和可拆连接）的密封性能，以保证容器和管道系统能在使用压力下保持严密不漏。《压力容器安全技术监察规程》明文规定：介质毒性程度为极度、高度危害的或设计上不允许有微量泄漏的容器，必须进行气密性试验。因此，它与上述的水压试验是目的和概念不同的两种试验。

为了保证容器和管道系统不会在气密性试验中发生破裂爆炸引起大的危害，气密性试验应在水压试验合格后进行。

对采用气压强度试验的容器和管道系统，气密性试验可在气压强度试验时，气压降到设计压力后，一并进行检查。

碳钢和低合金钢制容器和管道系统，气密性试验用气体的温度不应低于 15℃，其他材料制容器和管道系统，其试验用气体温度应符合设计图样规定。

《压力容器安全技术监察规程》规定：压力容器气密性试验压力等于设计压力。压力容

器气密性试验的试验压力见表 5-3。

表 5-3 压力容器气密性试验的试验压力

<table>
<tr><th>压力容器名称</th><th>压力等级</th><th>气密性试验压力/MPa</th></tr>
<tr><td rowspan="3">钢制和有色金属制压力容器</td><td>低压</td><td>1.0p</td></tr>
<tr><td>中压</td><td>1.0p</td></tr>
<tr><td>高压</td><td>1.0p</td></tr>
<tr><td>铸铁</td><td></td><td>1.0p</td></tr>
<tr><td>搪玻璃</td><td></td><td>1.0p</td></tr>
</table>

SH 3501—2011《石油化工有毒、可燃介质钢制管道工程施工及验收规范》中规定的管道的气密性试验的试验压力见表 5-4。

表 5-4 管道的气密性试验的试验压力

<table>
<tr><th colspan="3">管道级别</th><th>设计压力/MPa</th><th>水压试验压力/MPa</th></tr>
<tr><td colspan="3">真空</td><td></td><td>0.98</td></tr>
<tr><td rowspan="4">中低压</td><td colspan="2">地上管道</td><td></td><td>1.0p</td></tr>
<tr><td rowspan="3">埋地管道</td><td>钢</td><td></td><td>1.0p</td></tr>
<tr><td rowspan="2">铸铁</td><td></td><td>1.0p</td></tr>
<tr><td></td><td>1.0p</td></tr>
<tr><td colspan="3">高压</td><td></td><td>1.0p</td></tr>
</table>

三、气密性试验的方法（含真空度试验）

气密性试验所采用的气体通常应为干燥、洁净的空气、氮气或其他惰性气体。

如生产工艺无特殊要求，通常采用干燥、洁净的空气作为气密性试验介质。当然能采用氮气或其他惰性气体作为试验介质更好，更符合石油化工生产工艺的要求。但上述介质来源要有空气分离装置且价格较贵。

如对易燃易爆介质的在用压力容器和管道系统进行气密性试验，必须进行彻底的清洗和置换，否则严禁用空气作为试验介质。对要求脱脂的容器和管道系统，应采用无油的气体。

气密性试验时，升压应分段缓慢进行，首先升至气密性试验压力的 10%，保压 5～10min，检查焊缝和各连接部位是否正常，如无泄漏可继续升至规定试验压力的 50%，如无异常现象、无泄漏，其后按每级 10%逐级升压，每一级稳压 3min，到达试验压力时，保压进行最终检查，保压时间应不少于 30min。

检查期间，检查人员在检查部位喷涂肥皂液（铝合金容器、铝管用中性肥皂）或其他检漏液，检查是否有气泡出现，如无泄漏、无可见的异常变形、压力不降或压力降符合设计规定，即为合格。

气密性试验时，如发现焊缝或连接部位有泄漏，需泄压后修补，如要补焊，补焊后要重新进行耐压强度试验和气密性试验。如要求作热处理的容器，补焊后还应重作热处理。

真空设备和真空管道系统在强度试验和气密性试验合格后，再联动试车运转，还应以设计压力进行真空度试验。

真空度试验宜在气温变化较小的环境中进行，试验时间为 24h，检查增压率，增压率按下式计算。

$$\Delta p=\frac{p_2-p_1}{p_1}\times 100\% \quad (5\text{-}20)$$

式中　Δp——24h 的增压率，100%；

　　p_1——试验初始压力（表压），MPa；

　　p_2——试验后的实际压力（表压），MPa。

增压率 Δp，A 级管道不应大于 3.5%；B、C 级管道不应大于 5%。

第九节 装置的联动试车操作

联动试车是新建化工装置由单机试运（有的以机械竣工）到化工投料期间的一个试运阶段，它始于试车准备工作合格，终于具备了化工投料试车条件，其内容包括了在现场为投料试车所做的全部准备工作。其目的是全面检查装置的机器设备、管道、阀门，自控仪表、联锁和供电等公用工程配套的性能与质量，全面检查施工安装是否符合设计与标准规范及达到化工投料的要求，

联动试车的内容随化工装置的工艺过程不同而有不同，其试车工作一般包括：系统的气密、干燥、置换、填料和三剂（化学药品、催化剂、干燥剂等）充填、耐火衬里烘烤、烘炉、惰性气置换、仪表系统调试、以假物料（通常是空气和水、油等）进行单机或大型机组系统试运及系统水联运、油联运及以实物或代用物料进行的“逆式开车”等。

一、联动试车方案的编制

联动试车方案是指导联动试车的纲领性文件，它由生产单位编制并组织实施、施工和设计等有关单位参加，它通常由下列几个方面组成：

（1）试车的目的和编制依据；

（2）试车的组织指挥系统；

（3）试车应具备的条件；

（4）试车内容、程序、进度网络图；

（5）主要工艺指标、分析控制指标、仪表联锁值、报警值等；

（6）开、停车与正常操作控制方法、事故的处理措施；

（7）试车用物料（包括公用工程部分）的数量与质量的要求；

（8）试车期的保运体系。

二、联动试车前必须具备的条件

（1）工程中间交接完毕。

（2）所需公用工程已能平稳供应。

（3）设备位号、管道介质名称及流向标志完毕。

（4）机、电、仪修和分析化验等已投入使用，通信和调度系统畅通。

（5）消防和气体防护器材、可燃气体报警系统、放射性物质防护设施已经按设计要求施工完毕，处于完好状态。

（6）岗位尘毒、噪声监测点已确定。

（7）装置技术员、操作班长、岗位操作人员已经确定。

（8）岗位责任制已制订完善。

（9）试车方案和操作规程、操作法已印发到生产试车人员，主要工艺指标、仪表联锁、报警整定值已经批准并公布。

（10）生产操作人员已经培训并考核合格，持有上岗合格证。

（11）用于联动试车的化工原材料、润滑油（脂）准备齐全。

（12）试车用备品备件备妥。

（13）生产记录等辅助用品齐全。

三、联动试车的方法

化工装置联动试车内容和方法很多，其中包括设备、管道系统内部的吹扫、清洗、预膜，锅炉及蒸汽管网的化学清洗，耐火衬里烘烤，催化剂等三剂装填，系统气密试验和干燥，大型机组试运等，本节将就联动试车中的氮气置换，燃、原料油和气的接收，蒸汽管网的蒸汽引入，系统水联运、油联运等的方法和要点予以介绍。

1. 系统的氮气置换

多数化工装置，特别是石油化工装置，其原料、燃料和生产过程中的半成品、成品等多数均具有易燃易爆性质，因此，在这类易燃易爆物质引入系统前，都必须将系统内空气用氮气置换，并使其氧含量降至0.5%（体积）以下，以避免物料与空气混合生成爆炸性混合物。在一些场合，氮气置换也是防止系统内设备表面被潮湿空气氧化产生腐蚀的一项重要措施。

（1）置换方法

氮气置换方法一般采用间歇方式，即先将系统充氮气至约0.5MPa，关充氮阀，开氮气排放口等使系统泄压至约0.01MPa，而后关排放阀充氮，反复数次，直到各取样点分析气体中O_2＜0.5%（体积）防止催化剂氧化O_2＜0.2%（体积）时，则系统置换合格。但低温系统置换还必须对各取样点系统露点进行测定并满足要求。

（2）置换后的处理及注意事项

① 置换完毕，应在流程图上注明已完成置换的系统，并记录充压和卸压的压力及次数，分析结果和合格的时间。

② 置换合格后，关闭所有排放阀、取样阀，系统再次充氮至0.5MPa作气密试验，合格后，将系统降压至约0.05MPa保压待用。

2. 燃料、原料油、气的接收

燃料、原料油、气均是易燃易爆物质，因此在将它们引入装置或系统前，必须对装置或系统设备等进行全面检查，并确认符合法定有关安全规定，同时还应做好油、气等引入时各项消防等预案工作。

（1）可燃气体燃料、原料的接收

① 系统设备、管道在经氮置换后，已处于压力约0.05MPa下的氮封状态。

② 引入外供燃料、原料气之前，应切断燃、原料气与装置各系统间的阀门，并在其总阀处加盲板，以防可燃气窜入各系统。但要打开去火炬的调节阀上、下游阀门。

③ 燃料、原料气的接收通常应是在第二气源点燃火炬的长明灯后进行。

④ 燃料、原料气进入系统后，逐渐打开去火炬的排放阀，并投入自控，按设计规定控

制系统压力待用。

(2) 燃料、原料油品的接收

① 重质原料油的接收　系统应经水联运合格并排尽积水，氮气置换合格。

开系统伴管保温蒸汽，向系统贮槽引入原、燃料油，并开罐底盘管加热蒸汽，维持罐内油温约为80℃。当液面约达80%时，启动燃、原料油泵，进行自身小循环。

重质油进入系统后要注意切水，控制油温，防止发生爆沸。

贮槽油位当切换为自控后，即处于待用状态。

② 轻质原料油的接收　系统应经水联运合格并排尽积水、氮气置换合格后保持系统微正压。

向系统引入轻质原料油，当贮槽液面达到70%～80%时，停止接料，进行取样分析，同时注意由罐底导淋切去积水。

启动轻质原料油泵小循环待用。

对引入凝固点高的轻质油，应注意在引入前进行暖管（开伴管保温）和贮槽保温，防止凝结。

3. 系统的蒸汽引入

(1) 具备的条件

① 蒸汽管网的阀门、仪表、保温、电器安装结束。

② 蒸汽管网压力试验、化学清洗、蒸汽吹扫合格。

③ 其他公用工程系统运行正常。

④ 所有仪表、调节控制系统、安全装置调试合格，处于备用状态。

⑤ 外供蒸汽或本装置锅炉开车正常，具备供汽条件，本装置部分或全部工艺设备处于待用汽状态。

(2) 暖管

① 打开管网各导淋排放阀，关各用户（设备）蒸汽入口阀。

② 手动缓慢打开各级蒸汽压力控制阀（暖管过程中每次开约5%）。

③ 手动将各级压力管道蒸汽放空阀开至约50%。

④ 微开锅炉或外供蒸汽进系统阀门，对各级蒸汽管网进行暖管，在暖管时，速度要慢，防止水击现象发生。

⑤ 当蒸汽管网所有就地排放导淋为干汽时，关闭导淋，打开各疏水器前后阀，关其旁路阀，将蒸汽冷凝液并网。

(3) 建网

① 缓慢开大锅炉或外供蒸汽入口阀，在升压过程中，逐步建立各级管网压力，在提压过程中，注意防止管网超压、防止温度低于蒸汽的饱和温度。

② 将管网中各压力段放空阀投自动。

③ 将各压力段减温器按设定温度投自控，防止超温。

④ 待管网各段压力达到指标后，将各段压力控制阀投自动，管网建立待用。

4. 水联运

水联运又称水联动试车，它是以水或水与空气等惰性气体为介质，对化工装置以液体或液体与气体运行的系统进行的模拟试运行，它的目的是检验其装置或系统除受真正化工投料中介质影响以外的全部性能和安装质量，特别是仪表联动控制的效果。对操作人员进行一次全面训练和熟悉操作，对公用工程的水、电、汽、风（仪表空气、惰性气）供应情况的一次考核，消除试运过程中发现的缺陷，同时通过速度较大的液体循环，继续带出经吹扫后仍可能残存于系统中的少量锈斑、细小的焊渣、杂物等是为装置或系统引入物料、化工投料试车前的一项重要工作。

（1）水联运试车步骤和操作要点

① 准备工作

a. 检查各设备、管道、阀门、仪表和安全阀均处完好备用状态。

b. 按水联运要求，检查系统需拆装的盲板及临时管线是否就位。

c. 检查各应开和应关的阀门是否处于正确状态。

d. 将公用工程水、电、汽、风及脱盐水引至界区内。

② 试车步骤

a. 系统充压在化工装置中，许多物料的流动靠压差来实现，所以建立水联运之前，要求对系统以空气充压，其充压压力一般宜近于系统操作压力。

b. 按水循环流程要求，由临时接管或泵向系统各塔、槽送入脱盐水，建立各自的正常液位，开泵建立循环并调节至相应流量。

c. 引相关的公用工程，如冷却水、蒸汽等至系统使用设备，并逐渐调节至水循环要求的指标。

d. 真空系统采用系统走水抽真空。

e. 检查全系统各测控点指标，所有自控装置视情况尽量投入自控，以检查自控仪表的自调性能。

f. 通常水循环稳定运行 48h 为合格。

（2）水联运中的注意事项

① 水联运按水循环流程进行，应防止水窜入其他不参加水联运的部位。

② 水经冷却器、换热器和控制阀时，若有副线，应先走副线，待干净后再走换热器和控制阀。

③ 水联运中发现过滤网堵塞或管线堵塞，应及时拆下过滤网进行清扫，或找出堵塞部位加以清理好。

④ 水联运中，必须控制泵出口流量不要过大，以防电机超电流（以电机额定电流为限）。

⑤ 联运中，备用泵应切换使用。

⑥ 塔、容器、换热器等设备充水完毕，在开始水联运之前，必须在各低点排污。

⑦ 循环水脏后，可视情况部分排放，补充新鲜水或都全部排放，重新建立循环。

⑧ 水循环结束后，要及时进行全系统水排空处理，此时应注意各容器气相通大气，防止排水时容器内造成真空，损坏设备。

⑨ 水联运结束后，应填写水联运模拟试车报告。

⑩ 在冬季进行水联运，必须要充分考虑防冻措施。

5. 油联运

油联运也称油试运，它是以与运行时接近的油品为介质，对油系统的设备、管线进行的一次全循环试运。如乙烯装置的油试运，它通常是以原料轻柴油的重馏分对原料轻柴油系统、调质油系统、急冷油系统、重质燃料油系统、轻质燃料油系统进行试运。油联运过程中自控仪表的启用，一方面有利于油联运的操作，同时对自控系统亦是一次检查。油联运也达到了进一步清洗设备、管线脏物的目的。因此，油联运是保证装置开工正式投油后良好运行的必要步骤。

油联运操作及其要点如下。

(1) 油联运按联运方案采用单个系统小循环而后通过临时配管串接形成大循环，不留死角。

(2) 使用轻柴油等含轻组分的油为循环油时，应保持系统中的贮罐、塔器等设备的氮封或充氮压力，防止低挥发组分与空气形成爆炸混合物。

(3) 操作中要使油的循环量接近正常值，并注意保持塔和贮槽液面，防止发生满罐满塔及抽空事故。

(4) 在循环过程中，应根据油的凝点保持一定油温，以防死角处出现堵塞。

(5) 油联运中，须定期切换油泵和清理泵前入口过滤网。

(6) 油联运效果，除各小循环应进行72h以上正常运转外，各油泵入口过滤器几乎不再有什么杂质堵塞时，则认为油联运合格。

(7) 油试运结束后倒空时，应注意各设备、管线的低点、死角，须用移动泵等手段将残留的不清洁油抽出送往燃料油贮槽待用。

(8) 当循环油从系统全部倒空后，应用氮气进行吹扫。吹扫结束后泄压、拆除盲板，临时管线等进行复位。复位后仍通入氮气，使油系统仍处于氮封或充压（约0.04MPa）状态保护。

(9) 油联运结束后，应填写油试运报告。

四、逆式开车介绍

1. 逆式开车的方法

化工装置的“逆式开车”系指不按正常生产工艺流程的顺序由前向后的开车，而是在主体生产装置化工投料前，利用外进物料（或近似物料、代用料），将下游装置、单元或工序先开起来，打通后路待上游装置中间产品（产物）进来后，即可连续生产，减少中间环节的放空损失和中间环节的停滞，尽快打通全流程。这种在主要生产工序或装置化工投料前，利用外进物料使尽可能多的生产装置、单元或工序先行投料开车的方法，称为“逆式开车”法。实践证明，这已是一种被普遍采用的、行之有效的科学开车方法。

2. 逆式开车方法的过程特点和经济效益

逆式开车法有如下特点。

(1) 可以把设计、施工、操作、指挥等方面的问题，在正式化工投料之前得以充分暴露并加以解决。一套新建装置，特别是大型联合装置，尽管在投料前需要经过多次的“三查四定”（查设计漏项、查施工质量隐患、查未完工程，对检查出来的问题定任务、定负责人、定措施，定时间限期解决），开车条件大检查等，但在设计、施工上仍难免存在一些失误和漏洞。对于操作人员和指挥人员来说，在新装置开工中也往往有一个熟悉、认识和掌握的过程。而“逆式开车”方法正可以把这些问题在正式投料之前得以充分暴露并加以解决。

(2) 大大缩短了从化工投料到出产品的时间。如前所述，由于在“逆式开车”阶段各种问题大多已经暴露，并给予了解决，因此各装置从化工投料到出产品的时间很短，并很快可以达到调整稳定阶段，尽快达到预定的生产负荷。

(3) 逆式开车过程既是开车，但又不同于正式开车。在这个阶段确实是进行化工物料试车，设备、仪表、工艺上的温度、压力、浓度等参数都按正常生产控制，设备、仪表也都按正常生产管理。与正式开车不同点在于，在这个阶段允许有一些反复，即使出现一些问题，对全局影响还不是很大，甚至还影响不到全局。由于逆式开车阶段具有这个特点，操作人员既可以实地操作，又不致由于过分紧张而忙中出错。经过“逆式开车”阶段的锻炼，操作熟练了，心理上也适应了。这就为整套装置的开车奠定了良好的基础。

(4) 总体效益好。采用“逆式开车”的试车方法，除耗用一些必需的水、电、汽、风等外，还需购进一些中间产品、物料。经过“逆式开车”这些物料除有很少部分损耗外，大部分被加工成产品。“逆式开车”试车方法的效益，主要体现在正式投料试车后系统因故障停车将大大减少，可尽快打通全流程，尽快转入正常生产，可大量减少试车费用。这种效益是相当大的。

第十节 化工系统的干燥

化工装置开工前需要干燥的系统主要有三种类型。一是化工低温系统的干燥除水，它的目的是防止低温操作时，残留在其设备、管道、阀门间的水分发生冻结和与开工投料后的某些烃类等工艺介质生成烃水合物结晶（如 $CH_4 \cdot 6H_2O$；$C_2H_6 \cdot 7H_2O$；$C_3H_8 \cdot 17H_2O$ 等），堵塞设备和管道，危及试车和生产的安全。二是对有耐火衬里和热壁式反应器等系统的设备的干燥除水，需要干燥除去其耐火材料砌筑时所含的自然水和结晶水、烘结耐火衬里，增加强度和使用寿命；需要干燥除去热壁式反应器等系统设备施工安装、试压、吹扫过程中的残留水分，避免催化剂装填时影响其强度和活性。三是对某些工艺介质进入系统后，能与残余水作用造成对设备、管道、阀门严重腐蚀或影响产品质量与收率的，也需要进行干燥除水。

一、化工系统的干燥方法和介质选择

化工系统设备、管道内表面常用的干燥方法主要有常温低露点空气（氮气）干燥，热氮循环干燥、溶剂循环吸收干燥等三种，现分述如下。

1. 常温低露点空气（氮气）干燥［以下简称空气（氮气）干燥］

此法是化工低温系统设备干燥除水的一种常用方法，当系统设备、管道经吹洗和综合气密试验合格后，使用经分子筛吸附脱水，露点降至$-60 \sim -70$℃的低露点空气（氮气）对被干燥系统的设备、管道内表面的残余水分进行对流干燥，由于进入系统是低露点空气（氮气），水分含量小、水汽分压低，因此设备内表面残余水分即不断汽化，当排气口空气（氮气）已稳定达到系统对水分含量（露点）要求时，则系统干燥作业完成。

2. 热氮循环干燥

在化工装置中，热氮循环干燥法主要用于有耐火衬里或热壁式反应器系统设备、管道等的干燥除水。它是以氮气作为过程的载热体和载湿体，在一个封闭循环系统中，通过氮循环压缩机将氮气顺序通过热炉升温（通常与加热炉烘炉开工步骤同步进行）、系统热氮对流干燥、热氮冷却和水汽冷凝分离、冷氮再压缩循环加热除水等过程完成。

3. 溶剂吸收法

此法是利用水可为某些化学溶剂吸收并具有共沸特性的原理，通过溶剂在系统内循环吸收，将系统中残余水分吸收于溶剂中，此含水溶剂通过系统内蒸馏工序将水由系统排出，溶剂再循环吸收，直至溶剂中含水量达到规定指标，如烷基化装置的苯循环干燥除水，当循环苯的含水量少于 100×10^{-6} 时，可认为装置已干燥好。

二、系统干燥的操作和检验

(一) 低温系统空气（氮气）干燥

1. 干燥作业应具备的条件

(1) 系统空气（氮气）干燥方案的制订。包括干燥范围、露点要求，气源的选定或配置，干燥方法、干燥操作流程、临时管道、阀门、盲板等的配置，干燥前的准备和干燥过程中的注意事项等。

(2) 系统干燥气源。根据被干燥系统对干燥后露点的要求，结合装置或联合装置工艺和设备现状，选定或配置供系统干燥作业的低露点空气（氮气）的连续气源，可提供－60～－70℃的低露点空气干燥气源。有空分系统的装置，则可直接使用空分系统的净化空气或分馏氮气，因为它们的露点均在－50℃以下，可满足低温系统干燥的要求。

(3) 被干燥系统的全部设备、工艺管道安装完毕，系统吹扫、冲洗、积水排尽、综合气密等均已合格，系统仪表、电器联校、调校完成，可以投入使用。

(4) 用于空气（氮气）干燥的临时管道、阀门、盲板等设施已配置或准备完好待用。

(5) 用于干燥后露点分析的仪器及取样接头等已准备就绪。

2. 系统干燥操作方法

干燥操作采用系统充压、排放的方法进行。充压压力一般为 0.2～0.5MPa，但注意要严格控制不能超过操作压力。

(1) 系统干燥前的准备。按系统干燥操作流程安排的程序，分别关闭所有的控制阀和旁通阀，打开它们的前后阀。关有关管线上的所有阀门，拆装规定盲板，使被干燥系统圈定为一个封闭空间。

(2) 干燥操作缓慢地将空气（氮气）引入系统，待充压至规定要求后，关气源进口阀、开系统排放阀，进行干燥。如此反复循环至各规定取样点分析露点合格后，干燥作业即行结束。

3. 系统干燥作业操作要点

(1) 干燥作业期间，要绝对防止干燥系统排放空气与燃料气或其他易燃气体接触。

(2) 系统所有仪表引出管线均应同时进行干燥。

(3) 干燥作业完成后，应使系统保压为 0.05～0.10MPa，以防止潮湿空气进入已干燥系统。同时应在工艺仪表流程图及记录表上记录干燥结果。

(4) 法兰、过滤网、盲板等的装拆工作，一律应详细进行登记，并在现场作明显的标志，以防发生意外事故。

(5) 进行干燥作业时，要注意保持气源压力上下波动小，特别要注意保持供气系统的压缩机出口压力平稳，防止压缩机出口流量锐减，造成压缩机喘振，损坏压缩机部件的事故发生。同时亦应注意防止超过气源用干燥器的分子筛层的压差极限。

(6) 使用氮气干燥时，要注意防止发生氮气窒息。

(二) 热氮循环干燥

热氮循环干燥操作大多数情况下都是与加热炉烘炉同时进行，即采用氮气循环，见图5-2。一方面氮气从炉内带出烘炉热量，保证炉管不超温而保护炉管，另一方面，借助这部分热氮气体在被干燥系统内循环通过，可以带走水分，达到系统干燥的目的。

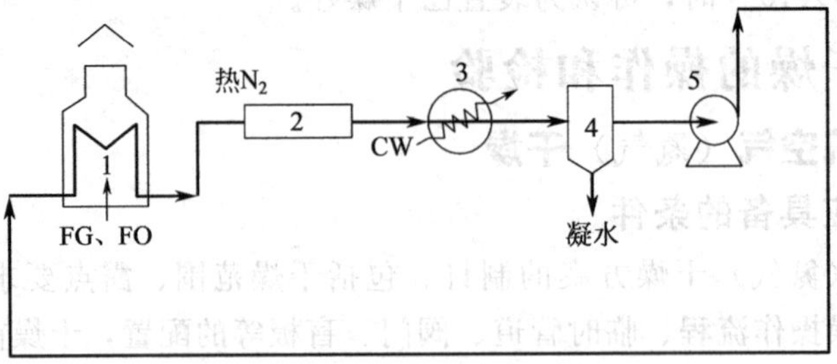

图5-2 循环清洗系统典型流程图

1—加热炉；2—被干燥系统；3—氮气冷却器；4—冷凝水分离器；5—氮气循环压缩机

1. 干燥作业应具备的条件

（1）已按热氮循环干燥流程完成设备和管道的安装并吹扫、气密试验合格。

（2）按被干燥系统（热壁式或耐火衬里式）的不同特点分别制订好干燥温度-时间操作曲线，其曲线应与加热炉烘炉要求相协调。

（3）加热炉具备点火烘炉（或电加热器具备投用）条件。

（4）氮气循环压缩机已试运合格，具备开机条件。

（5）公用工程水、电、汽、仪表、风及系统补充用氮气已备妥，满足使用要求。

（6）温度等测量监控仪表已投用。

（7）现场消防器材和防止氮气窒息等有关安全措施备妥好用。

2. 系统干燥作业主要步骤及要点

（1）氮气置换和充压。向系统引氮气，对整个氮循环干燥系统进行氮置换，直到分析氧含量小于0.5%（体积）时，将系统充压至规定值。该值应视系统运行压力和氮循环压缩机额定值确定，通常为0.5～0.6MPa。

（2）冷氮循环。待系统氮充压完成后，按氮循环压缩机开车规程启动，建立系统冷氮循环，并投用氮气冷却器。

（3）按加热炉点火和烘炉规程点火升温，其温升速度和每个阶段的持续时间应达到系统烘干和加热炉耐火材料烘干两者都能接受的要求，即满足已制订的各自升温曲线。

（4）热氮循环过程中要控制热氮气体水冷却后温度小于40℃，以提高系统干燥效率和防止氮压缩机超温运转。

（5）系统干燥过程中，要注意保持氮循环压缩机进口和系统压力维持稳定，当由于排除凝结水等原因泄漏氮气使压力下降时，应及时补充氮气。

（6）应及时排除凝结水，当氮冷却后水分离器凝水排出量小于100mL/h，且达到升温干燥曲线要求，则可确认系统干燥完成。

（三）溶剂吸收法

1. 系统干燥前的准备工作

化工系统设备、管道内的残余水分的溶剂吸收法干燥，随化工过程的产出物的不同，其使用的溶剂和相应的操作控制也不同。但通常用于干燥的溶剂大都具有易燃易爆和有毒害的特性，如以氟化氢为催化剂的烷基化装置，使用的溶剂（亦是原料）苯就具有这种特性。因此，为防止这类溶剂引入系统后，可能出现泄漏和发生燃爆等各种不正常现象，在系统进行干燥作业前，必须使系统工艺设备等处于可安全运转的要求，这些准备工作可归纳为：

（1）装置（系统）应进行水联运合格；

（2）在溶剂引入装置前，因水运而拆除的容器内部零部件已复位好，并进行系统气密和排除积水；

（3）所有的仪表和联锁系统都处于工作或准备工作状态；

（4）确认系统各阀门、盲通板等的开关位置符合引入溶剂的要求；

（5）确认系统内设备、容器、管道等的含氧量符合要求；

（6）所有的安全截止阀已锁定在全开位置上，全部安全系统都处于正常工作状态；

（7）相关的公用工程项目已引入系统各设备接口，并处于可稳定供应状态；

（8）确认所用溶剂符合质量要求。

2. 溶剂法干燥作业步骤

溶剂法系统干燥过程虽因不同工艺使用的溶剂和工艺设备及操作控制指标等的不同而有区别，但其过程原理基本是一致的，即溶剂先进入系统中的干燥塔（通常为蒸馏过程）进行干燥操作，待溶剂干燥合格后，即不断送入系统后续工艺设备、管道进行循环吸收系统残留水分，此含水溶剂再返回干燥塔进行干燥除水，如此循环，待干燥塔顶冷凝槽受器不再有水排出时，且循环溶剂中的含水等于规定指标时，即可认为系统干燥合格。

第十一节 烘炉操作

石油化工装置所用的加热炉都是通过管子（炉管）将油品或其他介质进行加热的，故称管式加热炉。

一、烘炉

炉衬是构成管式加热炉的重要组成部分，管式加热炉炉衬按筑炉材料的形态可分为砖炉衬、不定型材料炉衬和耐火纤维炉衬。

炉衬一般由耐火层和隔热（保温）层组成，分别用耐火材料（普通耐火砖、轻质耐火砖、耐热混凝土和硅酸铝耐火纤维制品）和隔热（保温）材料砌筑成。施工时炉衬材料含有水分，在炉墙砌筑完毕后，其水分含量很高，如果不经烘烤直接投入使用，由于炉膛温度很高，湿炉墙由于温度上升过快，炉墙中的水分迅速蒸发，容易使炉墙产生裂缝，造成炉墙密封性能降低。因此，凡是新建的加热炉，而且炉墙采用的材料是耐火砖或者是耐热混凝土衬里（或称注料），均要进行烘炉，以免炉墙产生裂缝和变形。如果旧炉子的炉墙进行了大面积的修补，修补所用的材料仍是耐火砖或是耐热混凝土衬里的，也要进行烘炉。新建的加热炉的炉墙或旧炉子炉墙的修补所用材料为硅酸铝耐火纤维制品的可以不烘炉。但考虑到新建炉子的对流室和烟道、烟囱内部是耐热混凝土浇注料，可根据实际情况决定是否烘炉。

炉子投用前，必须进行烘烤。按制订的烘炉曲线缓慢加热各部分砌筑衬体，使其所含水分逐渐析出。烘炉的目的就是为了缓慢地除去炉墙在砌筑过程中所积存的水分，并使砖与砖之间起黏结作用的耐火泥得到充分的烧结。如果这些水分不事先去掉，由于在开工时炉温急剧上升，这些水分将急剧蒸发，造成砖缝膨胀，产生裂缝；严重时会使炉墙倒塌。烘炉的作用主要是排除衬体中的游离水、化学结合水和获得高的使用性能。为了保护炉体和延长炉子的使用寿命，对于新建加热炉在投用之前或检修后开工时，也必须按规定的烘炉曲线进行烘炉。烘炉得当，可提高炉子的使用寿命。

二、烘炉燃料

要将炉墙烘烤干燥，必须要有热源。作为烘炉用的热源主要有燃料油、燃料气、热风、蒸汽4种。具体采用哪一种热源应视现场的条件而定。如果有气体燃料，用气体燃料烘炉最方便。对石油化工管式炉，作为烘炉燃料有燃料油和燃料气两种。对新建装置（新建厂），因没有自产瓦斯，所以只能用燃料油作为烘炉燃料。对老装置，因具备有燃料气和燃料油，任选一种都可以作为烘炉燃料，以选用气体燃料烘炉为最好。气体燃料具有火焰柔和、温度容易控制、炉温均匀和使用方便等优点。

烘炉开始时，如有条件应在炉管内通入蒸汽，以便进行预干燥。当炉膛温度达到130℃，便可点火烘炉。在烘炉时炉管内一定要通入蒸汽以保护炉管，炉管内的蒸汽出口温度应严格控制，对碳钢炉管（10号、20号）不超过400℃，对Cr_5Mo炉管不超过500℃。烘炉时用辐射室出口部位的热电偶来控制炉膛温度。

三、烘炉的操作

石油化工装置加热炉种类繁多，各装置对加热炉都有不同的要求，作用不同的加热炉有各自的烘炉操作规程，都是根据本装置的特点而制订的。新安装的炉子在设计技术文件中均应有详细的烘炉说明。用途不同，加热介质不同，操作工艺条件不同的加热炉，烘炉的操作要求是不完全相同的。有关内容可参考石油化工装置各自制订的烘炉操作规程。一般加热炉的烘炉操作介绍如下。

1. 烘炉步骤

加热炉在烘炉时，应严格按照以下步骤进行。

（1）加热炉施工完毕，并经检查验收合格，准备工作就绪后，才能开始烘炉。

（2）烘炉前必须对炉内外进行大清扫，清除一切杂物和堵塞物。

（3）烘炉前，应先打开人孔门、看火门、防爆门、烟囱挡板等；使炉子自然通风5天以上。

（4）根据炉子的具体情况和当时的环境情况制订出烘炉操作规程、烘炉升温曲线和记录表格。

（5）配备烘炉人员，学习烘炉要求和操作规程。

（6）烘炉用的燃料、蒸汽、压缩空气和照明、仪表、通信、消防设施等配备齐全。

（7）按烘炉升温曲线烘烤炉衬砌体，作到缓慢加热、逐渐干燥，保证炉衬砌体不开裂剥落。烘炉过程中严防违反烘炉操作规程，致使因升温速度过快而使砌体开裂、剥落、影响炉子使用寿命。

2. 烘炉曲线

既有砖结构又有不定型耐火材料内衬的炉子，应根据其内衬的材料特点、主次关系制订烘炉曲线。采用耐火混凝土、可塑料捣打料或喷涂料作为内衬的炉子，其烘炉曲线应根据内衬材质及其厚度、成型工艺和烘烤方式制订。

3. 烘炉操作

（1）开始烘炉时，关闭各种门类。烟囱挡板开启1/3～1/6左右，待炉膛内温度升高时，再稍开大烟囱挡板。

(2) 管内通入蒸汽开始暖炉，当炉膛温度升到130℃时，炉内气体分析合格达到安全条件后即可点燃火嘴，继续烘炉。如点火不成功，应即向炉内通入蒸汽以排除炉内积存的可燃气体后才能再次点火。对于大型炉膛彻底根据安全规定重新分析合格后才能再次点火。

(3) 烘炉应尽量采用气体燃料，火嘴应对角点火。

(4) 在烘炉过程中，温度均匀上升，升温和降温速度以及恒温时间应按照烘炉曲线进行，并经常观察炉墙情况。

(5) 在烘炉过程中应做好记录，同时绘出实际烘炉曲线。

(6) 在烘炉过程中必须按照操作规定严格保证炉管内介质的流量在最低控制值以上，以防止炉管干烧而导致重大事故。炉膛以20℃/h的速度降温，当炉膛温度降到250℃时，熄火焖炉，炉温降到100℃时打开各种炉门进行自然通风。

(7) 烘炉完毕后，应打开各种炉门，组织有关人员对炉内进行全面检查，如发现耐火衬里脱落、剥离等异常现象，应分析原因，及时进行修补。

第十二节 供水、汽、风、废水系统的启动

任何化工装置的试车和正常生产运行，都需要有公用工程的几个或多个系统的参与。它通常包括供电、供水、供风（仪表空气、压缩空气）、供汽、供氮和污水处理以及原料贮运、燃料供应等多个方面。它们是化工装置试车和正常生产的必要条件。因此，公用工程系统的启动和运行必先于化工主装置，只有公用工程诸系统已平稳运行并能满足化工装置的需要，化工装置的试车和正常生产才能进行。

一、供水系统的启动

(一) 供排水系统简介

1. 供水系统

化工生产离不开水，在化工企业中水包括冷却用水、工艺用水、锅炉用水、消防用水、冲洗用水、施工及其他用水和生活用水等。

不同企业、不同工艺中对水质的要求差别也很大，供水系统就是对原水进行加工处理，为生产提供各种合格、足量用水的公用工程系统。

供水系统由水的输送和水的处理两方面组成。水的输送包括原水到水处理装置及水处理装置向各用户的输送，需有水泵、输水管线及必要的贮水设施及相应的回水系统。水的处理内容很多，根据原水及用水水质的不同有许多工艺方法，但就其实质而言有两个方面内容，一是去除水中杂质的处理，二是对水质进行调整的处理。

2. 冷凝水系统

冷凝水系统是为了节约用水、保护环境和降低水处理成本而建立的水回收系统。化工厂的冷凝水有两类，一类是蒸汽直接冷凝水，它来自透平和蒸汽管网。一类是工艺冷凝水，它来自生产工艺过程。直接冷凝水受到的污染小，杂质少，经过滤处理后即可直接作为软化水使用，若过滤后再进混合床处理即成为新的除盐水。工艺冷凝水受到的污染较严重，并且其

杂质成分随工艺的不同而不同。污染成分复杂的冷凝水回收利用较困难，而污染成分较简单的冷凝水进行回收利用是完全可能的。

3. 排水系统

有用水必有排水。化工企业的排水一般是按质分流的，即有清、污两个排水系统。一部分水经使用后受到严重污染，含有污染物的浓度超过环保规定的指标，需要送到污水处理装置进行处理。将这部分水进行收集、输送、处理，这就是污水排放系统。另一部分水经使用后受到的污染较轻，直接排放并不污染环境。例如，普通生活废水、冷却水系统的排放水、雨水等。将这部分水收集、输送、排放的系统就是清水排放系统。在日常运行中清、污两个排水系统必须独立，不得相互串通。

(二) 原水及预处理系统的启动

1. 启动条件和准备工作

水的预处理系统是化工装置开车过程中最先启动的系统，它的工艺和设备相对来说比较简单，其启动过程实际上是联动试车和投料生产合二为一的过程。预处理系统的启动除了由建设转向生产所必须具备的条件如工程结束、验收合格、单机试运正常、管道查漏完好等外，并无其他特殊要求，只要能正常供电即可开始启动。

2. 启动的方法和步骤

预处理的过程实质上就是将原水中的悬浮性杂质从水中分离出来的过程。这个过程由水的输送、药剂投加、泥渣排除三个环节组成。水的输送设备是水泵，药剂投加设备有计量泵等，泥渣排除设备有吸泥机、刮泥机、排泥阀等。这些设备都由电机驱动，操作比较简单。预处理系统的启动就是将三个环节的相应设备先后启动并进行协调控制的过程。

首先启动原水泵送水，当原水送达混合装置时开始加药；加药后观察反应池内矾花情况并对加药量进行调整；沉淀池水位上升到一定高度后启动排泥设备进行排泥；当沉淀池出水时测量出水的浊度，若浊度尚未达标，则需进一步调整加药量，直至水质合格。开始运行时进水流量不宜过大，运行稳定后再逐步加大流量。沉淀池运行稳定后即可向过滤池送水。新装填的滤料层中含有许多污物，因此需要进行冲洗。过滤池进水后先冲洗排放，然后再进行反冲洗，这样反复进行多次，直到滤池出水浊度合格为止。过滤池出水合格预处理系统的启动即告成功。

3. 启动中的故障及处理

如上所述，原水预处理系统工艺、设备、操作都是比较简单的，只要工程质量和设备状态良好，一般不会发生大的故障。但若操作不当也可能发生如下一些故障，在启动中应做好预防工作。

(1) 爆管事故　埋设于地下的输水管线有些是铸铁管或水泥预制管，它们的抗压性能不高，当有水锤冲击或超压运行时可能会发生爆管事故。爆管事故一旦发生应立即切换到备用管线运行，对损坏的管线进行抢修处理。在水泵启动以后向管线送水时泵的出口阀门要分步开启，防止水锤冲击。在运行中要严防管线超压。

(2) 刮泥机损坏事故　当泥渣沉积量已经很大时再启动刮泥机，则刮泥机会因超负荷运行而损坏。因此，刮泥机一定要及时启动，切莫太晚。

(3) 过滤池的跑砂事故　过滤池在反冲洗时若冲洗强度过大会发生跑砂事故。因此冲洗强度要严格控制，若跑砂过多则要进行补充。

(三) 软化水及除盐水系统的启动

1. 启动条件和准备工作

水的软化和除盐处理是在预处理的基础上进行的，因此软化水和除盐水系统启动的首要条件是预处理系统已经正常运行，能够提供合格的原水。在系统内部仪表和自控程序的调校至关重要。因为水处理系统是低温低压运行，动设备只有水泵和小型风机，一般情况下工艺和设备的故障率较低，而故障率较高的是仪表部分。所以，在启动前仪表的调校是重点工作，一定要保证各阀门启闭灵活，程序正常运作，自动和手动切换方便。

启动前工艺上要做的工作是离子交换树脂的前处理（或称预处理）。离子交换树脂在生产、贮存、运输过程中会带进若干杂质，这些杂质对除盐系统而言会严重影响出水水质，所以新树脂在正式使用前都要进行前处理。前处理的方法是：

（1）用2倍于树脂体积的10%氯化钠溶液浸泡18～24h，然后排掉食盐水，再用清水冲洗树脂，直至出水不带黄色为止；

（2）用2倍于树脂体积的5%盐酸溶液浸泡2～4h，放掉酸液后用清水冲洗树脂，直至排出水接近中性为止；

（3）用2倍于树脂体积的2%～4%氢氧化钠溶液浸泡2～4h，放掉碱液后再用清水冲洗树脂，直至排出水接近中性为止。

经过上述处理后，阴树脂已经是氢氧型，可直接投用，而阳树脂仍为钠型，应以高于正常再生剂量的酸液对其进行转型处理，使其转变为氢型。

2. 启动的方法和步骤

（1）软化水系统　单一的钠离子软化系统工艺简单，只要向交换器送水并根据出水硬度情况调整好进水流速即可。氢-钠离子联合软化系统既要降低水的硬度，又要降低碱度。因此，在向系统送水后要根据出水的硬度和碱度情况，调整两种交换器的水量分配和进水流速，若水量分配比例恰当，出水水质就可以得到保证。

（2）除盐水系统　首先向阳床进水，阳床出水进入除碳器时启动风机，当除碳器液位到达一定高度后向阴床送水。开始时阴床的出水一般是不合格的，这时就进入循环，即阴床的出水再回送到阳床的进口。循环一定时间后阴床出水合格，一级复床除盐的启动即告成功。在多系列的除盐系统中，一个系列启动成功后常用除盐水对其他系列进行冲洗，这样在其他系列启动时可减少循环时间。一级除盐出水合格稳定后，即可向混床送水，对混床树脂进行冲洗直至出水合格。混床出水合格，系统运行稳定，即可投入自动方式运行，同时投用联锁保护装置。

3. 常见故障及处理

（1）出水水质差　离子交换法水处理中影响出水质量的因素很多，但作为新建系统的原始启动，主要可能有以下一些原因，只要进行相应的处理就可以达到出水合格。

① 系统中某些阀门关闭不严密，导致原水或再生液串入系统。应对相关阀门进行仔细检查并使其关严。

② 新树脂的前处理或转型处理未做好。应重新再生一次。

③ 树脂型号装错。应作树脂检验，若装错则重新装填。

④ 混合床树脂混合不均匀。应重新进行混合。

（2）流量太低或流程不通

① 进水压力过低。应提高进水压力。

② 某些阀门未能完全开启，风压不够或有卡涩。应提高风压或拆检阀门。

③ 气开、气闭阀安装错位，使正常运行时管路不通。应检查确认并立即重新安装。

④ 树脂跑失而堵塞过滤网。应拆检、清理过滤网。

(3) 再生时再生液进不了交换器

① 交换器内压力过高。应降低交换器内压力。

② 稀释水压力过低。应提高稀释水压力。

③ 水射器堵塞。应拆检水射器。

④ 再生液输送管线有泄漏。检查并堵好漏点。

(四) 消防水系统的启动

化工企业的消防水系统根据装置的生产特点不同有两种情况，一种是普通消防水系统，它由消防水管网和消防栓组成，其水源供给则是生活水管网或生产水管网；另一种是特殊消防水系统，它由消防水管网、消防水池、消防水泵、稳压泵、消防栓、消防水炮、消防水幕装置、消防喷淋装置等设施及其控制系统组成，这是一个完全独立的、封闭式系统。

普通消防水系统的启动很简单，首先打开阀门向消防水管网送水，然后逐一打开各消防栓，只要管路畅通，消防栓有足量的水送出即可。特殊消防水系统的启动一般有下列程序。

(1) 向消防水池送水。

(2) 启动消防水泵向管网送水。

(3) 按照设计的最大供水量分别开启消防栓、消防水炮、消防水幕、喷淋装置等消防设施，检查其运行情况是否稳定。

(4) 关闭各出水装置后待管网压力在设计范围内时停消防水泵。

(5) 启动稳压泵以保持管网压力。在特殊消防水系统的启动时还应做好下述两项试验工作。

① 保压试验　稳压泵的设置是为了弥补管线渗漏造成的压力损失，使管网始终保持恒定的压力。因此，稳压泵应能在设计的保压范围内自动开、停。若稳压泵只开不停，系统压力并未上升，则表明泄漏量过大，应进行检查处理。

② 消防水泵自启动试验　管网突然泄压后消防水泵应能在规定的时间内自启动，设有多台不同启动压力等级消防水泵的系统各水泵应能在各自的压力范围内自启动，只有这样才能保证足够的消防用水。

(五) 循环冷却水系统的启动

循环冷却水系统启动前最主要的准备工作是处理配方的选择，启动时的核心操作是清洗和预膜，强调以下两点。

(1) 清洗和预膜中的组织协调　循环冷却水系统贯穿于全部化工装置，水冷器的操作属于各化工车间。因此，循环冷却水系统的清洗和预膜处理不是水处理车间能够独立完成的，需要有强有力的组织协调，才能防止死角的存在和避免其他事故的发生，保证清洗和预膜达到预期的效果。

(2) 冷态运行的操作　在新建装置的原始开车中，循环冷却水系统启动后到化工装置的投料开工会有一定的时间间隔，在此期间循环冷却水没有热负荷，故称冷态运行。冷态运行中的循环冷却水为常温，水质没有浓缩，其主要问题是腐蚀。因此，冷态运行的配方与正常运行的配方有区别，通常的做法是增加缓蚀剂的投加量，减少阻垢剂的投加量。在选择处理配方时应同时确定冷态运行的处理方案，实际运行中要根据监测的情况进行调整和完善。

对于循环冷却水系统的处理而言，冷态运行的时间越短越好，这就要求设计总体开车方案时充分考虑这一点，使循环冷却水的运行与化工装置的投用衔接紧密一些。

(六) 供水系统的日常运行与操作

供水系统的根本任务是提供合格、足量的用水。所谓合格是指水质符合各类用水的规定标准，所谓足量是指水量满足各类用水的要求。因此，供水系统的运行操作主要是围绕水质和水量进行的，当然还有节约用水、降低成本、防止污染等方面。

1. 预处理系统

(1) 混凝沉淀处理的操作　在日常运行中，混凝沉淀处理的操作主要是加药和排泥。加药量应随原水浊度和处理水量的变化及时调节。季节、天气、水源的变更等因素都会使原水水质发生变化，要摸索和掌握这种变化的规律及其与加药量的关系。排泥设施要保持完好状态，特别是手动操作排泥的系统，一定要按时排泥，并且根据原水浊度情况调整排泥的时间间隔。

澄清池的操作除了上述要求外还应控制泥渣回流量或悬浮层的高度，这也是影响处理效果的重要因素。此外，澄清池对流速的平稳性要求更高一些，在增、减负荷时调整要缓慢，避免对泥渣的过大冲击。

(2) 过滤处理的操作　滤池在运行中要保持水流分布的均匀，调节恰当的过滤速度，控制反冲洗的强度和时间，做好这三条，滤池出水的水质就能够得到保证。有空气吹洗装置的滤池定期用压缩空气吹洗滤料则效果会更好。经过若干时间运行以后，滤料层中会有一定的积泥和微生物的滋生，加入漂白粉或次氯酸钠等杀菌剂浸泡，再结合反冲洗，能够除去部分积泥，提高滤池的处理能力。若滤料层中积泥过多则要翻出滤料清洗后再重新装填。

(3) 水的输送操作　水的输送操作的主要指标是保持一定的管网压力。有水泵调速装置的系统管网压力可自动跟踪调节；有的系统则配有流量不同的多台水泵，通过泵的切换来调节管网压力；也有以阀门节流来调节管网压力的，这种调节方式能量损耗大。无论以什么形式都应以保持管网压力的稳定为原则。

2. 软化、除盐系统

(1) 运行操作　离子交换法水处理日常运行操作的任务是对离子交换器运行状态的监视和管理，操作人员要随时检查设备的运行情况，根据用水需要调整进水流量，注意观察和检查各种仪表的指示是否正常，根据分析报告或仪表指示掌握出水质量，使其稳定在规定的标准范围内。同时，还要注意周期制水量的变化，了解树脂床的运行状态，防止树脂污染、乱层、流失及床内偏流等现象的发生，发现问题要及时查明原因进行处理，以确保安全生产。

(2) 再生操作　再生的目的是使失效的离子交换树脂恢复交换能力，再生操作是离子交换法水处理的关键性操作，再生效果的好坏直接影响交换容量，出水质量和水处理的经济性。在既定的工艺条件下再生剂的浓度、用量和流速是影响再生效果的主要因素，都要进行严格的控制和调节。再生过程的每一个步骤，如进液、置换、正洗以及顺流床进液前的反洗、逆流床的顶压、浮动床的落床等都要准确无误。混合床再生前的反洗分层也非常重要，再生时绝不允许有阴、阳树脂相互混杂的现象。再生系统各阀门的状态要认真检查，避免再生液串入运行的交换器，造成水质的污染。再生操作接触的是强酸、强碱，要注意人身安全。

（3）离子交换树脂的复苏操作　在离子交换水处理系统中，由于水中各种杂质的侵入，致使树脂的性能下降，但其结构并未遭到破坏，这种现象称树脂的污染。树脂的污染也是一个可逆的过程，通过适当的处理恢复受污染树脂的交换性能叫做离子交换树脂的复苏。离子交换树脂受污染的原因很多，如有机物污染，油类的污染，悬浮物的污染，胶体物质的污染，高价金属离子的污染，再生剂不纯引起的污染等。树脂一旦发生污染就要进行复苏处理。

复苏的基本方法是以较高浓度的酸、碱溶液对树脂进行浸泡、清洗。例如，树脂受铁污染后通常以10%盐酸浸泡，树脂受胶体硅污染后以5%～8%的氢氧化钠溶液浸泡，再通过反复清洗并辅以空气吹洗，这样操作就可以使树脂恢复交换能力。阴树脂特别容易受腐殖酸等有机物的污染，复苏的方法是以碱性食盐水（含10%氯化钠和2%氢氧化钠）进行浸泡清洗，提高溶液温度至40～50℃则效果会更好。

3. 消防水系统

消防水系统长期处于备用状态，日常工作主要是进行维护管理，保证在一旦火灾发生时能够有效地发挥作用。管网压力的稳定，设备状态的完好是其维护的主要内容。消防水系统还应定期作开启试验，以便发现问题及早处理。

4. 循环冷却水系统

（1）循环冷却水管网操作注意事项

① 循环水泵出口压力要稳定在规定范围之内；

② 各水冷器的用水量要根据实际需要进行调节，防止一部分水冷器水量过剩而另一部分水冷器水量不足的系统不均衡现象发生；

③ 进入各冷却塔的水量要分配均匀，以保证各冷却塔充分发挥其效能；

④ 禁止循环冷却水作其他用途。

（2）化工装置停车时循环冷却水的操作　装置停工大检修时循环冷却水系统同步进行检修，除此之外，化工装置事故停车或临时计划停工检修时循环冷却水系统均不要停运。装置停车3天以上时循环冷却水处理应按冷态方案进行，此时冷却塔风机停运，冷却水直接进集水池构成冷态循环回路，各水冷器也不应关闭。

（3）循环冷却水系统的冬季运行操作　在我国长江以北的地区冷却塔在冬季都会有程度不同的结冰现象，因此，循环冷却水系统冬季运行时应注意以下几点。

① 根据冷却塔的出水温度情况合理停运风机；

② 停运后冷却塔的上水阀一定要关严，若有泄漏会在填料层大量结冰而损坏填料；

③ 进风百叶窗处有大量冰凌悬挂时采取除冰措施，可以人工除冰，也可使回水上塔而不开风机，有的企业还利用风机反转来除冰；

④ 启动风机时要进行认真检查，看风筒内侧和风机叶片上是否有冰块，防止启动中损坏风机。

二、供风系统的启动

供风系统的启动主要为空气压缩机的开车和仪表空气干燥系统的投运两部分。

供风系统的空气压缩机主要有三种类型，其中大型供风系统选用离心压缩机，而中、小型供风系统多选用二级螺杆式无油润滑空气压缩机或二级活塞式无油润滑空气压缩机。

以启动较为复杂的活塞式空压机为例，简述其启动过程。

1. 启动前的先行步骤

(1) 压缩机及其辅机的机电设备、仪表和供风管网及空气缓冲罐等均已安装完毕，并经中间检查验收合格。

(2) 供风系统全部电气系统授电正常。

(3) 循环冷却水系统已启动运转正常（必要时，供风系统试运初期亦可使用生活水管网临时接管供水）。

2. 启动前的准备工作

(1) 打开冷却水管路的阀门，使冷却水在各应通水管道和汽缸冷却夹套、气体冷却器内畅通无阻。

(2) 检查空气管路各阀门的开闭是否灵活，打开放空阀。

(3) 按压缩机技术文件的规定，在机身各相应部位注入油、脂。

(4) 所有仪表和电气控制系统均已调校完毕。检查电机的转向是否符合压缩机的要求。

(5) 将压缩机盘动数转，其转动应灵活无阻滞现象。

(6) 必要的安全措施已完备。

(7) 完成压缩机信号联锁试验。在压缩机无负荷启动前，必须进行信号联锁试验，以确保压缩机试运及正常运转的安全运行。在信号联锁试验时，主机不启动，只看联锁信号线路的继电器动作，试验的信号联锁通常有下列五项。它们分别是低油压报警与停机联锁、冷却水低流量报警与停机联锁、压缩机段间出口温度高报警与停机联锁、主机段信号启动和卸载装置信号动作等。

3. 空负荷运转

(1) 将汽缸各级进、排气阀阀片拆下。

(2) 压缩机开始运转时，先将启动开关连续开动几次，观察压缩机运转方向及各机构工作是否正常。如无异常现象，然后合闸，依次运转5min、30min和4～8h。每次运转前，都应检查压缩机各部件情况，确认正常后才可启动和运转。

(3) 运转时要密切注意曲轴箱或机身内润滑油的温度：有十字头的压缩机不得超过60℃，无十字头的不得超过70℃。

(4) 运转中各运动部件的声响应正常，不得有碰击声及噪声。

(5) 试运转时，压缩机各连接部分的紧固件，应无松动现象。

4. 段间管道、设备的吹扫

压缩机空负荷运转合格后，应进行吹扫工作，即利用本机各级汽缸压出的空气吹除该级排气系统的灰尘及污物。吹扫步骤如下。

(1) 先将一、二级汽缸的吸气腔道及一级吸气管道，用棉纱拉擦或用压缩空气吹除等方法清除干净。

(2) 装上一级汽缸上的吸、排气阀，同时脱开二级汽缸吸气管，使其与二级汽缸隔开。开车利用一级汽缸压出的空气吹扫一级汽缸排气腔道、一级排气管、中间冷却器及二级吸气管，最后通往大气，直至由二级吸气管中排出的空气完全干净为止。

(3) 装上二级汽缸的进、排气阀，同时打开贮气罐通向大气管上的阀门，开车吹扫二级汽缸排气膛道，二级排气管，后冷却器及贮气罐，直到排出的空气完全干净为止。

（4）吹扫合格后，检查各级进、排气阀状况是否良好，并将各级进、排气阀拆卸清洗干净后复位。

5. 单机负荷运转

单机负荷运转是在各机空负荷运转合格和系统吹扫完成后进行，其要求如下。

（1）压缩机开车后逐渐关闭放空阀和油水分离器排放阀，在压缩机的1/4额定压力下运转1h；在1/2额定压力下运转4～8h。

（2）压缩机在最小压力下运转，无异常现象时，方可继续平稳运行和逐步把压力升高。

（3）运转过程中，应对设备、电气、仪表、工艺指标等进行监控、调整，当各项数值均符合设备及工艺要求后，则确认单机负荷运转合格。

6. 空压机负载可互换使用试验

当供风系统由三台空压机组成时，使一台连续运转、全量供气；一台自动操作，用以补足管网必需的空气量；一台作事故备用。通过缓冲罐排放阀，试验当缓冲罐压力升高或降低时，各压缩机自动停、开启动的协调性能。合格后，则压缩机组启动成功。

7. 供风系统管网吹扫

当空压机组负载可互换试验完成后，应对全部供气管网进行逐个支线吹扫，以防止污屑或脏物进入用风系统的装置或设备。吹扫时通常开两台空压机满载运行，以达到或超过总干管和各支线正常送风量的方式进行。当管网吹扫全部合格后，按要求进行复位并充压试验检查无泄漏后，即可向用风装置或设备供气。

三、供汽系统的启动

化工装置供汽系统是由蒸汽发生部分（汽源）和蒸汽输送管网两大部分组成的。其蒸汽发生部分随装置的工艺过程对蒸汽热力参数（温度、压力）的需要、用汽量和工艺过程中热能回收产汽等的不同条件而有多种配置，但通常为锅炉产汽或外供蒸汽与装置余热回收产汽（废热锅炉）等几种不同形式的组合。

为满足化工装置对多个等级蒸汽参数的需要及提高蒸汽的热工效率，锅炉（包括废热锅炉）产出的蒸汽多是以高温、高压参数输出的。而蒸汽管网的任务则是将这种高温、高压的蒸汽安全和有效地提供给装置内经过优化的各等级蒸汽用户，保证各等级蒸汽管网温度、压力稳定。以渣油为原料的大型合成氨、尿素联合装置为例，它的蒸汽管网就是由5个主要压力等级参数组成，即：SX（高压）100MPa、500℃；SHH（次高压）6.9MPa、459℃；SH（中压）4.0MPa、388℃；SM（次中压）0.88MPa、179℃；SL（低压）0.34MPa、173℃。蒸汽管网几乎遍布装置各个角落，管网的启动和日常管理控制要求十分严格，其启动（建网）的条件和步骤如下。

1. 必须具备的条件

（1）蒸汽管网上的各阀门、管支吊架、仪表、电气及保温等安装结束。

（2）各级管网已按要求进行压力试验、化学清洗、蒸汽吹扫合格。

（3）相关的公用工程系统已运行正常。

（4）所有仪表、调节控制系统，安全装置调试合格，处于备用状态。

（5）锅炉或外供蒸汽开车正常，各蒸汽用户多数已处于待用状态。

2. 暖管

（1）开管网各导淋排放阀，关各蒸汽用户蒸汽入口阀门。

（2）开管网上各减压调节阀前后截止阀，手动缓慢打开 SX、SHH、SH 管网上各减压调节阀（暖管过程中每次开 5℃）。

（3）手动将 SHH、SH、SM、SL 各级管网放空调节阀开至 50%。

（4）通知锅炉岗位将蒸汽压力调至 2.0MPa，温度调至 300～350℃，微开锅炉至 SX 管网出口阀、对全装置各等级蒸汽管网进行暖管，在暖管时，速度要缓慢、防止水锤现象发生。

（5）当蒸汽管网各就地排放阀（导淋）排出蒸汽为干汽时，关导淋阀，打开各疏水器前后阀，关闭旁路阀，将蒸汽冷凝液并网。

3. 建网

（1）手动关小 SX→SHH、SX→SH 管网减压调节阀，通知锅炉岗位缓慢开大锅炉至 SX 管网蒸汽阀，在升压过程中，逐步建立各级管网压力。在提压过程中，注意防止 SX 管网超压，防止温度低于蒸汽的饱和温度。

（2）将 SHH、SH、SM、SL 管网蒸汽放空阀投自动。

（3）在保证管网蒸汽压力相对稳定的情况下，手动调节 SX→SHH、SX→SH 减压调节阀，建立 SHH、SH 蒸汽管网。以升压速度 0.05MPa/min，分别将管网放空阀的给定值提至 6.9MPa、4.0MPa。

（4）在建立 SHH、SH 管网蒸汽时，注意通过减温器注入锅炉水使蒸汽减温调整温度，稳定后投自动，设定值分别为 459℃、388℃。

（5）将 SHH→气化炉蒸汽减温器投入运行，稳定后投自动，设定值为 380℃。

（6）手动调节 SHH→SM、SH→SL 减压调节阀，建立 SM、SL 蒸汽管网，以 0.05MPa/min 升压速度将 SM、SL 管网蒸汽放空阀的给定值提至 0.88MPa、0.34MPa，同时投运相应减温器减温，稳定后投自动，设定值分别为 179℃、173℃。

（7）建立 SM、SL 伴热管网

① 打开 SM、SL 伴热管网所有就地排放导淋。

② 微开去 SM、SL 伴热管网截止阀，对 SM、SL 伴热管网暖管。

③ 当伴热管网就地排放导淋为干汽时，关闭各导淋阀，打开疏水器前后截止阀，关闭旁路阀，并使蒸汽冷凝液并网回收。

④ 全开去 SM、SL 伴热管网截止阀、建立 SM、SL 伴热蒸汽管网。

4. 蒸汽用户的开车

（1）SX（10.0MPa）高压蒸汽管网用户的开车　SX 蒸汽管网用户开车时，应将用户开车所需要的蒸汽先全部减压到对应的抽汽侧蒸汽管网，如 GT001（空压机透平）开车时，蒸汽先引到 SHH 管网放空阀放空。GT004（氮压机透平）开车时，也应有一定量蒸汽在管网放空。发电机透平（STG101）开车时，蒸汽应减压到 SH（4.0MPa）管网放空。开车时，采用减压阀手动跟踪操作的办法，将蒸汽移至 GT001、GT004 或发电机的透平上。

（2）SHH（7.0MPa）蒸汽管网用户的开车　SHH 蒸汽管网的用户如 GT601（合成气透平）、GT701（锅炉给水透平）、变换炉、气化炉等用汽时，如果 GT001 在正常状态下运行，则其抽汽量可满足用户的需要。如果 GT001 在非设计状态下运行或者常未开车，而 SHH 管网用户需要用汽时，则应先将蒸汽由 SX 管网引至 SHH 管网放空。其蒸汽量也应稍高于用户需用量。用户用汽时，手动关小 SHH 管网放空阀，使蒸汽由放空转移到用户。

(3) SH (4.0MPa) 蒸汽管网用户的开车　SH 管网用户如二氧化碳压缩机透平开车时，如发电机透平 (STG101) 在设计状态下运行时，则透平抽汽可满足二氧化碳压缩机透平开车用汽需要。在发电机未开车情况下，4.0MPa 蒸汽用户用汽时，应先将蒸汽由 SX 管网减压减温引至 SH 管网，SH 在管网放空。其蒸汽引入量应稍高于用户需要量。用户用汽时，手动逐渐地关小 SH 管网放空阀，使蒸汽由放空转移到用户。稳定后投自动运行。

(4) SM (1.0MPa) SL (0.44MPa) 用户的开车　SM 蒸汽管网由 SHH→SM 管网减压阀减压减温建立，用户用汽时，先将蒸汽引至 SM 管网放空，然后手动跟踪，稳定后投自动运行。

SL 蒸汽管网用户用汽时，正常情况下由合成气及锅炉给水透平抽汽供给。在以上两透平尚未开车情况下，蒸汽先引至 SL 管网放空，然后手动跟踪，稳定后投自动。

至此，蒸汽管网启动结束。

5. 水锤的破坏力及其防止

水锤又称为水击，是由于蒸汽或水等流体在压力管道中，其流速的急剧改变，从而造成瞬时压力显著、反复迅速变化而突然产生的冲击力，使管道发生剧烈的音响和震动的一种现象。例如，在热力管道内，当输出的蒸汽与少量积水相遇时，部分热量被水迅速吸收，使少量蒸汽冷凝成水，体积突然缩小，造成局部真空，因而引起周围介质的高速冲击，产生巨大的音响和震动。在流水的管道内，发生被空气和蒸汽阻塞，使水不能畅通时，也会发生水锤现象。水锤现象发生时，管道内压力升高值，可能为正常操作压力的好多倍，使管道和管件等设备材料承受很大应力，压力的反复变化，严重时将造成管道、管道附件和设备的损坏。因此，应特别重视防止水锤现象的发生。

通常发生在蒸汽管道内水锤现象的原因有：

① 在送汽时没有做到充分的暖管和良好的疏水；

② 送汽时主蒸汽阀开启过大或过快；

③ 锅炉负荷增加过快，或发生满水及汽水共腾等事故，使蒸汽中带水进入管道。

相应的处理方法为：

① 检查和开大蒸汽管道上的疏水（导淋）阀，进行疏水；

② 检查汽包水位，如过高时，应适当降低；

③ 控制锅炉给水质量，适当加强排污，避免发生汽水共腾。

四、废水处理系统的启动

废水处理系统的启动是复杂又极其重要的过程，启动包括启动前的准备、系统启动和运行管理三个阶段。典型的废水处理流程见图 5-3。

1. 启动前的准备

废水处理系统的启动是在装置竣工验收后投入生产运行的关键阶段。启动前装置应具备以下条件。

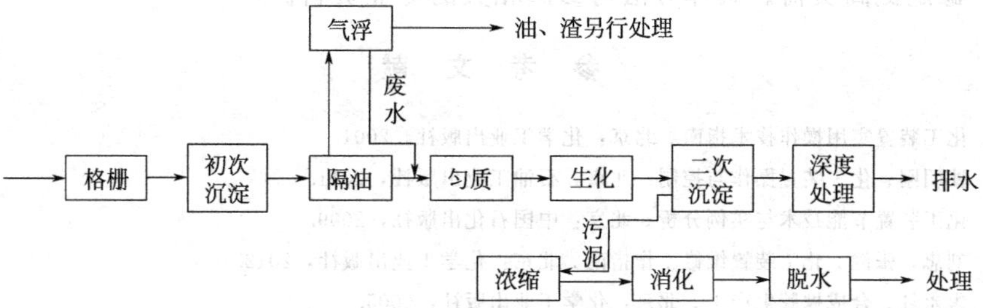

图 5-3　典型的废水处理流程

（1）单机试车和清水联试符合启动要求。单机和联试主要设备包括：格栅除污机、降砂设备、刮泥机、表曝机、风机、吸泥机、脱泥机及各类阀门、泵等，所有设备必须经试运行，达到和符合设备说明书所注的各项参数要求，编制设备操作规程、检修规程、建立设备档案。

（2）构筑物符合运行要求。所有构筑物都要进行注水试验，确定有无泄漏。

（3）编制详细可行的开车方案。

（4）电气、仪表系统满足稳定运行的要求。

（5）物资准备齐全，包括菌种来源，各类药剂、分析用仪器、试剂及必备的备品备件等。

（6）制定严密的管理制度，如安全生产制、交接班制、巡回检查制等。

（7）人员培训是启动和运行能否成功的关键因素，各部门人员必须通过正规的培训，具备废水处理的基本知识，熟悉系统开车方案、工艺流程及运行参数、设备性能和操作要求。参加装置验收的全过程是启动人员最理想的培训机会。

2. 系统启动

废水处理系统启动的核心是生化部分的启动，系统的其他工序都是为这一核心服务的。生化部分的启动，主要是细菌培养。

菌种是生化过程的主角，是污染物去除的完成者。初次启动理想的菌种来源是相似工艺和产品的装置废水处理厂，可以是脱水污泥或回流污泥。菌种投加前，曝气池应准备半池清水，引入部分工业废水，作为初次培养菌种的食料来源。

菌种的培养一般有间歇培养和连续培养两种方法。

间歇培养是将经核算的菌种量分批投加经配制的曝气池基质中，配制的内容包括 COD 量、营养盐比例，有条件的装置可以引入部分生活废水作营养成分，或投加粪便、糖等易降解有机物质。投料后系统连续曝气 1～2 天（也称闷曝），视菌种生长及处理效果，补充投加菌种及相应的营养物质，最终达到满足运行的菌种量。间歇培养法一般适用于装置的原始开车。

连续培养是一次将需投加的菌种全部加至曝气池中，引入生活废水和部分生产废水，曝气强度宜低于设计值，以防初期菌种受强烈作用难以形成絮体。视菌种生长情况及处理效率来决定进水负荷的提前。菌种投加量，好氧系统一般可控制在 0.5～1g/L；厌氧系统则需要较多菌种，视装置工艺性质最高可达 60g/L。

3. 试运行

菌种培养完成后，系统进入试运行阶段。试运行阶段的正确操作与监控至关重要，根据方案要求，稳定提高负荷。具体方法可参阅相关的专业资料。

参 考 文 献

[1] 韩文光．化工装置实用操作技术指南．北京：化学工业出版社，2001.
[2] 王彦伟，杜明刚．化工装置操作与控制．北京：石油工业出版社，2011.
[3] 徐跃华．化工装置节能技术与实例分析．北京：中国石化出版社，2009.
[4] 付建平，刘忠，张健．化工装置维修工作指南．北京：化学工业出版社，2012.
[5] 王锡玉，焦永红．合成橡胶生产工．北京：化学工业出版社，2005.
[6] 贺召平．化工厂节能知识．北京：化学工业出版社，2000.
[7] 梁凤凯，厉明蓉．化工生产技术．天津：天津大学出版社，2008.
[8] 梁凤凯，舒均杰．有机化工生产技术．北京：化学工业出版社，2003.
[9] 王可仁，廖复中，（新加坡）郑镜藩．燃气聚乙烯管道工程技术．上海：上海科学技术出版社，2009.
[10] 李家珍．染料、染色工业废水处理．北京：化学工业出版社，1997.
[11] 刘相东等．常用工业干燥设备及应用．北京：化学工业出版社，2005.
[12] 车得福等．锅炉．西安：西安交通大学出版社，2008.
[13] 张云梁．工业催化剂制造与应用．北京：化学工业出版社，2008.
[14] 雷仲存等．工业水处理原理及应用．北京：化学工业出版社，2003.

第六章 化工生产事故的预防与处理

随着科学技术的进步，现代化工日益呈现高度自动化、连续化和高能化的特点。高温高压设备日益增多，尽管各种安全措施更趋完善，但是生产事故还是时有发生。而且，化工生产中的原料、中间产品和成品具有易燃、易爆、腐蚀性强等特性，这都决定了化工生产中存在较多的不安全因素和危险性。为了保证生产安全稳定运行，掌握相关的安全生产技能和加强应急管理水平就显得尤为重要。

第一节 化工设备安全运行与事故处理

事故案例

2005 年 11 月 13 日，中国石油天然气股份有限公司吉林石化分公司双苯厂硝基苯精制岗位外操人员，违反操作规程导致硝基苯精馏塔发生爆炸，造成 8 人死亡，60 人受伤，直接经济损失 6908 万元，并造成松花江水污染事件，引发不良的国际影响。

化工设备是化工企业生产的重要技术物质基础和必要条件，机器设备的安全平稳运行将直接关系到化工企业的生产发展和竞争能力。化工设备是在各种介质和环境十分苛刻的条件下运行的，在高温、高压、易燃、易爆和腐蚀的环境运行过程中产生的缺陷会影响其安全使用。化工设备一旦出现故障，就容易导致一系列严重后果，如装置停产、火灾爆炸、人员伤亡、环境污染等严重事故的发生。因此，对化工生产设备的预警措施可以在一定程度上减少事故的发生。

一、化工设备故障原因分析

故障分析的核心问题是要搞清楚产生故障的原因和机理，产生故障的原因有硬件方面的，也有软件方面的，或者是硬件与软件不匹配等。故障的发生受空间、时间、设备故障件的内部和外界多方面因素的影响。产生故障的主要原因大体有四个方面。

1. 设计不完善

在机械设备技术方案的规划设计过程中，由于对设备的功能设计不正确或是不完善，设备在生产中不能很好地适应产品加工的需要，造成实际的使用条件与原规划的使用条件相差甚远，导致设备工作时发生超载，零件所受的应力过高或应力集中，就有可能突破强度、刚度、稳定性许用条件，形成故障。

2. 原材料的缺陷

零部件材料选用不符合技术条件，材质不符合规定的标准，铸、锻、焊件本身存在缺陷，热处理变形或留下缺陷是产生磨损、腐蚀、过度变形、疲劳、破裂等现象的主要原因。

3. 制造过程中的缺陷

从毛坯准备、切削加工、压力加工、热处理、焊接和装配加工，到机械设备完成在机制工艺过程的每道工序，都有可能积累应力集中，或产生微观裂纹等缺陷，经装配使用时才在工作状态下显现出来。

4. 运转过程中的问题

运转过程中没有预料到的使用条件变化，如过载、过热、高压、腐蚀、润滑不良、漏电、漏油、操作失误、维修不良等，都会引起设备故障。

二、物料输送设备的事故预防与控制

1. 泵

液体物料输送常采用离心泵、往复泵、旋转泵、流体作用泵等四类。液态物料输送危险控制要点如下。

（1）设置良好的接地措施，防止静电引起火灾。

（2）易燃液体宜采用蒸汽往复泵，优先选择虹吸和自流的输送方法，较为安全。

（3）泵和管道连接处必须紧密、牢固，以免输送过程中由于管道受压造成物料泄漏而引起火灾。

（4）输送流体时管道内流速不得超过安全速度。

（5）避免进口处产生负压，防止空气进入系统导致爆炸或抽瘪设备。

2. 压缩机

气态物料的输送宜采用压缩机，包括往复压缩机和旋转压缩机。气态物料输送危险控制要点如下。

（1）输送设备和管路要有足够强度，要安装经核验准确可靠的压力表和安全阀（或爆破片）。

（2）压缩机运行中不能中断润滑油和冷却水，并注意不能使冷却水进入汽缸，以防发生水锤。经常检查并及时更换设备垫圈，以免损坏漏气。

（3）管道应保持正压，流速不能过高。

（4）设置管道的良好接地装置，以防静电聚集放电引起火灾。

（5）输送可燃气体管道着火时，要及时采取灭火措施，管径在150mm以下的管道，一般可直接关闭闸阀熄火；管径在150mm以上的管道，应逐渐降低气压，通入大量水蒸气或氮气灭火，气压不低于50Pa。当着火管道被烧红时，不得用水骤然冷却。

三、压力容器事故的预防与安全使用

根据劳动部《压力容器安全技术监察规程》的规定，一般情况下，压力容器是指具备下列条件的容器：最高工作压力（p_w）$\geqslant$0.1MPa，内直径（ϕ）$\geqslant$0.15m，且体积（V）$\geqslant$0.025m^3，介质为气体、液化气体或最高工作温度高于等于标准沸点的液体。

为防止压力容器发生爆炸，应该在使用过程中加强管理和检验工作，及时发现缺陷并采取有效措施。

(一) 安全操作

1. 平稳操作

操作过程中，压力要保持平稳，不宜频繁地和大幅度地波动，这样有利于容器的抗疲劳强度。压力容器开始加载时，速度不宜过快，尤其要防止压力的突然升高。过高的加载速度可能使存在微小缺陷的容器在压力的快速冲击下发生脆性断裂。

2. 防止超压

化学反应器超压往往是因为加料过量或者原料中混入杂质，使反应后生成的气体密度增大或者反应过速而造成的。要预防这类容器超压，必须严格控制每次投料的数量及原料中杂质的含量，并有防止超量投料的严密措施。为了防止失误操作，一般应装设连锁装置。

液化气体贮存容器的超压除了与贮存量有关，还会受到温度的影响；贮存介质是容易聚合的单体时，要加入阻聚剂，防止混入可促进聚合的杂质。

除了防止超压以外，压力容器的操作温度也应严格控制在设计规定的范围之内，长期的超温运行也可以直接或间接地导致容器被破坏。

(二) 紧急停止运行

当压力容器出现下列意外情况时，应立即停止运行。

(1) 容器的操作压力或壁温超过安全操作规程规定的极限值，而且采取措施仍无法控制，并有继续恶化的趋势；

(2) 容器的承压部件出现裂纹、鼓包变形、焊缝或可拆连接处泄漏等危及容器安全的迹象；

(3) 安全装置全部失效，连接管件断裂，紧固件损坏等，难以保证安全操作；

(4) 操作岗位发生火灾，威胁到容器的安全操作；

(5) 高压容器的信号孔或警报孔泄漏。

四、压力管道事故的预防与安全使用

压力管道是指利用一定的压力，用于输送气体或者液体的管状设备，其范围规定为最高工作压力大于或者等于0.1MPa（表压）的气体、液化气体、蒸汽介质或者可燃、易爆、有毒、有腐蚀性，最高工作温度高于或者等于标准沸点的液体介质，且公称直径大于25mm的管道。

(一) 压力管道的特点

压力管道不但是指其管内或管外承受压力，而且其内部输送的介质是气体、液化气体、蒸汽或可能引起燃爆、中毒或腐蚀的液体物质。

压力管道和锅炉、压力容器、起重机械并列为不安全因素较多的特种设备。压力管道的特点包括以下几点。

(1) 压力管道是一个系统，相互关联相互影响，牵一发而动全身。

(2) 压力管道长径比很大，极易失稳，受力情况比压力容器更复杂。压力管道内流体流动状态复杂，缓冲余地小，工作条件变化频率比压力容器高（如高温、高压、低温、低压、位移变形、风、雪、地震等都有可能影响压力管道受力情况）。

(3) 管道组成件和管道支承件的种类繁多，各种材料各有特点和具体技术要求，材料选用复杂。

(4) 管道上的可能泄漏点多于压力容器，仅一个阀门通常就有五处。

(5) 压力管道种类多，数量大，设计、制造、安装、检验、应用管理环节多，与压力容器大不相同。

(二) 压力管道运行使用管理

1. 运行前的检查

(1) 竣工文件检查　竣工文件是指装置（单元）设计、采购及施工完成之后的最终图纸文件资料，它主要包括设计竣工文件、采购竣工文件和施工竣工文件 3 大部分。

① 设计竣工文件　设计竣工文件的检查主要是查设计文件是否齐全、设计方案是否满足生产要求、设计内容是否有足够而且切实可行的安全保护措施等内容，在确认这些方面满足开车要求时，才可以开车，否则就应进行整改。

② 采购竣工文件　检查采购竣工文件主要是检查其是否齐全、是否与设计文件相符等，并核对采购变更文件和产品随机资料是否齐全。

a. 采购文件中应有相应的采购技术文件；

b. 采购文件应与设计文件相符；

c. 采购变更文件（采购代料单）应得到设计人员的确认；

d. 产品随机资料应齐全，并应进行妥善保存。

③ 施工竣工文件　需要检查的施工竣工文件主要包括下列文件：

a. 重点管道的安装记录；

b. 管道的焊接记录；

c. 焊缝的无损探伤及硬度检验记录；

d. 管道系统的强度和严密性试验记录；

e. 管道系统的吹扫记录；

f. 管道隔热施工记录；

g. 管道防腐施工记录；

h. 安全阀调整试验记录及重点阀门的检验记录；

i. 设计及采购变更记录；

j. 其他施工文件；

k. 竣工图。

检查的内容主要是查它是否符合设计文件要求，是否符合相应标准的要求。

(2) 现场检查　现场检查可以分为设计与施工漏项、未完工程、施工质量 3 方面的检查。

① 设计与施工漏项　设计与施工漏项可能发生在各个方面，出现频率较高的问题有以下几个方面：

a. 阀门、跨线、高点排气及低点排液等遗漏；

b. 操作及测量指示点太高以致无法操作或观察，尤其是仪表现场指示元件；

c. 缺少梯子或梯子设置较少，巡回检查不方便；支吊架偏少，以致管道挠度超出标准要求，或管道不稳定；

d. 管道或构筑物的梁柱等影响操作通道；

e. 设备、机泵、特殊仪表元件（如热电偶、仪表箱、流量计等）、阀门等缺少必要的操作检修场地，或空间太小，操作检修不方便。

② 未完工程　未完工程的检查适用于中间检查或分期分批投入开车的装置检查。对于

本次开车所涉及的工程，必须确认其已完成并不影响正常的开车。对于分期分批投入开车的装置，未列入本次开车的部分，应进行隔离，并确认它们之间相互不影响。

③ 施工质量　施工质量可能发生在各个方面，因此应全面检查。根据经验，可着重从以下几个方面进行检查：

a. 管道及其元件方面；

b. 支吊架方面；

c. 焊接方面；

d. 隔热防腐方面。

（3）建档、标识及数据采集

① 建档　压力管道的档案中至少应包括下列内容：管线号、起止点、介质（包括各种腐蚀性介质及其浓度或分压）、操作温度、操作压力、设计温度、设计压力、主要管道直径、管道材料、管道等级（包括公称压力和壁厚等级）、管道类别、隔热要求、热处理要求、管道等级号、受监管道投入运行日期、事项记录等。

② 标识与数据采集　管道的标识可分为常规标识和特殊标识两大类。特殊标识是针对各个压力管道的特点，有选择地对压力管道的一些薄弱点、危险点或管道在热状态下可能发生失稳（如蠕变、疲劳等）的典型点、重点腐蚀检测点、重点无损探测点及其他作为重点检查的点等所做的标识。在选择上述典型点时，应优先选择压力管道的下列部位：弹簧支吊架点，位移较大点，腐蚀比较严重的点，需要进行挂片腐蚀试验的点，振动管道的典型点，高压法兰接头，重设备基础标高，其他认为有必要标识记录的点。

对于压力管道使用者来说，作为安全管理的手段之一，就是对于这些影响压力管道安全的地方，设置监测点并予以标识，在运行中加强观测。确定监测点之后，应登记造册，并采集初始（开工前的）数据。

2. 运行中的检查和监测

运行中的检查和监测包括运行初期检查、巡线检查及在线监测、末期检查及寿命评估 3 部分。

（1）运行初期检查　由于可能存在的设计、制造、施工等问题，当管道初期升温和升压后，这些问题都会暴露出来。此时，操作人员应会同设计、施工等技术人员，有必要对运行的管道进行全面系统的检查，以便及时发现问题，及时解决。在对管道进行全面系统的检查过程中，应着重从管道的位移情况、振动情况、支承情况、阀门及法兰的严密性等方面进行检查。

（2）巡线检查及在线监测　在装置运行过程中，由于操作波动等其他因素的影响，或压力管道及其附件在使用一段时期后因遭受腐蚀、磨损、疲劳、蠕变等损伤，随时都有可能发生压力管道的破坏，故对在役压力管道进行定期或不定期的巡检，及时发现可能产生事故的苗头，并采取措施，以免造成较大的危害。

压力管道的巡线检查内容除全面进行检查外，还可着重从管道的位移、振动、支承情况、阀门及法兰的严密性等方面检查。

除了进行巡线检查外，对于重要管道或管道的重点部位还可利用现代检测技术进行在线监测，即可利用工业电视系统、声发射检漏技术、红外线成像技术等对在线管道的运行状态、裂纹扩展动态、泄漏等进行不间断监测，并判断管道的安定性和可靠性，从而保证压力管道的安全运行。

（3）末期检查及寿命评估　压力管道经过长时期运行，因遭受到介质腐蚀、磨损、疲劳、老化、蠕变等的损伤，一些管道已处于不稳定状态或临近寿命终点，因此更应加强在线监测，并制订好应急措施和救援方案，随时准备抢险救灾。

在做好在线监测和抢险救灾准备的同时，还应加强在役压力管道的寿命评估，从而变被动安全管理为主动安全管理。

压力管道寿命的评估应根据压力管道的损伤情况和检测数据进行，总体来说，主要是针对管道材料已发生的蠕变、疲劳、相变、均匀腐蚀和裂纹等几方面进行评估。

3. 新建、改建、扩建的管理和监测

（1）严格新建、改建、扩建的压力管道竣工验收和使用登记制度　新建、改建、扩建的压力管道竣工验收必须有劳动行政部门人员参加，验收合格使用前必须进行使用登记，这样可以从源头把住压力管道安全质量关，使得新投入运行的压力管道必须经过检验单位的监督检验，安全质量能够符合规范要求，不带有安全隐患。

（2）新建、改建、扩建的压力管道实施规范化的监督检验　监督检验就是检验单位作为第三方监督安装单位安装施工的压力管道工程的安全质量必须符合设计图纸及有关规范标准的要求。

安装安全质量主要控制点是：

① 安装单位资质；

② 设计图纸、施工方案；

③ 原材料、焊接材料和零部件质量证明书及它们的检验试验；

④ 焊接工艺评定、焊工及焊接控制；

⑤ 表面检查，安装装配质量检查；

⑥ 无损检测工艺与无损检测结果；

⑦ 安全附件；

⑧ 耐压、气密、泄漏量试验。

第二节 危险化学品泄漏的危害及应急处理

事故案例

2005 年 3 月 29 日，在京沪高速公路江苏淮安段上发生了交通事故，引发一辆罐式半挂车上罐装的液氯大量泄漏，造成 29 人死亡，465 人中毒住院治疗，10500 人被迫疏散转移，大量家禽畜类、农作物死亡和损失，造成直接经济损失 1700 余万元，导致京沪高速宿迁至宝应段约 110km 公路关闭 20h。

危险化学品的泄漏事故主要是指气体或液体危险化学品发生了一定规模的泄漏，造成了严重的财产损失或环境污染等后果的危险化学品事故。危险化学品泄漏事故一旦失控，往往造成重大中毒、火灾和爆炸事故，并带来持续的社会影响。

一、泄漏事故的特点

泄漏事故往往是盛装危险化学品的容器、管道或装置的密闭性受到了破坏，导致危险化学品非正常向外泄漏。其不同于正常的跑冒滴漏现象，具有突发性、复杂性、严重性、持久性和社会性等特点。

突发性是指在没有先兆的情况下突然发生的，不需要一段时间的酝酿；复杂性是指事故发生的机理复杂，除了泄漏往往还伴随有腐蚀等化学反应，具有相当的隐蔽性；严重性是指事故的后果严重，发展成为火灾或爆炸，甚至是连环爆炸，造成重大经济损失的同时还会造成人员伤亡；持久性是指事故后果长时间内得不到恢复，如人员严重中毒和环境破坏；社会性是指事故造成惨重的人员伤亡和巨大的经济损失，影响社会稳定，给受害者造成的创伤在很长时间内难以消除，甚至终生。

二、危险化学品对人员的伤害方式

危险化学品伤害人体的方式有三种，即呼吸道、皮肤和眼睛灼伤。

1. 呼吸道

呈气体、蒸气、气溶胶状态的毒物可经呼吸道进入体内。进入呼吸道的毒物，通过肺泡直接进入大循环，其毒作用发生快。这是因为肺泡表面积较大（估计一个正常人的肺泡表面积为 80～90m^2）和肺部毛细血管较丰富，毒物被迅速吸收（毒物由肺部进入血循环较由消化道进入血循环快 20 倍）。

气态毒物进入呼吸道的深度与其水溶性有关。水溶性较大的毒物易为上呼吸道吸收，除非浓度较高，一般不易到达肺泡（如氨）。水溶性较差的毒物在上呼吸道难以吸收，而在深部呼吸道、肺泡则能吸收一部分（如氮氧化物）。呈气溶胶状态的毒物，其进入呼吸道情况比气态毒物复杂得多。它们在呼吸道滞留的量和受呼吸道清除系统清除的量与粒径大小有密切关系。气溶胶颗粒不能小于 1×10^{-6} cm 或大于 1×10^{-4} cm，否则颗粒太小，毒物容易在呼吸道内漂浮而被呼出；颗粒过大，则毒物容易停留在上呼吸道的黏膜表面，难以从肺泡吸收中毒。雾及溶解度较大的粒子可在沉积部位被吸收。

2. 皮肤

腐蚀性化学品喷溅到皮肤上会引起皮肤腐蚀灼伤，比烧伤更为严重和危险。

有些化学品会通过皮肤上的毛细孔吸收引起中毒。通过完整的皮肤，或经毛孔到达皮脂腺而被吸收，一小部分可通过汗腺吸收进入体内。汗腺与毛囊分布广泛，但总截面积仅占表皮面积的 0.1%～1.0%，实际意义不大。毒物主要还是通过表皮屏障到达真皮而进入血循环。另外，毒物经皮肤吸收后也不经肝脏而直接进入大循环。

3. 眼睛灼伤

不论是液态、固态还是气态的危险化学品喷溅到眼睛内，都会使眼睛受到伤害，其症状为眼睛发痒、流泪、发炎疼痛、有灼烧感、视力模糊甚至失明。

三、泄漏事故的形成过程

1. 管理操作问题

化工生产企业都应该具有严格完善的工艺操作规程，并严格执行监督检查制度。如果企业在危险化学品的生产、贮存和使用过程中安全管理不到位，对从业人员缺乏系统的操作技能和防护知识的培训，就容易误操作导致泄漏事故的发生。

2. 设备问题

对盛装危险化学品的设备要定期检修，设备质量不达标的情况下继续使用，则容易发生泄漏事故。比如：设备材料缺陷、化工装置区防火防爆防雷击设施不齐全、设备老化、管道腐蚀等。

3. 设计问题

选址不当，将重要的化工设施建在自然灾害易发地区，一旦地形气象发生变化，化工设施就容易遭到破坏，继而发生危险化学品泄漏事故。

四、危险化学品泄漏事故应急处理

在化学品的生产、贮存和使用过程中，盛装化学品的容器常常发生一些意外的破裂、倒洒等事故，造成化学危险品的外漏，因此需要采取简单、有效的安全技术措施来消除或减少泄漏危险，如果对泄漏控制不住或处理不当，随时有可能转化为燃烧、爆炸、中毒等恶性事故。

1. 疏散与隔离

在化学品生产、贮存和使用过程中一旦发生泄漏，首先要疏散无关人员，隔离泄漏污染区。如果是易燃易爆化学品大量泄漏，这时一定要打“119”报警，请求消防专业人员救援，同时要保护、控制好现场。

2. 切断火源

切断火源对化学品的泄漏处理特别重要，如果泄漏物是易燃品，则必须立即消除泄漏污染区域内的各种火源。

3. 个人防护

参加泄漏处理人员应对泄漏品的化学性质和反应特征有充分的了解，要于高处和上风处进行处理，严禁单独行动，要有监护人。必要时要用水枪（雾状水）掩护。要根据泄漏品的性质和毒物接触形式，选择适当的防护用品，防止事故处理过程中发生伤亡、中毒事故。

（1）呼吸系统防护　为了防止有毒有害物质通过呼吸系统侵入人体，应根据不同场合选择不同的防护器具。对于泄漏化学品毒性大、浓度较高，且缺氧情况下，必须采用氧气呼吸器、空气呼吸器、送风式长管面具等。对于泄漏中氧气浓度不低于18%，毒物浓度在一定范围内的场合，可以采用防毒面具（毒物浓度在2%以下的采用隔离式防毒面具，浓度在1%以下采用直接式防毒面具，浓度在0.1%以下采取防毒口罩）。在粉尘环境中可采用防尘口罩。

（2）眼睛防护　为防止眼睛受到伤害，可采用化学安全防护眼镜、安全防护面罩等。

（3）身体防护　为了避免皮肤受到损伤，可以采用带面罩式胶布防毒衣、连衣式胶布防毒衣、橡胶工作服、防毒物渗透工作服、透气型防毒服等。

（4）手防护　为了保护手不受损害，可以采用橡胶手套、乳胶手套、耐酸碱手套、防化学品手套等。

4. 泄漏控制

如果在生产使用过程中发生泄漏，要在统一指挥下，通过关闭有关阀门，切断与之相连的设备、管线，停止作业，或改变工艺流程等方法来控制化学品的泄漏。

如果是容器发生泄漏，应根据实际情况，采取措施堵塞和修补裂口，制止进一步泄漏。

另外，要防止泄漏物扩散，殃及周围的建筑物、车辆及人群，万一控制不住泄漏，要及时处置泄漏物，严密监视，以防火灾爆炸。

5. 泄漏物的处置

要及时将现场的泄漏物进行安全可靠处置。

(1) 气体泄漏物处置　应急处理人员要做的只是止住泄漏，如果可能的话，用合理的通风使其扩散不至于积聚，或者喷洒雾状水使之液化后处理。

(2) 液体泄漏物处理　对于少量的液体泄漏，可用沙土或其他不燃吸附剂吸附，收集于容器内后进行处理。

而大量液体泄漏后四处蔓延扩散，难以收集处理，可以采用筑堤堵截或者引流到安全地点。为降低泄漏物向大气的蒸发，可用泡沫或其他覆盖物进行覆盖，在其表面形成覆盖后，抑制其蒸发，然后进行转移处理。

(3) 固体泄漏物处理　用适当的工具收集泄漏物，然后用水冲洗被污染的地面。

安全第一，预防为主。对化学品的泄漏，一定不可掉以轻心，平时要做好泄漏紧急处理演习，拟订好方案计划，做到有备无患，只有这样，才能保证生产、使用、贮运化学品的安全。

第三节 火灾、爆炸事故的危害及应急处理

事故案例

2005 年 4 月 14 日，铜陵市某钢铁有限责任公司制氧车间调压站发生一起由于气动调节阀内有超极限的润滑油脂，在通入氧气后绝热压缩产生高温和氧气与油脂反应放出热量，导致管道内温度超过了燃点，造成气动调节阀内部介质燃爆引起的重大燃爆事故，正在现场检修作业的 8 名工作人员中，3 人死亡，4 人重伤(数月后 4 名伤员医治无效，全部死亡)。

化工生产的不安全因素有很多，在各类大的事故中，以火灾、爆炸事故的发生率为最高，造成的损失也最大。轻则单台设备损坏而造成停产，重则关键设备损坏或一套装置被破坏。安全事故发生后，不仅恢复生产需要加倍紧张工作，而且给社会增加了不安定因素。因此，必须对火灾爆炸事故加以重视，严防事故的发生。

一、火灾

燃烧是可燃物质与助燃物质发生的一种发光发热的氧化反应。而火灾是在时间和空间上失去控制的燃烧现象。

(一) 燃烧类型

燃烧现象按其发生瞬间的特点，可分为闪燃、点燃、自燃、爆燃等类型，每一种类型的燃烧有各自的特点。闪点、着火点、自燃点和发火点分别是上述四种燃烧类型的特

征参数。

1. 闪燃和闪点

液体表面都有一定量的蒸气存在，可燃液体表面的蒸气与空气形成的混合气体与火源接近时会发生瞬间燃烧，出现瞬间火苗或闪光。这种现象称为闪燃。液体能发生闪燃的最低温度，称为该液体的闪点。闪燃是短暂的闪火，不是持续的燃烧，这是因为液体在该温度下蒸发速率不快，液体表面上聚积的蒸气一瞬间燃尽，而新的蒸气还未来得及补充，故闪燃一下就熄灭了。

2. 点燃和着火点

可燃物质在空气充足的条件下，达到一定温度与火源接触即行着火，移去火源后仍能持续燃烧达 5min 以上，这种现象称为点燃。点燃的最低温度称为着火点或燃点。可燃液体的着火点约高于其闪点 5～20℃。但闪点在 100℃以下时，二者往往相同。闪点与燃点的区别：在燃点时燃烧的不仅是蒸气，而且有液体（保持提供稳定的燃烧蒸气）；在闪点时移去火源后闪燃即熄灭，而在燃点时则能继续燃烧。

3. 自燃和自燃点

在无外界火源的条件下，物质自行引发的燃烧称为自燃。自燃的最低温度称为自燃点。物质自燃有受热自燃和自热燃烧两种类型。

（1）受热自燃　可燃物质在外部热源作用下温度升高，达到其自燃点而自行燃烧称之为受热自燃。可燃物质与空气一起被加热时，首先缓慢氧化，氧化反应热使物质温度升高，同时由于散热也有部分热损失。若反应热大于损失热，氧化反应加快，温度继续升高，达到物质的自燃点而自燃。在化工生产中，可燃物质由于接触高温热表面、加热或烘烤、撞击或摩擦等，均有可能导致自燃。

（2）自热燃烧　可燃物质在无外部热源的影响下，其内部发生物理、化学或生化变化而产生热量，并不断积累使物质温度上升，达到其自燃点而燃烧。这种现象称为自热燃烧。引起物质自热的原因有：氧化热（如不饱和油脂）、分解热（如赛璐珞）、聚合热（如液相氰化氢）、吸附热（如活性炭）、发酵热（如植物）等。

4. 爆燃和发火点

爆燃（或叫燃爆）是火炸药或燃爆性气体混合物的快速燃烧，是混合气体在燃烧时的一个特例。一般燃料的燃烧需要外界供给助燃的氧，没有氧，燃烧反应就不能进行，而火炸药或燃爆性气体混合物中含有较丰富的氧元素或氧气、氧化剂等，它们燃烧时无需外界的氧参与反应，所以它们是能发生自身燃烧反应的物质。

火炸药或燃爆性气体混合物发生爆炸时所需要的最低点火温度叫做该物质的发火点。由于从点燃到燃爆有个延滞时间，通常都规定采用 5s 或 5min 作延滞期，以比较不同物质在相同延滞期下的发火点。

(二) 火灾的分类

根据可燃物的类型和燃烧特性将火灾定义为六个不同的类别。

A 类火灾：指固体物质火灾。这种物质往往具有有机物性质，一般在燃烧时能产生灼热的余烬。如木材、棉、毛、麻、纸张火灾等。

B 类火灾：指液体火灾和可熔化的固体火灾。如汽油、煤油、原油、甲醇、乙醇、沥青、石蜡火灾等。

C 类火灾：指气体火灾。如煤气、天然气、甲烷、乙烷、丙烷、氢气火灾等。

D 类火灾：指金属火灾。如钾、钠、镁、钛、锆、锂、铝镁合金火灾等。

E 类火灾：指带电火灾。

F 类火灾：厨房厨具火灾。

二、爆炸

爆炸是物质在瞬间以机械功的形式释放出大量气体和能量的现象。物质发生急剧的物理、化学变化，在瞬间释放出大量能量并伴有巨大的声响。

爆炸介质在压力作用下，表现出不寻常的运动或机械破坏效应，以及爆炸介质受振动而产生的音响效应。爆炸发生时，爆炸力的冲击波最初使气压上升，随后气压下降使空气振动产生局部真空，呈现出所谓的吸收作用。由于爆炸的冲击波呈升降交替的波状气压向四周扩散，从而造成附近建筑物的震荡破坏。

爆炸具有巨大的破坏作用，损失也较大。化工装置、机械设备、容器等爆炸后，变成碎片飞散出去会在相当大的范围内造成危害。化工生产中属于爆炸碎片造成的伤亡占很大比例。爆炸碎片的飞散距离一般可达 100～500m。

(一) 爆炸分类

1. 按爆炸性质分类

(1) 物理爆炸　物理爆炸是指物质的物理状态发生急剧变化而引起的爆炸。例如，蒸汽锅炉、压缩气体、液化气体过压等引起的爆炸，都属于物理爆炸。物质的化学成分和化学性质在物理爆炸后均不发生变化。

(2) 化学爆炸　化学爆炸是指物质发生急剧化学反应，产生高温高压而引起的爆炸。物质的化学成分和化学性质在化学爆炸后均发生了质的变化。化学爆炸又可以进一步分为爆炸物分解爆炸、爆炸物与空气的混合爆炸两种类型。

爆炸物分解爆炸是爆炸物在爆炸时分解为较小的分子或其组成元素。爆炸物的组成元素中如果没有氧元素，爆炸时则不会有燃烧反应发生，爆炸所需要的热量是由爆炸物本身分解产生的。属于这一类物质的有叠氮铅、乙炔银、乙炔铜、碘化氮、氯化氮等。爆炸物质中如果含有氧元素，爆炸时则往往伴有燃烧现象发生。各种氮或氯的氧化物、苦味酸即属于这一类型。爆炸性气体、蒸气或粉尘与空气的混合物爆炸，需要一定的条件，如爆炸性物质的含量或氧气含量以及激发能源等。因此其危险性较分解爆炸为低，但这类爆炸更普遍，所造成的危害也较大。

2. 按爆炸速率分类

(1) 轻爆　爆炸传播速度在每秒零点几米至数米之间的爆炸过程，破坏力不大，音响也不大。

(2) 爆炸　爆炸传播速度在每秒 10m 至数百米之间的爆炸过程，有较大的破坏力，有震耳的声响。

(3) 爆轰　爆炸传播速度在每秒 1km 至数千米以上的爆炸过程，产生超音速冲击波，并可引起爆炸处其他爆炸性气体混合物爆炸，发生“殉爆”。

爆炸在化学工业中一般是以突发或偶发事件的形式出现的，而且往往伴随火灾发生。爆炸所形成的危害性严重，损失也较大。

(二) 爆炸极限

可燃气体或蒸气与空气的混合物，并不是在任何组成下都可以燃烧或爆炸，而且燃烧（或爆炸）的速率也随组成而变。可燃气体或蒸气与空气的混合物能使火焰蔓延的最低浓度，称为该气体或蒸气的爆炸下限；能使火焰蔓延的最高浓度则称为爆炸上限。可燃气体或蒸气与空气的混合物，若其浓度在爆炸下限以下或爆炸上限以上，便不会着火或爆炸。

混合气体浓度在爆炸下限以下时含有过量空气，由于空气的冷却作用，活化中心的消失数大于产生数，阻止了火焰的蔓延。若浓度在爆炸上限以上，含有过量的可燃气体，助燃气体不足，火焰也不能蔓延。但此时若补充空气，将可燃气体的浓度稀释进入了燃烧爆炸范围，仍有火灾和爆炸的危险。所以浓度在爆炸上限以上的混合气体不能认为是安全的。爆炸极限通常用可燃气体或蒸气在混合气体中的体积分数表示（见表 6-1），有时也用单位体积可燃气体的质量（kg/m^3）表示。

表 6-1 几种有机物爆炸极限范围

有机物名称	爆炸极限/%		有机物名称	爆炸极限/%	
	下限	上限		下限	上限
丙酮	2	13	酒精	3.3	18
苯	1.4	9.5	甲烷	5	15
汽油	1.2	7	乙烷	3.0	15.5
正丁醇	3.7	10.2	丙烷	2.1	9.5
二氯乙烷	6.2	1529	乙酸乙酯	2.2	11.4
二甲苯	1.1	6.4	甲苯	1.5	7

(三) 影响爆炸极限的因素

爆炸极限不是一个固定值，它受各种外界因素的影响而变化。影响爆炸极限的因素主要有以下几种。

1. 原始温度

爆炸性混合物的原始温度越高，则爆炸下限降低，上限增高，极限范围扩大，爆炸危险性增加。温度升高，混合物分子内能增大，燃烧反应更容易进行，温度升高使爆炸性混合物的危险性增加。

2. 原始压力

爆炸极限受混合物的原始压力影响较大。一般爆炸性混合物初始压力在增压的情况下，爆炸极限范围扩大。在一般情况下，随着原始压力增大，爆炸上限明显提高。在已知可燃气体中，只有一氧化碳随着初始压力的增加，爆炸极限范围缩小。

3. 惰性介质或杂质

爆炸性混合物中惰性气体含量增加，可缩小爆炸极限范围。当惰性气体含量增加到某一值时，混合物不再发生爆炸。在一般情况下，爆炸性混合物中惰性气体含量增加，对其爆炸上限的影响比对爆炸下限的影响更为显著。这是因为在爆炸性混合物中，随着惰性气体含量的增加氧的含量相对减少，而在爆炸上限浓度下氧的含量本来已经很小，故惰性气体含量稍微增加一点，即产生很大影响，使爆炸上限剧烈下降。

4. 含氧量

爆炸性混合物中含氧量增加，爆炸极限范围扩大，尤其爆炸上限提高很多。

5. 容器的材质和尺寸

实验表明，容器管道直径越小，爆炸极限范围越小。对于同一可燃物质，管径越小，火焰蔓延速度越小。当管径（或火焰通道）小到一定程度时，火焰便不能通过。这一间距称作最大灭火间距，亦称作临界直径。当管径小于最大灭火间距时，火焰便不能通过而被熄灭。

6. 能源

火花能量、热表面面积、火源与混合物的接触时间等，对爆炸极限均有影响。对于一定浓度的爆炸性混合物，都有一个引起该混合物爆炸的最低能量。浓度不同，引爆的最低能量也不同。对于给定的爆炸性物质，各种浓度下引爆的最低能量中的最小值，称为最小引爆能量，或最小引燃能量。如甲烷在电压100V、电流强度1A的电火花作用下，无论浓度如何都不会引起爆炸。但当电流强度增加至2A时，其爆炸极限为5.9%～13.6%；3A时为5.85%～14.8%。

三、火灾扑救技术

1. 灭火的方法

灭火的基本方法有：冷却法、隔离法、窒息法和抑制法。其中窒息法和冷却法比较常用。

(1) 冷却灭火法　这种灭火法的原理是将灭火剂直接喷射到燃烧的物体上，以降低燃烧的温度于燃点之下，使燃烧停止。或者将灭火剂喷洒在火源附近的物质上，使其不因火焰热辐射作用而形成新的火点。冷却灭火法是灭火的一种主要方法，常用水和二氧化碳作灭火剂冷却降温灭火。灭火剂在灭火过程中不参与燃烧过程中的化学反应。这种方法属于物理灭火方法。

(2) 隔离灭火法　隔离灭火法是将正在燃烧的物质和周围未燃烧的可燃物质隔离或移开，中断可燃物质的供给，使燃烧因缺少可燃物而停止。具体方法有：

① 把火源附近的可燃、易燃、易爆和助燃物品搬走；

② 关闭可燃气体、液体管道的阀门，以减少和阻止可燃物质进入燃烧区；

③ 设法阻拦流散的易燃、可燃液体；

④ 拆除与火源相毗连的易燃建筑物，形成防止火势蔓延的空间地带。

(3) 窒息灭火法　窒息灭火法是阻止空气流入燃烧区或用不燃物质冲淡空气，使燃烧物得不到足够的氧气而熄灭的灭火方法。具体方法是：

① 用沙土、水泥、湿麻袋、湿棉被等不燃或难燃物质覆盖燃烧物；

② 喷洒雾状水、干粉、泡沫等灭火剂覆盖燃烧物；

③ 用水蒸气或氮气、二氧化碳等气体灌注发生火灾的容器、设备；

④ 密闭起火建筑、设备和孔洞；

⑤ 把不燃的气体或不燃液体（如二氧化碳、氮气、四氯化碳等）喷洒到燃烧物区域内或燃烧物上。

(4) 化学抑制灭火法　化学抑制灭火法是将化学灭火剂喷入燃烧区使之参与燃烧的化学反应，从而使燃烧反应停止。采用这种方法可使用的灭火剂有干粉和卤代烷灭火剂及替代产品。灭火时，一定要将足够数量的灭火剂准确地喷在燃烧区内，使灭火剂参与和阻断燃烧反应。否则将起不到抑制燃烧反应的作用，达不到灭火的目的。同时还要采取必要的冷却降温措施，以防止复燃。

2. 灭火剂及其应用

（1）水　水的灭火原理是与燃烧物质接触被加热汽化吸收大量的热，使燃烧物质冷却降温，从而减弱燃烧的强度。水的蒸发潜热较大，遇到燃烧物后汽化生成大量的蒸汽，能够阻止燃烧物与空气接触，并能稀释燃烧区的氧，使火势减弱。

对于水溶性可燃、易燃液体的火灾，如果允许用水扑救，水与可燃、易燃液体混合，可降低燃烧液体浓度以及燃烧区内可燃蒸气浓度，从而减弱燃烧强度。由水枪喷射出的加压水流，其压力可达几兆帕。高压水流强烈冲击燃烧物和火焰，会使燃烧强度显著降低。

禁水性物质如碱金属和一些轻金属，以及电石、熔融状金属的火灾不能用水扑救。非水溶性，特别是密度比水小的可燃、易燃液体的火灾，原则上也不能用水扑救。直流水不能用于扑救电气设备的火灾，浓硫酸、浓硝酸场所的火灾以及可燃粉尘的火灾。原油、重油的火灾，浓硫酸、浓硝酸场所的火灾，必要时可用雾状水扑救。

（2）泡沫灭火剂　泡沫灭火剂是重要的灭火物质。多数泡沫灭火装置都是小型手提式的，对于小面积火焰覆盖极为有效。也有少数装置配置固定的管线，在紧急火灾中提供大面积的泡沫覆盖。对于密度比水小的液体火灾，泡沫灭火剂有着明显的长处。

泡沫灭火剂由发泡剂、泡沫稳定剂和其他添加剂组成。发泡剂称为基料，稳定剂或添加剂则称为辅料。泡沫灭火剂由于基料不同有多种类型，如化学泡沫灭火剂、蛋白泡沫灭火剂、水成膜泡沫灭火剂、抗溶性泡沫灭火剂、高倍数泡沫灭火剂等。

（3）干粉灭火剂　干粉灭火剂是一种干燥易于流动的粉末，又称粉末灭火剂。干粉灭火剂由能灭火的基料以及防潮剂、流动促进剂、结块防止剂等添加剂组成。一般借助于专用的灭火器或灭火设备中的气体压力将其喷出，以粉雾形式灭火。

（4）其他灭火剂　还有二氧化碳、卤代烃等灭火剂。手提式的二氧化碳灭火器适于扑灭小型火灾，而大规模的火灾则需要固定管输出二氧化碳系统，释放出足够量的二氧化碳覆盖在燃烧物质之上。采用卤代烃灭火时应特别注意，这类物质加热至高温会释放出高毒性的分解产物。例如，应用四氯化碳灭火时，光气是分解产物之一。

3. 灭火器适用范围及使用方法

（1）泡沫灭火器适用范围及使用方法

① 适用范围　适用于扑救一般B类火灾，如油制品、油脂等火灾，也可适用于A类火灾，但不能扑救B类火灾中的水溶性可燃、易燃液体的火灾，如醇、酯、醚、酮等物质火灾；也不能扑救带电设备及C类和D类火灾。

② 使用方法　可手提筒体上部的提环，迅速奔赴火场。这时应注意不得使灭火器过分倾斜，更不可横拿或颠倒，以免两种药剂混合而提前喷出。当距离着火点10m左右，即可将筒体颠倒过来，一只手紧握提环，另一只手扶住筒体的底圈，将射流对准燃烧物。在扑救可燃液体火灾时，如已呈流淌状燃烧，则将泡沫由远而近喷射，使泡沫完全覆盖在燃烧液面上；如在容器内燃烧，应将泡沫射向容器的内壁，使泡沫沿着内壁流淌，逐步覆盖着火液面。切忌直接对准液面喷射，以免由于射流的冲击，反而将燃烧的液体冲散或冲出容器，扩大燃烧范围。在扑救固体物质火灾时，应将射流对准燃烧最猛烈处。灭火时随着有效喷射距离的缩短，使用者应逐渐向燃烧区靠近，并始终将泡沫喷在燃烧物上，直到扑灭。使用时，灭火器应始终保持倒置状态，否则会中断喷射。

泡沫灭火器存放应选择干燥、阴凉、通风并取用方便之处，不可靠近高温或可能受到曝晒的地方，以防止碳酸分解而失效；冬季要采取防冻措施，以防止冻结；并应经常擦除灰尘、疏通喷嘴，使之保持通畅。

(2) 推车式泡沫灭火器适用范围和使用方法　其适用范围与手提式化学泡沫灭火器相同。

使用方法：使用时，一般由两人操作，先将灭火器迅速推拉到火场，在距离着火点10m左右处停下，由一人施放喷射软管后，双手紧握喷枪并对准燃烧处；另一人则先逆时针方向转动手轮，将螺杆升到最高位置，使瓶盖开足，然后将筒体向后倾倒，使拉杆触地，并将阀门手柄旋转90°，即可喷射泡沫进行灭火。如阀门装在喷枪处，则由负责操作喷枪者打开阀门。

灭火方法及注意事项与手提式化学泡沫灭火器基本相同，可以参照。由于该种灭火器的喷射距离远，连续喷射时间长，因而可充分发挥其优势，用来扑救较大面积的贮槽或油罐车等处的初起火灾。

(3) 空气泡沫灭火器适用范围和使用方法

① 适用范围　适用范围基本上与化学泡沫灭火器相同。但空气泡沫灭火器还能扑救水溶性易燃、可燃液体的火灾如醇、醚、酮等溶剂燃烧的初起火灾。

② 使用方法　使用时可手提或肩扛迅速奔到火场，在距燃烧物6m左右，拔出保险销，一手握住开启压把，另一手紧握喷枪；用力捏紧开启压把，打开密封或刺穿贮气瓶密封片，空气泡沫即可从喷枪口喷出。灭火方法与手提式化学泡沫灭火器相同。但空气泡沫灭火器使用时，应使灭火器始终保持直立状态，切勿颠倒或横卧使用，否则会中断喷射。同时应一直紧握开启压把，不能松手，否则也会中断喷射。

(4) 酸碱灭火器适用范围及使用方法

① 适用范围　适用于扑救A类物质燃烧的初起火灾，如木、织物、纸张等燃烧的火灾。它不能用于扑救B类物质燃烧的火灾，也不能用于扑救C类可燃性气体或D类轻金属火灾。同时也不能用于带电物体火灾的扑救。

② 使用方法　使用时应手提筒体上部提环，迅速奔到着火地点。绝不能将灭火器扛在背上，也不能过分倾斜，以防两种药液混合而提前喷射。在距离燃烧物6m左右，即可将灭火器颠倒过来，并摇晃几次，使两种药液加快混合；一只手握住提环，另一只手抓住筒体下的底圈将喷出的射流对准燃烧最猛烈处喷射。同时随着喷射距离的缩减，使用人应向燃烧处推进。

(5) 二氧化碳灭火器的使用方法　灭火时只要将灭火器提到或扛到火场，在距燃烧物5m左右，放下灭火器拔出保险销，一手握住喇叭筒根部的手柄，另一只手紧握启闭阀的压把。对没有喷射软管的二氧化碳灭火器，应把喇叭筒往上扳70°～90°。使用时，不能直接用手抓住喇叭筒外壁或金属连线管，防止手被冻伤。灭火时，当可燃液体呈流淌状燃烧时，使用者将二氧化碳灭火剂的喷流由近而远向火焰喷射。如果可燃液体在容器内燃烧时，使用者应将喇叭筒提起。从容器的一侧上部向燃烧的容器中喷射。但不能将二氧化碳射流直接冲击可燃液面，以防止将可燃液体冲出容器而扩大火势，造成灭火困难。

推车式二氧化碳灭火器一般由两人操作，使用时两人一起将灭火器推或拉到燃烧处，在离燃烧物10m左右停下，一人快速取下喇叭筒并展开喷射软管后，握住喇叭筒根部的手柄，另一人快速按逆时针方向旋动手轮，并开到最大位置。灭火方法与手提式的方法一样。

使用二氧化碳灭火器时，在室外使用的，应选择在上风方向喷射。在室外内窄小空间使用的，灭火后操作者应迅速离开，以防窒息。

（6）手提式1211灭火器使用方法　使用时，应手提灭火器的提把或肩扛灭火器带到火场。在距燃烧处5m左右，放下灭火器，先拔出保险销，一手握住开启把，另一手握在喷射软管前端的喷嘴处。如灭火器无喷射软管，可一手握住开启压把，另一手扶住灭火器底部的底圈部分。先将喷嘴对准燃烧处，用力握紧开启压把，使灭火器喷射。当被扑救可燃烧液体呈现流淌状燃烧时，使用者应对准火焰根部由近而远并左右扫射，向前快速推进，直至火焰全部扑灭。如果可燃液体在容器中燃烧，应对准火焰左右晃动扫射，当火焰被赶出容器时，喷射流跟着火焰扫射，直至把火焰全部扑灭。但应注意不能将喷流直接喷射在燃烧液面上，防止灭火剂的冲力将可燃液体冲出容器而扩大火势，造成灭火困难。如果扑救可燃性固体物质的初起火灾时，则将喷流对准燃烧最猛烈处喷射，当火焰被扑灭后，应及时采取措施，不让其复燃。1211灭火器使用时不能颠倒，也不能横卧，否则灭火剂不会喷出。另外在室外使用时，应选择在上风方向喷射；在窄小的室内灭火时，灭火后操作者应迅速撤离，因1211灭火剂也有一定的毒性，以防对人体的伤害。

（7）推车式1211灭火器使用方法　灭火时一般由两人操作，先将灭火器推或拉到火场，在距燃烧处10m左右停下。一人快速放开喷射软管，紧握喷枪，对准燃烧处；另一人则快速打开灭火器阀门。灭火方法与手提式1211灭火器相同。

1301灭火器的使用方法和适用范围与1211灭火器相同。但由于1301灭火剂喷出成雾状，在室外有风状态下使用时，其灭火能力没1211灭火器高，因此更应在上风方向喷射。

（8）碳酸氢钠干粉灭火器　碳酸氢钠干粉灭火器适用于易燃、可燃液体、气体及带电设备的初起火灾；磷酸铵盐干粉灭火器除可用于上述几类火灾外，还可扑救固体类物质的初起火灾。但都不能扑救金属燃烧火灾。

灭火时，可手提或肩扛灭火器快速奔赴火场，在距燃烧处5m左右，放下灭火器。如在室外，应选择在上风方向喷射。使用的干粉灭火器若是外挂式贮压式的，操作者应一手紧握喷枪，另一手提起贮气瓶上的开启提环。如果贮气瓶的开启是手轮式的，则向逆时针方向旋开，并旋到最高位置，随即提起灭火器。当干粉喷出后，迅速对准火焰的根部扫射。使用的干粉灭火器若是内置式贮气瓶的或者是贮压式的，操作者应先将开启把上的保险销拔下，然后握住喷射软管前端喷嘴部，另一只手将开启压把压下，打开灭火器进行灭火。有喷射软管的灭火器或贮压式灭火器在使用时，一手应始终压下压把，不能放开，否则会中断喷射。

干粉灭火器扑救可燃、易燃液体火灾时，应对准火焰要部扫射，如果被扑救的液体火灾呈流淌燃烧时，应对准火焰根部由近而远，并左右扫射，直至把火焰全部扑灭。如果可燃液体在容器内燃烧，使用者应对准火焰根部左右晃动扫射，使喷射出的干粉流覆盖整个容器开口表面；当火焰被赶出容器时，使用者仍应继续喷射，直至将火焰全部扑灭。在扑救容器内可燃液体火灾时，应注意不能将喷嘴直接对准液面喷射，防止喷流的冲击力使可燃液体溅出而扩大火势，造成灭火困难。如果当可燃液体在金属容器中燃烧时间过长，容器的壁温已高于扑救可燃液体的自燃点，此时极易造成灭火后再复燃的现象，若与泡沫类灭火器联用，则灭火效果更佳。

使用磷酸铵盐干粉灭火器扑救固体可燃物火灾时，应对准燃烧最猛烈处喷射，并上下、左右扫射。如条件许可，使用者可提着灭火器沿着燃烧物的四周边走边喷，使干粉灭火剂均匀地喷在燃烧物的表面，直至将火焰全部扑灭。

四、常见危险化学品火灾事故现场应急处理

危险化学品容易发生火灾、爆炸事故，但不同的化学品以及在不同情况下发生火灾时，

其扑救方法差异很大，若处置不当，不仅不能有效扑灭火灾，反而会使灾情进一步扩大。此外，由于化学品本身及其燃烧产物大多具有较强的毒害性和腐蚀性，极易造成人员中毒、灼伤。因此，扑救化学危险品火灾是一项极其重要又非常危险的工作。

1. 扑救压缩或液化气体火灾的基本对策

压缩或液化气体总是被贮存在不同的容器内，或通过管道输送。其中贮存在较小钢瓶内的气体压力较高，受热或受火焰熏烤容易发生爆裂。气体泄漏后遇火源已形成稳定燃烧时，其发生爆炸或再次爆炸的危险性与可燃气体泄漏未燃时相比要小得多。遇压缩或液化气体火灾一般应采取以下基本对策。

(1) 扑救气体火灾切忌盲目扑灭火势，在没有采取堵漏措施的情况下，必须保持稳定燃烧。否则，大量可燃气体泄漏出来与空气混合，遇着火源就会发生爆炸，后果将不堪设想。

(2) 首先应扑灭外围被火源引燃的可燃物火势，切断火势蔓延途径，控制燃烧范围，并积极抢救受伤和被困人员。

(3) 如果火势中有压力容器或有受到火焰辐射热威胁的压力容器，能疏散的应尽量在水枪的掩护下疏散到安全地带，不能疏散的应部署足够的水枪进行冷却保护。为防止容器爆裂伤人，进行冷却的人员应尽量采用低姿射水或利用现场坚实的掩蔽体防护。对卧式贮罐，冷却人员应选择贮罐四侧角作为射水阵地。

(4) 如果是输气管道泄漏着火，应设法找到气源阀门。阀门完好时，只要关闭气体的进出阀门，火势就会自动熄灭。

(5) 贮罐或管道泄漏关阀无效时，应根据火势判断气体压力和泄漏口的大小及其形状，准备好相应的堵漏材料（如软木塞、橡胶塞、气囊塞、黏合剂、弯管工具等）。

(6) 堵漏工作准备就绪后，即可用水扑救火势，也用干粉、二氧化碳、卤代烷灭火，但仍需用水冷却烧烫的罐或管壁。火扑灭后，应立即用堵漏材料堵漏，同时用雾状水稀释和驱散泄漏出来的气体。如果确认泄漏口非常大，根本无法堵漏，只需冷却着火容器及其周围容器和可燃物品，控制着火范围，直到燃气燃尽，火势自动熄灭。

(7) 现场指挥应密切注意各种危险征兆，遇有火势熄灭后较长时间未能恢复稳定燃烧或受热辐射的容器安全阀火焰变亮耀眼、尖叫、晃动等爆裂征兆时，指挥员必须适时作出准确判断，及时下达撤退命令。现场人员看到或听到事先规定的撤退信号后，应迅速撤退至安全地带。

2. 扑救易燃液体的基本对策

易燃液体通常也是贮存在容器内或管道输送的。与气体不同的是，液体容器有的密闭，有的敞开，一般都是常压，只有反应锅（炉、釜）及输送管道内的液体压力较高。液体不管是否着火，如果发生泄漏或溢出，都将顺着地面（或水面）漂散流淌，而且，易燃液体还有密度和水溶性等涉及能否用水和普通泡沫扑救的问题以及危险性很大的沸溢和喷溅问题，因此，扑救易燃液体火灾往往也是一场艰难的战斗。遇易燃液体火灾，一般应采用以下基本对策。

(1) 首先应切断火势蔓延的途径，冷却和疏散受火势威胁的压力及密闭容器和可燃物，控制燃烧范围，并积极抢救受伤和被困人员。如有液体流淌时，应筑堤（或用围油栏）拦截漂散流淌的易燃液体或挖沟导流。

(2) 及时了解和掌握着火液体的品名、密度、水溶性以及有无毒害、腐蚀、沸溢、喷溅等危险性，以便采取相应的灭火和防护措施。

(3) 对较大的贮罐或流淌火灾，应准确判断着火面积。

小面积（一般 $50m^2$ 以内）液体火灾，一般可用雾状水扑灭。用泡沫、干粉、二氧化碳、卤代烷（1211，1301）灭火一般更有效。

大面积液体火灾则必须根据其相对密度、水溶性和燃烧面积大小，选择正确的灭火剂扑救。

比水轻又不溶于水的液体（如汽油、苯等），用直流水、雾状水灭火往往无效。可用普通蛋白泡沫或轻水泡沫灭火。用干粉、卤代烷扑救时灭火效果要视燃烧面积大小和燃烧条件而定，最好用水冷却罐壁。

比水重又不溶于水的液体（如二硫化碳）起火时可用水扑救，水能覆盖在液面上灭火。用泡沫也有效。干粉、卤代烷扑救，灭火效果要视燃烧面积大小和燃烧条件而定。最好用水冷却罐壁。

具有水溶性的液体（如醇类、酮类等），虽然从理论上讲能用水稀释扑救，但用此法要使液体闪点消失，水必须在溶液中占很大的比例。这不仅需要大量的水，也容易使液体溢出流淌，而普通泡沫又会受到水溶性液体的破坏（如果普通泡沫强度加大，可以减弱火势），因此，最好用抗溶性泡沫扑救，用干粉或卤代烷扑救时，灭火效果要视燃烧面积大小和燃烧条件而定，也需用水冷却罐壁。

(4) 扑救毒害性、腐蚀性或燃烧产物毒害性较强的易燃液体火灾，扑救人员必须佩戴防护面具，采取防护措施。

(5) 扑救原油和重油等具有沸溢和喷溅危险的液体火灾。如有条件，可采用取放水、搅拌等防止发生沸溢和喷溅的措施，在灭火同时必须注意计算可能发生沸溢、喷溅的时间和观察是否有沸溢、喷溅的征兆。指挥员发现危险征兆时应迅即作出准确判断，及时下达撤退命令，避免造成人员伤亡和装备损失。扑救人员看到或听到统一撤退信号后，应立即撤至安全地带。

(6) 遇易燃液体管道或贮罐泄漏着火，在切断蔓延把火势限制在一定范围内的同时，对输送管道应设法找到并关闭进、出阀门，如果管道阀门已损坏或是贮罐泄漏，应迅速准备好堵漏材料，然后先用泡沫、干粉、二氧化碳或雾状水等扑灭地上的流淌火焰，为堵漏扫清障碍，其次再扑灭泄漏口的火焰，并迅速采取堵漏措施。与气体堵漏不同的是，液体一次堵漏失败，可连续堵几次，只要用泡沫覆盖地面，并堵住液体流淌和控制好周围着火源，不必点燃泄漏口的液体。

3. 扑救爆炸物品火灾的基本对策

爆炸物品一般都有专门或临时的贮存仓库。这类物品由于内部结构含有爆炸性隐患，受摩擦、撞击、震动、高温等外界因素激发，极易发生爆炸，遇明火则更危险。遇爆炸物品火灾时，一般应采取以下基本对策。

(1) 迅速判断和查明再次发生爆炸的可能性和危险性，紧紧抓住爆炸后和再次发生爆炸之前的有利时机，采取一切可能的措施，全力制止再次爆炸的发生。

(2) 切忌用沙土盖压，以免增强爆炸物品爆炸时的威力。

(3) 如果有疏散可能，人身安全上确有可靠保障，应迅即组织力量及时疏散着火区域周围的爆炸物品，使着火区周围形成一个隔离带。

(4) 扑救爆炸物品堆垛时，水流应采用吊射，避免强力水流直接冲击堆垛，以免堆垛倒塌引起再次爆炸。

(5) 灭火人员应尽量利用现场现成的掩蔽体或尽量采用卧姿等低姿射水，尽可能地采取自我保护措施。消防车辆不要停靠离爆炸物品太近的水源。

(6) 灭火人员发现有发生再次爆炸的危险时，应立即向现场指挥报告，现场指挥应迅即作出准确判断，确有发生再次爆炸征兆或危险时，应立即下达撤退命令。灭火人员看到或听到撤退信号后，应迅速撤至安全地带，来不及撤退时，应就地卧倒。

4. 扑救遇湿易燃物品火灾的基本对策

遇湿易燃物品能与潮湿和水发生化学反应，产生可燃气体和热量，有时即使没有明火也能自动着火或爆炸，如金属钾、钠以及三乙基铝（液态）等。因此，这类物品有一定数量时，绝对禁止用水、泡沫、酸碱灭火器等湿性灭火剂扑救。这类物品的这一特殊性给其火灾时的扑救带来了很大的困难。

通常情况下，遇湿易燃物品由于其发生火灾时的灭火措施特殊，在贮存时要求分库或隔离分堆单独贮存，但在实际操作中有时往往很难完全做到，尤其是在生产和运输过程中更难以做到，如铝制品厂往往遍地积有铝粉。对包装坚固、封口严密、数量又少的遇湿易燃物品，在贮存规定上允许同室分堆或同柜分格贮存。这就给其火灾扑救工作带来了更大的困难，灭火人员在扑救中应谨慎处置。对遇湿易燃物品火灾一般采取以下基本对策。

(1) 首先应了解清楚遇湿易燃物品的品名、数量、是否与其他物品混存、燃烧范围、火势蔓延途径。

(2) 如果只有极少量（一般 50g 以内）遇湿易燃物品，则不管是否与其他物品混存，仍可用大量的水或泡沫扑救。水或泡沫刚接触着火点时，短时间内可能会使火势增大，但少量遇湿易燃物品燃尽后，火势很快就会熄灭或减少。

(3) 如果遇湿易燃物品数量较多，且未与其他物品混存，则绝对禁止用水或泡沫、酸碱等湿性灭火剂扑救。遇湿易燃物品应用干粉、二氧化碳、卤代烷扑救，只有金属钾、钠、铝、镁等个别物品用二氧化碳、卤代烷无效。固体遇湿易燃物品应用水泥、干砂、干粉、硅藻土和蛭石等覆盖。水泥是扑救固体遇湿易燃物品火灾比较容易得到的灭火剂。对遇湿易燃物品中的粉尘如镁粉、铝粉等，切忌喷射有压力的灭火剂，以防止将粉尘吹扬起来，与空气形成爆炸性混合物而导致爆炸发生。

(4) 如果有较多的遇湿易燃物品与其他物品混存，则应先查明是哪类物品着火，遇湿易燃物品的包装是否损坏。可先用开关水枪向着火点吊射少量的水进行试探，如未见火势明显增大，证明遇湿物品尚未着火，包装也未损坏，应立即用大量水或泡沫扑救，扑灭火势后立即组织力量将淋过水或仍在潮湿区域的遇湿易燃物品疏散到安全地带分散开来。如射水试探后火势明显增大，则证明遇湿易燃物品已经着火或包装已经损坏，应禁止用水、泡沫、酸碱灭火器扑救，若是液体应用干粉等灭火剂扑救，若是固体应用水泥、干砂等覆盖，如遇钾、钠、铝、镁轻金属发生火灾，最好用石墨粉、氯化钠以及专用的轻金属灭火剂扑救。

(5) 如果其他物品火灾威胁到相邻的较多遇湿易燃物品，应先用油布或塑料膜等其他防水布将遇湿易燃物品遮盖好，然后再在上面盖上棉被并淋上水。如果遇湿易燃物品堆放处地势不太高，可在其周围用土筑一道防水堤。在用水或泡沫扑救火灾时，对相邻的遇湿易燃物品应留一定的力量监护。

由于遇湿易燃物品性能特殊，又不能用常用的水和泡沫灭火剂扑救，从事这类物品生产、经营、贮存、运输、使用的人员及消防人员平时应经常了解和熟悉其品名和主要危险特性。

5. 扑救毒害品、腐蚀品火灾的基本对策

毒害品和腐蚀品对人体都有一定危害。毒害品主要经口或吸入蒸气或通过皮肤接触引起人体中毒。腐蚀品通过皮肤接触使人体形成化学灼伤。毒害品、腐蚀品有些本身能着火，有的本身并不着火，但与其他可燃物品接触后能着火。这类物品发生火灾一般应采取以下基本对策。

(1) 灭火人员必须穿防护服，佩戴防护面具。一般情况下采取全身防护即可，对有特殊要求的物品火灾，应使用专用防护服。考虑到过滤式防毒面具防毒范围的局限性，在扑救毒害品火灾时应尽量使用隔绝式氧气或空气面具。为了在火场上能正确使用和适应，平时应进行严格的适应性训练。

(2) 积极抢救受伤和被困人员，限制燃烧范围。毒害品、腐蚀品火灾极易造成人员伤亡，灭火人员在采取防护措施后，应立即投入寻找和抢救受伤、被困人员的工作，并努力限制燃烧范围。

(3) 扑救时应尽量使用低压水流或雾状水，避免腐蚀品、毒害品溅出。遇酸类或碱类腐蚀品最好调制相应的中和剂稀释中和。

(4) 遇毒害品、腐蚀品容器泄漏，在扑灭火势后应采取堵漏措施。腐蚀品需用防腐材料堵漏。

(5) 浓硫酸遇水能放出大量的热，会导致沸腾飞溅，需特别注意防护。扑救浓硫酸与其他可燃物品接触发生的火灾，浓硫酸数量不多时，可用大量低压水快速扑救。如果浓硫酸量很大，应先用二氧化碳、干粉、卤代烷等灭火，然后再把着火物品与浓硫酸分开。

6. 扑救易燃固体、易燃物品火灾的基本对策

易燃固体、易燃物品一般都可用水或泡沫扑救，相对其他种类的化学危险物品而言是比较容易扑救的，只要控制住燃烧范围，逐步扑灭即可。但也有少数易燃固体、自燃物品的扑救方法比较特殊，如2,4-二硝基苯甲醚、二硝基萘、萘、黄磷等。

(1) 2,4-二硝基苯甲醚、二硝基萘、萘等是能升华的易燃固体，受热产生易燃蒸气。火灾时可用雾状水、泡沫扑救并切断火势蔓延途径，但应注意，不能以为明火焰扑灭即已完成灭火工作，因为受热以后升华的易燃蒸气能在不知不觉中飘逸，在上层与空气能形成爆炸性混合物，尤其是在室内，易发生爆燃。因此，扑救这类物品火灾千万不能被假象所迷惑。在扑救过程中应不时向燃烧区域上空及周围喷射雾状水，并用水浇灭燃烧区域及其周围的一切火源。

(2) 黄磷是自燃点很低在空气中能很快氧化升温并自燃的自燃物品。遇黄磷火灾时，首先应切断火势蔓延途径，控制燃烧范围。对着火的黄磷应用低压水或雾状水扑救。高压直流水冲击能引起黄磷飞溅，导致灾害扩大。黄磷熔融液体流淌时应用泥土、砂袋等筑堤拦截并用雾状水冷却，对磷块和冷却后已固化的黄磷，应用钳子钳入贮水容器中。来不及钳时可先用砂土掩盖，但应作好标记，等火势扑灭后，再逐步集中到贮水容器中。

(3) 少数易燃固体和自燃物品不能用水和泡沫扑救，如三硫化二磷、铝粉、烷基铝、保险粉等，应根据具体情况区别处理。宜选用干砂和不用压力喷射的干粉扑救。

五、爆炸事故现场应急处理

(1) 确定防护等级　根据爆炸燃烧物的毒性及划定的危险区域，确定相应的防护等级。防护等级划分标准和防护标准见表6-2和表6-3。

表 6-2 防护等级划分标准

毒性区＼危险区	重危区	中危区	轻危区
剧毒	一级	一级	二级
高毒	一级	一级	二级
中毒	一级	二级	二级
低毒	二级	三级	三级
微毒	二级	三级	三级

表 6-3 防护标准

级别	形式	防化服	防护服	防护面具
一级	全身	内置式重型防火服	全棉防静电内外衣	正压式空气呼吸器或全防型滤毒罐
二级	全身	隔热服	全棉防静电内外衣	正压式空气呼吸器或全防型滤毒罐
三级	呼吸	战斗服		简易滤毒罐、面罩或口罩、毛巾等防护装备

(2) 了解事故情况　了解被困人员情况，确定容器的储量、燃烧时间、部位、形式、火势范围，周边单位居民的情况，以及消防设施、工艺措施、到场人员处置意见。

(3) 确定消防路线　搜寻被困人员，查看燃烧情况和破坏程度，确定消防路线。

(4) 设立警戒区　根据询情和侦察情况确定警戒区域，并划分重危区、中危区、轻危区和安全区，设立警戒标志，在安全区设立隔离带。合理设置出入口，严格控制各区域进出人员、车辆和物资。

(5) 转移抢救伤员　救生小组携带救生器材进入现场，采取正确救助方式，将所有遇险人员转移至安全区域。对救出人员进行登记、标识和现场急救，重伤人员送往医疗部门急救。

(6) 控制险情　冷却燃烧设备及与其相邻的容器，重点是受火势威胁的一面，均匀冷却不间断。尽可能使用固定式水炮、带架水枪、自动摇摆水枪和遥控移动炮。冷却强度不小于 $0.2L/(s \cdot m^2)$。

(7) 排除险情

① 外围灭火　向泄漏点、主火点进攻之前，先将外围火点彻底扑灭。

② 堵漏　制订堵漏方案，确保防爆安全，切断泄漏源。

③ 输转　利用工艺措施倒灌或排空，转移受火势威胁的瓶或罐。

④ 点燃　点燃残余气体，防止再次扩散造成危害。

(8) 灭火　根据爆炸物的不同性质，可以选择关阀断料法、干粉抑制法、水流切断法、泡沫覆盖法、沙土覆盖法等方法。

(9) 救护中毒伤员　将染毒者迅速撤离现场，对呼吸或心跳停止者，应立即进行人工呼吸和心肺复苏，并输氧；立即脱去被污染者的衣服，皮肤污染时用流动清水或肥皂水清洗，眼睛污染者用大量流动清水彻底冲洗。使用药物治疗，严重者送医院治疗。

(10) 清洗消毒　在危险区和安全区交界处设立洗消站，使用相应的洗消药剂，对受伤人员、医务人员、消防抢救人员和器具进行消毒。

(11) 清理残留物　清理残液、残气、残物，在污染地面洒上中和剂或洗涤剂浸洗，并用大量直流水清扫现场，特别是低洼和沟渠等处，确保不留残液。清点人员、车辆及器材，撤除警戒，做好移交，安全撤离。

参 考 文 献

[1] 陆春荣，王晓梅．化工安全技术．苏州：苏州大学出版社，2009.
[2] 孙玉叶，夏登友．危险化学品事故应急救援与处置．北京：化学工业出版社，2008.
[3] 崔克清．化工过程安全工程．北京：化学工业出版社，2003.
[4] 康青春，贾立军．防火防爆技术．北京：化学工业出版社，2008.
[5] 何际泽，张瑞明．安全生产技术．北京：化学工业出版社，2008.
[6] 刘景良．化工安全技术．北京：化学工业出版社，2003.
[7] 陈海群，王凯全．危险化学品事故处理与应急预案．北京：中国石化出版社，2005.
[8] 赵庆贤，邵辉．危险化学品安全管理．北京：中国石化出版社，2005.

第七章 化工设备与自动化仪表

第一节 化工设备及其应用

任何一种石油、化工产品，都是人们利用一定的生产技术和按照特定的工艺要求，将原料经过一系列物理或化学加工处理后得到的。这一系列加工处理的步骤称为化工生产过程。

在生产实践中，要实现某种化工生产就需要有相应的机器和设备。例如，对物料进行混合、分离、加热和化学反应等操作，就需要有混合搅拌设备、分离设备、传热和反应设备；对流体进行输送，就需要有管道、阀门和贮存设备等。因此，化工机器及设备是实现化工生产的重要工具，没有相应的机器和设备，化工生产过程都将无法实现。

下面列举两个典型实例，说明化工设备在生产中的应用。

1. 天然气部分氧化法制氢

如图 7-1 所示，是合成氨厂以天然气（甲烷）、氧气或富氧空气为原料，利用甲烷燃烧以及甲烷转化反应生成氢和一氧化碳，作为合成氨原料气的工艺流程。具体过程是：天然气在 0.16～0.17MPa 压力下进入饱和塔，在塔中加入热水，用热水预热天然气并使之成为天然气饱和蒸气。饱和后的天然气再加入转化所需的蒸汽，经热交换器（换热器）与转化气换热后进入混合器。接下来与空气充分混合进入转化器，并在 800～850℃温度和催化剂作用下完成以下转化反应，即：

$$CH_4+H_2O \xlongequal{} 3H_2+CO \quad CH_4+CO_2 \xlongequal{} 2H_2+2CO$$

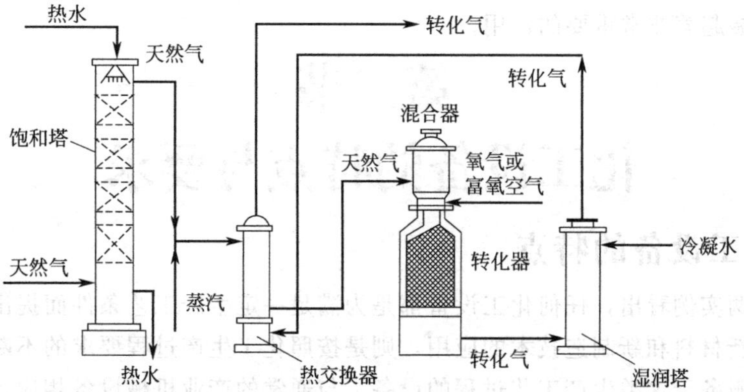

图 7-1　天然气部分氧化法制氢生产流程

最后将转化气通过热交换器冷却到400～420℃，送往下一工段处理。该流程使用的饱和塔、换热器和转化器，就是完成天然气转化过程所必需的重要设备。

2. 重质油加氢裂化

重质油加氢裂化是现代炼油工业中比较重要的转化过程。它是在催化剂和氢气存在的条件下，使重质油通过裂化反应转化为汽油、煤油和柴油等轻质油品的加工工艺。图7-2所示为重柴油在一定温度（400℃）、压力（10～15MPa）和氢气作用下制取汽油和煤油的工艺流程。具体过程是：原料油、循环油和氢气混合后经加热进入反应器，反应后的生成物和氢气自反应器下部排出，经换热、冷却后送入高压分离器，自高压分离器下部排出的生成油经减压后再送入低压分离器；最后，由低压分离器分出来的液体产物经加热后送入分馏塔，分离出气体、汽油、煤油等。

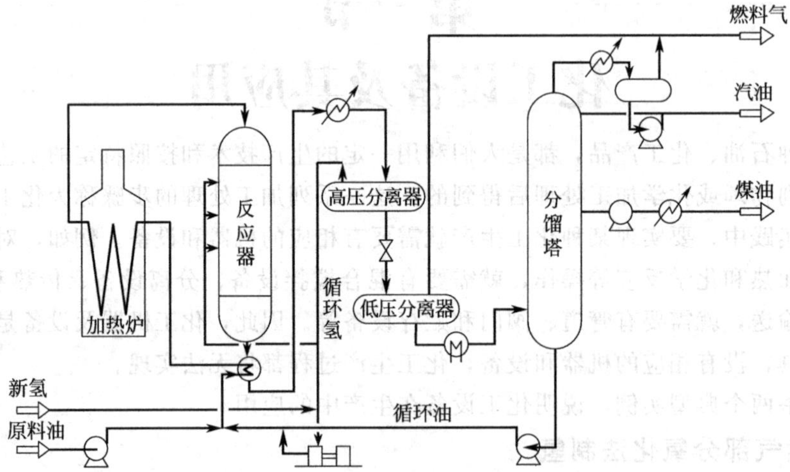

图7-2　加氢精制重柴油工艺流程

由高压分离器分出的含氢气体（纯度约75%）可作为循环氢，经氢压缩机压缩后在系统中循环使用。由低压分离器分出的含氢干气体可作为燃料气使用。

从上述工艺流程可看出，加氢反应器、分离器和分馏塔是整个转化过程的主要设备。其中加氢反应器是加氢裂化过程的关键设备。

化工设备不仅应用于化工、石油和石油化工，而且在轻工、制药、食品、环境、生物、能源、冶金、交通等领域也有着广泛的应用。化工设备与国家经济建设有着密切的关系，对国民经济的发展起着非常重要的作用。

第二节　化工设备的特点与要求

一、化工设备的特点

从第一节两实例看出，任何化工设备都是为满足一定生产工艺条件而提出的，而化工设备的新设计、新材料和新制造技术的应用，则是按照化工生产过程要求的不断变化而发展起来的。因此，服务于这类生产工艺过程的设备，与通常的产业机械设备相比，有着以下显著特点。

1. 功能原理多样化

化工设备及技术与“化工过程”的原理密不可分。设备的设计、制造及运行在很大程度上依赖于设备内部进行的各种物理或化学过程以及设备外部所处的环境条件，或者说“化工生产过程”是“化工设备”的前提。由此，化工生产过程的介质特性、工艺条件、操作方法以及生产能力的差异，也就决定了人们必须根据设备的功能、条件、使用寿命、安全质量以及环境保护等要求，采用不同的材料、结构和制造工艺对其进行单独设计。从而，使得在工业领域中所使用的化工设备的功能原理、结构特征多种多样，并且设备的类型也比较繁多。例如，换热设备的传热过程，根据工艺条件的要求不同，可以利用加热器或冷却器实现无相变传热，也可以采用冷凝器或重沸器实现有相变的传热。

2. 外部壳体多是压力容器

对于处理如气体、液体和粉体等这样一些流体材料为主的化工设备，通常都是在一定温度和压力条件下工作的。尽管它们服务对象不同，形式多样，功能原理和内外结构各异，但一般都是由限制其工作空间且能承受一定温度和压力载荷的外壳（筒体和端部）和必要的附件所组成。从强度和刚度分析，这个能够承受压力载荷的外壳体即是压力容器，如图 7-3～图 7-5 所示。

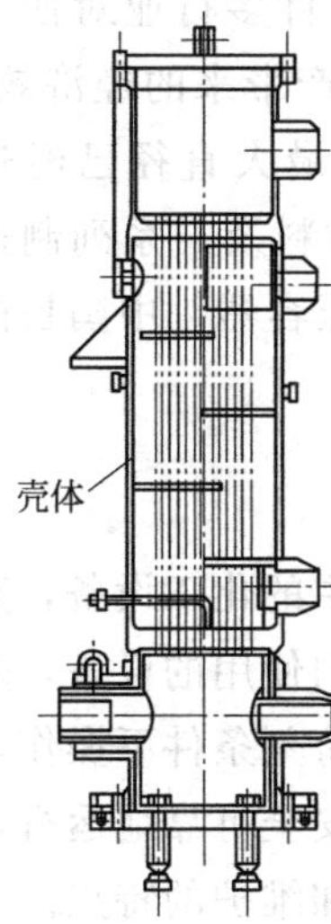

图 7-3　立式余热锅炉

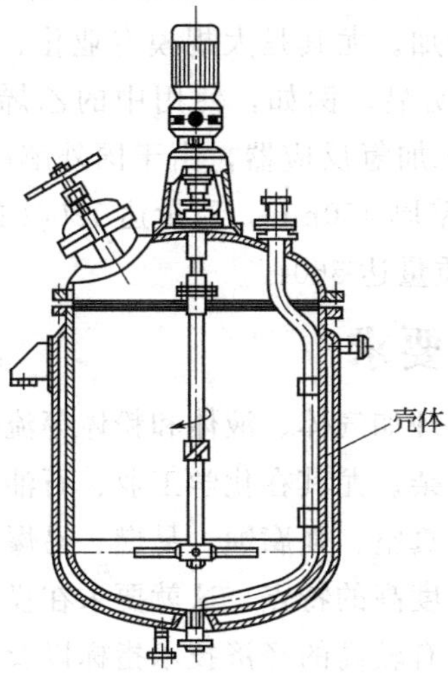

图 7-4　搅拌反应釜

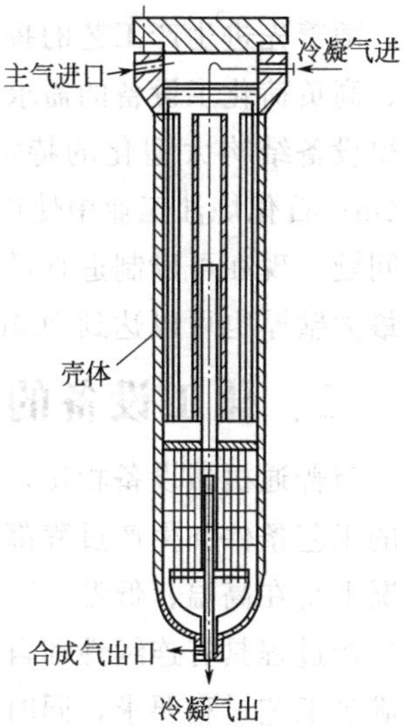

图 7-5　氨合成塔

压力容器及整个设备通常是在高温、高压、高真空、低温、强腐蚀的条件下操作，相对其他行业来讲，工艺条件更为苛刻和恶劣，如果在设计、选材、制造、检验和使用维护中稍有疏忽，一旦发生安全事故，其后果不堪设想。因此，国家劳动部门把这类设备作为受安全监察的一种特殊设备，并在技术上进行了严格、系统和强制性的管理。例如，制定了 GB 150—2011《压力容器》、JB 4732—1995《钢制压力容器分析设计标准》、《压力容器安全技术监察规程》、《超高压容器安全监察规程》等一系列强制性或推荐性的规范标准和技术法规，对压力容器的设计、制造、安装、检验、使用和维修提出了相应的要求；同时，为确保压力容器及设备的安全可靠，实施了持证设计、制造和检验制度。

3. 化-机-电技术紧密结合

随着现代工业技术的发展，对物料、压力、温度等参数实施精确可靠控制，以及对设备运行状况进行适时监测，是化工设备高效、安全、可靠运行的保证。为此，生产过程中的成套设备都是将化工过程、机械设备及控制技术等三个方面紧密结合在一起，实现“化-机-电”技术的一体化，对设备操作过程进行控制。这不仅是化工设备在应用上的一个突出特点，也是设备应用水平不断提高的一个发展方向。例如，换热器出口温度的控制，除了化工设备的正常运行外，需要结合自动控制技术，按照图 7-6 所示的自动控制方案，通过改变载热体流量或调节工艺介质自身流量来改变换热器的热负荷，最终保证工艺介质在换热器出口处的温度为一稳定值。

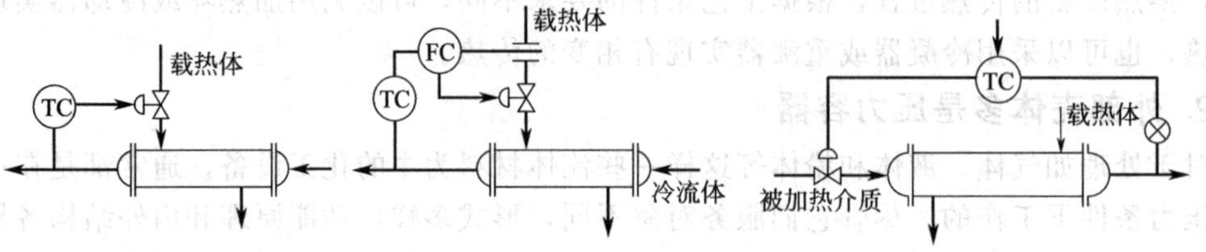

(a) 调节换热器载热体流量控制出口温度　　(b) 用介质自身流量调节出口温度

图 7-6　换热器出口温度自动控制方案

4. 设备结构大型化

随着先进生产工艺的提出以及设计、制造和检测水平的不断提高，许多行业对使用大型、高负荷化工设备的需求日趋增加。尤其是大规模专业化、成套化生产带来的经济效益，使得设备结构大型化的特征更加明显。例如，使用中的乙烯换热器的最大直径已经达到 2.4m；石化炼油工业中使用的高压加氢反应器，由于国外解决了抗氢材料及一系列制造技术问题，现在可以制造直径 6m，壁厚 450mm，质量达 1200t 的大型高压容器。中国目前设备最大壁厚也可以达到 200mm，质量达 560t。

二、化工设备的基本要求

与普通机械设备相比，对于处理如气体、液体和粉体等流体材料为主的化工设备，其所处的工艺条件和生产过程都比较复杂。尤其在化学工业、石油化工等部门使用的设备，多数情况下是在高温、低温、高压、高真空、强腐蚀、易燃、易爆、有毒的苛刻条件下操作，加之生产过程具有连续性和自动化程度高的特点，这就要求在役设备既要安全可靠地运行，又要满足工艺过程要求，同时还应具有较高的经济技术指标以及易于操作和维护的特点。

1. 安全可靠性要求

生产过程苛刻的操作条件决定了设备必须可靠运行。为了保证其安全运行，防止事故发生，化工设备应该具有足够的能力来承受使用寿命内可能遇到的各种外来载荷。具体讲，就是要求所使用的设备具有足够的强度、韧性和刚度，以及良好的密封性和耐腐蚀性。

化工设备是由不同材料制造而成的，其安全性与材料本身的强度密切相关。在相同设计条件下，提高材料强度无疑可以保证设备具有较高的安全性。但满足强度要求并非是选用材料的强度级别越高越好，而是要选择合适的材料。无原则地选用高强度材料，结果只会导致材料和制造成本的提高以及设备抗脆断能力的降低。另外，除了保证所有零部件选用的材料具有足够的强度外，还要考虑设备各零部件之间的连接结构形式。因为化工设备多数是以焊接方式进行连接的，其应力集中现象比较严重，存在缺陷的可能性也较大，是设备比较薄弱的环节，所以，化工设备的设计和制造必须足够重视。

由于材料、焊接和使用等方面的原因，化工设备不可避免地会出现各种各样的缺陷，如裂纹、气孔、夹渣等。如果在选材时充分考虑材料在破坏前吸收变形能量的能力水平（即材料的韧性），并注意材料强度和韧性的合理搭配，最大限度地降低化工设备对缺陷的敏感程度，对于保证设备的安全运行也是一个非常有效的措施。

刚度是保证化工设备安全运行的又一个重要方面。因为，有时设备的失效不是因为强度不够，而是由于设备在不发生破坏的情况下突然丧失其原有形状，致使设备失去应有的功能。因此，"失稳"是化工设备常见的一种失效形式。对这一类设备的设计应该确保具有足够抵抗过度变形的能力，即抗失稳能力。例如，外压容器和真空容器的壁厚设计，就是通过建立稳定条件来确定的。

密封性是化工设备在正常操作条件下阻止介质泄漏的能力。根据化工生产对安全所提出的要求，如果化工设备不具备良好的密封性能，那么，易燃、易爆、有毒介质就有可能在其内部的腔体间发生泄漏或直接泄漏到周围环境，这不仅使生产及设备受到损失，污染环境，而且可能对操作人员的安全构成威胁，甚至可能引起爆炸等事故。因此，良好的密封性是化工设备安全操作的必要条件。

耐蚀性也是保证化工设备安全运行的一个基本要求。特别是处理化工生产中的介质，由于它们具有不同程度的腐蚀性，一方面，可能使设备的厚度减薄，使用寿命缩短；另一方面，还会在应力集中及两种材料或构件焊接处等区域造成更为严重的腐蚀，结果引起泄漏或爆炸。为此，选择合理的耐蚀材料或采用相应的防腐蚀措施，将会大大提高化工设备的使用寿命和安全可靠性。

2. 工艺条件要求

化工设备是为工艺过程服务的，其功能要求是为满足一定的生产需要提出来的。如果功能要求不能得到满足，将会影响整个过程的生产效率。例如，图 7-1 所示流程中使用的换热器，其换热面积和一些结构尺寸都是利用给定的操作条件，通过工艺计算而得到的。由此得到的化工设备从结构和性能特点上就能保证在指定的生产工艺条件下完成指定的生产任务，即满足相应的工艺条件要求。

3. 经济合理性要求

在保证化工设备安全运行和满足工艺条件的前提下，要尽量做到经济合理。因为经济性是否合理是衡量化工设备优劣的一个重要指标。首先，从设计和使用方面来讲，除了实现生产操作外，要尽量使化工设备的生产效率最高，消耗最低。例如，反应设备就要求在单位时间内单位容积的生成物数量要多。其次，结构要合理、制造要简单。即在相同工艺条件下，为了获得较好的效果，设备可以使用不同的结构内件，并充分利用材料性能，使用简单和易于保证质量的制造方法，减少加工量，降低制造成本。除此之外，对于一些大型化工设备，还要考虑运输、安装等方面的难易程度，最大限度地降低有关费用。

4. 便于操作和维护

化工设备除了要满足工艺条件和考虑经济性能外，使设备操作简单、便于维护和控制也是一个非常重要的方面。例如，在设置阀门、平台、人（手）孔、视镜和楼梯时，位置要合适，以便操作人员很容易地进行操作和维护；又如，化工设备需要定期检验安全状态或更换易损零件，在结构设计上就应当考虑易损零件的可维护性和可修理性，使之便于清洗、装拆和维护。

5. 环境保护要求

随着工艺条件要求的提高和人们环保意识的增强，对化工设备失效的概念有了新的认识，除通常所讲的破裂、过量塑性变形、失稳和泄漏等功能性失效外，现在提出“环境失效”，如有害物质泄漏到环境中、生产过程残留无法清除的有害物质以及噪声等。因此，化工设备在设计时应考虑这些因素的影响，必要时，应在结构上增设有泄漏检测功能的装置，以满足环境保护的要求。

对化工设备提出的基本要求比较多，全部满足显然是比较困难的。但从内容上来看，主要还是化工设备的安全性、工艺性和经济性，其核心是安全性要求。由此，可以针对化工设备的具体使用情况，优先考虑主要要求，再适当兼顾次要要求。

第三节 化工设备识图与读图

在化学工业生产中，用来表达化工设备结构、技术要求等的图样称为化工设备图，化工设备图是设计、制造、安装、维修及使用的依据。一套完整的化工设备图通常包括以下几个方面的图样：

① 零件图　表达标准零部件之外的每一零件的结构形状、尺寸大小以及技术要求等。

② 部件装配图　表达由若干零件组成的非标准部件的结构形状、装配关系、必要的尺寸、加工要求、检验要求等，如设备的密封装置等。

③ 设备装配图　表达一台设备的结构形状、技术特性、各部件之间的相互关系以及必要的尺寸、制造要求及检验要求等。

④ 总装配图（总图）　表示一台复杂设备或表示相关联的一组设备的主要结构特征、装配连接关系、尺寸、技术特性等内容的图样。

零件图及部件装配图的内容、表达、画法等与一般化工机械图样类同，另外在不影响装配图的清晰且装配图能体现总图的内容时，通常就可以不画总图，故本节着重讨论设备装配图的表达特点及绘制阅读方法。并且为了方便起见，将化工设备装配图简称为化工设备图。

图 7-7 是一台换热器装配图，从图中看出化工设备图通常包括以下几个基本内容：

① 一组视图　用一组视图表示该设备的结构形状、各零部件之间的装配连接关系，视图是图样中主要内容。

② 几类尺寸　图中注明设备的总体大小、规格、装配和安装尺寸等数据，为制造、装配、安装、检验等提供依据。

③ 零部件编号及明细表　组成该设备的所有零部件必须按顺时针或逆时针方向依次编号，并在明细栏内填写每一编号零部件的名称、规格、材料、数量、重量以及有关图号内容。

④ 管口符号及管口表　设备上所有管口均需注出符号，并在管口表中列出各管口的有关数据和用途等内容。

⑤ 技术特性表　表中列出设备的主要工艺特性，如操作压力、操作温度、设计压力、设计温度、物料名称、容器类别、腐蚀裕量、焊缝系数等。

⑥ 技术要求　用文字说明设备在制造、检验、安装、运输等方面的特殊要求。

⑦ 标题栏　用以填写该设备的名称、主要规格、作图比例、图样编号等项内容。

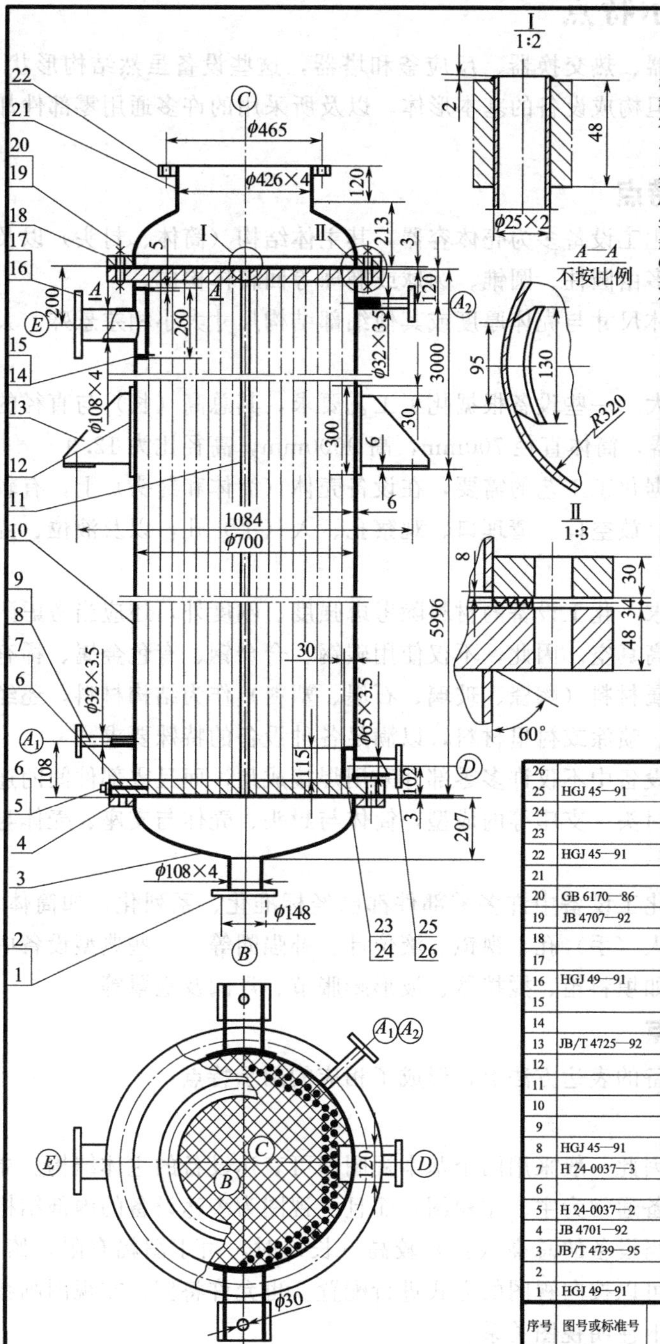

技术要求

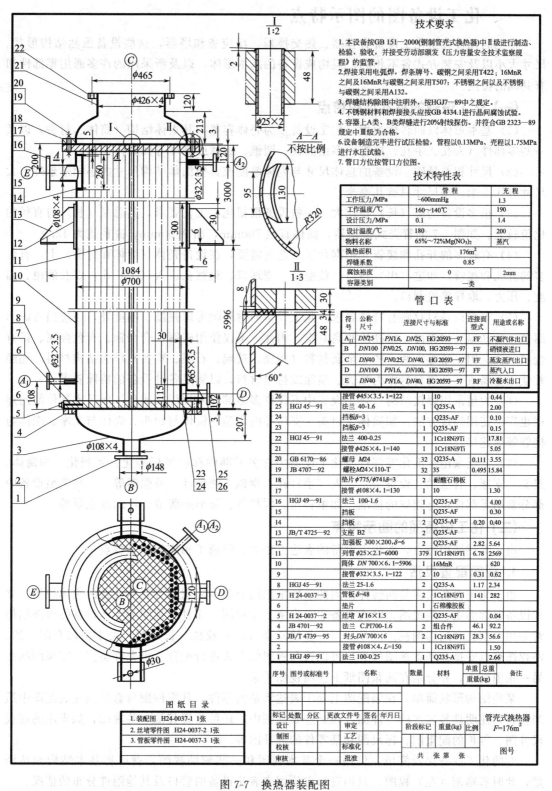

1. 本设备按GB 151—2000(钢制管壳式换热器)中Ⅱ级进行制造、检验、验收，并接受劳动部颁发《压力容量安全技术监察规程》的监管。
2.焊接采用电弧焊，焊条牌号、碳钢之间采用T422；16MnR之间及16MnR与碳钢之间采用T507；不锈钢之间以及不锈钢与碳钢之间采用A132。
3. 焊缝结构除图中注明外，按HGJ7—89中之规定。
4. 不锈钢材料和焊接接头应按GB 4334.1进行晶间腐蚀试验。
5. 容器上A类、B类焊缝进行20%射线探伤。并符合GB 2323—89规定中Ⅲ级为合格。
6.设备制造完毕进行试压检验，管程以0.13MPa、壳程以1.75MPa进行水压试验。
7. 管口方位按管口方位图。

技术特性表

	管 程	充 程
工作压力/MPa	-600mmHg	1.3
工作温度/℃	160～140℃	190
设计压力/MPa	0.1	1.4
设计温度/℃	180	200
物料名称	65%～72%$Mg(NO_3)_2$	蒸汽
换热面积	$176m^2$	
焊缝系数	0.85	
腐蚀裕度	0	2mm
容器类别	一类	

管 口 表

符号	公称尺寸	连接尺寸与标准	连接面型式	用途或名称
A_{11}	*DN*25	*PN*1.6，*DN*25，HG 20593—97	FF	不凝汽体出口
B	*DN*100	*PN*0.25，*DN*100，HG 20593—97	FF	硝镁液进口
C	*DN*40	*PN*0.25，*DN*40，HG 20593—97	FF	蒸发蒸汽出口
D	*DN*100	*PN*1.6，*DN*100，HG 20593—97	FF	蒸汽入口
E	*DN*40	*PN*1.6，*DN*40，HG 20593—97	RF	冷凝水出口

序号	图号或标准号	名称	数量	材料	单重 重量(kg)	总重 重量(kg)	备注
26		接管 φ45×3.5，1=122	1	10		0.44	
25	HGJ 45—91	法兰 40-1.6	1	Q235-A		2.00	
24		挡板δ=3	1	Q235-AF		0.10	
23		挡板δ=3	1	Q235-AF		0.15	
22	HGJ 45—91	法兰 400-0.25	1	1Cr18Ni9Ti		17.81	
21		接管 φ426×4，1=140	1	1Cr18Ni9Ti		5.05	
20	GB 6170—86	螺母 *M*24	32	Q235-A	0.111	3.55	
19	JB 4707—92	螺栓*M*24×110-T	32	35	0.495	15.84	
18		垫片 φ775/φ741δ=3	2	耐酸石棉板			
17		接管 φ108×4，1=130	1	10		1.30	
16	HGJ 49—91	法兰 100-1.6	1	Q235-AF		4.00	
15		挡板	1	Q235-AF		0.30	
14		挡板	2	Q235-AF	0.20	0.40	
13	JB/T 4725—92	支座 B2	2	Q235-AF			
12		加强板 300×200，δ=6	2	Q235-AF	2.82	5.64	
11		列管 φ25×2.1=6000	379	1Cr18Ni9Ti	6.78	2569	
10		筒体 *DN* 700×6，1=5906	1	16MnR		620	
9		接管 φ32×3.5，1=122	2	10	0.31	0.62	
8	HGJ 45—91	法兰 25-1.6	2	Q235-A	1.17	2.34	
7	H 24-0037—3	管板 δ=48	2	1Cr18Ni9Ti	141	282	
6		垫片	1	石棉橡胶板			
5	H 24-0037—2	丝堵 *M* 16×1.5	1	Q235-AF		0.04	
4	JB 4701—92	法兰 C.PI700-1.6	2	组合件	46.1	92.2	
3	JB/T 4739—95	封头*DN* 700×6	2	1Cr18Ni9Ti	28.3	56.6	
2		接管 φ108×4，*L*=150	1	1Cr18Ni9Ti		1.50	
1	HGJ 49—91	法兰 100-0.25	1	Q235-A		2.66	

标记	处数	分区	更改文件号	签名	年月日				管壳式换热器 $F=176m^2$
设计			审定			阶段标记	重量(kg)	比例	
制图			工艺						
校核			标准化						图号
审核			批准			共 张 第 张			

图 纸 目 录

1. 装配图 H24-0037-1 1张
2. 丝堵零件图 H24-0037-2 1张
3. 管板零件图 H24-0037-3 1张

图 7-7 换热器装配图

⑧ 其他 如图纸目录、修改表、选用表、设备总量、特殊材料重量、压力容器设计许可证章等。

一、化工设备图的图示特点

常见的几种典型化工设备有容器、热交换器、反应釜和塔器，这些设备虽然结构形状、尺寸大小以及安装方式各不相同，但构成设备的基本形体，以及所采用的许多通用零部件却有共同的特点。

(一) 化工设备的基本结构特点

(1) 基本形体以回转体为主　化工设备多为壳体容器，其主体结构（筒体、封头）以及一些零部件（人孔、手孔、接管）多由圆柱、圆锥、圆球或椭球等回转体构成。

(2) 尺寸相差悬殊　设备的总体尺寸与壳体厚度或其他细部结构尺寸大小相差悬殊。大尺寸有几十米，小尺寸只有几毫米。

(3) 很多设备的高（长）径比大　一些设备根据化工工艺要求，其总高（长）与直径的比值较大。如图 7-7 的管壳式换热器，筒体直径 700mm，高 9000mm，高径比为 12.9。

(4) 有较多的开孔和接管　根据化工工艺的需要，在设备壳体（筒体和封头）上，有较多的开孔和接管，如进（出）料口、放空口、清理口、观察孔、人（手）孔，以及液位、温度、压力、取样等检测口。

(5) 很多设备对材料有特殊要求　化工设备的材料除考虑强度、刚度外，还应当考虑耐腐蚀、耐高温、耐深冷、耐高压和高真空。因此，不仅使用碳钢、合金钢、有色金属、稀有金属（钛、钽、锆等）和一些非金属材料（陶瓷、玻璃、石墨、塑料）作为结构材料，还经常使用金属或非金属材料作为喷镀、喷涂或衬里材料，以满足各种设备的特殊要求。

(6) 大量采用焊接结构　化工设备中不仅许多零部件采用焊接成型，而且零部件间的连接也广泛使用焊接方法。如筒体、封头、支座等的成型，筒体与封头、壳体与支座、壳体与接管等的连接。

(7) 广泛采用标准化零部件　化工设备中许多零部件都已经标准化、系列化，如筒体、封头、支座、管法兰、设备法兰、人（手）孔、视镜、液位计、补强圈等。一些典型设备中部分常用零部件也有相应的标准，如填料箱、搅拌器、波形膨胀节、浮阀及泡罩等。

(二) 化工设备图的图示特点

由于上述结构特点，在化工设备的表达方法上，形成了相应的图示特点。

1. 视图配置灵活

由于化工设备大多是回转体，因此一般采用两个基本视图即可表达设备的主体结构。立式设备通常为主、俯视图，卧式设备通常为主、左视图，而且主视图为表达设备的内部结构常采用全剖视和局部剖视。但是，当设备的总高（长）较高（长）时，由于图幅有限，俯、左视图难以安排在基本视图位置，可以按向视图的方式进行配置。也允许将俯、左视图画在另一张图纸上，并分别在两张图纸上注明视图关系。

某些结构形状简单，在装配图上易于表达清楚的零件，其零件图可直接画在装配图中适当位置，注明件号××的零件图。在某些装配图中，还可放置其他一些视图，如支座的底板尺寸图、气柜的配重图、标尺图和某零件的展开图等。

有的化工设备比较简单，仅用一个基本视图和一些辅助视图，就可将基本结构表达清楚，此时省略俯（左）视图，只用管口方位图来表达设备的管口及其他附件分布的情况。

2. 细部结构的表达方法

由于化工设备的各部分结构尺寸相差悬殊，按总体尺寸选定的绘图比例，往往无法将细部结构同时表达清楚。因此，化工设备图中较多的采用了局部放大图（亦称“节点详图”）和夸大画法来表达细部结构并标注尺寸。

（1）局部放大图　如果设备部分结构的图形过小时，则采用局部放大图的表达方法。局部放大图可按所放大结构的复杂程度，采用视图、剖视图和断面图等方法进行表达，它与被放大部分的表达方式无关；局部放大图可以用细实线圈出，也可用波浪线、双折线画出界限；可按规定比例画图，也可不按比例画图，但均须注明。

（2）夸大画法　对于化工设备中的壳体厚度、接管厚度和垫片、挡板、折流板等的厚度，在绘图比例缩小较多时，其厚度经常难以画出，对此可采用夸大画法。即不按比例，适当夸大地画出它们的厚度。其余细小结构或较小的零部件，也可采用夸大画法。

3. 断开画法和分段画法

对于高（长）径比大的化工设备，如塔器、换热器等，当沿其轴线方向有相当部分的形状和结构相同，或按一定规律变化时，可采用断开画法。即用双点画线将设备中重复出现的结构或相同结构断开，使图形缩短，简化作图，便于选用较大的作图比例，合理使用图纸幅面。对于较高的塔设备，在不适于采用断开画法时，可采用分段的表达方法。即把整个塔体分成若干段，以利于绘图时的图面布置和比例选择。

若由于断开画法和分段画法造成设备总体形象表达不完整时，可采用缩小比例、单线条画出设备的整体外形图或剖视图。在整体图上，可标注总高尺寸、各主要零部件的定位尺寸及各管口的标高尺寸。

4. 多次旋转的表达方法

化工设备壳体上分布有众多的管口及其他附件，为了在主视图上能清楚地表达它们的结构形状和位置高度，避免各个位置的接管在投影图上产生重叠，允许采用多次旋转的表达方法。即假想将设备周向分布的接管及其他附件，分别旋转到与主视图所在的投影面平行的位置，然后再进行投影，得到反映它们实形的视图或剖视图。

为了避免混乱，在不同的视图中，同一接管或附件应用相同的拉丁字母编号。对于规格、用途相同的接管或附件可共用同一字母，并用阿拉伯数字作脚标，以示个数。在化工设备图中采用多次旋转的画法时，允许不作任何标注，但这些结构的周向方位要以俯（左）视图或管口方位图为准。

5. 焊缝的表达方法

焊缝是生产实际中常见的工艺结构，应用广泛。在技术图样中设计焊缝时，通常应表明焊缝坡口的型式及组装焊接要求、采用的焊接方法、焊缝的质量要求及无损检验方法等。要将这些要求在图样中完整明确地表达出来，通常应按 GB 324—2008《焊缝符号表示法》中规定的焊缝符号表示焊缝，也可按照 GB 4458.1—2002《机械制图　图样画法》和 GB 12212—2012《技术制图　焊缝符号的尺寸、比例和简化表示法》中规定的制图方法表示焊缝。

6. 化工设备图中的简化画法

根据化工设备的特点，化工设备图中除采用机械制图国家标准所规定的简化画法外，还可采用以下几种简化画法。

（1）标准件、外购件及有复用图的简化画法　人手孔、填料箱、减速机及电动机等标准件、外购件，在化工设备图中只需按比例画出这些零部件的外形，如图 7-8 所示，但应在明细表中写明其名称、规格以及标准号等，外购件还应注写“外购”字样。

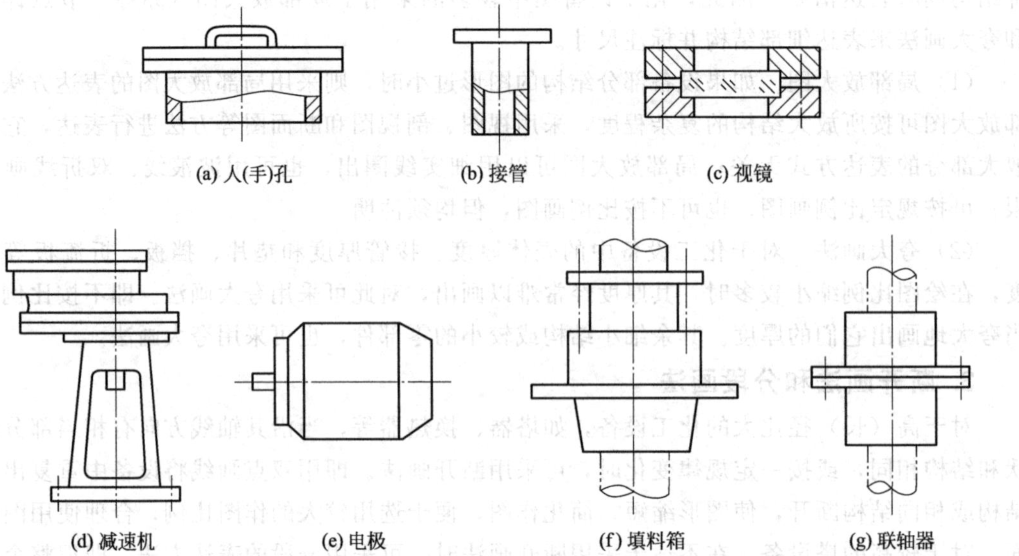

图 7-8 标准件、外购件的简化画法

（2）法兰的简化画法　法兰有容器法兰和管法兰两大类，法兰连接面形式也多种多样，但不论何种法兰和何种连接面型式，在装配图中均可用图 7-9 所示的那种简化画法。法兰的特性可在明细栏及管口表中表示。

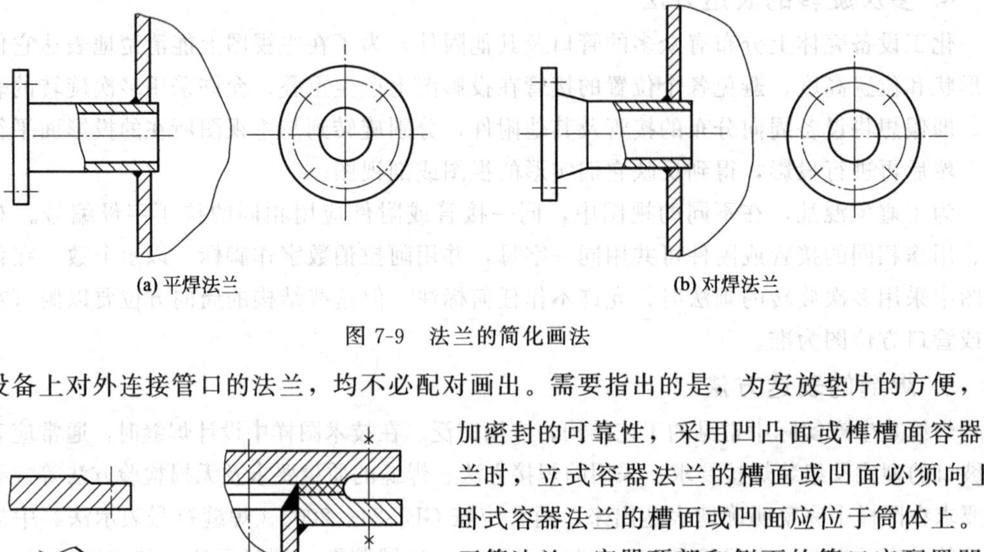

图 7-9 法兰的简化画法

设备上对外连接管口的法兰，均不必配对画出。需要指出的是，为安放垫片的方便，增加密封的可靠性，采用凹凸面或榫槽面容器法兰时，立式容器法兰的槽面或凹面必须向上；卧式容器法兰的槽面或凹面应位于筒体上。对于管法兰，容器顶部和侧面的管口应配置凹面或槽面法兰，容器底部的管口应配置凸面或榫面法兰。

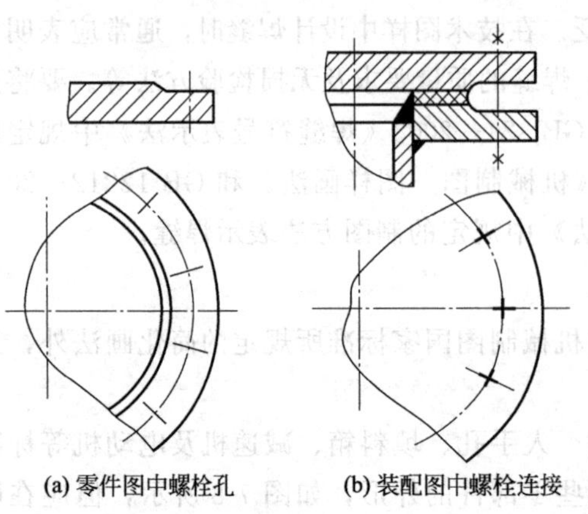

图 7-10 螺栓孔及螺栓连接的简化画法

（3）重复结构的简化画法

① 螺栓孔及螺栓连接　螺栓孔可用中心线和轴线表示，省略圆孔，如图 7-10（a）所示。螺栓的连接如图 7-10（b）所示，其中符号“×”和“＋”用粗实线表示。

② 管束　按一定规律排列的管束，可只画一根，其余的用点画线表示其安装位置，如图 7-7 中列管的简化画法。

③ 按规则排列的孔板　换热器管板上的孔通常按正三角形排列，此时可使用图 7-11(a) 所示的方法，用细实线画出孔眼圆心的连线及孔眼范围线，也可画出几个孔，并标注孔径、孔数和孔间距。

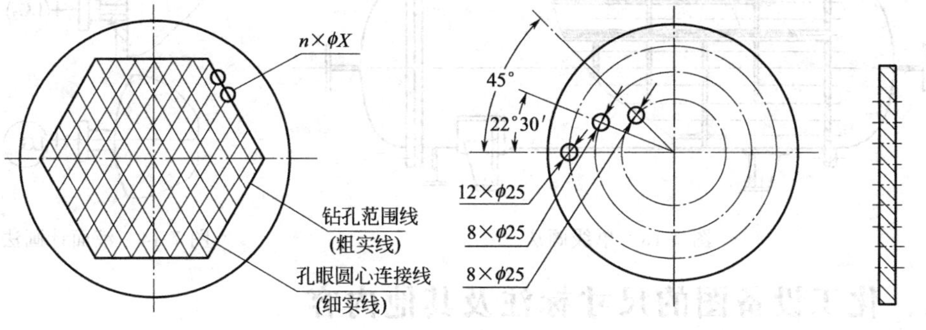

(a) 按角度排列　(b) 按同心圆排列　(c) 剖视画法

图 7-11　多孔板的简化画法

如果孔板上的孔按同心圆排列，则可用图 7-11(b) 所示的简化画法。

多孔板采用剖视表达时，可仅画出孔的中心线，省略孔眼的投影，如图 7-11(c) 所示。

④ 填充物　当设备中装有同一规格、材料和同一堆放方式的填充物时（如填料、卵石、木格条等），在设备图的剖视中，可用交叉的细实线及有关尺寸和文字简化表达，如图 7-12(a) 所示，其中 50×50×5 分别表示瓷环的外径、高度和厚度。

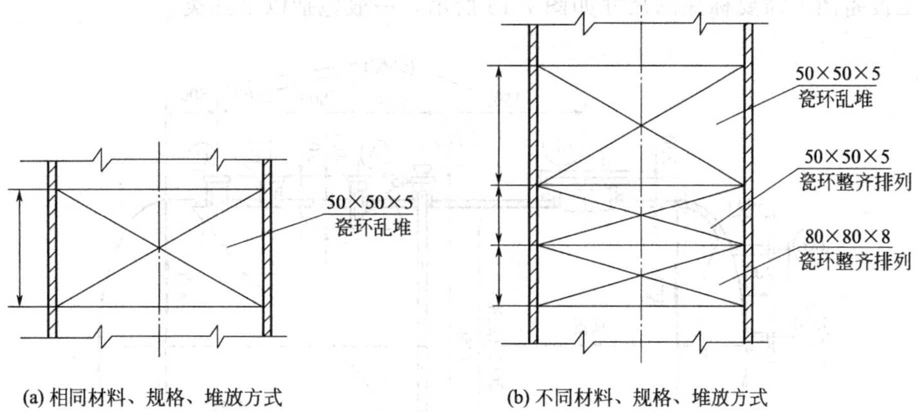

(a) 相同材料、规格、堆放方式　(b) 不同材料、规格、堆放方式

图 7-12　填充物的简化画法

若装有不同规格或规格相同但堆放方式不同的填充物，此时则必须分层表示，分别注明规格和堆放方式，如图 7-12(b) 所示。

⑤ 单线表示法　当化工设备上某些结构已有零件图，或者另用剖视、剖面、局部放大图等方法表达清楚时，则设备装配图中允许用单线表示。如图 7-13 中封头、筒体、折流板、拉杆、定距管、法兰和补强圈等都是用单线条示意表达的。

⑥ 液面计的简化画法　设备图中的液面计（如玻璃管式或玻璃板式等），其投影可简化如图 7-14 所示的画法，其中符号“+”用粗实线表示。

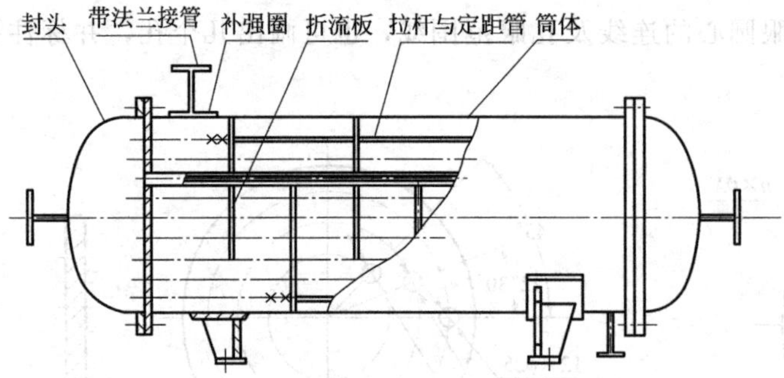

图 7-13　单线画法

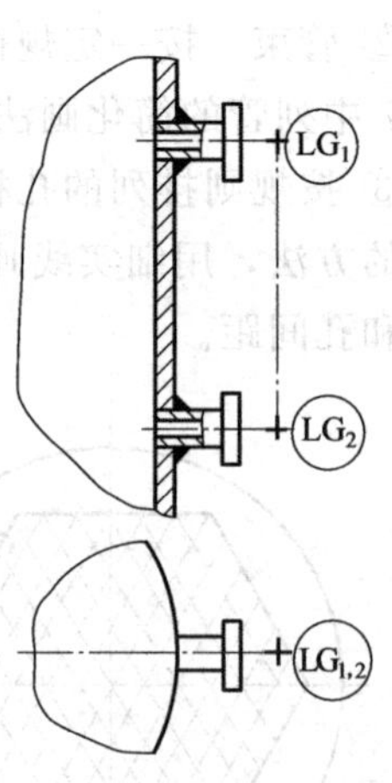

图 7-14　液面计画法

二、化工设备图的尺寸标注及其他内容

(一) 尺寸标注

化工设备图的尺寸标注，与一般机械装配图基本相同。但是两者相比较，化工设备图的尺寸数量稍多，而且有的尺寸数字较大，尺寸精度要求较低，允许注成封闭尺寸链（加近似符号~）。在尺寸标注中，除遵守 GB 4458.1—2002《机械制图》中的规定外，还要结合化工设备的特点，使尺寸标注做到正确、完整、清晰、合理，以满足化工设备制造、检验、安装的需要。

1. 尺寸种类

化工设备图上需要标注的尺寸如图 7-15 所示，一般包括以下几类。

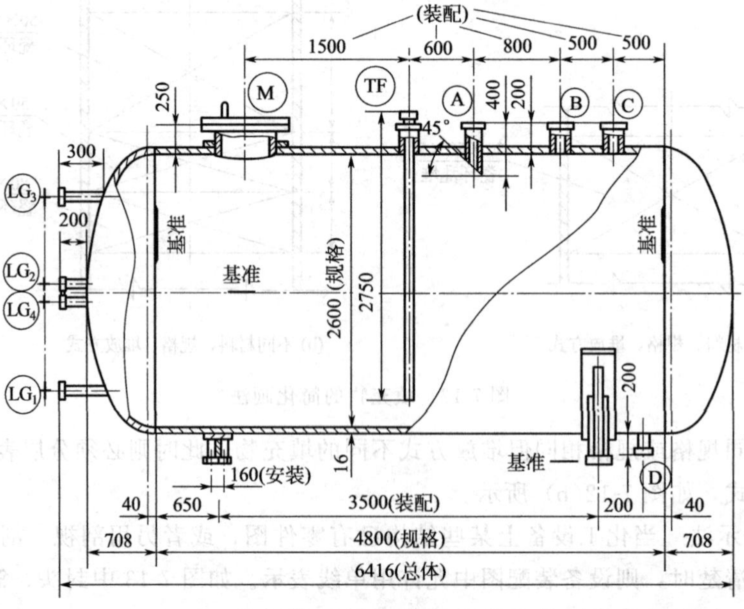

图 7-15　化工设备图的尺寸标注

（1）规格性能尺寸　规格性能尺寸是反映化工设备的规格、性能、特征及生产能力的尺

寸。这些尺寸是设备设计时确定的，是了解设备工作能力的重要依据。如图 7-15 中，化工容器的容积尺寸——内径 ϕ2600、筒体长度 4800。

(2) 装配尺寸　装配尺寸是反映零部件间的相对位置尺寸。它们是制造化工设备的重要依据。如图 7-15 中接管的定位尺寸，接管的伸出长度尺寸，罐体与支座的定位尺寸等。

(3) 外形（总体）尺寸　外形尺寸是表示设备总长、总高、总宽（或外径）的尺寸。这类尺寸对于设备的包装、运输、安装及厂房设计等，是十分必要的。如图 7-15 中，容器的总长 6416 和总高 3300 都是设备的总体尺寸。

(4) 安装尺寸　安装尺寸是化工设备安装在基础上或与其他设备及部件相连接时所需的尺寸。如图 7-16 中，裙座的地脚螺栓的孔径及孔间距等。

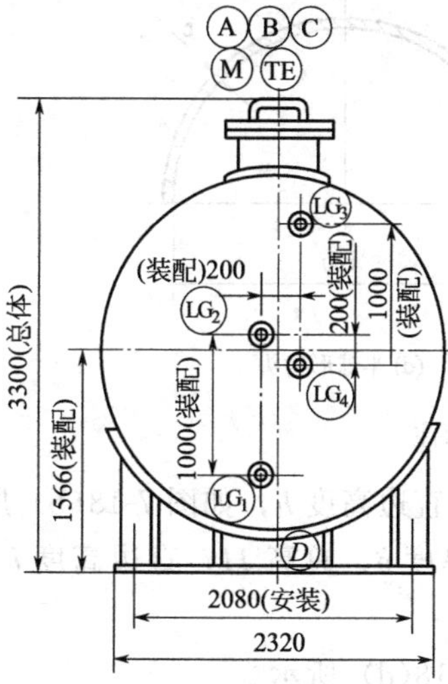

图 7-16　化工设备图的安装尺寸

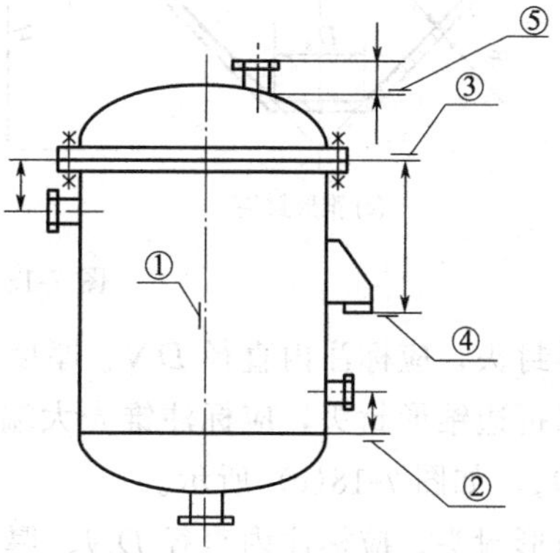

图 7-17　化工设备的尺寸基准

(5) 其他尺寸

① 零部件的规格尺寸，如：接管尺寸应注写“外径×壁厚”，瓷环尺寸应注写“外径×高×壁厚”。

② 不另行绘制图样的零部件的结构尺寸或某些重要尺寸。

③ 设计计算确定的尺寸，如主体厚度、搅拌轴直径等。

④ 焊缝的结构形式尺寸，一些重要焊缝在其局部放大图中，应标注横截面的形状尺寸。

2. 尺寸基准

化工设备图中的尺寸标注，既要保证设备在制造安装时达到设计要求，又要便于测量和检验，因此应正确选择尺寸基准。如图 7-17 所示，化工设备图的尺寸基准一般为：

① 设备筒体和封头的轴线；

② 设备筒体与封头的环焊缝；

③ 设备法兰的连接面；

④ 设备支座、裙座的底面；

⑤ 接管轴线与设备表面交点。

3. 典型结构的尺寸标注

(1) 筒体的尺寸标注　对于钢板卷焊成的筒体，一般标注内径、厚度和高（长）度；而对于使用无缝钢管的筒体，一般标注外径、厚度和高（长）度。

（2）封头的尺寸标注　椭圆形封头，应标注内直径 DN、厚度 δ、总高 H、直边高度 h，如图 7-18(a) 所示。

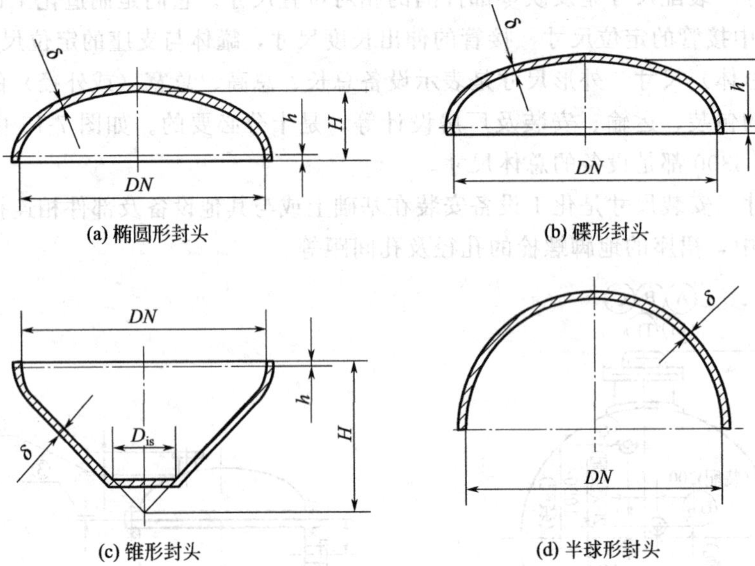

图 7-18　封头的尺寸标注

碟形封头，应标注内直径 DN、厚度 δ、总高 H、直边高度 h，如图 7-18(b) 所示。

大端折边锥形封头，应标注锥壳大端直径 DN、厚度 δ、总高 H、直边高度 h、锥壳小端直径 D_{is}，如图 7-18(c) 所示。

半球形封头，应标注内直径 DN、厚度 δ，如图 7-18(d) 所示。

（3）接管　接管的尺寸，一般标注外径×壁厚。

（4）填料　化工设备中的填料，一般只注出总体尺寸，并注明堆放方法和填料规格尺寸。

(二) 技术要求

技术要求是用文字说明在图中不能（或没有）表达出来的内容，包括设备在制造、试验和验收时须遵循的标准、规范或规定，对于材料、表面处理及涂饰、润滑、包装、运输等方面的特殊要求，以便作为设备制造、装配、验收等方面的技术依据。技术要求通常包括以下几方面的内容。

（1）通用技术条件规范　通用技术条件是同类化工设备在加工、制造、焊接、装配、检验、包装、防腐、运输等方面较详尽的技术规范，已形成标准，在技术要求中直接引用。常用的规范有以下几种：

HG/T 20581—2011《钢制化工容器材料选用规定》

HG/T 20584—2011《钢制化工容器制造技术要求》

GB 150—2011《压力容器》

JB/T 4711—2003《压力容器涂敷与运输包装》

在技术要求中书写时，只需注写“本设备按××××（具体写标准名称及代号）制造、试验和验收”即可。

（2）焊接要求　焊接工艺在化工设备制造中应用广泛。在技术要求中，一般要对焊接接头型式、焊接方法、焊条（焊丝）、焊剂等提出要求。

（3）设备的检验　一般对主体设备要进行水压和气密性试验，对焊缝要进行射线探伤、超声波探伤、磁粉探伤的检验等，这些项目都有相应的试验规范和技术指标。

（4）其他要求　设备在机械加工、装配、涂料、防腐、保温（冷）、运输和安装等方面的规定和要求。

（三）技术特性表

技术特性表是表明设备的重要技术特性和设计依据的一览表，一般安排在管口表的上方。其格式有两种，如图 7-19 所示，其中图 7-19(a) 用于一般化工设备，图 7-19(b) 用于带换热管的设备，如果是夹套换热设备，则管程和壳程分别改为设备内和夹套内。

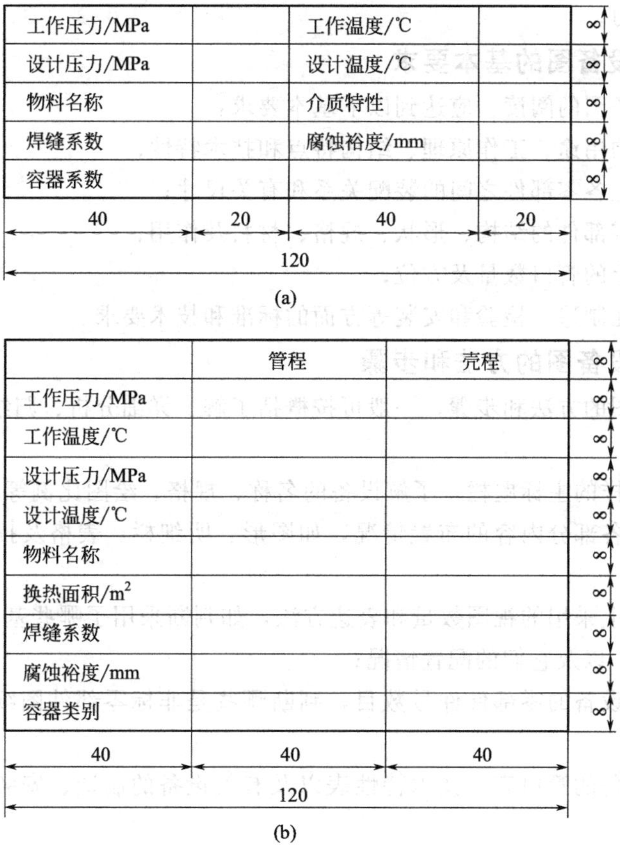

工作压力/MPa
工作温度/℃
设计压力/MPa
设计温度/℃
物料名称
介质特性
焊缝系数
腐蚀裕度/mm
容器系数
8
40
20
40
20
120
(a)
管程
壳程
工作压力/MPa
工作温度/℃
设计压力/MPa
设计温度/℃
物料名称
换热面积/m²
焊缝系数
腐蚀裕度/mm
容器类别
8
40
40
40
120
(b)

图 7-19　技术特性表

技术特性表还要了解以下几点。

（1）技术特性表的线型为边框粗实线，其余细实线。

（2）技术特性表中的设计压力、工作压力为表压，如果是绝对压力应标注“绝对”字样。

（3）在技术特性表中需填写的内容，因设备类型的不同会有不同的要求。

① 对容器类设备，应增加全容积（m^3）和操作容积。

② 对热交换器，应增加换热面积（m^2），而且换热面积以换热管外径为基准计算。

③ 对塔器，应填写设计的地震烈度（级）、设计风压（N/m^2）等。对填料塔还需填写

填料体积（m^3）、填料比表面积（m^2/m^3）、处理气量（Nm^3/h）和喷淋量（m^3/h）等内容。

④ 对带夹套（蛇管）和搅拌的反应釜，应按釜内、夹套（蛇管）内分栏填写，同时还需填写全容积、操作容积、搅拌转速（r/min）、电动机功率（kW）、换热面积等内容。

⑤ 其他专用设备，可根据设备的结构与操作特性，填写图示设备需特别说明的技术特性内容。

三、化工设备图的绘制和阅读

化工设备图是化工设备设计、制造、使用和维护中重要的技术文件，是技术思想交流的工具。因此，作为专业的技术人员，不仅要求具有绘制化工设备图样的能力，而且应该具有阅读设备图样的能力。

1. 阅读化工设备图的基本要求

通过对化工设备图的阅读，应达到以下基本要求：

(1) 了解设备的用途、工作原理、结构特点和技术特性；

(2) 了解设备上各零部件之间的装配关系和有关尺寸；

(3) 了解设备零部件的结构、形状、规格、材料及作用；

(4) 了解设备上的管口数量及方位；

(5) 了解设备在制造、检验和安装等方面的标准和技术要求。

2. 阅读化工设备图的方法和步骤

阅读化工设备图的方法和步骤，一般可按概括了解、详细分析、归纳总结等步骤进行。

(1) 概括了解

① 通过阅读图样的主标题栏，了解设备的名称、规格、绘图比例等内容；

② 了解图面上各部分内容的布置情况，如图形、明细栏、表格及技术要求等在幅面上的位置；

③ 概括了解图上采用的视图数量和表达方法，如判断采用了哪些基本视图、辅助视图、剖视图、剖面图等，以及它们的配置情况；

④ 概括了解该设备的零部件件号数目，判断哪些是非标零部件图纸，哪些是标准件或外购件等；

⑤ 概括了解设备的管口表、技术特性表以及有关设备的制造、安装、检验和运输要求等的基本情况。

(2) 详细分析

① 视图分析　通过视图分析，可以看出设备图上共有多少个视图。哪些是基本视图，还有其他什么视图，各视图采用了哪些表达方法，并分析采用各种表达方法的目的。

② 装配连接关系分析　以主视图为主，结合其他视图分析各部件之间的相对位置及装配连接关系。

③ 零部件结构分析　以主视图为主，结合其他视图，对照明细栏中的序号，将零部件逐一从视图中分离出来，分析其结构、形状、尺寸及其与主体或其他零件的装配关系。对标准化零部件，应查阅有关标准，弄清楚其结构。

有图样的零部件，则应查阅相关的零部件图，弄清楚其结构。

④ 了解技术要求　通过技术要求的阅读，了解设备在制造、检验、安装等方面所依据

的技术规定和要求，以及焊接方法、装配要求、质量检验等的具体要求。

(3) 归纳总结 通过详细分析后，将各部分内容加以综合归纳，从而得出设备完整的结构形象，进一步了解设备的结构特点、工作特性、物料流向和操作原理等。

阅读化工设备图的方法步骤，常因读图者的工作性质、实践经验和习惯的不同而各有差异。一般地说，如能在阅读化工设备图的时候，适当地了解该设备的相关设计资料，了解设备在工艺过程中的作用和地位，则将有助于对设备设计结构的理解。此外，如能熟悉各类化工单元设备典型结构的有关知识，熟悉化工设备常用零部件的结构和有关标准，熟悉化工设备的表达方法和图示特点，必将有助于提高读图的速度和深广度。

第四节 反应釜的结构与维护保养

在第二章已经就流体输送设备（泵、压缩机、风机）、传热和蒸发设备（各种类型的换热器和蒸发器）和精馏与吸收设备（板式塔和精馏塔）的结构及维护作了较为详细的介绍，本节主要介绍化工生产中常用的反应设备——反应釜的结构与维护保养。

一、反应釜的作用

反应釜是化工生产中使用的典型设备之一。由于化学工艺过程的种种化学变化，是以参加反应的介质的充分混合为前提的，对于加热、冷却和液体萃取以及气体吸收等物理变化过程，也往往采用搅拌操作，才能获得更好的效果。因此反应釜除了在化学工业中大量使用外，还广泛应用于冶金、医药、农药、染料、涂料和三大合成材料等过程工业。

反应釜的作用有：

(1) 通过对参加反应的介质的充分搅拌，使物料混合均匀；

(2) 强化传热效果和相间传质；

(3) 使气体在液相中均匀分散；

(4) 使固体颗粒在液相中均匀悬浮；

(5) 使不相溶的另一液相均匀悬浮或充分乳化。

一、反应釜的设计

反应釜设计可分为工艺设计和机械设计两大部分。工艺设计的主要内容有：

① 反应釜所需容积；传热面积及构成形式；

② 搅拌器形式和功率、转速；

③ 管口方位布置等。

工艺设计所确定的工艺要求和基本参数是机械设计的基本依据。机械设计的内容一般包括：

① 确定反应釜的结构形式和尺寸；

② 进行筒体、夹套、封头、搅拌轴等构件的强度计算；

③ 根据工艺要求选用搅拌装置；

④ 根据工艺条件选用轴封装置；

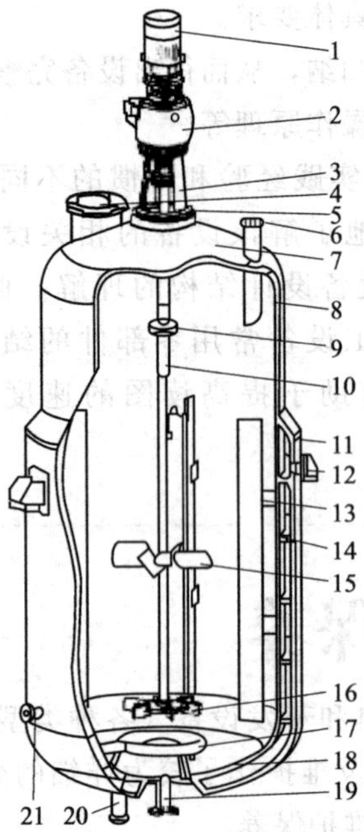

图 7-20 搅拌反应釜结构

1—电动机；2—减速器；3—机架；4—人孔；5—密封装置；6—进料口；7—上封头；8—筒体；9—联轴器；10—搅拌轴；11—夹套；12—载热介质出口；13—挡板；14—螺旋导流板；15—轴向流搅拌器；16—径向流搅拌器；17—气体分布器；18—下封头；19—进料口；20—载热介质进口；21—气体进口

⑤ 根据工艺条件选用传动装置。

由于化工产品种类繁多，物料的相态各异，反应条件差别很大，工业上使用的反应器形式也多种多样。按设备的结构特征可分为搅拌釜式、管式、固定床和流化床反应器等。

三、反应釜的总体结构

1. 搅拌式反应釜的结构

搅拌反应釜主要由筒体、传热装置、传动装置、轴封装置和各种接管组成。如图 7-20 所示的夹套式搅拌反应釜。

釜体内筒通常为一圆柱形壳体，它提供反应所需空间；传热装置的作用是满足反应所需温度条件；搅拌装置包括搅拌器、搅拌轴等，是实现搅拌的工作部件；传动装置包括电机、减速器、联轴器及机架等附件，它提供搅拌的动力；轴封装置是保证工作时形成密封条件，阻止介质向外泄漏的部件。

2. 筒体和传热装置

釜体的内筒一般为钢制圆筒。容器的封头大多选用标准椭圆形封头，为满足工艺要求，釜体上安装有多种接管，如物料进出口管、监测装置接管等。

常用的传热装置有夹套结构的壁外传热和釜内装设换热管传热两种形式，应用最多的是夹套传热，见图 7-21(a)。当反应釜采用衬里结构或夹套传热不能满足温度要求时，常用蛇管传热方式，见图 7-21(b)。

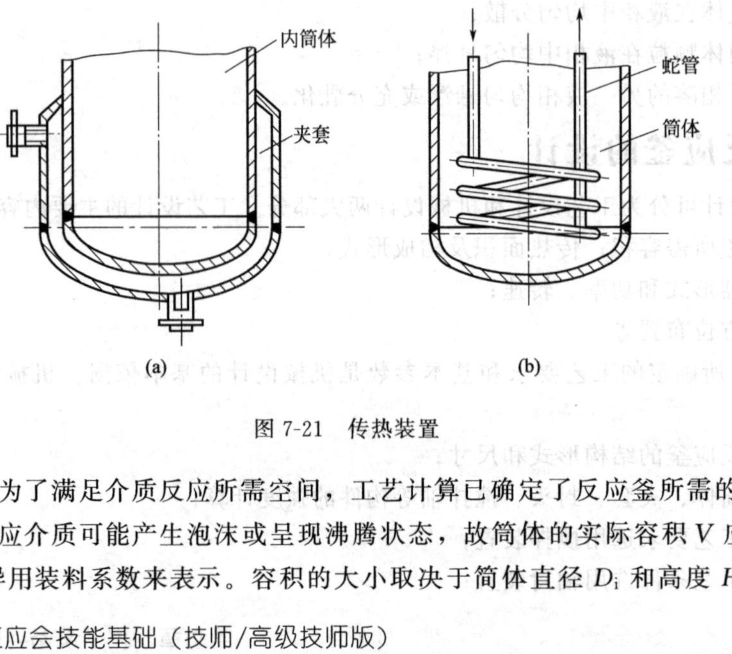

图 7-21 传热装置

(1) 筒体 为了满足介质反应所需空间，工艺计算已确定了反应釜所需的容积 V_0，在实际操作时，反应介质可能产生泡沫或呈现沸腾状态，故筒体的实际容积 V 应大于所需容积 V_0，这种差异用装料系数来表示。容积的大小取决于筒体直径 D_i 和高度 H 的大小（见

图 7-22）。若容积一定，则应考虑筒体高度与直径的适合比例。当搅拌器转速一定时，搅拌器的功率消耗与搅拌桨直径的 5 次方成正比，若筒体直径增大，为保证搅拌效果，所需搅拌桨直径也要大，此时功率消耗很大，因此，直径不宜过大。若高度增加，能使夹套式容器传热面积增大，有利于传热，故对于发酵罐之类反应釜，为保证充分的接触时间，希望高径比大些为好。但是，若釜体高度过大，则搅拌轴长度亦相应要增加，此时，对搅拌轴的强度和刚度的要求将会提高，同时为保证搅拌效果，可能要设多层桨，使得费用增加。因此，选择筒体高径比时，要综合考虑多种因素的影响。

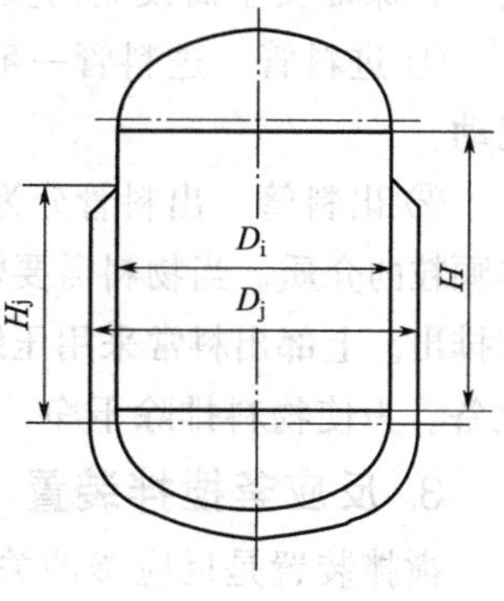

图 7-22 筒体的几何关系

筒体与夹套的厚度要根据强度条件或稳定性要求来确定。夹套承受内压时，按内压容器设计。筒体受内压又受外压，应根据开车、操作和停工时可能出现的最危险状态来设计。当釜内为真空外带夹套时，筒体按外压设计，设计压力为真空容器设计压力加上夹套内设计压力；当釜内为常压操作时，筒体按外压设计，设计压力为夹套内的设计压力；当釜内为正压操作时，则筒体应同时按内压和外压设计，其厚度取两者中之较大者。

(2) 夹套　夹套是搅拌反应釜最常用的传热结构，由圆柱形壳体和底部封头组成。夹套与内筒的连接有可拆连接与不可拆（焊接）连接两种方式。可拆连接结构用于操作条件较差，或要求进行定期检查内筒外表面和需经常清洗夹套的场合。可拆连接是将内筒和夹套通过法兰来连接的。

不可拆连接主要用于碳钢制反应釜。通过焊接将夹套连接在内筒上。不可拆连接密封可靠、制造加工简单。

夹套上设有蒸汽、冷却水或其他加热、冷却介质的进出口。当加热介质是蒸汽时，进口管应靠近夹套上端，冷凝液从底部排出；当加热（冷却）介质是液体时，则进口管应设在底部，使液体下进上出，有利于排出气体和充满液体。

(3) 蛇管　如果所需传热面积较大，而夹套传热不能满足要求或不宜采用夹套传热时，可采用蛇管传热。蛇管置于釜内，沉浸在介质中，热量能充分利用，传热效果比夹套结构好。但蛇管检修困难，还可能因冷凝液积聚而降低传热效果。蛇管和夹套可同时采用，以增加传热效果。蛇管一般由公称直径为 ϕ25～70mm 的无缝钢管绕制而成。常用结构形状有圆形螺旋状、平面环形、U 形立式、弹簧同心圆组并联形式等。

蛇管在筒体内需要固定，固定形式有多种。当蛇管中心直径较小，圈数较少时，蛇管可利用进出口管固定在釜盖或釜底上；若中心直径较大、圈数较多、重量较大时，则应设立固定支架支撑。

蛇管的进出口最好设在同一端，一般设在上封头处，以使结构简单、装拆方便。

(4) 顶盖　反应釜的顶盖（上封头）为满足装拆需要常做成可拆式的。即通过法兰将顶盖与筒体相连接。带有夹套的反应釜，其接管口大多开设在顶盖上。此外，反应釜传动装置也大多直接支承在顶盖上。故顶盖必须有足够的强度和刚度。顶盖的结构形式有平盖、碟形盖、锥形盖，而使用最多的还是椭圆形盖。

(5) 筒体上的接管　反应釜筒体的接管主要有：物料进出所需要的进料管和排出管；用于安装检修的人孔或手孔；观察物料搅拌和反应状态的视镜接管；测量反应温度用的温度计

接口；保证安全而设立的安全装置接管等。

① 进料管　进料管一般设在顶部。进料管的下端一般呈 45°的切口，以防物料沿壁面流动。

② 出料管　出料管分为上出料管和下出料管两种形式。下部出料适用于黏性大或含有固体颗粒的介质。当物料需要输送到较高位置或需要密闭输送时，必须装设压料管，使物料从上部排出。上部出料常采用压缩空气或其他惰性气体，将物料从釜内经压料管压送到下一工序设备。为使物料排除干净，应使压出管下端位置尽可能低些，且底部制成与釜底相似形状。

3. 反应釜搅拌装置

搅拌装置是反应釜的关键部件。反应釜内的反应物借助搅拌器的搅拌，达到物料充分混合、增强物料分子碰撞、加快反应速率、强化传质与传热效果、促进化学反应的目的。所以设计和选择合理的搅拌装置是提高反应釜生产能力的重要手段。搅拌装置通常包括搅拌器、搅拌轴、支承结构以及挡板、导流筒等部件。中国对搅拌装置的主要零部件均已实行标准化生产，供使用时选用。

(1) 搅拌器类型

① 推进式搅拌器　推进式搅拌器形状与船舶用螺旋桨相似，见图 7-23。推进式搅拌器一般采用整体铸造方法制成，常用材料为铸铁或不锈钢，也可采用焊接成型。桨叶上表面为螺旋面，叶片数一般为三个。桨叶直径较小，一般为筒体内径的 1/3 左右，宽度较大，且从根部向外逐渐变宽。推进式搅拌器结构简单、制造加工方便，工作时使液体产生轴向运动，液体剪切作用小，上下翻腾效果好。主要适用于黏度低、流量大的场合。

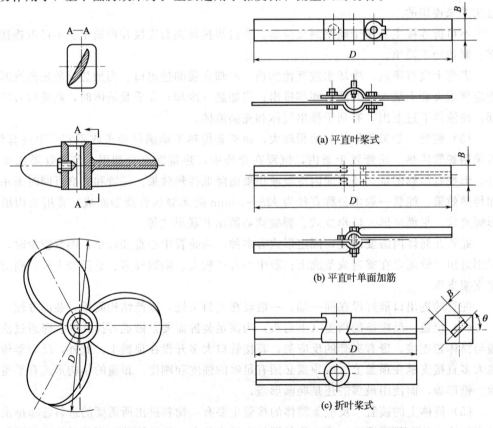

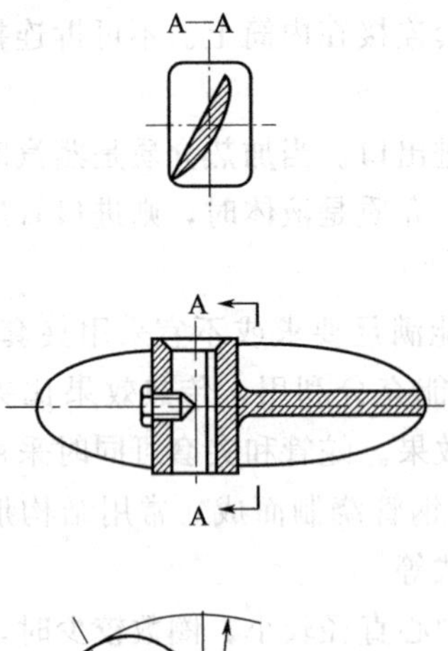

图 7-23　推进式搅拌器

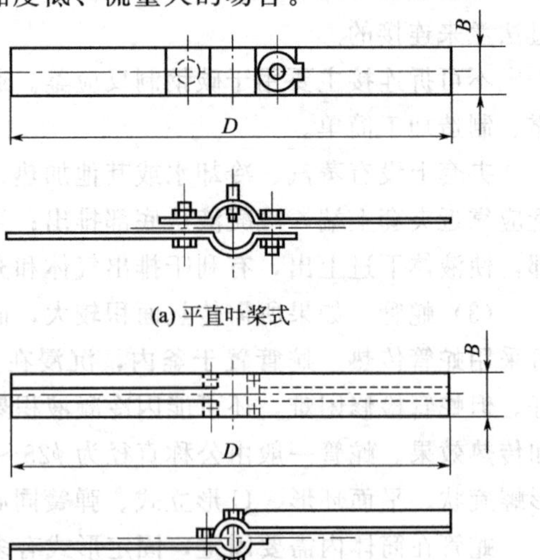

图 7-24　桨式搅拌器

② 桨式搅拌器　桨式搅拌器（见图 7-24）结构较简单，一般由扁钢或角钢加工制成，也可由合金钢、有色金属等制造。按桨叶安装方式，桨式搅拌器分为平直叶和折叶式两种，如图 7-24 所示。

平直叶的叶片与旋转方向垂直，主要使物料产生切线方向的流动，若加设有挡板也可产生一定程度的轴向搅拌作用。折叶式则与旋转方向成一倾斜角度，产生的轴向分流比平直叶多。小型桨叶与轴的连接常采用焊接，即将桨叶直接焊在轮毂上，然后用键、止动螺钉将轮毂连接在搅拌轴上。直径较大的桨叶与搅拌轴的连接多采用可拆连接。将桨叶的一端制出半个轴环套，两片桨叶对开地用螺栓将轴环套夹紧在搅拌轴上。

③ 涡轮式搅拌器　涡轮式搅拌器的结构见图 7-25，涡轮结构如同离心泵的叶轮，轮叶上的叶片有平直形、弯曲形等形状。涡轮搅拌器形式较多，可分为开启式和带圆盘两大类。涡轮式搅拌器的桨叶直径一般为筒体内径的 0.25～0.5 倍，且一般在 700mm 以下。桨叶的外径、宽度与高度的比例，一般为 20∶5∶4，圆周速度一般为 3～8m/s。涡轮式搅拌器适用于各种黏性物料的搅拌操作。

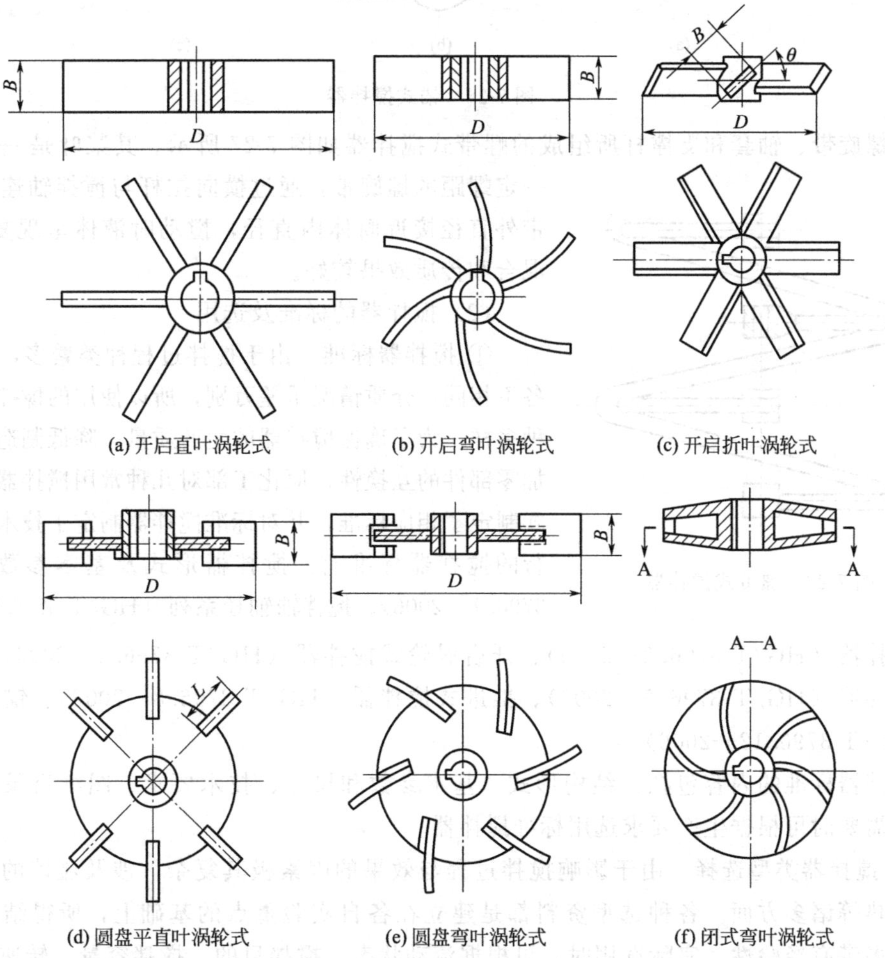

图 7-25　涡轮式搅拌器

④ 锚式和框式及螺带式搅拌器　锚式搅拌器是由垂直桨叶和形状与底封头形状相同的水平桨叶所组成（图 7-26）。搅拌器可先用键固定在轴上，然后从轴的下端拧上轴端盖帽即

可。若在锚式搅拌器的桨叶上加固横梁即成为框式搅拌器，见图 7-26(b) 和图 7-26(c)。其中图 7-26(b) 为单级式，图 7-26(c) 为多级式。锚式和框式搅拌器的共同特点是旋转部分的直径较大，可达筒体内径的 0.9 倍以上，一般取 $D/B=10\sim14$。由于直径较大，能使釜内整个液层形成湍动，减小沉淀或结块，故在反应釜中应用较多。

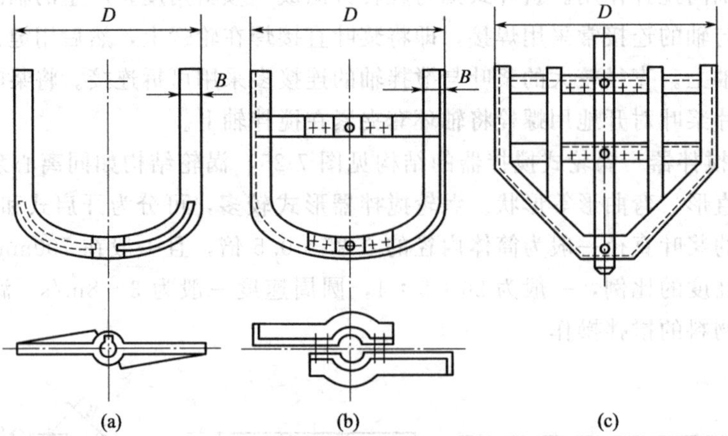

图 7-26 锚式搅拌器

由螺旋带、轴套和支撑杆所组成的螺带式搅拌器如图 7-27 所示。其桨叶是一定宽度和一定螺距的螺旋带，通过横向拉杆与搅拌轴连接。螺旋带外直径接近筒体内直径，搅动时液体呈现复杂运动，混合和传质效果较好。

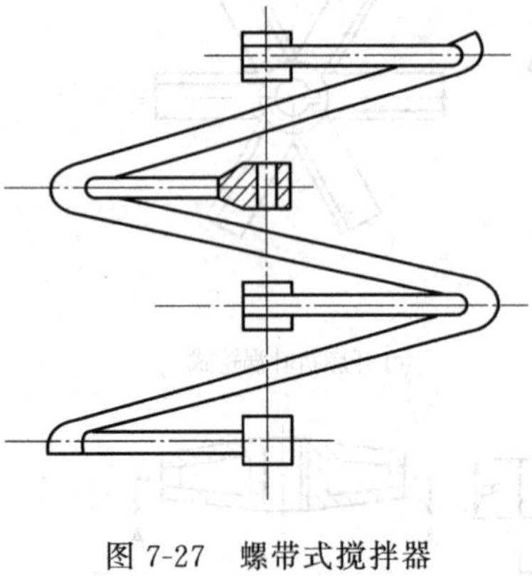
图 7-27 螺带式搅拌器

(2) 搅拌器的标准及选用

① 搅拌器标准 由于搅拌过程种类繁多，操作条件各不相同，介质情况千差万别，所以使用的搅拌器形式多种多样。为了确保搅拌器的生产质量，降低制造成本，增加零部件的互换性，原化工部对几种常用搅拌器的结构形式制定了相应标准，并对标准搅拌器制定了技术条件。现行的搅拌器标准有：搅拌器形式及基本参数（HG/T 3796.1—2006)、搅拌轴轴径系列（HG/T 3796.2—2006)、桨式搅拌器（HG/T 3796.3—2006)、开启涡轮式搅拌器（HG/T 3796.4—2006)、圆盘涡轮式搅拌器（HG/T 3796.5—2006)、推进式搅拌器（HG/T 3796.8—2006)、锚框式搅拌器（HG/T 3796.12—2006)。

搅拌器标准的内容包括：结构形式、基本参数和尺寸、技术要求、图纸目录等三个部分。在需要时可根据生产要求选用标准搅拌器。

② 搅拌器类型选择 由于影响搅拌过程与效果的因素极其复杂，涉及流体的流动、传质、传热等诸多方面。各种选型资料都是建立在各自实验重点的基础上，所得结论不尽相同，大多带有经验性。实际选用时，可根据流动状态、搅拌目的、搅拌容量、转速范围及液体最高黏度等，查阅相关工具手册确定。

③ 搅拌轴 搅拌轴是连接减速机和搅拌器而传递动力的构件。搅拌轴属于非标准件，需要自行设计。

搅拌轴的材料常用45号钢，对强度要求不高或不太重要的场合，也可选用Q235钢。当介质具有腐蚀性或不允许铁离子污染时，可采用不锈耐酸钢或采取防腐措施。

搅拌轴的结构与一般机械传动轴相同。搅拌轴一般采用圆截面实心轴或空心轴。其结构形式根据轴上安装的搅拌器类型、轴的支承形式、轴与联轴器联接等要求而定。

搅拌轴通常依靠减速箱内的一对轴承支承，支承形式为悬臂梁。由于搅拌轴往往细而长，而且要带动搅拌器进行搅拌操作。搅拌轴工作时承受着弯扭联合作用，如变形过大，将产生较大离心力而不能正常转动，甚至使轴遭受破坏。

若轴的直径裕量大、搅拌器经过平衡检验且转速较低时可取偏大值。如不能满足要求，则应考虑安装中间轴承或底轴承。搅拌轴的直径大小，要经过强度计算、刚度计算、临界转速验算，还要考虑介质腐蚀情况。

a. 按强度条件计算搅拌轴的直径　搅拌轴在扭转和弯曲联合作用下，若轴截面上剪切应力过大，将使轴发生剪切破坏，故应将最大剪应力限制在材料允许剪应力之内。

b. 按刚度条件计算搅拌轴直径　搅拌轴受扭矩和弯矩联合作用，扭转变形过大会造成轴的振动和扭曲，使轴的密封失效，故应限制单位长度上的最大扭转角在允许的范围内。

由于搅拌轴上因安装零部件和制造需要，常开有键槽、轴肩、螺纹孔、倒角、退刀槽等结构，削弱了横截面的承载能力，因此轴的直径应按计算直径适当放大，同时还要进行临界转速的验算和允许径向位移的验算。

(3) 挡板与导流筒

① 挡板　釜体内安装挡板后，可使流体的切向流动转变为轴向与径向流动，同时增大液体的湍动程度，从而改善搅拌效果。

② 导流筒　导流筒是一个圆筒，安装在搅拌器外面，常用于推进式和涡轮式搅拌器。导流筒的作用是使从搅拌器排出的液体在导流筒内部和外部形成上下循环的流动，以增加流体湍动程度，减少短路机会，增加循环流量和控制流型。

4. 反应釜传动装置

反应釜的传动装置通常设置在反应釜顶盖上，一般采用立式布置。反应釜传动装置包括电动机、减速器、支架、联轴器、搅拌轴等，如图7-28所示。

传动装置的作用是将电动机的转速，通过减速器，调整至工艺要求所需的搅拌转速，再通过联轴器带动搅拌轴旋转，从而带动搅拌器工作。

(1) 电动机的选用　反应釜的电动机大多与减速器配套使用，因此电动机的选用一般可与减速器的选用配套进行。在许多场合下，电动机与减速器一并配套供应，设计时可根据选定的减速器选用配套的电动机。

电动机型号应根据电动机功率和工作环境等因素选择。工作环境包括防爆、防护等级、腐蚀情况等。电动机选用主要是确定系列、功率、转速、安装方式等内容。

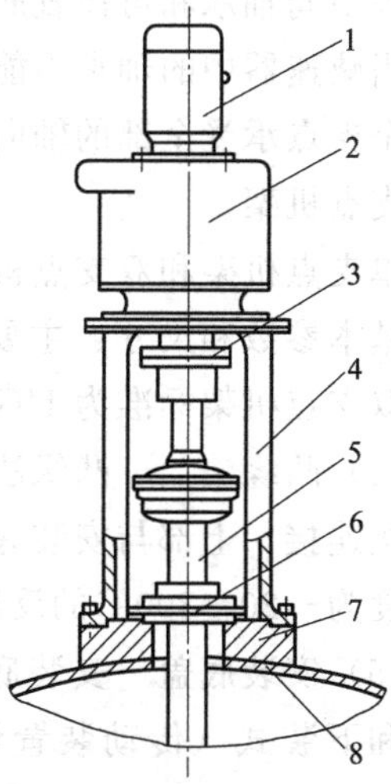

图7-28　反应釜的传动装置

1—电动机；2—减速器；3—联轴器；4—支架；5—搅拌轴；6—轴封装置；7—凸缘；8—顶盖

(2) 减速器的选用　减速器的作用是传递运动和改变转动速度，以满足工艺条件的要求。减速机是工业生产中应用很广泛的典型装置。为了提高产品质量，节约成本，适应大批量专业生产，已制定了相应的标准系列，并由有关厂家定点生产。需要时，可根据传动比、转速、载荷大小及性质，再结合效率、外廓尺寸、重量、价格和运转费用等各项参数与指标，进行综合分析比较，以选定合适的减速器类型与型号，外购即可。

反应釜用减速器常用的有摆线针轮型减速器、齿轮减速器、V带减速器以及圆柱蜗杆减速器等。

(3) 机架　搅拌反应釜的传动装置是通过机架安装在釜体顶盖上的。机架的结构形式要考虑安装联轴器、轴封装置以及与之配套的减速器输出轴径和定位结构尺寸的需要。釜用机架的常用结构有单支点机架（图 7-29）和双支点机架（图 7-30）两种。

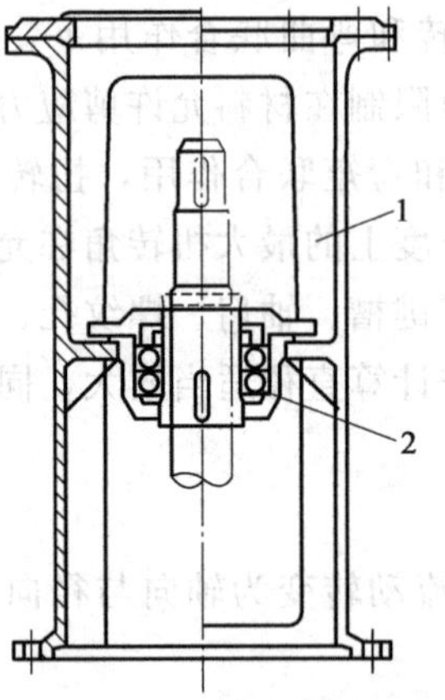

图 7-29　单支点支架
1—机架；2—轴承

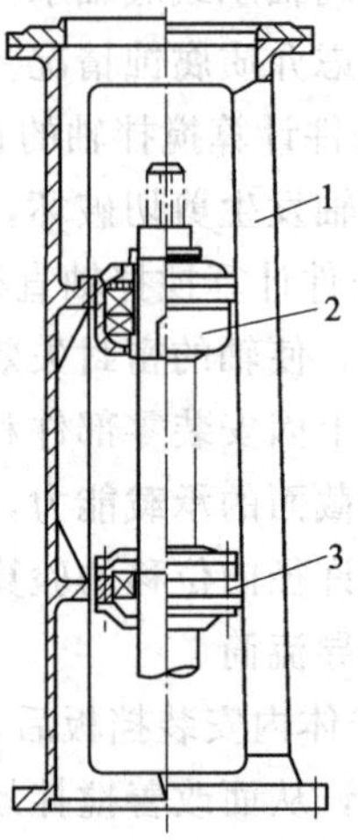

图 7-30　双支点支架
1—机架；2—上轴承；3—下轴承

单支点支架用以支承减速器和搅拌轴，适合电动机或减速器可作为一个支点，或容器内可设置中间轴承和可设置底轴承的情况。搅拌轴的轴径应在 30～160mm 范围。

当减速器中的轴承不能承受液体搅拌所产生的轴向力时，应选用双支点机架，由机架上的两个支点承受全部的轴向载荷。对于大型设备，或对搅拌密封要求较高的场合，一般都采用双支点机架。

单支点机架和双支点机架都已有标准系列产品。标准对机架的用途和适应范围、结构形式、基本参数和尺寸、主要技术要求等做出了相应规定。单支点机架标准为 HG 21566—95；双支点机架标准为 HG 21567—95。

(4) 凸缘法兰　凸缘法兰用于连接搅拌器传动装置的安装底盖。凸缘法兰下部与釜体顶盖焊接连接，上部与安装底盖法兰相连。标准凸缘法兰适应设计压力为 0.1～1.6MPa，设计温度为 −20～300℃的反应釜。

(5) 安装底盖　安装底盖用于支承支架和轴封，分为上装式（传动装置设立在釜体上部）和下装式（传动装置设立在釜体下部）两种形式，标准底盖的适应范围与凸缘法兰相同。

5. 反应釜轴封装置

搅拌反应釜的密封除了各种接管的静密封外，还要考虑搅拌轴与顶盖之间的动密封。由于搅拌轴是旋转运动的，而顶盖是固定静止的，这种运动件和静止件之间的密封称为动密封。对动密封的基本要求是：结构简单、密封可靠、维修装拆方便、使用寿命长。搅拌反应釜常用的动密封有填料密封与机械密封两种。

(1) 填料密封　填料密封是搅拌反应釜最早采用的一种转轴密封形式。填料密封结构简单、易于制造。适应非腐蚀性和弱腐蚀性介质、密封要求不高、可定期维护的低压、低速搅拌设备。填料密封由填料、填料箱体、衬套、压盖、压紧螺栓、油杯等组成。图 7-31 为一带夹套的铸铁填料密封箱。

① 填料密封结构及密封原理　填料箱本体固定在顶盖的底座上。在压盖压力作用下，装在搅拌轴与填料箱本体之间的填料被压缩，对搅拌轴表面产生径向压紧力。由于填料中含润滑剂，因此，在对搅拌轴产生径向压紧力的同时，形成一层极薄的液膜。它一方面使搅拌轴得到润滑，另一方面又阻止设备内流体的溢出或外部流体的渗入，达到密封的目的。填料中所含润滑剂是在制造填料时加入的，在使用过程中将不断消耗，所以，需在填料密封装置中设置油杯，便于适时加油以确保搅拌轴和填料之间的润滑。

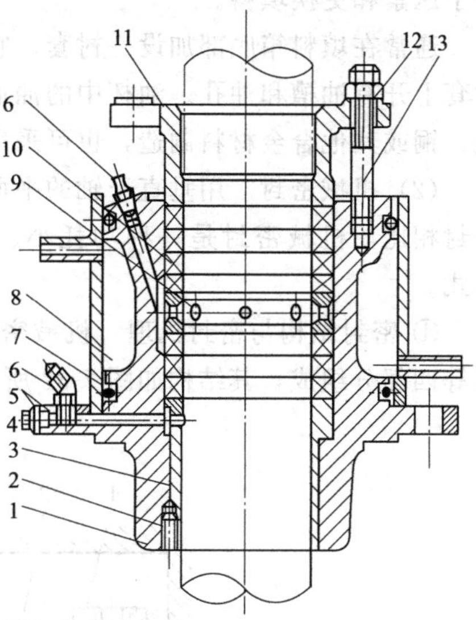

图 7-31　填料密封箱

1—本体；2—螺钉；3—衬套；4—螺塞；5—油圈；6—油杯；7—O 形密封圈；8—水夹套；9—油杯；10—填料；11—压盖；12—螺母；13—双头螺柱

填料密封是通过压盖施加压紧力使填料变形来获得的。压紧力过大，将使填料过紧地压在转动轴上，会加速轴与填料间的磨损，导致间隙增大反而使密封快速失效；压紧力过小，填料未能贴紧转动轴，将会产生较大的间隙泄漏。所以工程上从延长密封寿命考虑，允许有一定的泄漏量，一般为150～450mL/h。泄漏量和压紧程度通过调整压盖的压紧力来实现，并规定更换填料的周期，以确保密封效果。

② 填料　填料是形成密封的主要元件，其性能优劣对密封效果起关键性作用。对填料的基本要求是：

a. 具有足够的塑性，在压盖压紧力下能产生较大的塑性变形；

b. 具有良好的弹性，吸振性能好；

c. 具有较好的耐介质及润滑剂浸泡、腐蚀性能；

d. 耐磨性好，使用寿命长；

e. 摩擦系数小，降低摩擦功的消耗；

f. 导热性能好，散热快；

g. 耐温性能好。

填料的选用应根据介质特性、工艺条件、搅拌轴的轴径及转速等情况进行。

对于低压、无毒、非易燃易爆等介质，可选用石棉绳作填料；对于压力较高且有毒、易燃易爆的介质，一般可用油浸石墨石棉填料或橡胶石棉填料；对于高温高压下操作的反应釜，密封填料可选用铅、紫铜、铝、蒙乃尔合金、不锈钢等金属材料作填料。

③ 填料箱　填料箱已有标准件，标准的制定以标准轴径为依据。填料箱的材质有铸铁、碳钢、不锈钢三种。结构形式有带衬套及冷却水夹套和不带衬套与冷却水夹套两种。当操作

条件符合要求时，可直接选用。

④ 压盖与衬套　压盖的作用是盖住填料，并在压紧螺母拧紧时将填料压紧，从而达到轴封的目的。压盖的内径应比轴径稍大，而外径应比填料室内径稍小，使轴向活动自由，以便于压紧和更换填料。

通常在填料箱底部加设一衬套，它的作用如同轴承。衬套与箱体通过螺钉作周向固定。衬套上开有油槽和油孔。油杯中的油通过油孔润滑填料。衬套常选用耐磨材料较好的球墨铸铁、铜或其他合金材料制造，也可采用聚四氟乙烯、石墨等抗腐蚀性能较好的非金属材料。

（2）机械密封　用垂直于轴的平面来密封转轴的装置称为机械密封或端面密封。与填料密封相比，机械密封是一种功耗小、泄漏率低、密封性能可靠、使用寿命长的转轴密封形式。

① 密封结构与密封机理　机械密封装置主要由动环、静环、弹簧加荷装置和辅助密封圈等四部分组成，其结构如图 7-32 所示。

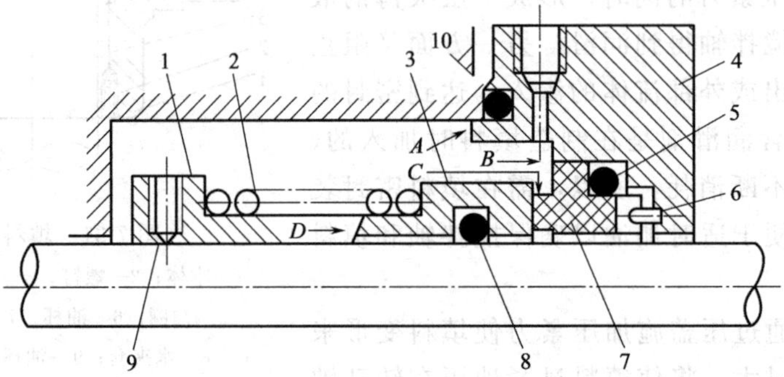

图 7-32　机械密封

1—弹簧座；2—弹簧；3—动环；4—静环座；5—静环密封圈；6—防转销；7—静环；8—动环密封圈；9—紧定螺钉；10—静环座密封圈

图 7-32 中静环 7 利用防转销 6 与静环座 4 联接起来，中间加密封圈 5。利用弹簧 2 把动环 3 压紧于静环上，使其紧密贴合形成一个回转密封面，弹簧还可调节动环以补偿密封面磨损产生的轴向位移。动环内有密封圈 8 以保证动环在轴上的密封，弹簧座 1 靠紧定螺钉（或键）固定在轴（或轴承）上。动环、动环密封圈、弹簧及弹簧座随轴一起转动。

机械密封在结构上要防止四条泄漏途径，形成了四个密封点 A、B、C、D（见图7-32），A 点是静环座与设备之间的静密封，密封元件是静环座密封圈 10；B 点是静环与静环座之间的静密封，密封元件是静环密封圈 5；D 点是动环与轴（或轴套）之间的静密封，密封元件是动环密封圈 8；C 点是动环与静环之间有相对运动的两个端面的密封，属于动密封，是机械密封的关键部位。它依靠介质的压力和弹簧力使两端面紧密贴合，并形成一层极薄的液膜起密封作用。

② 机械密封的分类　机械密封通常依据动静环的对数、弹簧的个数等结构特征以及介质在端面上引起的压力情况等加以区分。常见的结构形式有如下几种。

a. 单端面与双端面　当密封装置中只有一对摩擦副（即一个动环、一个静环）时称为单端面；有两个摩擦副的（即有两个动环、两个静环）称为双端面。

单端面结构简单，制造与装拆方便，但密封效果不如双端面，适合于密封要求不太高，介质压力较低的场合；双端面的两对摩擦副间的空腔注入压力略大于操作压力的中性液体，能起到密封和润滑的双重作用，故密封效果好。但双端面密封结构复杂，制造装拆较困难，同时还需要配备一套封液输送装置。

b. 大弹簧与小弹簧　大弹簧又称单弹簧，即在密封装置中仅有一个与轴同心安装的弹簧。只有大弹簧时结构简单、安装简便，但作用在端面上的压力分布不均匀，且难于调整，适应轴径较小的场合。小弹簧又称多弹簧，即在密封装置中装设数个沿圆周分布的小弹簧。小弹簧弹力分布均匀、缓冲性能好，适应轴径较大、密封要求高的场合。

c. 平衡型与非平衡型　根据接触面负荷平衡状况，机械密封又可分为平衡型与非平衡型两种。

③ 主要零部件

a. 动环和静环　动环和静环是机械密封中最重要的元件。由于工作时，动环和静环产生相对运动的滑动摩擦，因此，动静环要选用耐磨性、减摩性和导热性能好的材料。一般情况下，动环材料的硬度要比静环高，可用铸铁、硬质合金、高合金钢等材料，介质腐蚀严重时，可选用不锈钢。当介质黏度较小时，静环材料可选择石墨、氟塑料等非金属材料，介质黏度较高时，也可采用硬度比动环材料低的金属材质。由于动环与静环两接触端面要产生相对摩擦运动，且要保证密封效果，故两端面加工精度要求很高。

b. 弹簧加荷装置　弹簧加荷装置由弹簧、弹簧座、弹簧压板等组成。弹簧通过压缩变形产生压紧力，以使动静环两端面在不同工况下都能保持紧密接触。同时，弹簧又是一个缓冲元件，可以补偿轴的跳动及加工误差引起的摩擦面不贴合。弹簧还能起到传递扭矩的作用。

c. 静密封元件　静密封元件是通过在压力作用下自身的变形来形成密封条件的。釜用机械密封的静密封元件形状常用的有“O”形、“V”形和矩形三种。

第五节
化工自动化仪表

一、过程自动化

1. 过程自动化的意义

生产过程自动化，就是通过采用计算机技术和软件工程采集的数据和程序的运算，输出到执行器执行以达到生产工艺过程的检测与控制目的。对工业生产过程中各项指标的检测、变送、显示等要求的实现，需要由工业检测仪表来完成。检测仪表将获得的生产中各工艺变量的信息送至控制器，控制器则按一定的控制规律去控制执行器动作，改变操纵变量（物料量或能量），使生产过程中的工艺变量保持在人们期望的数值上，或按照预定的规律变化，从而实现生产过程的自动化。

化工生产过程中，为保证产品质量，保证生产正常、安全、高效、低耗地进行，就必须将能影响产品质量和生产过程的压力（p）、液位（L）、流量（F）、温度（T）及物质成分（A）等几大热工变量控制在规定的范围内。而化工生产过程的容器和设备常常是密闭的，生产条件也更多是高温、深冷、高压或真空等超常状态；并且多数工艺介质还具有易燃、易爆、有毒、有腐蚀性等性质。所以化工生产过程的控制更加需要过程自动化系统。

2. 过程自动化系统的内容

过程自动化系统一般包括自动检测系统，过程自动控制系统，过程自动报警连锁系统和过程自动操作系统等。

(1) 自动检测系统　利用各种检测仪表自动连续地对相应的工艺变量进行检测，并能自动指示或记录的系统，称为过程检测系统。

(2) 自动控制系统　用自动控制装置对生产过程中的某些重要变量进行自动控制，能使因受到外界干扰影响而偏离正常状态的工艺变量，自动地回复到规定的数值范围的系统。

(3) 自动报警与联锁保护系统　对一些关键的生产变量，要设有自动信号报警与联锁保护系统。当变量接近临界数值时，系统会发出声、光报警，提醒操作人员注意。如果变量进一步接近临界值、工况接近危险状态时，联锁系统立即采取紧急措施，自动打开安全阀或切断某些通路，必要时，紧急停车，以防止事故的发生和扩大。

(4) 自动操纵系统　按预先规定的步骤，自动地对生产设备进行周期性操作的系统。

二、自动检测仪表

(一) 检测仪表的分类

(1) 根据敏感元件与被测介质是否接触，可分为接触式检测仪表和非接触式检测仪表。

(2) 按精度等级及使用场合的不同，可分为标准仪表和工业用表，分别用于标定室、实验室和工业生产现场（或控制室）。

(3) 按被测变量分类，一般分为压力、液位、流量、温度检测仪表和成分分析仪表等。

(4) 按仪表的功能分类，通常可分为显示仪表、记录型仪表和信号型仪表等。

(二) 检测仪表的指标

1. 精确度（准确度）

仪表的精确度是描述仪表测量结果准确程度的指标。

在实际检测过程中，都存在一定的误差，其大小一般用精度来衡量。仪表的精度，是仪表最大引用误差 δ_{max} 去掉正负百分号后的数值。仪表精度等级越小，精确度越高。

2. 差（回差）

在外界条件不变的情况下，用同一台仪表对某一参数进行正、反行程测量时，其所得到的仪表指示值是不相等的，对同一点所测得的正、反行程的两个读数之差就叫该点的变差(也叫回差)。它用来表示测量仪表的恒定度。变差说明了仪表的正向（上升）特性与反向(下降)特性的不一致程度。合格仪表的最大变差不能大于仪表的最大允许误差 $\delta_{工允}$。

在工业生产过程中，仪表往往需要满足工艺要求，即仪表的最大允许误差要不超过工艺允许的最大误差。

3. 灵敏度与灵敏限

灵敏度是表征仪表对被测变量变化的灵敏程度的指标，表示仪表的输入变化量与仪表的输出变化量（指示值）之间的关系。对同一类仪表，标尺刻度确定后，仪表的测量范围越小，灵敏度越高。但灵敏度高的仪表精确度不一定高。

灵敏限是指能引起仪表指示值发生变化的被测量的最小改变量。一般来说，灵敏限的数值不应大于仪表最大允许绝对误差的一半。

(三) 检测仪表的构成

工业检测仪表的品种繁多，结构各异，但是它们的基本构成都是相同的，一般均有测量、传送和显示（包括变送）等三部分组成。

测量部分一般与被测介质直接接触，将被测变量转换成与其成一定函数关系信号的敏感元件；传送部分主要起信号传送放大作用；显示部分一般是将中间信号转换成与被测变量相应的测量值显示、记录下来。

（四）检测仪表的类型

1. 压力检测与仪表

工程上把垂直作用在物体单位面积上的力称为压力。在工业生产中，尤其化工、炼油生产中，借助于对压力或差压（压力差）的检测，可以实现对液位、流量或质量等工艺变量的检测。此外，为保证生产的正常进行，确保设备的安全运行，对压力检测或控制的要求很高。因此，压力是工业生产中最重要和最普遍的检测变量之一。压力检测仪表按照其转换原理不同，可分为液柱式、弹性式、活塞式和电气式这四大类。常用的压力检测仪表包括弹簧管压力表、压力变送器、力矩平衡式差压变送器等。

2. 物位检测及仪表

物位是液位、界位和料位的总称。相应的检测仪表分别称为液位计、界位计和料位计。物位检测仪表的种类很多，大体上可分成接触式和非接触式两大类。常用的物位检测仪表包括差压式液位计、浮力式液位计、电容式物位计、超声波物位检测仪表等。

3. 流量检测仪表

在工业生产中，经常需要检测生产过程中各种介质（液体、气体、蒸汽等）的流量，以便为生产操作、管理和控制提供依据。流量分为瞬时流量和累积流量。瞬时流量是指在单位时间内流过管道某一截面流体的数量，简称流量，其单位一般用立方米/秒（m^3/s）、千克/秒（kg/s）。累积流量是指在某一段时间内流过流体的总和，即瞬时流量在某一段时间内的累积值，又称为总量，单位用千克（kg）、立方米（m^3）。流量和总量又有质量流量、体积流量两种表示方法。单位时间内流体流过的质量表示为质量流量，以体积表示的称为体积流量。通常把测量流量的仪表称为流量计，把测量总量的仪表称为计量表，常用的流量检测仪表包括差压式流量计、转子流量计、电磁流量计、涡轮流量计等。

4. 温度检测仪表

温度是表征物体冷热程度的物理量。在工业生产中，许多化学反应或物理反应都必须在规定的温度下才能正常进行，否则将得不到合格的产品，甚至会造成生产事故。因此，温度的检测与控制是保证产品质量、降低生产成本、确保安全生产的重要手段。常见的温度检测仪表包括热电偶温度计、热电阻温度计、温度变送器等。

5. 成分检测及仪表

在工业生产中，物质成分是最直接的控制指标。目前对成分进行分析的方式有两种：一是人工分析，由分析人员在现场取样，到实验室中进行分析，得出结果后，告知操作人员进行生产控制，这种方式滞后大，只能间歇进行；另一是使用自动成分分析仪表进行在线分析，操作人员直接从仪表盘上连续地看到被测成分的变化，进行生产控制。

自动成分分析仪表是指在工业生产中对物质成分和性质进行自动分析和检测的仪器仪表。近年来，随着新技术、新工艺、新材料、新元件等在成分分析仪表中的应用和发展，自动成分分析仪表得到了较快的发展，其在生产过程控制中的应用也越来越普遍。常见的成分检测及仪表包括热导式气体分析器、工业电导仪、工业酸度计、红外线气体分析器、气相色谱仪等。

三、自动控制仪表

控制仪表是实现生产过程自动化的重要工具。在过程控制系统中，检测变送仪表将被控变量转换成测量信号后，除了送至显示仪表进行指示和记录以外，更重要的是要送至控制器，在控制器内与设定值进行比较后得出偏差，然后由控制器按照预定的控制规律对偏差进行运算，输出控制信号，操纵执行机构动作，使被控变量达到预期要求，最终实现生产过程的自动化。此处讨论我们经常使用的电动控制器和数字控制器。

(一) 电动控制器

电动控制器以交流 220V 或直流 24V 作为仪表能源，以直流电流或直流电压作为输出信号。之所以选用直流信号，是因为直流信号不受传输线路中的电感、电容及负荷性质的影响，不存在相移问题，抗干扰能力强；直流信号传输，容易实现模拟量到数字量的转换，从而方便地与工业控制计算机配合使用；其次直流信号获取方便，应用灵活。

1. 电动控制器类型

电动控制器以单元组合仪表应用最为广泛。电动单元组合仪表（DDZ）经历了Ⅰ型、Ⅱ型和Ⅲ型的发展过程。DDZ-Ⅰ型仪表，以交流 220V 作为电源，信号是 0～10mA 直流，仪表的元件是电子管，由于Ⅰ型表体积大、耗能高、性能差，早已被淘汰；DDZ-Ⅱ型仪表的供电和信号大小与 DDZ-Ⅰ型仪表一样，但它采用晶体管分立元件作为电子元件，虽然Ⅱ型表在诸多性能方面比Ⅰ型表优越，但它也逐渐被 DDZ-Ⅲ型仪表所取代。

DDZ-Ⅲ型仪表采用直流 24V 集中统一供电，并配有蓄电池作为备用电源，以备停电之急需。在 DDZ-Ⅲ型仪表中广泛采用了线性集成运算放大器，使仪表的元件减少、线路简化、体积减小、可靠性和稳定性提高。在信号传输方面，Ⅲ型仪表采用了国际标准信号制：现场传输信号为 4～20mA DC，控制室联络信号为 1～5V DC。这种电流传送-电压接收的并联制信号传输方式，使每块仪表都有可靠接地，便于同计算机、巡回检测装置等配套使用。它的 4mA 零点有利于识别断电、断线故障，且为两线制传输创造了条件。此外，Ⅲ型仪表在结构上更为合理，功能也更加完善。例如，它的安全火花防爆性能，为电动仪表在易燃、易爆场合的放心使用提供了条件。

2. 电动控制器的操作

控制器的操作一般按照下述步骤进行。

（1）通电前的准备工作

① 检查电源端子接线极性是否正确；

② 按照控制阀的特性安放好阀位标志的方向；

③ 根据工艺要求确定正/反作用开关的位置。

（2）用手动操作启动

① 用软手动操作　将工作状态开关切换到“软手动”位置，用内设定轮调整好设定信号，再用软手动操作按键控制控制器的输出信号，使输入信号（即被控变量的测量值）尽可能接近设定信号。

② 用硬手动操作　将工作状态开关切换至“硬手动”位置，用内设定轮调整好设定信号，再用硬手动操作杆调节控制器的输出信号，控制器的输出以比例方式迅速达到操作杆指示的数值。

上述的软手动操作较为精准，但是操作所需时间较长；硬手动操作速度较快，但是操作较为粗糙。

(3) 由手动切换到自动　在手动操作使输入信号接近设定值后，待工艺过程稳定了便可将自动/手动开关切换到“自动”位置。在切换前，若已知 PID 参数，可以直接调整 PID 旋钮到所需的数值。若不知 PID 参数值，应使控制器的 PID 参数分别为：比例度最大、积分时间最长、微分开关断开。然后在“自动”工作状态下进行参数整定。

控制器工作状态间的切换要求无扰动。所谓“无扰动”，即不因为任何切换导致输出值（阀位）的改变。这点在生产中很重要。

“自动”与“软手动”间的切换是双向无平衡（无需事先做平衡工作）无扰动的，由“硬手动”切换至“软手动”或由“硬手动”切换至“自动”均是单向无平衡无扰动，只有“自动”和“软手动”切换至“硬手动”的操作，需要事先进行平衡——预先调整硬手动操作杆，使之与“自动”或“软手动”操作时的输出值相等，才能实现无扰动切换。

(4) 自动控制　当控制器切换到自动工作状态后，需要进行 PID 参数的整定。整定前先把“自动/手动”开关拨到“软手动”位置，使控制器处于“保持”工作状态，然后再调整 PID 旋钮，以免因参数整定引起扰动。

(二) 数字控制器

电动控制器是连续的模拟控制仪表。随着工业生产规模的不断扩大和自动化程度的不断提高，模拟控制仪表很难满足生产要求。因为一块模拟仪表只能控制一个变量，而大型企业中，需要检测和控制的变量数以万计，若都采用模拟控制仪表，其占地之大，布线之繁，操作之不便，使得控制系统的可用性和可靠性都会大为降低。使用数字控制仪表即可解决上述问题。所谓数字控制仪表，是指具有微处理器的过程控制仪表。它采用数字化技术，实现了控制技术、通信技术和计算机技术的综合运用。数字控制仪表以微处理器为运算和控制的核心，主要是接受检测变送仪表送来的标准模拟信号（4～20mA DC 或 1～5V DC），经过模/数（A/D）转换后变成微处理器能够处理的数字信号，然后再经过数/模（D/A）转换，输出标准的模拟信号去控制执行机构。

(三) 执行器

所谓“执行器”，就是用来执行控制器下达命令的仪表，以改变操纵变量实现对工艺变量的控制作用。因此执行器是控制系统中不可缺少的一个重要环节。执行器通过改变物料的流通量，使得被控变量能按照人们预期的方向变化。例如，通过控制燃气的流量，可以控制加热炉内的温度；通过控制流入贮槽的物料量，可以实现对贮槽液位的控制等。

执行器按其使用的能源，可以分为气动执行器、电动执行器和液动执行器三大类。电动执行器接受来自控制器的 4～20mA DC 直流电流，并将其转换成相应的角位移或直线位移，去操纵调节机构（调节阀），改变控制量，使被控变量符合要求。电动执行器有角行程和直行程两种。具有角位移输出的叫做 DKJ 型角行程电动执行器，它能将 4～20mA DC 的输入电流转换成 0°～90°的角位移输出；具有直行程位移输出的叫做 DKZ 型直行程电动执行器，它能将 4～20mA DC 的输入电流转换成推杆的直线位移。这两种电动执行器都是以 220V 交流电源为能源，以两相交流电动机为动力，因此不属于安全火花型防爆仪表。液动执行器主要是利用液压推动执行机构。它具有推力大、适合负荷较大的优点，但因其辅助设备庞大且笨重，生产中很少使用。

目前应用最多的是气动执行器。气动执行器习惯上称为气动调节阀，它以纯净的压缩空气作为能源，具有结构简单、动作平稳可靠、输出推力较大、维修方便、防火防爆等特点，广泛应用于石油、化工等工业生产的过程控制中。气动执行器除了可以方便地与各种气动仪表配套使用外，还可以通过电/气转换器或电/气阀门定位器，与电动仪表或计算机控制装置联用。

参考文献

[1] JB 4732—1995 钢制压力容器分析设计标准.

[2] TSG R0004—2009 固定式压力容器安全技术监察规程.

[3] HG/T 20581—2011 钢制化工容器材料选用规定.

[4] HG/T 20584—2011 钢制化工容器制造技术要求.

[5] JB/T 4711—2003 压力容器涂敷与运输包装.

[6] 陆建国. 工业电器与自动化. 北京: 化学工业出版社, 2010.

第八章 化工环保与安全管理

第一节 化工废气、废水、废渣的治理

环境污染已成为工业革命以来人类面临的一个重大问题。目前环境污染主要来自化工类相关行业，其工业污染物由以下几方面产生。

（1）原料的提取率或利用率不完全，化学反应不彻底，会产生未被提取或未被利用与未反应的废余物；

（2）原料中的杂质、化学反应的副反应合成或产生废物；

（3）石化燃料的燃烧会产生烟尘废气；

（4）工业中常产生含有大量废热以及含有加入的防腐剂、杀藻剂的冷却水；

（5）生产工艺过程中的事故及“跑、冒、滴、漏”等会形成废物；

（6）生产中的消耗性废物，如报废机器设备、管道、阀门、塑料制品、废溶剂等。

按污染物所呈成分的物理状态分，污染物可被分为废气、废水和废渣，俗称“三废”。以下分别就典型的“三废”及其治理标准与治理方法进行介绍。

一、废气治理

化工过程中废气的治理涉及含氯（氟）废气、硫氧化物、氮氧化物、光气、硫化氢、一氧化碳等的治理，以下就含氯（氟）废气、硫氧化物、氮氧化物介绍其治理标准及方法。

（一）氯气及氯化氢的治理

氯气是有害气体，人一旦摄入这些有害物质，就会引起呼吸道黏膜炎性肿胀、充血和眼黏膜刺激等症状。当氯的浓度很高或接触时间较长时，会引起呼吸道深部病变，发生支气管炎、肺炎、肺水肿等病症。

氯化氢对眼和呼吸道黏膜有强烈的刺激作用。急性中毒，轻者出现头痛、头昏、恶心、眼痛、咳嗽、痰中带血、声音嘶哑、呼吸困难、胸闷、胸痛等症状，重者可发生肺炎、肺水肿、肺不张，眼角膜可见溃疡或浑浊。皮肤直接接触可出现大量粟粒红色小丘疹而呈潮红痛热。慢性影响是长期较高浓度接触，可引起慢性支气管炎、胃肠功能障碍及牙齿酸蚀症。

1. 治理标准

国家规定的“废气”（十三类有害物质）排放标准中，对氯及氯化氢制定了如下排放标准，见表 8-1。

表 8-1　氯及氯化氢的排放标准

污染物名称	最高允许排放浓度/(mg/m^3)	最高允许排放速率/(kg/h)				无组织排放监控浓度限值	
		排气筒/m	一级	二级	三级	监控点	浓度/(mg/m^3)
氯气	85	25	禁排	0.60	0.9	周界外浓度最高点	0.50
		30		1.0	1.5		
		40		3.4	5.2		
		50		5.9	9.0		
		60		9.1	14		
		70		13	20		
		80		18	28		
氯化氢	2.3	25	禁排	0.18	0.28	周界外浓度最高点	0.030
		30		0.31	0.46		
		40		1.0	1.6		
		50		1.8	2.7		
		60		2.7	4.1		
		70		3.9	5.9		
		80		5.5	8.3		

2. 氯气及氯化氢的治理方法

(1) 氯气的治理　氯气属高度危害介质，耐毒极限为 $3mg/m^3$，车间空气中含氯量最高容许浓度为 $1mg/m^3$。氯气的治理，一般均采用化学方法的中和、吸收，做到再综合利用。在低浓度的情况下，就采用中和或水吸收方法治理，达到排放标准。其中，中和法包括碱液中和法、四氯化碳吸收解吸法、水吸收氯气法和氯化亚铁或硫酸亚铁溶液吸收法。

① 碱液中和法　采用氢氧化钠或石灰乳中和氯气，其化学反应如下：

$$Cl_2+2NaOH \longrightarrow NaCl+NaOCl+H_2O \tag{8-1}$$

② 四氯化碳吸收解吸法　利用对气体混合物各组分具有不同溶解度的液体（CCl_4）吸收剂，选择性地吸收其中一种或几种组分而实现分离和净化气体。低浓度氯气送入吸收塔，在低温加压条件下氯气被吸收剂吸收，未被吸收的少量气体从吸收塔塔顶送去尾气处理，吸收塔中含氯吸收剂被送到解吸塔，在解吸塔中进行加温解吸，将含氯吸收剂中氯气解吸出来，吸收剂循环使用。

③ 水吸收氯气法　用水吸收废氯气然后再用水蒸气加热解吸回收氯气。这种方法往往是在排出废氯气浓度小于1%以下时采用，但由于氯气在水中溶解度一定，所以最好采用碱中和的方法。当含量>2%时，最好采用四氯化碳吸收的方法。国内氯碱厂在“氯水”解吸时用水蒸气或热交换方法回收氯气。

④ 硫酸亚铁或氯化亚铁溶液吸收法

$$2FeSO_4+Cl_2 \longrightarrow 2FeClSO_4 \tag{8-2}$$

$$2FeCl_2+Cl_2 \longrightarrow 2FeCl_3 \tag{8-3}$$

含氯尾气是以氯化亚铁或硫酸亚铁溶液为吸收剂，自填料塔上部喷淋，与自塔下进入的尾气进行逆流接触，两塔串联二次吸收，氯化亚铁在系统中循环连续吸收尾气，未被吸收的废气经减压泵排空。处理后的尾气含氯可达到0.08%以至微量。

除上述四种方法，还有氯化硫吸收法、硅胶、活性炭和离子交换树脂等方法，但这些方法受制于成本压力，都没有在工业化生产中应用。

(2) 氯化氢的治理　氯化氢因在水中的溶解度较大，只要用水或碱液吸收、活性炭吸附等方法就可以得到治理。吸收装置可以采用吸收塔、文丘里吸收管等。在氯化氢浓度高时，回收氯化氢可采用膜式吸收塔、湍球塔吸收。

氯化氢中含有机氯化物时先经废液燃烧，再采用填充塔吸收。往往通过燃烧时，也发生氯气，所以多用碱液吸收。氯化氢吸收装置的材质多数用橡胶衬里、聚氯乙烯、玻璃钢（FRP）等。

① 碱液吸收法　反应方程式为：

$$HCl+NaOH \longrightarrow NaCl+H_2O \qquad (8\text{-}4)$$

② 水洗后用石灰石中和　反应方程式为：

$$2HCl+CaCO_3+5H_2O \longrightarrow CaCl_2+6H_2O+CO_2\uparrow \qquad (8\text{-}5)$$

③ 含有机氯化物燃烧后吸收　其化学反应式为：

$$aC_mH_nCl_p+bO_2+cH_2O \longrightarrow qCO_2+rH_2O+sH_2O+O_2+uH_2+uCl_2 \qquad (8\text{-}6)$$

氯发生的化学反应：

$$2H_2O+2Cl_2 \xrightarrow{K_1} 4HCl+O_2 \qquad (8\text{-}7)$$

式中，K_1 为化学平衡常数。

(二) 硫氧化物的治理

硫氧化物烟气对大气的污染，是当前世界的严重公害问题之一，硫氧化物气体包括二氧化硫、三氧化硫以及硫酸雾，主要为二氧化硫气体，而后两者往往也是二氧化硫在大气中发生光化学氧化作用或者与水蒸气结合而成的。本章着重讨论二氧化硫的治理问题。

二氧化硫气体的主要来源是：燃煤或燃油的锅炉房与电站、石油炼厂、处理含硫矿物的冶炼工厂，以及硫酸工厂。对于高浓度的二氧化硫烟气的治理，国内外用来生产硫酸或硫黄。但是对于浓度在1%左右或更低一些（10^{-3}）的所谓低浓度二氧化硫气体的治理，则至今尚无技术上或经济上都较合理的方法。

1. 治理标准

国家规定的“废气”（十三类有害物质）排放标准中，对硫氧化物制定了如下排放标准，见表8-2。

表 8-2　二氧化硫的排放标准

<table>
<tr><th rowspan="2">污染物名称</th><th rowspan="2">最高允许排放浓度/(mg/m³)</th><th colspan="4">最高允许排放速率/(kg/h)</th><th colspan="2">无组织排放监控浓度限值</th></tr>
<tr><th>排气筒/m</th><th>一级</th><th>二级</th><th>三级</th><th>监控点</th><th>浓度/(mg/m³)</th></tr>
<tr><td rowspan="10">二氧化硫</td><td rowspan="4">1200(硫、二氧化硫、硫酸和其他含硫化合物生产)</td><td>15</td><td>1.6</td><td>3.0</td><td>4.1</td><td rowspan="10">无组织排放源上风向设参照点，下风向设监控点</td><td rowspan="10">0.50(监控点与参照点浓度差值)</td></tr>
<tr><td>20</td><td>2.6</td><td>5.1</td><td>7.7</td></tr>
<tr><td>30</td><td>8.8</td><td>17</td><td>26</td></tr>
<tr><td>40</td><td>15</td><td>30</td><td>45</td></tr>
<tr><td rowspan="6">700(硫、二氧化硫、硫酸和其他含硫化合物使用)</td><td>50</td><td>23</td><td>45</td><td>69</td></tr>
<tr><td>60</td><td>33</td><td>64</td><td>98</td></tr>
<tr><td>70</td><td>47</td><td>91</td><td>140</td></tr>
<tr><td>80</td><td>63</td><td>120</td><td>190</td></tr>
<tr><td>90</td><td>82</td><td>160</td><td>240</td></tr>
<tr><td>100</td><td>100</td><td>200</td><td>310</td></tr>
</table>

2. 治理方法

含二氧化硫的废气，在排放大气之前可采用排烟脱硫技术。脱硫技术总体分为湿法和干法两大类。用水或水溶液作吸收剂吸收烟气中 SO_2 的方法，称为湿法脱硫；用固体吸收剂或吸附剂吸收或吸附烟气中 SO_2 的方法，称为干法脱硫。

(1) 湿法脱硫　根据所使用的吸收剂不同，湿法脱硫主要有氨法、钠法、石灰-石膏法、镁法以及催化剂氧化法等。

① 氨法　此法是用氨水为吸收剂吸收烟气中 SO_2，其中间产物为亚硫酸铵和亚硫酸氢铵。方程式如下：

$$2NH_3 \cdot H_2O + SO_2 \longrightarrow (NH_4)_2SO_3 + H_2O \tag{8-8}$$

$$(NH_4)_2SO_3 + SO_2 + H_2O \longrightarrow 2NH_4HSO_3 \tag{8-9}$$

② 钠法　方程式如下：

$$2NaOH + SO_2 \longrightarrow Na_2SO_3 + H_2O \tag{8-10}$$

$$Na_2CO_3 + SO_2 \longrightarrow Na_2SO_3 + CO_2\uparrow \tag{8-11}$$

$$Na_2SO_3 + SO_2 + H_2O \longrightarrow 2NaHSO_3 \tag{8-12}$$

以氢氧化钠、碳酸钠或亚硫酸钠溶液为吸收剂吸收烟气中 SO_2，此法 SO_2 吸收速率快、管路和设备不易堵塞，且生成的 Na_2SO_3 和 $NaHSO_3$ 溶液，可以经过无害化处理后弃去或经适当方法处理后获得副产品。

③ 石灰-石膏法　用石灰石、生石灰（CaO）或消石灰［$Ca(OH)_2$］的乳浊液为吸收剂吸收烟气中 SO_2，生成的亚硫酸钙经空气氧化后可得到石膏，此法所用的吸收剂低廉易得，回收的大量石膏可作建筑材料，因此被国内外广泛采用。

④ 镁法　具有代表性的工艺有德国的基里洛（Grillo）法和美国 Chemical Construction Co. 发明的凯米克（Chemical）法。

采用湿法，以液体为吸收剂，可在吸收塔中进行反应。优点是设备小、占地少、投资省且操作方便。但湿法脱硫后的烟道气温度低、湿度大、易形成白色烟雾与扩散，故必须增加一道烟道气再加热工序。此外，用水量也较多，必须对排水加以处理。

(2) 干法脱硫　干法脱硫主要有碱式氧化铝法（Al_2O_3＋NaOH）和石灰石-白云石法。

① 碱式氧化铝（Al_2O_3＋NaOH）法　氧化铝与氢氧化钠制成球团，易于吸附烟道气中的 SO_2，回收率可达 90%以上。吸收饱和后的球团送至再生室，在 150～350℃温度下再生，所得 SO_2 在 650℃时与 CO 及 H_2 反应生成硫化氢除去。

② 石灰石-白云石法　将石灰石与白云石放在锅炉内，受热分解为氧化物，而后与烟道气中的 SO_2 反应生成亚硫酸盐及硫酸盐。方程式如下：

$$CaCO_3 \longrightarrow CaO + CO_2\uparrow \tag{8-13}$$

$$CaO + SO_2 \longrightarrow CaSO_3 \tag{8-14}$$

$$CaO + SO_3 \longrightarrow CaSO_4 \tag{8-15}$$

生成的固体 $CaSO_3$ 及 $CaSO_4$ 微粒可用除尘装置除去，这里 SO_3 反应完全，SO_2 去除率为 25%，故需进一步用湿法治理。

其他的脱离硫方法还有：活性炭吸附法、接触氧化法和喷雾干燥吸收法。湿法脱硫和干法脱硫各有优劣，合理选择脱硫工艺必须考虑环境效益、经济效益和社会效益等多种因素。如采用高喷囱排气，使废气排放到相对无害的高度空间将有害气体稀释，但此法无法将 SO_2 等有害物清除，随着大气流动，有害气体向下风方向或其他地区扩散，会造成另一地区污染。

(三) 氮氧化物的治理

氮氧化物是造成大气污染的主要污染源之一。通常所说的氮氧化物（NO_x）主要包括 NO、NO_2、N_2O_3、N_2O_4、N_2O_5 等几种，其中污染大气的主要是 NO 和 NO_2。NO_x 的排放会给自然环境和人类生产生活带来严重的危害。NO_x 的危害主要包括：①对人体的致毒使用；②对植物的损害作用；③形成酸雨、酸雾；④与烃类化合物形成光化学烟雾；⑤参与臭氧层的破坏。

1. 治理标准

国家规定的“废气”（十三类有害物质）排放标准中，对氮氧化物制定了如下排放标准，见表 8-3。

表 8-3　氮氧化物排放标准

污染物名称	最高允许排放浓度/(mg/m^3)	最高允许排放速率/(kg/h)				无组织排放监控浓度限值	
		排气筒/m	一级	二级	三级	监控点	浓度/(mg/m^3)
氮氧化物	1700（硝酸、氮肥和火炸药生产）	15	0.47	0.91	1.4	无组织排放源上风向设参照点，下风向设监控点	0.15（监控点与参照点浓度差值）
		20	0.77	1.5	2.3		
		30	2.6	5.1	7.7		
	420（硝酸使用和其他）	40	4.6	8.9	14		
		50	7.0	14	21		
		60	9.9	19	29		
		70	14	27	41		
		80	19	37	56		
		90	24	47	72		
		100	31	61	92		

2. 治理方法

国内外治理氮氧化物废气的方法和硫氧化物相似，也分为干法和湿法两大类，前者有固体吸附法和催化还原法，后者有液体吸收法、络盐生成吸收法和燃烧过程中 NO_x 的控制方法。

（1）固体吸附法　固体吸附法治理 NO_x 废气既能较彻底地消除污染，又能将 NO_x 回收利用。固体吸附剂有活性炭、硅胶和各种类型的分子筛。其主要缺点是：操作繁琐，分子筛用量大，能量消耗大。

（2）催化还原法　催化还原法分为选择性催化还原法和非选择性催化还原法两类。选择性催化还原法是指在催化剂的作用下，利用还原剂（如 NH_3、液氨和尿素）来“有选择性”地与烟气中的 NO_x 反应并生成无毒无污染的 N_2 和 H_2O；非选择性催化还原法是在一定温度和催化剂（一般为贵金属 Pt、Pd等）作用下，废气中的 NO_2 和 NO 被还原剂（H_2、CO 和 CH_4 等）还原为 N_2，同时还原剂还与废气中 O_2 作用生成 H_2O 和 CO_2。催化还原法燃料消耗大，需贵金属作催化剂，还需设置热回收装置，投资大，国内未见使用，国外也逐渐被淘汰，多改用选择性催化还原法。

（3）碱液吸收法　$NO_x + NaOH \longrightarrow NaNO_2 + NaNO_3 \xrightarrow{NO + NO_2 + NaOH} NaNO_2 + H_2O$　(8-16)

氢氧化钠溶液和NO_2反应生成的硝酸钠和亚硝酸钠继续与N_2O_3（$NO+NO_2$）反应生成亚硝酸盐。碱性溶液也可以是钾、镁、铵等离子的氢氧化物或弱酸盐溶液。碱液吸收法的优点是能将NO_x回收为亚硝酸盐或硝酸盐，有一定经济效益，工艺流程和设备也较简单。缺点是吸收效率不高。对NO_2/NO的比例也有一定限制。碱液吸收法广泛用于我国常压法、全低压法硝酸尾气处理和其他场合的NO_x碱液吸收法废气治理。

(4) Fe-EDTA络合吸收法　固定燃烧装置排放烟道气中的氮氧化物，90%以上的是NO，若用溶液吸收，必须使NO先氧化为NO_2，吸收效果才好。而用Fe(Ⅱ)-EDTA络合物可直接与NO络合，在还原剂存在的条件下，NO被还原成$NH(SO_3H)_2$、N_2O或N_2，达到去除NO_x的目的。

(5) 燃烧过程中NO_x的控制方法　NO_x的生成主要与燃烧火焰的温度、燃烧气体中氧的浓度、燃烧气体在高温下的滞留时间及燃料中的含氧量因素有关。因此，能通过燃烧技术控制NO_x的生成环境从而抑制NO_x的生成。

二、废水治理与水污染防治

废水的治理和水污染防治也是目前困扰人类的一个重要课题。不仅因为废水的浓度高、数量大，而且由于生产的产品不一，所用原料种类繁多，再加上化学反应过程的副反应的存在，给废水治理带来了较大的难度。

目前废水的治理采取分类治理的方式，它包括：

(1) 精细化工中含酚、电镀中含氰、农药中含氟/氯、医药化工中含硝基及电子工业中汞、铬、镉、铬黄、镍、铜及其他含硫、砷、废水的治理；

(2) 化学工业生产中酸、碱、盐废水的治理；

(3) 在工业污水的治理中，分为含油污水、焦化工业污水、染料工业污水、造气污水、石油化工污水的处理。

化学工业废水处理方法，一般包括化学处理法、物理处理法、物理化学法和生物化学法。

1. 化学处理法

通过化学反应的作用，转化、分离、回收或处理污水中的污染物质。包括混凝法、中和法和氧化还原法。

(1) 混凝法　混凝法是通过投入化学混凝剂如聚合铝、聚合铁等，在废水中形成胶团，与废水中的胶体物质发生电中和，使水中的微小颗粒聚集形成较粗大的微粒而沉降。

(2) 中和法　中和法主要用于处理含酸或碱的废水。酸性废水可直接放入碱性废水进行中和，也可以采用石灰石、电石渣等中和剂；碱性废水可以向废水中吹入二氧化碳或SO_2来中和。在特定的情况下，中和作用产生的铁、氢氧化铝可以通过共沉/吸附作用，有效地去除酸性矿水中的重金属离子，减轻对环境的污染。

(3) 氧化还原法　氧化还原法是利用废水中的有毒物质在化学过程中能被氧化或还原的性质，使之转化成无毒或毒性较小的新物质实现废水治理的一种方法。在废水处理方面使用最多的是氯气、臭氧、次氯酸和空气。根据氧化剂的不同，氧化还原法分为光化学氧化法、催化湿式氧化法、超临界水氧化法和臭氧氧化法。

2. 物理方法

物理方法是利用物理原理和机械作用对废水进行治理的一种方法。包括：

(1) 均衡调节法　也称为均化和（或）贮留。使废水流量、污染物浓度均匀化，以便进行后续处理。

(2) 过滤法　通过过滤除去废水中较大悬浮物质。可分为常压过滤、加压过滤和吸滤三种操作方式。

(3) 沉淀法　沉淀法是利用固体与水两者密度差异进行固液分离的一种方法。通过沉淀可以除去废水中密度大于废水的沉淀物质。

(4) 膜技术法　包括电渗析、反渗透、超滤和纳滤四种。

其他物理方法还包括：反渗透、扩散渗析和电渗析、蒸发、蒸馏和结晶等。

3. 物理化学方法

化学法只是局限于四大化学反应，而物理化学法不仅有化学反应存在，还包括一些物理过程，其实它们之间并没有很大的界限。方法很多，在此仅介绍吸附法和电解法。

(1) 吸附法　吸附法处理废水，就是利用多孔性吸附剂吸附废水中一种或几种溶质，使废水得到净化。常用吸附剂有活性炭、硅藻土等。废水进行吸附前，必须经过除去水中悬浮物及油类物质等预处理过程，以免阻塞吸附剂孔隙。吸附法处理废水成本较高，吸附剂再生困难，不利于处理高浓度的废水，一般作为废水处理后的一个深度处理过程。

(2) 电解法　电解法处理废水，就是利用阳极的氧化和阴极的还原作用，使有害物质通过氧化还原反应改变化学状态，变为无害或低害物质。电解法在直接氧化电镀工业废水中的 CN^-、还原脱氯、重金属回收等方面优势明显，如无需添加氧化剂、絮凝剂，设备体积小，占地面积少，操作简便灵活；但此法能耗高、成本高且副反应比较多。

4. 生物方法

生物方法利用微生物对含有机物的废水进行处理，通过生物化学的作用，使废水中的有机物被分解而实现污水处理的方法。生物方法包括如下几种。

(1) 好氧法（或称需氧法）　在有适量的氧气、温度和营养物的条件下，使好氧微生物大量繁殖，将废水中的有机物分解为无害物 CO_2 与 H_2O。主要有活性污泥法及生物膜法。活性污泥法是依靠吸气池中悬浮流动着的活性污泥来净化有机物；生物膜法是依靠固体介质表面的微生物来净化有机物，也称生物过滤法。

(2) 厌氧法（或称消化法、甲烷发酵法）　在没有空气和溶解氧的条件下，通过厌氧微生物活动，使有机物分解（还原）为无害物。

(3) 生物塘法　在天然或人工整修的池塘里，利用水中生长的微生物处理有机废水。按它的微生物活动特征可分为好气生物塘、兼气生物塘及厌气生物塘三种。

(4) 藻类作用　利用藻类去除废水中的某些矿物质（主要元素为 C、N、P、S、K、Mg，Ca，次要元素为 Fe、Mn、Si、Zn、Cu、Co、Mo、B、V）的作用。

三、化工废渣治理

化工废渣是指化学工业生产过程中，产生的固体和泥浆状废物。它一般来源于：

(1) 化工生产中未反应的原料；

(2) 化工生产过程中产生的不合格的产品、不能出售的副产品、反应釜底料、滤饼渣、废催化剂等；

(3) 报废的旧设备、容器和包装等。

1. 固体废物治理的“三化”原则

固体废物处理是指通过物理、化学、生物等不同方法，使固体废物转化成适于运输、贮存、资源化利用以及最终处置的一种过程。随着对环境保护的日益重视以及正在出现的全球性的资源危机，工业发达国家开始从固体废物中回收资源和能源，并且将再生资源的开发利用视为“第二矿业”，给予高度重视。我国于20世纪80年代中期提出了“资源化”、“无害化”、“减量化”的控制固体废物污染的技术政策。

(1) 资源化原则　即利用对固体废物的再循环利用，回收能源和资源。对工业固体废物的回收，必须根据具体的行业生产特点而定，还应注意技术可行、产品具有竞争力及能获得经济效益等因素。

(2) 无害化原则　固体废物的无害化处置是指经过适当的处理或处置，使固体废物或其中的有害成分无法危害环境，或转化为对环境无害的物质。常用的方法有土地填埋、焚烧法、堆肥法。

(3) 减量化原则　固体废物的减量化处置是指通过实施适当的技术，减少固体废物的产生量和容量。这需要从两方面着手：一是减少固体废物的产生，这属于物质生产过程的前端，需从资源的综合开发和生产过程物质资料的综合利用着手；二是对固体废物进行处理利用。另外，对固体废物采用压实、破碎、焚烧等处理方法，也可以达到减量和便于运输、处理的目的。

2. 固体废物治理的方法和措施

化工废渣具有明显的双重性，一方面其任意堆放对环境生态具有直接或潜在危害，另一方面化工废渣，特别是废催化剂中含有大量可利用资源。随着世界范围内资源和能源危机的加重，化工废渣作为二次资源的综合利用也必将成为可能。因此，对于化工废渣的出路问题，需要从以下三方面加强认识。

(1) 化工废渣的调查　由于目前我国主要采用申报登记制度，即由企业自行上报再由环保局进行统计，而现有申报登记制度存在一定弊端，大多数数据是污染物排放单位利用多年前的统计数据根据现有技术状况进行修正获得，与实际情况通常存在较大出入。因此，加强化工废渣的管理，特别是对化工废渣的组成、产量等的普查非常有必要。同时对现有的污染状况，如废渣中金属形态、周边土壤的组成和微生物种群等进行分析，确认化工废渣的实际产量与组成。

(2) 二次资源开发利用　金属资源是国民经济发展最重要的物质保证之一。然而，金属资源又是不可再生的一次性资源，国内外消耗量极大。对于化工废渣，我国现有的利用途径主要是从废渣中提取纯碱、烧碱、硫酸、磷酸、硫黄、复合硫酸铁、铬铁等，并利用废渣生产水泥、砖等建材产品及肥料等，但应该认识到：目前的应用主要是低层次、低技术含量的利用，废渣中的很多资源并没有得到高附加值的利用，如何展开综合利用成为一个急需进行的课题。

(3) 清洁生产的实施　对于化工废渣问题的解决，单靠末端治理并不能从根本上解决问题，最重要的一条是倡导化工企业进行清洁生产，只有这样，才能真正意义上实现化工废渣的减量。同时，加强化工废渣的危害性教育，从而在生产过程有意识地减少其排量，才能真正意义上实现化工废渣的减量。

第二节 环境质量评价

一、环境质量评价的概念

随着社会经济的快速发展，人们越来越关注周围的生态环境问题，自然而然地，环境质量评价也开始逐渐引起人们的重视。环境问题成为当前世界关注的三大问题（资源、能源与环境）之一。人们要求保护环境的呼声日益高涨，环境质量评价也随之开展起来。

环境质量评价是对环境要素优劣进行定量的描述，即按照一定的评价标准和评价方法对一定范围的环境质量进行定量的判定与预测。

二、环境质量评价的分类

1. 按时间要素划分

按时间要素分，环境质量评价可分为回顾评价、现状评价和环境影响评价。

（1）环境质量回顾评价　以国家颁布的环境质量标准或环境背景值作为依据，根据一个地区历年积累的环境监测资料进行评价，通过回顾评价可以揭示区域环境污染的变化过程。

（2）环境质量现状评价　以国家颁布的环境质量标准或环境背景值作为依据，根据近两三年的环境监测资料对某地区的环境质量状况所进行的量化分析。反映的是区域环境质量现状。

（3）环境质量影响评价（预测评价）　环境影响评价是指对区域由于开发活动将会给环境质量带来影响而进行分析、预测和评估，提出预防或者减轻不良环境影响的对策和措施，进行跟踪监测的方法与制度。若是对一个区域未来的环境质量进行评价，则叫预断评价；若是针对一个企业给环境带来的影响进行评价，则叫影响评价。

2. 按环境要素与参数选择划分

按环境要素可分为大气质量评价、水质评价和土壤质量评价等。

（1）大气质量评价　大气质量评价是根据人们对大气质量的具体要求，按照一定的评价标准和评价方法，对大气质量进行定性或定量的评定。大气质量评价是确定大气污染程度的一种手段，故又称大气污染评价。

（2）水质评价　水质评价指按照评价目标，选择相应的水质参数、水质标准和评价方法，对水体的质量利用价值及水的处理要求作出评定。

（3）土壤质量评价　土壤质量评价是指按一定的原则、方法和标准，对土壤污染程度进行评定，是环境质量评价体系中的一种单要素评价。

3. 按评价的区域划分

按评价的区域可分为城市环境质量评价、流域环境质量评价、风景游览区环境质量评价等。

三、环境质量现状评价标准

1. 评价程序的建立

环境质量现状评价一般按以下程序进行。

（1）确定评价对象与目的　进行环境质量现状评价首先要确定评价目的，主要是指本次评价性质、要求以及评价结果的作用。评价目的决定了评价区域的范围、评价参数、采用的评价标准。

（2）收集与评价有关的背景资料　由于评价的目的和内容不同，所收集的背景资料也要有所侧重。组织各专业部门分工协作，充分利用各专业部门积累的资料，并对已掌握的有关资料做初步分析，初步确定出主要污染源和主要污染因子。做好评价工作人员、资源及物质的准备。

（3）环境质量现状监测　在背景资料收集、整理、分析的基础上，开展环境质量现状监测工作，按国家规定标准进行，使监测资料具有代表性、可比性和准确性。监测项目的选择因区域环境污染特征而异，但主要应依据评价的目的。

（4）背景值的预测　在评价区域比较大或监测能力有限的条件下，就需要根据监测到的污染物浓度值，建立背景值预测模式。

（5）环境质量现状的分析　分析区域主要污染源及污染物种类数量。

（6）评价结论与对策　对环境质量状况给出总的结论并提出污染防治对策。

2. 评价标准

进行环境质量评价时，应根据生态环境功能和评价的目的选择不同的标准，评价标准可来源于以下几个方面：

（1）国家、行业和地方的标准；

（2）背景或本地标准；

（3）类比标准；

（4）公认的科学研究成果。

四、环境影响评价方法

环境质量评价方法包括化学指标评价、生物学评价和数学模式评价等，其中数学模式评价方法最为普遍。目前常用的数学模式评价方法主要有：污染指数法、模糊数学法和环境污染灰色聚类法等，以下就常用的单因子环境质量评价方法和综合指数法进行介绍。

1. 单因子环境质量评价方法

这种评价模式就是将某一评价因子的实测结果与评价标准进行对比，反映出该污染物的超标情况。单因子环境质量指数法是目前应用最多的一种评价方法。该方法的优点在于将指数系统与环境标准进行了有机的结合，具有简单、直观、易于换算、可比性强等优点。但也有其局限性，比如污染物浓度与环境危害之间的关系，在很大程度上是非线性的。

设某一因子 i 作用于环境，其环境质量指数的公式可写为：

$$P_i = c_i / S_i \tag{8-17}$$

式中　P_i——环境质量指数；

c_i——i 因子在环境中的浓度；

S_i——环境质量标准中该因子某一标准浓度值。

大气、水等绝大多数评价因子均可采用上述的标准型指数。

2. 环境质量评价综合指数法

单因子环境质量指数法是针对环境中单一要素的质量评价方法，如水污染评价、大气质量评价等，单因子环境质量指数法在评价多种环境要素、多组成部分的复杂综合体系时，评价区域环境总的质量状况时准确性不高，因此需要对该区域的环境质量进行综合的评价。目前常用的是综合指数法，它将单项污染指数模式进行数学处理，建立一种数学模式，使之能概括性反映环境质量状况。常用的方法如下。

(1) 简单叠加法　用所有评价参数的相对污染值的总和，可以反映出环境要素的综合污染程度。在以往的《环境质量报告书》中所用的综合指数法实际上是简单叠加法，即式(8-18)。

$$P_{综} = \sum_{i=1}^{n} \frac{c_i}{c_{oi}} \tag{8-18}$$

这种方法通过将污染物浓度与环境标准值相除得到无量纲化的污染分指数，从而使得不同污染物之间以及不同地点之间的环境质量的比较成为可能。它的缺点也比较突出。首先是该法与具体参与评价的分指数个数有关，因而造成了地域或年际间的不可比性。其次，该法未考虑到个别参数出现高浓度的情况：当有一个参数分指数很高而其余不高时，其综合结果可能偏低而掩盖了高浓度那个参数的影响，即掩盖了较大值或最大值的污染作用。

(2) 算术平均法　为了消除选用评价参数的项数对结果的影响，便于在用不同项数进行计算的情况下进行比较要素之间的污染程度。将分指数和除以评价参数的项数（n），即式(8-19)。

$$P_{综} = \frac{1}{n} \sum_{i=1}^{n} \frac{c_i}{c_{oi}} \tag{8-19}$$

(3) 加权平均法　通过加权相当于对评价标准作了修正（引入了加权值 W_i）。加权值 W_i 的引入可以反映出污染对环境的影响作用是不同的，见式(8-20)。

$$P_{综} = \sum_{i=1}^{n} W_i \frac{c_i}{c_{oi}} \tag{8-20}$$

(4) 最大值法　该法是在计算式中含有评价参数中的最大的分指数项，其目的是突出浓度最大的污染物对环境质量的影响和作用，克服了平均值法存在的问题。但是，用这种方法求取的指数值小于最重污染物的分指数，见式(8-21)。

$$P_{综} = \sqrt{\frac{\overline{P} + P_{\max}}{2}} \tag{8-21}$$

其他方法还有混合加权模式法等，此处不再一一列举。

综合指数法应用较为广泛，其结果的表达方式也比较符合中国人的习惯。然而综合指数法没有考虑到生物毒理学效应。如当污染物的超标倍数相等时，综合指数法认为它们对环境的作用效果是一样的。这明显不符合实际情况，同时也会影响到对整个环境质量好坏的判别。目前国外通过实行生态监测，以生物毒理学为基础，将环境功能区划与生态评价相结合的方法进行环境质量评价的方式得到广泛应用，这种方法有利于公众环境素质的提高和环境保护工作的开展，值得我们借鉴。

第三节 化工防火防爆

化工生产所用的原、辅材料及生产过程中产出的中间产品、产品、辅产品大多是危险化学品。这些危险化学品具有爆炸、燃烧、毒害、腐蚀、放射性等性质，在运输、装卸和贮存保管过程中，易由于燃烧、爆炸造成人身伤亡和财产损毁，因而了解防火防爆的相关知识有利于安全生产。第六章化工生产事故应急处理就事故的应急作了介绍，本节就火灾和爆炸的预防进行介绍。

一、化工防火

（一）引起火灾的原因

在化工生产中引起火灾的主要原因如下。

（1）违反电气安装、电气使用安全规定。电气安装时，导线选用、安装不当，变电设备安装不符合规定，用电设备安装不符合规定，未安装避雷设备或安装不当，未安装排除静电设备或安装不当等；电气使用时，发生短路、过负荷、接触不良等。

（2）违反安全操作规程。如焊割处有易燃物，违反动火规定、违反化工生产安全操作规程（如原料差错，超温、超压爆燃，冷却中断，混入杂质反应激烈，受压容器缺乏防护设施，操作失误等），贮存运输不当（如易燃、易爆液体的挥发、外溢，运输、贮存货物遇火，化学物品混存，摩擦撞击，车辆故障起火等）等。

（3）吸烟。如乱扔未熄灭的烟头，违章吸烟等。

（4）自燃物品受热自燃，植物垛受潮自燃，化学活性物质遇空气自燃及遇水自燃，植物油浸物品摩擦发热自燃，氧化性物质与还原性物质混合接触自燃等。

（5）雷击、风灾、地震及其他原因。

（6）其他不明原因。

（二）防止火灾的安全措施

防止火灾最重要的原则是阻止可燃性气体或蒸气从设备、容器中漏出，限制火灾爆炸危险物、助燃物与火源三者之间的相互直接作用。防止火灾主要有如下措施。

1. 控制与消除火源

严格控制火源，加强明火管理，做到：

（1）不准穿带有钉子的鞋进入车间；

（2）机器轴承要及时添油；

（3）在搬运盛有可燃气体或易燃液体的金属容器时，不要抛掷；

（4）厂房内严禁吸烟；

（5）不准在高温管道和设备上烘烤衣服及其他可燃物件等。

2. 化学危险物品的安全处理

（1）对于物质本身具有自燃能力的油脂，以及遇空气能自燃、遇水燃爆的物质等，应采取隔绝空气、防火、防潮或采取通风、散热、降温等措施，以防止物质的自燃。

（2）易燃、可燃气体和液体蒸气，要根据它们的相对密度采取相应的防火措施。根据物质的沸点、饱和蒸气压考虑容器的耐压强度，贮存、降温措施等。根据物质闪点采取相应的防火防爆措施。

（3）对于不稳定的物质，在贮存中应添加稳定剂或以惰性气体保护。对某些液体，如乙醚受到阳光作用时，会生成过氧化物，故必须存在金属桶内或暗色的玻璃瓶中。

3. 厂房的通风置换

对生产车间空气中可燃物的完全消除，仅靠设备的密闭是不可能的，往往还借助于通风置换。对含有易燃易爆气体的厂房，所设置的排、送风设备应有独立分开的通风室，如通风机室设在厂房内，则应有隔绝措施。同时，应采用不产生火花的通风机和调节设备，排除有燃烧爆炸危险粉尘的排风系统，应先将粉尘空气净化后进入风机，同时应采用不产生火花的除尘器。

4. 可燃物大量泄漏的处理

工厂可燃物的大量泄漏，对生产必将造成重大的威胁。为了避免因大量泄漏而引起的燃烧爆炸，故必须进行恰当的处理。当车间出现物料大量泄漏时，区域内的可燃气体检测仪会立即报警，此刻，操作人员除向有关部门报告外，应立即停车，打开灭火喷雾器，将气体冷凝或采用蒸气幕进行处理。同时要控制一切工艺参数的变化，若工艺参数达到临界温度、临界压力等危险值时，要按规程正确进行处理。

5. 工艺参数的安全控制

在生产中正确控制各种工艺参数，不仅可以防止操作中的超温、超压和物料跑损，而且是防止火灾爆炸的根本措施。

在生产中为了预防燃爆事故发生，对原料的纯度、投料量、投料速度、原料配比以及投料顺序等，必须按规定严格控制，同时要正确控制反应温度并在规定的范围内变化。

生产中的“跑、冒、滴、漏”现象，是导致火灾爆炸事故的原因之一，因此，要提高设备完好率，降低设备泄漏率；要对比较重要的各种管线，涂以不同颜色加以区别；对重要阀门采取挂牌加锁；对管道的震动或管道与管道间的摩擦等应尽力防止或设法消除。

在发生停电、停气或汽、停水、停油等紧急情况时，要准确、果断、及时地作出相应的停车处理。若处理不当，也可能造成事故或事故的扩大。

6. 实现自动控制与安全保险装置

化工生产实现自动控制，并安装必要的安全保险装置，可以将各种工艺参数自动准确地控制在规定的范围内，保证生产正常地进行。生产过程中，一旦发生不正常或危险情况，保险装置就能自动进行动作，消除隐患。

7. 正确使用灭火器，限制火灾的扩散蔓延

在化工生产设计时，对某些危险性较大的设备和装置，应采取分区隔离、露天安装和远距离操纵；在有燃爆危险的设备、管道上应安装阻火器及安全装置；在生产现场配有消防灭火器材，当火灾发生时，应正确使用灭火器，以限制火灾的扩散。

各类灭火器规格、所用药剂、用途、效能、使用方法、保养和检查见表 8-4。

表 8-4 常用灭火器性能

类型	泡沫灭火器	酸碱灭火器	CO_2 灭火器	干粉灭火器	1211 灭火器
规格	$0.01m^3$ $0065\sim0.13m^3$	$0.01m^3$	2kg；2～3kg；3～7kg	8kg；50kg	0.5～25kg
药剂	碳酸氢钠、发泡剂和硫酸铝溶液	碳酸氢钠水溶液、硫酸	压缩成液体的二氧化碳	钾盐和钠盐干粉、备有盛装压缩气体的小钢瓶	二氟一氯一溴甲烷并充填压缩氮气
用途	扑救固体物质和其他易燃液体火灾，不能扑救忌水和带电设备火灾	扑救木材、纸张等一般火灾，不能扑救电气、油类火灾	扑救贵重仪器、电气、油类和酸类火灾，不能扑救钾、钠、镁等物质火灾	扑救石油、石油产品、涂料、有机溶剂、天然气设备火灾	扑救油类、电气设备、化工化纤原料等初起火灾

类型	泡沫灭火器	酸碱灭火器	CO_2 灭火器	干粉灭火器	1211 灭火器
效能	0.01m^3 喷射时间 60s，射程 8m；0065m^3 喷射 170s，射程 13.5m	喷射 50s，射程 10m	接近着火地点，保持 3m 远	8kg 喷射时间14～18s，射程 4.5m；50kg 喷射时间 50～55s，射程 6～8m	1kg 喷射时间 6～8s，射程 2～3m
使用方法	倒过来稍加摇动或打开开关，药剂即可喷出	筒身倒过来即可喷出	一手拿着喇叭筒对准火源；另一手打开开关即可喷出	提起圈环，干粉即可喷出	打下铅封或横销，用力压下压把即可喷出
保养与检查	在方便处；注意使用期限；防止喷嘴堵塞；冬季防冻，夏季防晒；一年检查 1 次，泡沫低于 4 倍时应换药	放在方便处；注意使用期限；防止喷嘴堵塞；定期或不定期地检查测量和分析	每月测量一次，当小于原量 1/10 时应充气	置于干燥通风处；防潮防晒；一年检查一次气压，若重量减少 1/10 时应充气	置于干燥处，勿撞碰；每年检查一次质量

二、化工防爆

爆炸是指物质从一种状态迅速转变成另一种状态，并在瞬间放出大量的能量，同时产生巨大声响的现象。压力的瞬时急剧升高是爆炸的主要特征，在第六章已经介绍了化工生产事故中爆炸事故的应急处理，此处重点介绍化工防爆的措施。

1. 燃烧和爆炸之间的关系

（1）共同点　分析和比较燃烧与可燃物质化学性爆炸的条件可以看出，两者都需具备可燃物、氧化剂和火源这三个基本条件。因此，燃烧和化学性爆炸就其本质来说是相同的，都是可燃物质的氧化反应。

（2）区别　两者之间的主要区别在于氧化反应速率不同　燃烧和爆炸的区别不在于物质所含燃烧热的大小，而在于物质燃烧的速率。燃烧速率越快，燃烧热的释放越快，所产生的破坏力也越大。火灾有初起阶段、发展阶段和衰弱熄灭阶段等过程，造成的损失随着时间的延续而加重。因此，一旦发生火灾，如能尽快地进行扑救，即可减少损失。

（3）两者之间在一定的条件下能相互转化　燃烧和化学性爆炸还存在这样的关系，即两者可随条件而转化。同一物质在一种条件下可以燃烧，在另一种条件下可以爆炸。如煤块只能缓慢地燃烧，如果将它磨成煤粉，再与空气混合后就可能爆炸。

由于燃烧和爆炸可以随条件而转化，所以生产过程发生的这类事故，有些是先爆炸后着火。例如，油罐、电石库或乙炔发生器爆炸之后，接着往往是一场大火。在另外一些情况下会是先火灾后爆炸。例如，抽空的油槽在着火时，可燃蒸气不断消耗，而又不能及时补充较多的可燃蒸气，因而浓度不断下降，当蒸气浓度下降进入爆炸极限范围时，则发生爆炸。

2. 防止爆炸的措施

防止可燃物质化学性爆炸三个基本条件的同时存在，就是防止爆炸的基本措施。化工企业可燃物种类繁多，数量庞大，而且生产过程情况复杂，因此需要根据不同的条件，采取各种相应的防护措施。一般而言，预防爆炸的技术措施，主要从以下三个方面进行。

（1）消除可燃物　通常采取防止可燃物的“跑、冒、滴、漏”。这是化工、炼油、制药、化肥、农药和其他使用可燃物质的工矿企业必须采取的重要技术措施。某些遇水能产生可燃气体的物质则必须采取严格的防潮措施，同时在生产中可能产生可燃气体、蒸气和粉尘的厂房必须通风良好。

(2) 消除可燃物与空气（或氧气）混合形成爆炸性混合物　通常采取防止空气进入容器设备和燃料管道系统的正压操作、设备密闭、惰性介质保护以及测爆仪等技术措施。

(3) 控制着火源　采用防爆电机电器、静电防护、铜制工具或铍铜合金工具，禁明火、保护性接地或接零、防雷技术措施等。

第四节 防职业中毒

一、毒物的概念和分类

化工生产性毒物，是指化工生产过程中使用、产生、并能引起人体损害的化学物质。由于化工生产的原料路线广，产品种类多，总的来说，有毒物质主要来源有下列几方面。

① 生产原料、中间产品和产品。化工生产所用的原料（如苯、甲苯）和某些中间产品或产品，都具有毒性，有些甚至是剧毒性物质（如汞、硫酸二甲酯等）。

② 化学反应不完全和副反应产生的物质。有机化学反应的转化率和选择性一般都不很高，生产中往往会产生副产物（杂质）。如生产丙烯腈产生的乙腈和氢氰酸。

③ 污水和冷却水　化工生产中用水量和排出废水量都很大。特别是水直接冷却和吸收的过程。

④ 工厂废气　石油工业燃烧过程中产生的硫氧化物、氮氧化合物等有害物质。

⑤ 设备和管道的泄漏　设备、管路和阀门等较长周期运转未能及时检修，极易出现“跑、冒、滴、漏”。

在化工生产过程中，化工生产性毒物按其物理状态，可分为五大类。

① 有毒气体　如一氧化碳、氯气、氨气、硫化氢等。通常蒸气压高的液体（低沸点液体）也可呈气态毒物，如氯丙烯。这些有毒气体能扩散，在加压和降温的条件下，它们都能变成液体。

② 有毒蒸气　如苯、二氯乙烷、汞等有毒物质，在常温常压下，由于蒸气压大，容易挥发成蒸气，特别在加热或搅拌的过程中，这些有毒物质就更容易形成蒸气。

③ 雾　悬浮在空气中的微小液滴，是液体蒸发后在空气中凝结而成的液雾细滴；也有的是由液体喷散而成的。如各种酸蒸气冷凝的酸雾、喷漆作业中苯的漆雾等。

④ 烟　又称烟雾或烟气，系指直径小于 $0.1\mu m$ 的飘浮于空气中的固体微粒。如有机物在不完全燃烧时产生的烟气等。

⑤ 粉尘　通过机械方法将固体物质粉碎形成的固体微粒。一般在 $10\mu m$ 以上的粉尘，在空气中很容易沉降下来。但在 $10\mu m$ 以下的粉尘，在空气中就不容易沉降下来，或沉降速度非常慢。

前两类为气态物质，后三类中悬浮于空气中的粉尘、烟和雾等颗粒统称为气溶胶。

二、毒物对人体的危害

毒物对人体的危害是全方面的，有的破坏人正常生理机能，有的损伤皮肤，有的伤害眼部，有的甚至引起癌症。

1. 毒物对全身的危害

毒物侵入人体被吸收后，通过血液循环分布到全身各组织或器官进而破坏了人的正常生理机能，导致中毒的危害。人体受到毒物的危害表现为以下三个方面。

(1) 急性中毒　急性中毒是指在短时间内大量毒物迅速作用于人体后发生的病变。

① 呼吸系统　大量刺激性气体、有害蒸气和粉尘等毒物会引起窒息、呼吸道炎和肺水肿等病症。

② 神经系统　有机汞、苯、环氧乙烷、三氯乙烯、甲醇等毒物，会引起头晕、头痛、恶心、呕吐、嗜睡、视力模糊以及不同程度的意识障碍。

③ 血液系统　急性中毒可导致白细胞增加或减少、高铁血红蛋白的形成及溶血性贫血。

④ 泌尿系统　许多毒物可引起肾脏损害，如四氯化碳中毒会引起急性肾小管坏死性肾病。

⑤ 循环系统　砷、锑、有机汞农药会引起急性心肌损害；三氯乙烯、汽油等有机溶剂刺激 β-肾上腺素受体而致心室颤动。

⑥ 消化系统。经口的汞、砷、铅等中毒易发生严重的恶心、呕吐、腹痛等酷似急性肠胃炎的症状；硝基苯、氯仿、三硝基甲苯及一些肼类化合物会引起中毒性肝炎。

(2) 慢性中毒　慢性中毒是指由于长期受少量毒物的作用，而引起的不同程度的中毒现象。慢性中毒与接触毒物的时间、浓度、方式有密切关系，也与接触毒物的时间、浓度有直接关系，还与劳动条件、个体差异有关。中毒与作业环境中有毒物质浓度、设备密闭状态、机械化程度关系密切。慢性中毒会引起中毒性脑及脊髓损害、中毒性周围神经炎、神经衰弱症候群、神经官能症、溶血性贫血、慢性中毒性肝炎、慢性中毒性肾脏损坏、支气管炎以及心肌和血管的病变等。

(3) 工业粉尘　工业粉尘中毒主要是由于长期吸入一定量粉尘而引起的中毒。如吸入煤尘，引起煤尘肺；吸入植物性粉尘，引起植物性尘肺。游离的二氧化硅、硅酸盐等粉尘，可引起肺脏弥漫性、纤维性病变。

2. 毒物对皮肤的危害

皮肤是机体抵触外界刺激的第一道防线，在从事化工生产中，皮肤接触外在刺激物的机会最多，在许多毒物刺激下，会造成皮炎和湿疹、痤疮和毛囊炎、溃疡、脓疱疹、皮肤干燥、皲裂、色素变化、药物性皮炎、皮肤瘙痒、皮肤附属器官及口腔黏膜的病变等症。

3. 毒物对眼部的危害

可发生于某化学物质与组织的接触，造成眼部损伤；也可发生于化学物质进入体内，引起视觉病变或其他眼部病变。

如醌、对苯二酚等，可使角膜、结膜染色；硫酸、盐酸、硝酸、石灰、烧碱和氨水等与眼睛接触，可使接触处角膜、结膜立即坏死糜烂，与碱接触的部位，碱会由接触处迅速向深部渗入而损坏眼球。由化学物质中毒所造成的眼部损伤，表现主要有：视野缩小、瞳孔缩小、眼睑病变、白内障、视网膜病变等。

4. 毒物与致癌

人们在长期从事化工生产中，由于某些化学物质的致癌作用，可使人体内产生肿瘤。职业性肿瘤多见于皮肤、呼吸道和膀胱，少见于肝、血液系统。

三、毒物侵入人体的途径

毒物对人体发生作用的先决条件是侵入体内。中毒的途径有呼吸道、皮肤和消化道。一般来讲，毒物主要经呼吸道和皮肤进入人体内，经消化道进入较少。

(1) 呼吸道　整个呼吸道都能吸收毒物，尤以肺泡的吸收能力最大。肺泡面积很大，肺泡壁很薄，有丰富的微血管，所以肺泡对毒物的吸收极其迅速。有毒气体、蒸气和 5μm 以下的尘埃能直接到达肺泡，进入血液循环而分布全身，可在未经肝脏转化之前就起作用。呼吸道吸收毒物的速率，取决于空气中毒物的浓度、毒物的理化性质、毒物在水中的溶解度和肺通气量、心血输出量等因素。

(2) 皮肤　有许多毒物能通过皮肤吸收，吸收后也不经过肝脏即直接进入血液循环。毒物经皮肤吸收的途径有：通过表皮屏障、通过毛囊，极少数可通过汗腺。由于表皮角质层下的表皮细胞膜富有固醇、磷脂，故对非脂溶性物质具有屏障作用。脂溶性物质虽能透过此屏障，但除非该物质同时又有一定的水溶性，否则也不易被血液吸收。但当皮肤损伤或患有皮肤病时，其屏障作用被破坏，此时原来不会经过皮肤被吸收的毒物也能大量被吸收了。

毒物经皮肤吸收的数量和速率，除与毒物本身的脂溶性、水溶性和浓度等有关外，还与皮肤的温度升高、出汗增多、解剖部位等有关。

(3) 消化道　毒物经消化道进入人体的机会不多。如手被毒物污染后未彻底清洗就进食、吸烟，或将食物带到作业场所被污染而误食。另外，一些进入呼吸道的粉尘状毒物也可随唾液而进入消化道。毒物经消化道吸收主要是在小肠。但某些无机盐（如氰化物）毒物，可经口腔黏膜吸收。经消化道吸收的毒物先经过肝脏，在肝脏转化后，才进入血液循环。

四、防止和减少尘毒物质的主要措施

各种有毒物如果逸散在空气中或与人体直接接触，若其浓度超过容许值，就会对人体产生危害作用。防止和减少尘毒物质的措施，首先是技术方面的防护措施，其次是管理方面的防护措施。

1. 防尘防毒的技术措施

通过技术革新防毒，是防止尘毒的根本措施。

(1) 采用新的生产技术，尽量选用那些在生产过程中不产生尘毒物质或将尘毒物质消灭在生产过程中的工艺流程，做到清洁生产。

(2) 以无毒或低毒原料代替有毒或高毒原料，是解决尘毒危害的好办法之一。

(3) 以机械化、自动化操作代替繁重的手工操作，这不仅可以减轻操作者的劳动强度，而且可以避免操作者与尘毒物质的直接接触，减少尘毒物质对人体的危害。

(4) 采用隔离操作或远距离自动控制，减少操作者与尘毒物质的接触机会，避免尘毒的危害。如将产生毒害严重的设备放置在隔离室内，用抽排风使之保持负压状态，使尘毒不能外溢；或是把仪表、自控系统放在隔离室内送风保持正压，使尘毒不能进入。

(5) 加强设备的维护保养，改进设备的密封方法和密封材料，以提高设备的完好和密封度；杜绝“跑、冒、滴、漏”，消除“二次尘毒”源（粉尘和毒物从生产过程中泄漏或贮运过程中散洒于车间或厂区内，成为再次散发粉尘和毒物的来源）。

(6) 综合治理工业“三废”，防止环境污染。

(7) 安装通风、排风装置。增加室内换气次数，尽快稀释和排出有毒物质。

（8）湿法降尘技术。大多数粉尘很容易被水湿润，致使一些飘尘（小于 10μm 的粉尘）被水或雾聚合在一起，并逐渐增加其重量和粒度，直到被沉降下来，从而将空气净化。

2. 防尘防毒的生产管理措施

（1）加强立法管理，严格执行《职业病防治法》和国家、地方、行业颁布的有关法规条例，根据单位情况制订制度和管理规程，实行监督管理，以保证控制措施的建立和实施。

（2）严格执行《工业企业设计卫生标准》中有关车间空气有害物质的最高容许浓度的标准规定。加强对车间现场有毒物质的定时分析监测工作，控制空气中尘毒物质的浓度。

（3）严格执行设备维护检修制度，及时维修保养好设备，杜绝“跑、冒、滴、漏”，防止有毒物质的扩散。

（4）对目前技术和经济条件尚不能完全控制的职业危害，要采取有针对性的卫生保健和个人防护措施，制订各项安全操作规程和职业安全卫生管理制度，加强安全卫生教育。

（5）生产中使用的有毒源、辅料，应按照规定申报、登记、注册，详细记录该物质的理化性质、毒性、危害、防护措施、急救预案等。

五、尘毒防护器具

所有人员在进入作业场所时，都必须进行个人防护，佩戴好防护器具。尘毒物质对人体的侵入方式主要为皮肤、消化道和呼吸道，这里主要介绍呼吸器官防护。

呼吸器官防护器具包括防尘口罩、防毒口罩、防尘面罩、防毒面具、氧气呼吸器和空气呼吸器等。

1. 自吸过滤式防尘口罩

自吸过滤式防尘口罩主要由夹具、过滤器、系带三部分组成，见图 8-1。它可以使用在 $100mg/m^3$ 以下的硅尘、$500mg/m^3$ 以下的煤尘和 $300mg/m^3$ 以下水泥尘及其他无毒粉尘的场所。

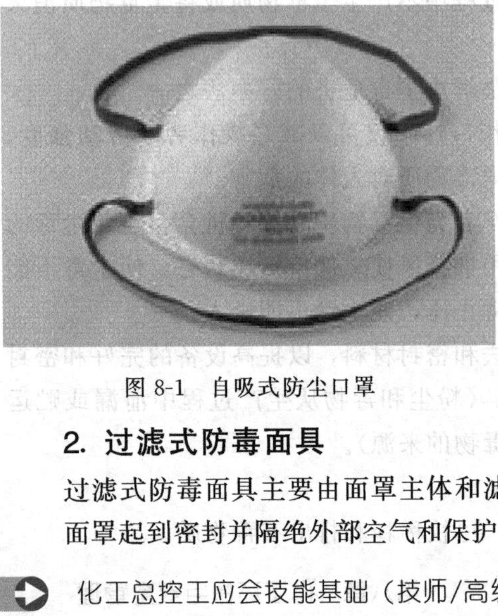

图 8-1 自吸式防尘口罩

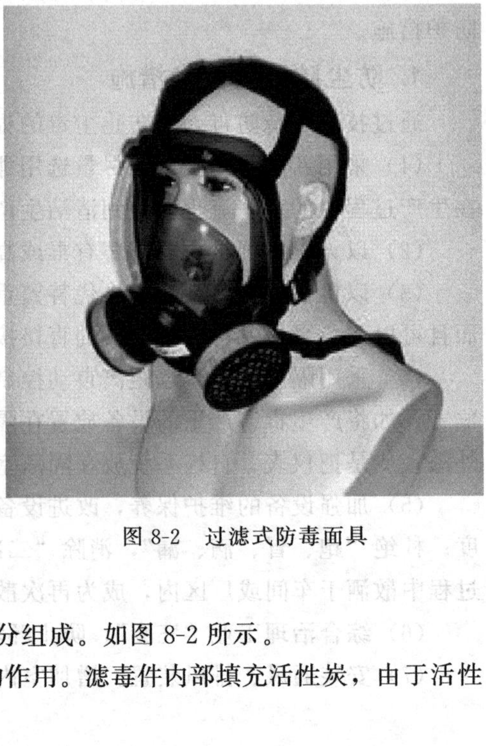

图 8-2 过滤式防毒面具

2. 过滤式防毒面具

过滤式防毒面具主要由面罩主体和滤毒件两部分组成。如图 8-2 所示。

面罩起到密封并隔绝外部空气和保护口鼻面部的作用。滤毒件内部填充活性炭，由于活性炭里有许多形状不同的和大小不一的孔隙，可以吸附粉尘，并在活性炭的孔隙表面，浸渍了铜、银、铬金属氧化物等化学药剂，以达到吸附毒气后与其反应，使毒气丧失毒性的作用。

滤毒罐的作用是通过罐内药物对毒物的机械阻留、吸附和化学反应（包括中和、氧化、还原、络合、置换等），滤去空气中有毒害物质而达到净化空气的目的。

过滤式防毒面具结构简单，使用方便，适用于有毒气体、蒸气、烟雾、放射性灰尘和细菌作业场所，是化工企业普遍使用的一种防毒器材。使用时要根据头型的大小，选择适当的面罩。同时，应根据所防毒物，选择相对应的滤毒罐的型号（滤毒罐的种类及性能见表 8-5）。

表 8-5　滤毒罐的种类及性能

型号	标志	主要吸收剂	试验标准			防护范围
			气体名称	浓度/(mg/L)	有效时间/min	
1	黄绿色白带	活性炭及多种碱性和酸性物质	氢氰酸	3.0±0.3	≥45	除 CO 外的各种气体、蒸气、氢氰酸、氰化物、砷与锑的化合物、光气、双光气、氯甲烷、重金属蒸气、毒烟雾、放射性粉尘
2	草绿色	活性炭、金属氧化物、碱性物	氢氰酸	3.0±1.0	≥70	各种有机蒸气、氢氰酸、砷化物、各种酸性气体
3	棕绿色	活性炭、碱性物	苯 氯	18±1.0 9.5±0.5	≥80 ≥35	丙酮、醇类、烃类、苯胺类、苯、氯及卤素有机物
4	灰色	金属盐、碱性物	氨 硫化氢	2.3±0.1 4.6±0.3	≥70 ≥30	氨、硫化氢
5	白色	活性炭、二氧化锰与氧化铜混合物	一氧化碳	6.2±0.3	100	一氧化碳
6	黄色	活性炭、碱性物	二氧化碳	0.6±0.3	≥35	酸性气体、硫的氧化物

3. 防毒口罩

防毒口罩的防毒原理与所采用的吸收剂，基本上与过滤式防毒面具一样，只是结构形式、滤毒罐大小及使用范围有差异。

防毒口罩结构如图 8-3 所示。到目前为止，防毒防酸口罩按吸收剂的不同，可分为 1、2、3、4、5 等型号。其防护范围如表 8-6 所示。使用时一定要注意所防毒物与防毒口罩型号一致。另外，还要注意毒物与氧的浓度以及使用时间，若嗅到轻微的毒气。就应立即离开毒区，更换药剂或新的防毒口罩。

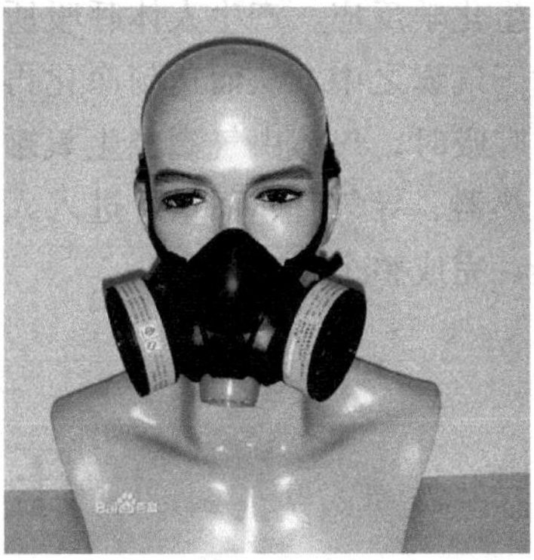

图 8-3　过滤式防毒口罩

表 8-6　防毒口罩种类及性能

型号	代表性毒物	试验浓度/(mg/L)	有效时间/min	防护范围
1	氯	0.31	156	多种酸性气体、氯化氢
2	苯	1.0	155	多种有机蒸气、卤化物、苯、胺
3	氨	0.76	29	氨、硫化氢
4	汞	0.013	3160	汞蒸气
5	氢氰酸	0.25	240	氢氰酸、光气、乙烷

4. AHG 型氧气呼吸器

AHG 型氧气呼吸器是一种在同外界环境完全隔绝的条件下，独立供应呼吸所需氧气的防毒面具。其型号根据供氧系统——氧气瓶供氧时间而确定，氧气瓶容量有供氧 2h、3h 和 4h 之分，故相应型号为 AHG-2 型、AHG-3 型和 AHG-4 型。

图 8-4 AHG 型氧气呼吸器

AHG 型氧气呼吸器主要由呼吸软管、压力表、吸气阀、减压阀、呼气阀、清净罐、哨子、气囊、氧气瓶，面具、排气阀和外壳等组成，见图 8-4。

工作人员从肺部呼出的气体经面具、呼吸软管、呼气阀而进入清净罐，呼出气体中的二氧化碳被吸收剂吸收，其他气体进入气囊。另外，氧气瓶贮存的高压氧气（新鲜氧气），经高压管、减压器进入气囊，与从清净罐出来的气体相互混合，重新组成适合于呼吸的含氧空气。当工作人员吸气时，适量的含氧空气由气囊经吸气阀、吸气软管、面具而被吸入肺部，完成了整个呼吸循环。

5. 隔绝式生氧面具（HSG-79 型生氧器）

隔绝式生氧面具是一种不携带高压氧气瓶，而利用化学生氧提供氧气的氧气呼吸器。属于此类的有 HSG-79 型生氧器、SM-1 型生氧面罩和 AZG-40 型自救器等。

HSG-79 型生氧器由乳胶面罩、导气管、散热器、生氧罐、排气阀、气囊、快速供氧盒和外壳等部件组成，如图 8-5 所示。

人体呼出的二氧化碳和水，经导气管进入生氧罐，与其中的化学生氧剂（Na_2O_4 或 K_2O_4）发生化学反应，产生人体呼吸所需的氧气，并贮藏于气囊之中，从而达到净化再生的目的。当人体呼吸时，气体由气囊经生氧罐二次再生，再经散热器、导气管、面罩，进入人体肺部作生理交换，完成整个呼吸循环。

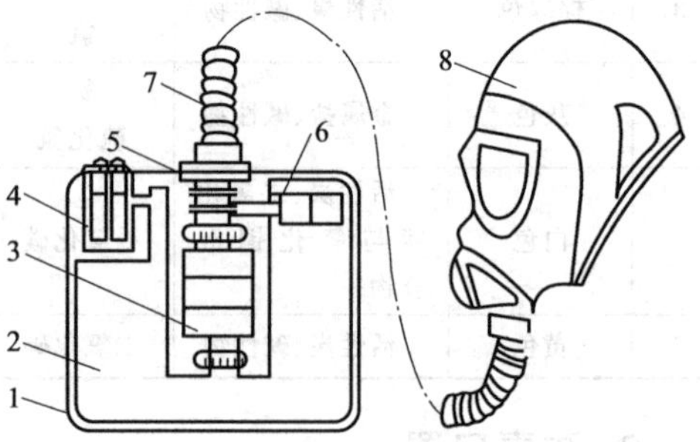

图 8-5 HSG-79 型生氧面具结构

1—外壳；2—气囊；3—生氧罐；4—快速供氧盒；5—散热器；6—排气阀；7—导气管；8—面罩

第五节 压力容器安全技术

一、压力容器的概念

根据国务院 2009 年最新发布的《特种设备安全监察条例》的界定，压力容器是指盛装气体或者液体，承载一定压力的密闭设备。包括：最高工作压力大于或等于 0.1MPa（表压），压力与容积的乘积大于或者等于 2.5MPa・L 的气体、液化气体、最高工作温度大于或等于其标准沸点的液体的固定式或移动式容器；压力大于或等于 0.2MPa（表压），压力与容积的乘积大于或者等于 1.0MPa・L 的气体、液化气体、最高工作温度大于或标准沸点低于或等于 60℃液体的气瓶或医用氧舱等。一般情况下，化工生产中所用的贮运容器、反应容器、换热容器和分离容器均属压力容器。

二、压力容器的分类

(一) 按用途分类

压力容器按用途可分为反应容器、换热容器、分离容器和贮运容器。

(1) 反应容器 (代号 R) 主要用来完成介质的物理、化学反应的容器。如反应器、反应釜、高压釜等。

(2) 换热容器 (代号 E) 主要用来完成介质热量交换的容器。如热交换器、冷却器等。

(3) 分离容器 (代号 S) 主要用来完成介质的流体压力平衡、气体净化、分离等的容器。如分离器、过滤器、集油器、缓冲器、贮能器、洗涤器、吸收塔、精馏塔、干燥器等。

(4) 贮运容器 (代号 C) 主要用来盛装生产和生活用原料气、液体、液化气体的容器。如贮罐、贮槽、槽车等。

(二) 按压力分类

压力容器可分为内压容器和外压容器，内压容器按其设计压力 (p) 的大小，可分为低压、中压、高压和超高压四个等级。如表 8-7 所示。

表 8-7 压力容器的压力等级分类

压力等级	低压	中压	高压	超高压
设计压力/MPa	0.1～1.6	1.6～10.0	10～100	100 以上

表 8-7 适用于一般容器，但对一些特殊容器，其压力等级标准是不同的。如乙炔管，当压力≥0.1MPa 时称为中压，而压力＞1.6MPa 则称为高压，此时危险性较大，这是因为乙炔在通常压力下易聚合分解。

(三) 按安全技术管理分类

按照《固定式压力容器安全技术监察规程》(简称《容规》)，采用既考虑容器压力与容积乘积大小，又考虑介质危险性以及容器在生产过程中的作用的综合分类方法，从有利于安全技术管理的角度将压力容器分为：第三类压力容器、第二类压力容器和第一类压力容器。

1. 第三类容器

包括以下类别。

(1) 高压容器；

(2) 中压容器 (仅限毒性程度为极度和高度危害介质)；

(3) 中压贮存容器 [仅限易燃或毒性程度为中度危害介质，且 pV (设计压力、全容积乘积) 大于等于 10MPa · m^3]；

(4) 中压反应容器 (仅限易燃或毒性程度为中度危害介质，且 pV 大于等于 0.5Pa · m^3)；

(5) 低压容器 (仅限毒性程度为极度和高度危害介质，且 pV 大于等于 0.2MPa · m^3)；

(6) 高压、中压管壳式余热锅炉；

(7) 中压搪玻璃压力容器；

(8) 使用强度级别较高 (指相应标准中抗拉强度规定值下限大于等于 540MPa) 的材料制造的压力容器；

(9) 移动式压力容器，包括铁路罐车 (介质为液化气体、低温液体)、罐式汽车 [液化气体运输 (半挂) 车、低温液体运输 (半挂) 车、永久气体运输 (半挂) 车] 和罐式集装箱

(介质为液化气体、低温液体)等;

(10) 球形贮罐(容积大于等于 $50m^3$);

(11) 低温液体贮存容器(容积大于 $5m^3$)。

2. 第二类压力容器

包括以下类别。

(1) 中压容器;

(2) 低压容器(仅限毒性程度为极度和高度危害介质);

(3) 低压反应容器和低压贮存容器(仅限易燃介质或毒性程度为中度危害介质);

(4) 低压管壳式余热锅炉;

(5) 低压搪玻璃压力容器。

3. 第一类压力容器

除上述规定以外的低压容器为第一类压力容器。

关于介质危害性(包括毒性和燃爆性),按国家 2009 年 8 月颁发的《固定式压力容器安全技术监察规程》的规定。包括:

(1) 毒性程度　综合考虑急性毒性、最高容许浓度和职业性慢性危害等因素。

极度危害最高容许浓度小于 $0.1mg/m^3$;高度危害最高容许浓度 $0.1\sim1.0mg/m^3$;中度危害最高容许浓度 $1.0\sim10.0mg/m^3$;轻度危害最高容许浓度大于或者等于 $10.0mg/m^3$。

(2) 易爆介质　指气体或者液体的蒸气、薄雾与空气混合形成的爆炸混合物,并且其爆炸下限小于10%,或者爆炸上限和爆炸下限的差值大于或者等于 20%的介质,有关爆炸极限的概念在第六章已作了介绍。

三、压力容器安全技术

1. 压力容器的安全技术管理

为了确保承压设备的安全运行,不断提高其安全可靠性,对入厂后承压设备应做好如下安全技术管理工作。

(1) 立卡建档　每台压力容器的技术档案应存有容器的原始技术资料、安全装置技术资料和容器使用情况记录资料。

(2) 建立容器管理与操作责任制　压力容器是一种特殊设备,要保证容器的安全运行,必须实行管理与操作的责任制。要求设立专职或者兼职人员,负责容器的安全技术管理工作,同时每台压力容器都应有专责操作人员。容器专责操作人员应具备保证容器安全所必需的知识和技能,并经过技术考核合格。非专责操作人员不准独立操作、使用压力容器。

2. 压力容器的定期检测

压力容器在使用过程中,由于受到各种因素的影响,将会产生裂缝、裂纹、减薄、变形或鼓包等缺陷或原有缺陷的扩展,因此,对容器的各个承压部件和安全装置进行检查或作必要的试验赖以早期发现容器存在的缺陷,是防止压力容器在运行中发生破裂爆炸事故的重要手段。定期检验是压力容器安全运行的重要手段。

压力容器的定期检验分为全面检验和耐压试验。目前国家针对在用压力容器检验的新规则 TSG R7001—2013《压力容器定期检验规则》已颁布,并在 2013 年 7 月 1 日起开始执行。

(1) 全机检验是指压力容器停机时的检验。全面检验应当由检验机构进行,其检验周期为：

① 安全状况等级为 1、2 级的，一般每 6 年一次；

② 安全状况等级为 3 级的，一般 3～6 年一次；

③ 安全状况等级为 4 级的，其检验周期由检验机构确定。

（2）耐压试验是指压力容器全面检验合格后，所进行的超过最高工作压力的液压试验或者气压试验。每两次全面检验期间内，原则上应当进行一次耐压试验。

当全面检验、耐压试验和年度检查在同一年度进行时，应当依次进行全面检验、耐压试验和年度检查，其中全面检验已经进行的项目，年度检查时不再重复进行。

对无法进行或者无法按期进行全面检验、耐压试验的压力容器，按照《容规》第 138 条规定执行。

（3）年度检查。压力容器年度检查包括使用单位压力容器安全管理情况检查、压力容器本体及运行状况检查和压力容器安全附件检查等。检查方法以宏观检查为主，必要时进行测厚、壁温检查和腐蚀介质含量测定、真空度测试等。

压力容器一般应当于投用满 3 年时进行首次全面检验。下次的全面检验周期，由检验机构根据本次全面检验结果按照上述规定确定。

压力容器的检验周期是根据容器制造质量、使用条件和维护保养情况而定，在一些情况下，全面检验周期应当适当缩短，如材料表面质量差或者内部有缺陷的、使用条件恶劣或者使用中发现应力腐蚀现象的；有些情况下全面检验周期性可以适当延长，如非金属衬里层完好，其检验周期最长可以延长至 9 年。

3. 压力容器的安全附件必须齐全可靠

压力容器上装置的安全附件有安全阀、爆破片、压力表、液面计、温度计、紧急切断阀等。这些附件从某种意义上说是化工安全生产的眼睛，事故的预兆往往可以从这些附件的现象上反映出来。所以，压力容器上的安全附件，必须做到齐全、灵敏、准确、可靠；对失灵和不准的附件，必须及时更换；对不懂性能的人员，不允许随便乱动；安全附件的维护、校验、修理应由专门人员负责。

四、压力容器的安全操作与维护保养

正确合理地操作和使用压力容器，也是保证安全运行的一项重要措施。

1. 对容器操作的基本要求

压力容器的操作方法和操作程序主要应按工艺用途的需要来确定。要保证安全运行，操作时必须作到平稳和防止过载。

（1）平稳操作　平稳操作主要是指缓慢地进行加载和卸载，以及运行期间保持载荷的相对稳定。压力容器开始加压时，速度不宜过快，尤其要防止压力的突然升高，因为过高的加载速度会降低材料的断裂韧性，从而存有微小缺陷的容器在压力的冲击下发生脆性断裂。运行中压力频繁地或大幅度地波动，对压力容器的抗疲劳破坏是极为不利的，应尽量避免保持操作压力平稳。

（2）防止过载　压力容器的主要载荷是压力，所以防止压力容器过载首先是防止超压。容器是比较容易发生超压的一种设备，超压的原因及其预防方法与压力容器的压力来源有关。超压的产生原因如下。

① 压力来自器外（如气体压缩机）的压力容器，超压大多是出于操作失误而引起的。

为了预防操作失误，比较可靠的方法是装设连锁装置或实行所谓“安全操作挂牌制度”。

② 压力来自于器内物料的化学反应的压力容器，往往是由于加料过量或物料中混有杂质，使容器内反应后生成的气体密度增大或反应过速因而造成超压。要预防这类容器的超压，必须严格控制每次的数量和原料中杂质的含量，并有防止超量的严密措施。

③ 贮装液化气体的容器常常因为装量过多或因意外受热、温度升高而发生超压。

④ 贮装易于发生聚合反应的烃类化合物的容器，可能会因器内部分物料发生聚合作用，放出热量，使器内的气体温度剧烈上升，使压力升高。

⑤ 用于制造高分子聚合物的高压釜会因原料或催化剂使用不当或操作失误，使物料发生爆聚，放出大量的热，而冷却装置无法迅速把热量导出，因而发生超压。

(3) 安装泄压装置　有超压可能的压力容器，都应装设安全泄压装置，以防止压力容器因过量超压而发生破裂爆炸事故。而更重要的是在操作上注意控制，防止容器超压。

(4) 严格控制操作温度　除了防止超压以外，压力容器的操作温度也应严格控制在设计规定的范围内，特别是对于那些器壁温度会影响到材料的抗脆断性能、抗腐蚀性能或抗蠕变性能的容器。

2. 压力容器的维护保养

(1) 防止工作介质对容器的腐蚀　作好压力容器的防腐蚀工作，可以使容器经常处于完好状态，延长使用寿命防止容器因被腐蚀而致壁厚减薄直至发生断裂事故。主要有：

① 采取涂漆、喷镀或者电镀和衬里的方式保持完好的防腐层；

② 尽力消除引起腐蚀的因素；

③ 消灭容器的“跑、冒、滴、漏”。

(2) 按规定装设安全装置，并始终保持完好　为了防止压力容器因操作失误等产生超载和由此而导致严重的破坏事故，容器上应装有必要的安全装置。安全泄压装置和压力表是压力容器最普遍和常用的安全装置。

(3) 容器停止运行期间的维护　对于长期或临时停用的容器，也应加强维护，措施如下：

① 停止运行的容器，要将它内部的介质排除干净；

② 保持容器的干燥和洁净；

③ 外表面涂刷涂料，防止大气腐蚀。

第六节 化工设备检修安全技术

设备是化工企业生产最基本的物质基础。化工企业生产具有连续性强、自动化水平高，且具有高温高压、易燃易爆和易中毒的特点。一旦设备发生问题，往往导致停产、火灾爆炸甚至人身伤亡等事故。在引起化工生产事故的危险因素中，设备缺陷高居第一位，同时，化工检修是最容易发生人员伤亡事故的工作，因此对化工装置和设备进行定期的、规范的检验、维修和保养是化工企业特别重要的工作。

在化工检修中，设备的检修更为复杂且技术性更强、危险性更大。体现在：①检修作业时，动火作业导致危险；②设备内作业危险性；③高处作业危险性。

一、化工检修的分类

化工检修可分为计划检修与计划外检修。

（1）计划检修　是企业按现有设备的技术状态资料及生产周期等情况，制订设备检修计划，按计划进行的检修称为计划检修。计划检修在装置和设备失效前就对其进行检验、维修或更换，故属于预防性维修，其目的是为了降低设备的故障率，防止设备因技术状态劣化而发生突发故障或事故。根据检修内容、周期和要求的不同，计划检修可分为小修、中修和大修。一般一年进行一次停产的大修。

（2）计划外检修　在生产过程中设备突然发生故障或事故，必须进行的不停车或临时停车检修称为计划外检修。计划外检修事先难以预料，无法安排计划，而且要求检修时间短，检修质量高，检修的环境及工况复杂，故难度较大。

由于发生事故所增加的维修费用和意外损失比起预防维护投资大得多，同时计划外检修为设备突发事件所引起不可避免地影响生产，长期不进行检修还会缩短设备的使用寿命，减少维修人员的使用率，因此，化工检修遵循预防为主的安全生产原则，即以计划检修（预防维护）为主。

二、化工检修的特点

（1）化工检修具有频繁、复杂、危险性大的特点。化工生产的特点及复杂性，决定了化工设备、管道的故障和事故的频繁性，而使计划检修或计划外检修频繁。

（2）化工生产中使用到各种类型的设备、机械、仪表、管道、阀门等，且数量巨大，这就要求从事检修的人员具有相应的知识和技术素质，熟悉掌握不同设备的结构、性能和特点。检修中因受环境、气候、场地的限制，有些要在露天作业，有些要在设备内作业，有些要在地坑或井下作业，有时要上、中、下立体交叉作业，计划外检修又无法预料，参加检修人员的作业形式和人数也经常变动等都说明化工检修的复杂性。

（3）化工生产的复杂性决定了化工检修的危险性。化工设备和管道中有很多残存的易燃易爆、有毒有害、有腐蚀性物质，而化工检修又离不开动火、动土、进罐、入塔等作业，稍有疏忽就可能发生火灾爆炸、中毒和化学灼伤事故。

三、化工检修的安全技术

（一）化工检修的安全管理要求

1. 加强组织领导，设置检修指挥部

成立以生产厂长为总指挥的检修指挥部，负责检修计划、调度、安排人力、物力、运输和安全工作。在各级指挥系统中建立由安全、人事、保卫、消防等部门负责人组成的安全保证体系。

2. 制订切实可行的检修方案

在检修计划中根据生产工艺过程及公用工程之间的相互关联制订检修方案，方案主要包括：检修时间、设备名称、质量标准、工作程序、施工方法、起重方案、采取的安全技术措施、施工负责人、检修项目安全员、安全措施的落实人等。检修方案中还应包括设备的置换、吹洗、盲板流程示意图，方案编制完成后，编制人员经检查确认无误签字后，还需经检修单位有关人逐级签字审批。

3. 做好安全教育

安全教育的内容包括检修的安全制度和检修现场必须遵守的安全规定，重点要做好检修方案和技术交底工作，使其明确检修内容、步骤、方法、质量标准、注意事项及存在的危险因素和必须采取的措施等。

4. 全面检查，消除隐患

全面检查包括装置停工检修前的安全检查、装置检修中的安全检查和生产装置检修后开工前的安全检查。

(二) 动火作业管理

化工企业中，凡是动用明火或可能产生火种的作业都属于动火作业。动火作业必须在固定动火区内进行。

1. 固定动火区的划定

固定动火区系指允许正常使用电气焊（割）及其他动火工具从事检修、加工设备及零部件的区域。在固定动火区域内的动火作业，可不办理动火许可证，但必须满足以下条件：

(1) 固定动火区域应设置在易燃易爆区域全年最小频率风向的上风或侧风方向；

(2) 距易燃易爆的厂房、库房、罐区、设备、装置、阴井、排水沟、水封井等不应小于30m，并应符合有关规范规定的防火间距要求；

(3) 室内固定动火区应用实体防火墙与其他部分隔开，门窗向外开，道路要畅通；

(4) 生产正常放空或发生事故时，能保证可燃气体不会扩散到固定动火区；

(5) 固定动火区不准存放任何可燃物及其他杂物，并应配备一定数量的灭火器材；

(6) 固定动火区应设置醒目、明显的标志，如："固定动火区"的字样；动火区的范围（长×宽）；动火工具、种类；防火责任人；防火安全措施及注意事项；灭火器具的名称、数量等内容。

2. 禁火区的划定

除固定动火区外的其他区域均为禁火区。凡需要在禁火区动火时，必须申请办理"动火证"。禁火区内的动火可划分为两级：一级动火是指在正常生产情况下的要害部位、危险区域动火，一级动火由厂安全技术和防火部分审核、主管厂长或总工程师批准；二级动火是除固定动火区和一级动火区以外的动火，二级动火由所在车间主管主任批准即可。

3. 动火作业的安全规定和措施

动火作业的一般规定如下。

(1) 审证　在禁火区内动火应办理动火证的申请、审核和批准手续，明确动火地点、动火方案、安全措施、现场监护人等，审批动火时应考虑两个问题：一是动火设备本身问题，二是动火的周围环境问题，要做到"三不动火"，即：没有动火证不动火，防火措施不落实不动火，监护人不在现场不动火。

(2) 联系　动火前要和生产车间、工段联系，明确动火的设备、位置。事先由专人负责做好动火设备的置换、清洗、吹扫、隔离等解除危险因素的工作，并落实其他安全措施。

(3) 隔离　动火设备应与其他生产系统可靠隔离，防止运行中设备管道内的物料泄漏到动火设备中来，将动火地区与其他区域采取临时隔火墙等措施加以隔开，防止火星飞溅而引起事故。

(4) 移动可燃物　将动火周围10m范围内的一切可燃物，如溶剂、润滑油、未清洗的存放过易燃液体的空桶、木框等移到安全场所。

(5) 灭火措施　动火期间动火地点附近的水源要保证充分，不能中断，动火现场要准备好足够数量的灭火器，在危险性大的重要地段动火，消防车和消防人员要到现场，做好充分准备。

(6) 检查与监护　动火方案中提出的安全措施检查是否落实，并两次明确和落实现场监护人和动火现场指挥，交待安全注意事项。

(7) 动火分析　动火分析不宜过早，一般不要早于动火前的 0.5h，如果动火中断 0.5h 以上，应重新做动火分析。

(8) 动火人员资格　动火应由经过安全考试合格的人员担任。

(9) 其他注意事项　动火结束应清理现场，熄灭余火，如安全意外出现立即停止动火，罐内动火应遵守相关安全规定，做好个人安全防护。

4. 特殊动火作业的要求

(1) 油罐带油动火　由于各种原因，罐内油品无法抽空只得带油动火时，除应严格遵守检修动火的要求外，还应注意：油面以上不准动火，必要时灌装清水。在焊补前还应进行壁厚测定，据此确定合适的焊接电流值，防止烧穿，动火前将裂缝塞严，外面用钢板补焊。

(2) 带压不置换动火　带压不置换动火，就是严格控制含氧量，使可燃气体的浓度大大超过爆炸上限，然后保持正压让它以稳定的速度，从管道口向外喷出，并点燃燃烧，使其与周围空气形成一个燃烧系统，并保持稳定地连续燃烧。需注意的三个关键问题：

① 设备内保持正压；

② 设备内系统含氧量低于标准 (1%)；

③ 测壁厚，计算必须保持的最小壁厚，防止焊接烧穿。

(三) 电气设施检修

检修使用的电气设施有两种：一是照明电源；二是检修施工机具电源（卷扬机，空压机，电焊机）。以上电气设施的接线工作，须由电工操作，其他工种不得私自乱接，电气设备检修时，应先切断电源，并挂上“有人工作，严禁合闸”的警告牌，停电作业应改选停、复用电手续，停用电源时，应在开关箱上取下熔断器。

(四) 动土作业

凡是影响到地下电缆、管道等设施安全的地上作业都包括在动土作业的范围内，随意开挖厂区土方，有可能损坏电缆或者管线，造成装置停工甚至人员伤亡。因此必须加强动土作业的安全管理。

(五) 高处作业

凡在基准面 2m 以上有可能坠落的高处进行作业，均称为高处作业。高处作业按作业高度可分为四个等级：①一级高处作业，作业高度在 2～5m；②二级高处作业：作业高度在 5～15m；③三级高处作业，作业高度在 15～30m；④特级高处作业，作业高度在 30m 以上。

高处作业的一般安全要求：

(1) 患有精神病等职业禁忌证的人员不准参加高处作业，检修人员饮酒、精神不振时禁止高处作业，作业人员必须持有作业票；

(2) 高处作业必须戴安全帽，系安全带；

（3）高处作业现场应设有围栏或其他明显的安全界标，除有关人员外，不准其他人在作业点的下面通告或逗留；

（4）防止工具材料坠落；

（5）六级以上大风、暴雨、打雷、大雾等恶劣天气，应停止露天高处作业；

（6）注意结构的牢固性和可靠性，如在结构的醒目处挂上警告牌，冬季严寒作业应采取防冻防滑措施等。

四、装置检修后开车

(一) 装置开车前的安全检查

生产装置经过化工检修后，在开车运行前要进行一次全面的安全检查验收，包括如下内容。

1. 焊接检验

凡石油化工装置使用易燃易爆、剧毒介质以及特殊工艺条件的设备，及经过动火检修的部位，都应按规程要求进行X射线拍片检验和残余应力处理。如发现有问题，必须重焊，直到验收合格，否则将导致严重后果。

2. 试压和气密试验

设备在检修复位后，为检验施工质量，应严格按相关规定进行试压和气密试验，防止生产时“跑、冒、滴、漏”，造成各种事故。一般来说，压力容器的试压以水作介质，不得采用有危险的液体，也不准用工业风或者氮气作耐压试验。

3. 吹扫、清洗

一般处理液体用水冲洗，处理气体管线用空气或氮气吹扫，蒸汽管道按压力等级不同使用相应的蒸汽吹扫等。容器及管道停产放空处理后，有些可燃易爆介质被吸附在设备及管道内壁的积垢或外表面的保温材料中，液体可燃物会附着在容器及管道的内壁上，如不彻底清洗，随着温度和压力的变化，可燃物会逐渐释放出来，使本来动火的条件变成了不合格而导致火灾爆炸事故，因此其内外部必须仔细清洗。

4. 传动设备试车

检修传动设备、传动设备上的电气设备，必须切断电源（拔掉电源熔断器），并经两次启动复查证明无误后，在电源开关处挂上禁止启动牌或上安全锁卡，在检修后的开车准备检查时，确认齿轮传动、带传动、链传动的运行状况。

5. 联动试车

联动试车是装置检修后到化工投料期间的一个试运阶段，其目的是全面检查检修后装置的机器设备、管道、阀门、自控仪表、联锁和供电等公用工程配套的性能和质量，全面检查设备是否符合标准规范及达到化工的要求，进行生产操作人员的实践演练，是防止化工投料时出现阻滞和事故以致造成重大经济损失的重要保证。

(二) 装置开车

（1）贯通流程　用蒸汽、氮气通入装置系统，一方面扫去装置检修时可能残留部分的焊渣、焊条头、铁屑、氧化皮等，防止这些杂物堵塞管线，另一方面检验流程是否贯通。

（2）装置进料　装置进料前，要关闭所有的放空、排污、倒淋等阀门，然后按规定流程，经操作工、班长、车间主管检查无误，启动机泵进料，进料过程中，操作工沿管线进行检查，防止物料泄漏或物料走错流程，装置开车过程中，严禁乱排乱放各种物料。

(三) 完善化工设备检修的措施

1. 提高技术人员素质

人的因素在设备检修中是首要因素，在设备的维护保养中始终把更新员工的思想观念和提高技术素质作为重要工作来抓，培养和提高员工过硬的操作技术和维修技术，同时领导重视与否是关键，车间各单位把设备维护保养工作列入管理的重要平台，严格执行岗位责任制。

2. 建立维护与检修的机制

通过量化设备维护指标、确立工作标准和考核机制，建立班组、车间、厂级“三级”考核体系。

3. 落实维护与检修工作

把维护保养的具体内容和标准落实到设备管理活动当中去，使维护和保养工作经常化；经常开展设备故障状态检测分析活动，确保设备的技术性能，提高设备完好率；狠抓“三级四检”，降低设备故障。

4. 充分利用新技术和新材料

随着新技术和新材料的不断涌现，新的设备检修技术也在不断提升，只有掌握了新的检修技术才能使相关安全措施更到位。

5. 建立计算机信息管理系统

(1) 动态管理维修作业　对设备故障和维修频率进行统计与分析，为制订设备维修计划、建立维修台账、统计设备故障及进行设备改造等提供依据。

(2) 综合管理设备　通过建立相应的数据库，进行设备备件的综合管理，完善仓贮管理系统。

第七节 化工系统安全评价

随着科学技术的日新月异，石油和化学工业规模越来越大，生产效率越来越高，随之事故的损害量及破坏力也越来越大，要预防相关事故的发生，对工程项目进行系统安全分析与评价成为主要手段，化工系统安全分析和评价采用了多种先进的科学方法，进行全面的分析来预测生产活动中的各种危险，其根本目的是有效地减少或消除危险因素。

一、安全评价的分类

化工系统的安全评价也称为安全性评价、危险评价或风险评价，它运用定量或定性的方法，对建设项目或生产经营单位存在的职业危险因素和有害因素进行识别、分析和评估。按照实施阶段的不同，安全评价可划分为安全预评价、安全验收评价、安全现状综合评价。

(1) 安全预评价　是在建设项目可行性研究阶段、工业园区规划阶段或生产经营活动组织实施之前，根据相关的基础资料，辨识与分析建设项目、工业园区、生产经营活动潜在的危险、有害因素，确定其与安全生产法律法规、标准、行政规章、规范的符合性，预测发生事故的可能性及其严重程度，提出科学、合理、可行的安全对策措施建议，做出安全评价结论的活动。

安全预评价程序为：前期准备；辨识与分析危险、有害因素；划分评价单元；定性、定量评价；提出安全对策措施建议；做出评价结论；编制安全预评价报告等。

（2）安全验收评价　是指在建设项目竣工后正式生产运行前或工业园区建设完成后，通过检查建设项目安全设施与主体工程同时设计、同时施工、同时投入生产和使用的情况或工业园区内的安全设施、设备、装置投入生产和使用的情况，检查安全生产管理措施到位情况，检查安全生产规章制度健全情况，检查事故应急救援预案建立情况，审查确定建设项目、工业园区建设满足安全生产法律法规、标准、规范要求的符合性，从整体上确定建设项目、工业园区的运行状况和安全管理情况，做出安全验收评价结论的活动。

安全验收评价程序分为：前期准备；危险、有害因素辨识；划分评价单元；选择评价方法，定性、定量评价；提出安全风险管理对策措施及建议；做出安全验收评价结论；编制安全验收评价报告等。

（3）安全现状综合评价　是针对系统、工程的（某一个生产经营单位总体或局部的生产经营活动）安全现状进行的安全评价，通过评价查找其存在的危险、有害因素，确定其程度，提出合理可行的安全对策措施及建议的活动。

评价形成的现状综合评价报告的内容应纳入生产经营单位安全隐患整改和安全管理计划，并按计划加以实施和检查。

二、安全评价的程序

安全评价程序主要包括：准备阶段，危险、有害因素辨识与分析，定性定量评价，提出对策措施，形成安全评价结论及建议，编制安全评价报告。

（1）准备阶段　明确被评价对象和范围，收集国内外相关法律法规、技术标准及工程、系统的技术资料。

（2）危险、有害因素辨识与分析　根据被评价的工程、系统的情况，辨识和分析危险、有害因素，确定危险、有害因素存在的部位、存在的方式、事故发生的途径及其变化的规律。

（3）定性、定量评价　在危险、有害因素辨识和分析的基础上，划分评价单元，选择合理的评价方法，对工程、系统发生事故的可能性和严重程度进行定性、定量评价。

（4）提出安全对策措施　根据定性、定量评价结果，提出消除或减弱危险、有害因素的技术和管理措施及建议。

（5）形成安全评价结论及建议　简要地列出主要危险、有害因素的评价结果，指出工程、系统应重点防范的重大危险因素，明确生产经营者应重视的重要安全措施。

（6）编制安全评价报告　依据安全评价的结果编制相应的安全评价报告。

三、常用的安全评价方法

常用的安全评价方法有：安全检查表评价法、危险指数法、预先危险分析法、故障树分析法、事件树分析法、作业条件危险性评价法和故障类型和影响分析法。

1. 安全检查表评价法（Safety Checklist Analysis，SCA）

安全检查表是依据相关的标准、规范，对工程、系统中已知的危险类别、设计缺陷以及与一般工艺设备、操作、管理有关的潜在危险性和有害性进行判别检查。为了避免检查项目遗漏，事先把检查对象分割成若干系统，以提问或打分的形式，将检查项目列表，这种表就称为安全检查表。它是系统安全工程的一种最基础、最简便、广泛应用的系统危险性评价方法。

2. 危险指数法（Risk Rank，RR）

危险指数方法是通过评价人员对几种工艺现状及运行的固有属性（是以作业现场危险度、事故概率和事故严重度为基础，对不同作业现场的危险性进行鉴别）进行比较计算，确定工艺危险特性重要性大小及是否需要进一步研究的安全评价方法。

不同的危险指数法（如危险度评价指数法，道化学公司的火灾、爆炸危险指数法，帝国化学工业公司的蒙德法，化工厂危险等级指数法等）目前得到广泛的应用。

3. 预先危险分析法（Preliminary Hazard Analysis，PHA）

预先危险分析又称初步危险分析。预先危险分析是系统设计期间危险分析的最初工作。也可运用它作运行系统的最初安全状态检查，是系统进行的第一次危险分析。通过这种分析找出系统中的主要危险，对这些危险要作估算，从而达到可接受的系统安全状态。

预先危险性分析适用于固有系统中采取新的方法，接触新的物料、设备和设施的危险性评价。该法一般在项目的发展初期使用。当只希望进行粗略的危险和潜在事故情况分析时，也可以用 PHA 对已建成的装置进行分析。

4. 故障树分析法（Fault Tree Analysis，FTA）

故障树分析技术是美国贝尔电报公司的电话实验室于 1962 年开发的，它采用逻辑的方法，形象地进行危险的分析工作，特点是直观、明了，思路清晰，逻辑性强，可以做定性分析，也可以做定量分析。

5. 事件树分析法（Event Tree Analysis，简称 ETA）

事件树分析起源于决策树分析（简称 DTA），它是一种按事故发展的时间顺序由初始事件开始推论可能的后果，从而进行危险源辨识的方法。

事件树分析既可以定性地了解整个事件的动态变化过程，又可以定量计算出各阶段的概率，最终了解事故发展过程中各种状态的发生概率。

6. 作业条件危险性评价法（Job Risk Analysis，JRA）

作业条件危险性评价法是一种简便易行的衡量人们在某种具有潜在危险的环境中作业的危险性的半定量评价方法。该法是对具有潜在危险的环境中作业的危险性进行定性评价的一种方法。

7. 故障类型和影响分析法（Failure Mode Effects Analysis，FMEA）

故障类型和影响分析法是一种归纳分析法，主要是在设计阶段对系统的各个组成部分，即元件、组件、子系统等进行分析，找出它们所能产生的故障及其类型，查明每种故障对系统的安全所带来的影响，判明故障的重要度，以便采取措施予以防止和消除。

四、安全评价报告的要求和内容

安全评价报告是安全评价工作过程形成的成果，它一般采用文本形式，多采用多媒体电子载体，辅以大量评价现场的照片、录音、录像及扫描文件，增强安全验收评价工作的可追溯性。安全评价报告包括三部分：安全预评价报告、安全验收评价报告和安全现状评价报告。

1. 安全预评价报告的要求和内容

（1）安全预评价报告要求　安全预评价报告的内容应能反映安全预评价的任务，即建设项目的主要危险、有害因素评价；建设项目应重点防范的重大危险、有害因素；应重视的重要安全对策措施；建设项目从安全生产角度是否符合国家有关法律、法规、技术标准。

（2）安全预评价报告内容　安全预评价报告应当包括如下重点内容。

① 概述部分

a. 安全预评价依据　有关安全预评价的法律、法规及技术标准；建设项目可行性研究报告等建设项目相关文件；安全预评价参考的其他资料。

b. 建设单位简介。

c. 建设项目概况　建设项目选址、总图及平面布置、生产规模、工艺流程、主要设备、主要原材料、中间体、产品、经济技术指标、公用工程及辅助设施等。

d. 危险、有害因素识别与分析。

② 安全预评价方法和评价单元　包括安全预评价方法简介和评价单元确定两个方面的内容。

③ 定性、定量评价

a. 定性、定量评价。

b. 评价结果分析。

④ 安全对策措施及建议

a. 在可行性研究报告中提出的安全对策措施。

b. 补充的安全对策措施及建议。

⑤ 结论。

2. 安全验收评价报告的要求和内容

安全验收评价报告的要求包含内容要求和编制要求两部分。

（1）报告内容要求

① 初步设计中安全措施按设计要求与主体工程同时建成并投入使用的情况。

② 建设项目中使用的特种设备，经具有法定资格的单位检验合格，并取得安全使用证的情况。

③ 工作环境、劳动条件等经测试与国家有关规定的符合程度。

④ 建设项目中安全设施经现场检查与国家有关安全规定或标准的符合情况。

⑤ 安全生产管理机构，安全管理规章制度，必要的检测仪器、设备，劳动安全卫生培训教育及特种作业人员培训，考核及取证等情况。

⑥ 事故应急救援预案的编制情况。

（2）安全验收评价报告的编制要求　安全验收评价报告的编制要内容全面、重点突出、条理清楚、数据完整、取值合理，整改意见具有可操作性，评价结论客观、公正。

安全验收评价报告主要内容：概述，主要危险、有害因素识别，总体布局及常规防护设施、措施评价，易燃易爆场所评价，有害因素安全控制措施评价，特种设备监督检验记录评价，强制检测设备实施情况检查，电器设备安全评价，机械伤害防护设施评价，工艺设施安全连锁有效评价，安全管理评价，安全验收评价结论，安全验收评价报告附件，安全评价报告附录。安全验收评价报告要比预评价报告更加详尽、更加具体，特别是对危险分析要求较高。因此，安全检查表的编制要由懂工艺和操作的专家参与完成并且其专业能力应涵盖评价范围所涉及的专业内容。

3. 安全现状评价报告要求和内容

安全现状评价报告要求比安全预评价报告要更详尽、更具体，特别是对危险分析要求较高，因此整个评价报告的编制，要由懂工艺和操作的专家参与完成。安全现状评价报告一般包括以下内容。

（1）前言　包括项目单位简介、评价项目的委托方及评价要求和评价目的。

（2）评价项目概况　应包括评价项目概况、地理位置及自然条件、工艺过程、生产、运行现状、项目委托约定的评价范围、评价依据（包括法规、标准、规范及项目的有关事故分析与重大事故的模拟文件）。

（3）评价程序和评价方法　说明针对主要危险、有害因素和生产特点选用的评价程序和评价方法。

（4）危险性预先分析　应包括工艺流程、工艺参数、控制方式、操作条件、物料种类与理化特性、工艺布置、总图位置、公用工程的内容，运用选定的分析方法对生产中存在的危险、危害隐患逐一分析。

（5）危险度与危险指数分析　根据危险、有害因素分析的结果和确定的评价单元、评价要素，参照有关资料和数据，用选定的评价方法进行定量分析。

（6）事故分析与重大事故模拟　结合现场调查结果，以及同行或同类生产的事故案例分析、统计其发生的原因和概率，运用相应的数学模型进行重大事故模拟。

（7）对策措施与建议　综合评价结果，提出相应的对策措施与建议，并按照风险程度的高低进行解决方案的排序。

（8）评价结论　明确指出项目安全状态水平，并简要说明。

参 考 文 献

[1] “三废”治理与利用编委会．“三废”治理与利用．北京：冶金工业出版社，1995.

[2] 李小娟．清洁生产与工业污染防治．北京：中国环境科学出版社，2007.

[3] 匡永泰，高维民．石油化工安全评价技术．北京：中国石化出版社，2005.

[4] 刘相臣，张秉淑．化工装备事故分析与预防．北京：化学工业出版社，2003.

[5] 刘道华．压力容器安全技术．北京：中国石化出版社，2009.

[6] 杨泗霖．防火与防爆．北京：首都经济贸易大学出版社，2010.

[7] 崔克清．化工单元运行安全技术．北京：化学工业出版社，2006.

[8] 崔继哲．化工机器与设备检修技术．北京：化学工业出版社，2000.

[9] 楼紫阳，宋立言，赵由才等．中国化工废渣污染现状及资源化途径．化工进展，2006，25（9）：988-994.

[10] 刘硕，朱建平，蒋火华．对几种环境质量综合指数评价方法的探讨．中国环境监测，1999，15（5）：33-37.

第九章 培训与指导

培训和指导是提升企业员工职业能力的一种手段，在化工总控工国家标准中对技师和高级技师的培训技能要求作出了严格规定，其中技师能对初级、中级和高级操作人员进行理论和现场培训指导；高级技师能对技师进行现场指导，并能系统地讲授本职业的主要知识。本章就培训和指导计划、培训课程/技能单元设计和开发、培训和指导的实施及培训和评价作相关介绍。

第一节 培训和指导计划

化工总控工主要从事化工一线的生产操作和技术管理工作，其工作岗位层次主要为：化工生产一线操作人员、生产一线技术与工艺管理人员及生产车间技术专家和管理专家。该工种按职业资格分为初级、中级、高级工、技师和高级技师五个等级。在制订培训和指导计划时，要针对不同岗位的理论和技能需求，来确定培训课程/技能单元，从而达到学有所需，学有所用的目的。

培训和指导计划一般要考虑以下四个因素：

(1) 化工总控工国家标准；

(2) 企业特定岗位所需的职业能力；

(3) 员工已具备的理论和职业技能；

(4) 培训策略。

和学历教育不同，职业能力培训是以能力为基准的培训和指导模式。对于企业工作人员，培训课程均依据能力标准而设计和开发。

一、职业能力培训的特点

职业能力的培训不同于传统的培训模式，它有以下三个特点。

(1) 关注能做什么，而不是怎样做。

(2) 灵活的授课方式。模式有讲授、一对一指导、多媒体教学、自学、仿真甚至是操作场所现场授课，既可以采用一种模式，也可以是混合模式。

(3) 见效快。一旦掌握新的知识和技能，就可以立即应用于操作岗位。

因此，在设计培训和指导计划时，就要考虑到技能单元的设计问题，这里所谓的技能是和岗位人员特定的需求相应的一个或多个技能，可以根据企业规范，也可以参照国家职业标准。

二、培训和指导计划应包含的内容

（1）培训的课程名称　课程可以是相关的理论课程，也可以是技能培训课程。

（2）培训师　培训师的职业资格等级应该不低于受训人员，一般情况下，化工总控工高级技师对技师进行现场指导，或对技师及以下等级进行本职业的理论知识指导；化工总控工技师则可对本职业工种的高级工、中级工和初级工进行指导。

（3）受训人员　受训人员应该是和化工总控工相关工种的操作人员和工艺人员。

（4）培训目的　通过培训，使受训者掌握本课程/职业能力单元的知识和技能，能完成化工企业操作岗位特定的工作任务。

（5）职业资格等级　预期经过本单元能力培训后达到的职业能力资格，如为企业内部培训，可不必列出来，也可以作为企业内部定岗定级的一部分。

（6）所需达到的能力要求　能力要求可以是国家职业标准中规定的要求，也可以是企业内部规定的要求。

（7）培训前期相关知识和能力　一般在进入更高级的职业资格之前，要有低一级的职业资格，并且在取得本职业资格证书后，连续从事本职业工作3～5年（技师和高级技师）。

（8）授课模式　授课模式可以是讲授、多媒体、录像、网络的模式，也可以现场讨论、活动、演示和实践，根据实际需求确定相应的授课模式。

（9）学习时间　按照实际需求安排培训时间，并列出进度表。

（10）目标学员及学员人数　一般是本岗位技能需提高的操作人员或技术人员。

（11）场地及设备需求　在计划中需说明培训的场地，一般要预订培训场地，以免到时同一场地有其他的安排；同时要注明培训所用的设备，如电脑（自备或现场提供）、网络连接、投影仪、扩音器等。

（12）培训材料及其他所需的资源　培训手册和讲义、考核和评价的相关信息，如理论考核、技能考核及其他；预先发放给学员的培训材料、复习提纲、技能考核细则等。

（13）培训前期准备工作　提前通知学员相关信息，如培训的时间、地点、上课要求等。

（14）培训管理　相应的附件要打印出来，如培训签到表、培训意见反馈表、培训设备的安全检查表等。

（15）职业健康安全（occupation health and safety，简称OHS）相关　要考虑紧急情况下的应急预案，逃生路线，安全规程等，并在计划中体现出来。

（16）其他。

第二节　培训课程/技能单元设计和开发

在完成培训课程和技能单元的计划制订后，就要进行相应的培训课程的设计和开发。设计和开发培训课程包括四个过程。

1. 确定培训要素

首先要明确培训目的及培训形式；其次参考相关的法律规范、行业规范和企业规范，确定其他要素；最后要考虑目标群体的培训理论和技能需求。

2. 设计培训流程

在设计培训流程时，要考虑到授课模式（讲授、现场指导）的问题；还要考虑到授课后的考核问题，如理论试卷的出卷，技能评价试题，评价的流程；以及在授课和评价过程中要用到的原料、设备、相关标准的准备，还要考虑涉及的其他流程。

3. 开发培训课程的内容和结构

开发培训课程的内容和结构，一般包括以下步骤。

(1) 确定内容　内容应该包含与本能力单元要素相关的内容、必备的理论知识、必备的技能和其他。在确定相关要素时，要区分开哪些是必须知道的（关键内容），哪些是应该知道的（重要内容），哪些是可能知道的（一般内容），即重点与非重点问题。

(2) 组织技能模块　将课程中本单元必备的技能分解成若干个分技能单元，如化工单元操作中换热器的操作技能中可分解为以下六个分技能：换热器开车前的准备单元、换热器开车单元、换热器正常运行单元、换热器的正常停车单元、换热器的故障判断、故障处理、设备维护等。

(3) 技能模块排序　组织完技能模块后，按照一定的顺序来进行各模块的学习，模块排序原则：由懂到不懂、由大框架开始、按年代发展、递进式，也有按照生产的正常流程排序的。

(4) 展示培训成果　培训过程中，受训人员的成果展示是一个不可缺少的内容。成果可以是实物、可以是理论试题、可以是相应的操作技能的获得，甚至可以是良好的态度（出勤率等）。

(5) 培训过程中掺入的活动　设计活动步骤时，首先要确定每一步的实施方法，还要考虑和判断每一步所需花费的额外时间，最后再确定总时间，一般活动包括介绍、实施、练习、结论，再加上 5min 的额外时间应急。

(6) 列时间框架表　组织所有的技能模块并排序后，结合要掺入的活动，设计出每个步骤所需的时间，画出时间框架表，如表 9-1。

表 9-1　培训时间框架表

组别	传授方式和时间	活动/时间	介绍、应急	总时间
步骤 1	讲授/讨论(20min)	Q&A(5min)	5min	30min
步骤 2	讲授/讨论(20min)	分配任务(5min)	10min	35min
步骤 3	演讲/示范(20min)	组内活动(30min)	10min	60min
步骤 4	DVD/讨论(20min)	研究讨论(15min)	10min	45min
步骤 5	讲授/组间讨论(15min)	第一部分 Q&A(5min) 第二、第三部分：总结(30min)	10min	60min

4. 复查培训计划

所有的课程开发程序计划完成后，将该程序计划以进程表的方式绘制出，进程表应包括每个步骤、休息时间、吃饭时间、总结巩固和评价活动，还应包括课程简介和课程总结。表 9-2 为一个课程学习进程表的框架结构。

表 9-2 课程学习进程表

学习授课计划	课程介绍	
	课程正文	步骤 1 介绍 正文 结论
		步骤 2 介绍 正文 结论
		步骤 3 介绍 正文 结论
	课程结论	

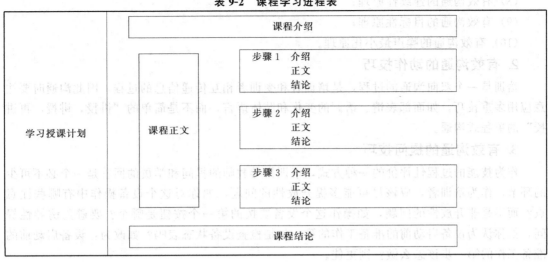

通过进程表复核培训和指导计划中的所有内容，特别是总时间，如有不一致的地方，需对培训计划进行修改，最后培训课程计划形成文件，文件中一般必须包括以下内容：

(1) 将要获得的能力和其他成果；

(2) 授课模式；

(3) 评价要求概述；

(4) 学习进程表；

(5) 所用的培训资源；

(6) 后续实施培训中涉及的职业健康与安全（OHS）内容；

(7) 管理需要。

第三节 培训和指导的实施

一、培训和指导概述

计划的编制完成后，就要按照计划进行培训和指导，理论培训可以采用直接讲授或自学等形式，技能培训可分为个体岗位培训和基于班组的指导和培训。技能的培训和指导过程是一个双向沟通的过程，要做好技能培训，必须要进行有效沟通。

(一) 有效沟通和指导的相关原理和技巧

1. 有效沟通的十个原理

(1) 有效沟通的真实性原理；

(2) 有效沟通的渠道适当性原理；

(3) 有效沟通的沟通主体共时性原理；

(4) 有效沟通的信息传递完整性原理；

(5) 有效沟通的代码相同性原理；

(6) 有效沟通的时间性原理；

(7) 有效沟通的理解同一性原理；

(8) 有效沟通的连续性原理；

(9) 有效沟通的目标性原理；

(10) 有效沟通的噪声最小化原理。

2. 有效沟通的动作技巧

培训是一个双向沟通的过程，是培训者和受训者相互传递信息的过程，因此沟通时要注意应用多重技巧，如面部表情、语调的变化和肢体语言，而不是简单的"讲授，讲授，再讲授"的单程式沟通。

3. 有效沟通的提问技巧

作为技能的过程性评价的一种方式，培训指导教师的提问和学员的回答是一个必不可少的环节，作为培训者，应该尽可能多提开放性的问题，如你对这个设备操作中有哪些注意点？而不是非开放性的问题，如操作这个设备要按的第一个按钮是哪个？要避免诱导性提问，如你认为设备启动前的准备工作的第一步是检查设备状态表吗？如改为：设备启动前的准备工作的第一步该怎么做？则更佳。

4. 有效沟通的反馈技巧

通过对学员技能评定，一方面，培训者要向受训者反馈他/她目前的优点和不足之处，需要提高哪些方面的技能，并且告知如何提高理论和技能；另一方面，受训者要把培训过程中和实际工作中有哪些疑惑反馈给培训指导者，以获得解答。

(二) 实施岗位培训

什么是工作岗位培训？岗位培训就是根据岗位要求所应具备的知识、技能而为在岗员工安排的培训活动。其目的是提高在岗员工的业务知识、专业技能和服务态度，即集知识、技能和态度"三位一体"的职业能力，其中工作活动是岗位培训的基础。

岗位培训的四个特点：

① 针对性、实用性强；

② 培训环境与工作环境一致，员工能进入角色；

③ 就地取材，便于操作；

④ 培训对象已具备一定理论知识和技能，因此员工之间可以相互交流经验和体会。

要说明的是，并不是所有的培训都需要通过工作岗位的培训，如相关理论知识的培训可集中式课程培训，只有当以下情况出现时需要进行工作岗位培训：

① 培训需要使用只有工作岗位的设备；

② 只有通过在岗工作才能得到最佳的学习效果；

③ 工作任务无法通过课程提供。

实施岗位培训时，一般按以下步骤进行：

① 明确培训需求，确定目标；

② 开发岗位培训计划；

③ 将岗位培训的计划文件化；

④ 准备每个岗位培训的步骤。

工作岗位培训是针对个体而进行的理论和技能方面的培训，实际工作过程中，往往工作活动是以班组为单位的，因此培训时也要基于班组为单位。

(三) 实施基于组的培训

个体岗位培训是针对单一的操作人员而进行的，当需要集中授课、项目任务需要团队合作完成以及一个群体中所有人都需要相同的知识和技能时，个体式的岗位培训就显得效率低下，这时候需要实施基于组的能力培训。

基于组的培训有以下特征：

① 经常但不总是在教室中进行；

② 是一个社交性的学习（学员互相学习和向培训师学习）；

③ 可以是来自同一单位或者不同单位；

④ 人数可小（如 4 人）可大（100 人）。

在实施基于组的培训时，培训一般按以下步骤进行：

① 明确组的培训需求，确认培训目的；

② 准备详细的授课计划；

③ 准备实施基于组的培训。

二、作业指导书的编写

在实施培训中，操作指导是一个必不可少的内容，其核心文件即为作业指导书。

作业指导书是指为保证过程受控而制定的程序，是规定生产作业活动的途径、要求与方法的最细化和具体的操作性文件，也称为操作规程。

编撰作业指导书的目的：

① 加强企业的基础管理，规范现场操作，保证质量，使作业活动有章可循；

② 吸收行业新技术、新材料、新机具、新工艺等先进实用成果；

③ 结合技术发展与实践经验；

④ 对内对外提供文件化的依据。

（一）作业指导书的基本内容

1. 封面内容

作业指导书名称。

2. 正文内容

(1) 目的；

(2) 范围；

(3) 规范性引用文件；

(4) 支持文件；

(5) 定义、作用、功能和分类；

(6) 安全及预控措施；

(7) 部门；

(8) 工作中心的作业周期；

(9) 设备及主要参数；

(10) 作业准备；

(11) 工作流程（流程图、操作过程、方法、常见问题和解决方法）及各个工作中心的操作标准、安全、项目、工艺要求及质量标准等；

(12) 作业后的验收、交接、保存。

（二）作业指导书的编写和修订要点

作业指导书的编制，应根据生产产品的原料、辅料、中间产品性质、生产工艺操作指标、工艺流程、生产设备、危险特性、安全措施等要求编写，作为产品安全生产的操作依据。同时单位应根据实际情况，加强资料发放管理，定期修订完善。

作业指导书编写包括：一般情况下的作业指导书、特殊情况下的作业指导书、正常生产运行情况下的作业指导书、开停车情况下的作业指导书、紧急停车情况下的作业指导书。

1. 化工企业一般情况下作业指导书编写要点

（1）岗位或工序的原料、辅料、中间产品和产品的物化性质、质量规格、指标要求，特别是安全指标的要求；

（2）岗位工艺技术指标及操作参数，如物料配比、成分、温度、压力、流量等指标；

（3）标出带有控制点的生产工艺流程图；

（4）阐述生产原理及工艺流程；

（5）生产设备和装置的规格、型号、尺寸、能力等；

（6）职业卫生、劳动防护和劳动环境的安全规定；

（7）生产开车操作程序，注意事项及安全措施；

（8）生产运行操作（含设备、设施）、维护和巡回检查方法；

（9）停车、紧急停车、异常情况应急处理的操作程序和处置方法；

（10）岗位操作应急预案的要求；

（11）附则（应急救治、消防器材的正确使用，人身伤害事故的现场急救等）。

2. 化工企业特殊情况下的作业指导书

鉴于化工生产过程中有几个环节存在较大的危险性，并具有普遍性。因此，将以下化工生产过程中的几种情况（正常运行、开停车、紧急停车、检修）的安全操作规程重点提出来，各单位可根据本单位生产的实际情况在保证安全生产前提下进行增加或删减。

另外，压缩气体、液化气体、溶解乙炔等生产工艺过程除应满足化工行业一般的安全管理要求外，还应执行国家标准和行业标准中对该生产工艺的相关要求。

3. 正常生产运行情况下作业指导书编写要点

（1）岗位操作人员的岗位任务和正常操作程序的要求。

（2）各项安全规程执行的要求：

① 检验规程（原料、辅料、中间产品及产品）的要求；

② 生产装置的定期维护、保养和关键管道、阀门、设备等更换周期的要求；

③ 仪器、仪表定期检查、校准的要求；

④ 装置运行中“跑、冒、滴、漏”的安全、环保处置的要求；

⑤ 安全装置（安全附件、连锁及报警装置等）维护保养及定期检测、检验的要求；

⑥ 压力容器安全管理要求；

⑦ 消防器材管理要求。

（3）操作记录管理要求。

（4）对操作人员的要求（严禁脱岗、串岗、睡岗和做与生产无关的事等）。

（5）正确判断和处理异常情况下的管理要求。

4. 开/停车情况下作业指导书编写要点

（1）编写开、停车方案的要求（时间、进度、实施方案、职责及责任人员等）；

（2）岗位人员培训的要求（三级安全教育、新工艺培训等）；

(3) 原料、辅料、中间产品和产品的管理要求（检验、存放、使用等）；
(4) 装置周边环境的要求（主要交通干道通畅、临时装置拆除、装置内外场地平整清洁等）；
(5) 生产装置（设备、管道、阀门、仪器仪表）开、停车的管理要求；
(6) 配套公用工程（水、电、汽、气、冷等）的管理要求；
(7) 职业安全卫生及劳动防护用品（器具）的管理要求；
(8) 关键设备、设施、自控仪表等的防护要求；
(9) 防雷、防静电系统的管理要求；
(10) 仪器、仪表校准的管理要求；
(11) 消防器材的管理要求；
(12) 通信系统的管理要求；
(13) 备用设备的管理要求；
(14) 应急情况下的处理要求；
(15) 中、长期停车，生产装置进行动火检修，排空、置换的处置要求。

5. 紧急停车情况下作业指导书编写要点

(1) 发生各种紧急情况（包括：工艺或设备和公用工程系统的异常、停水、停电、停汽、停气、火灾、爆炸、物料大量泄漏及水灾、大地震等自然灾害情况）的处理要求；
(2) 各类事故上报程序；
(3) 消防器材及救治用品的配置要求；
(4) 各岗位操作人员的培训要求。

6. 作业指导书的修订

(1) 当出现下述情况时，需要对岗位操作的作业指导书进行修订：
① 最新法律法规、技术标准、指导原则生效，现有的操作规程与之不符；
② 仪器设备、技术更新；
③ 操作有重大变更；
④ 在按作业指导书的操作过程中发现问题，需要修订。
(2) 作业指导书的修订要注意的几个问题
① 作业指导书应由修订部门提出申请，经质保部门（以下简称 QA）及相关单位负责人批准后方可进行修订；
② 修订后的作业指导书经批准后，旧版的作业指导书自行废止，QA 应及时更新指导书的编码，并填写修订记录；
③ QA 在分发新的作业指导书的同时，收回的旧版作业指导书销毁；
④ QA 保留一份完整的作业指导书的文件样本，并根据文件变更情况随时更新并记录在案。

三、批生产记录的编写

批生产记录是记录一个批号的产品制造过程中使用原辅材料与所进行操作的文件，包括制造过程中控制的细节，简称 BPR (batch process record)。

1. 批生产记录一般包括的基本内容

(1) 生产及中间工序开始、结束的时间和日期；
(2) 使用的原、辅料数量、批号以及检验依据；

(3) 使用的主要设备的说明和编号；

(4) 每个批次特定的认证；

(5) 关键参数的真实结果的记录；

(6) 完成的取样及结果；

(7) 每个直接或间接管理或检验操作中的每一个重要步骤的人员签名以及复核人员签名；

(8) 适当阶段或时期的真实收率和利用率；

(9) 成品包装和标签的使用情况与销毁等。

2. 批生产记录的填写要求

(1) 岗位操作记录由岗位操作人员填写，岗位负责人复核并签字；

(2) 批生产记录可由车间带班主任、车间主任汇总并签字；

(3) 原始记录填写时使用黑色签字笔。要做到字迹清晰、真实、准确和及时，不得事后回忆补填；

(4) 不得撕毁或任意涂改，需要更改时不得使用涂改液，应在原来错误的地方画上两道横线，并把正确的写在其上方，在旁签名并标明日期；

(5) 内容填写应齐全，不得留有空格，无内容填写时要用"\"表示，如为表格，则以"\"将表格左上方至右下方划全，内容与上项相同时应重复抄写，不得以同上或其他内容表示；

(6) 操作者、复核者应填写全名，不得只写姓或名；

(7) 日期应统一按操作规程相关规定（如 2014 年 8 月 8 日格式）统一填写；

(8) 复核人对不符合填写要求的记录应监督填写人更正。

第四节 培训考核和评价

一、概念

职业资格是指按照国家制定的职业技能标准或任职资格条件，通过政府认定的考核鉴定机构，对劳动者的技能水平或职业资格进行客观公正、科学规范的评价和鉴定，对合格者授予相应的国家职业资格证书。

评价：评价是指评价者对评价对象的各个方面，根据评价标注进行量化和非量化的测量过程，最终得出一个可靠的并且符合逻辑的结论。

指导者通过有组织的知识传递、技能传递、标准传递、信息传递实现了对受训者相关职业能力的培训，达到预期的水平提高目标，这是培训的目的。而受训者技能和知识水平达到的程度，是需要用评价的手段来实现。

二、评价的方式

教学和培训评价的方式有多种，如：

(1) 中小学教育系统的评价；

(2) 高等教育系统（如大学）的评价；

(3) 体育竞赛的评价；

(4) 岗位评价（以技能为基准的评价）。

由于化工总控工岗位操作主要以岗位职业能力为基准，因此这里仅讨论以技能为基准的评价方式。

以技能为基准的评价方式侧重于评价一个员工是不是能完成某个特定工作任务的问题，而不关心他如何知道完成这个工作任务。因此，评价的结果只有两种可能：胜任或者不胜任。

三、以技能为基准的评价特征

(1) 以受训者为主体　以技能为基准的评价专注于受训人的技能水平。

(2) 以标准规范为参照　在评价的形式中，有两种评价模型：一种为标准参照型，另一种为常模参照型，见表 9-3。

表 9-3　评价的形式

项目	评价形式	
	标准参照型	常模参照型
定义	应试者的成绩与评估标准相对照	应试者的成绩与其他应试者的成绩相对照
关键特征	不是一个竞争性的过程——所有应试者都有成功的机会，成功的要求是不变的	是一个竞争性的过程——不是所有的应试者都能成功，成功的需要依据于应试者的完成水平
举例	基于能力的评估——每个人都有获得合格结果的潜能	跑步——最快者胜； 就业面试——最好的胜出

(3) 以相关证据为基础　对于受训人而言，他们要提供他们完成任务的证据；对于评价人而言，他们要向应试者明确所需提供的证据，且评价结果只能依据于所提供的证据，如：

① 实物成果；

② 操作过程；

③ 基础知识的掌握和理解能力；

④ 态度；

⑤ 第三方评价。

四、评价的方法

1. 观察法

观察法是指在自然的操作场景下了解观察对象，此时被观察者像往常一样学习和活动，不会产生或感到任何的压迫感。所有收集的资料自始至终都是被观察者的常态表现，都是自然的、真实的。根据研究的目的、内容和对象的不同，观察可分为现场观察和仿真场景下的观察。在评价前，应先设计出观察表（observation checklist），考核时将检查的内容填入观察表中。

2. 提问法

提问法一般用于评价受训者的理论知识，可以是口头提问，也可以做成书面问答，作为对受训者的测试，问题形式可以是开放式的问答题，也可以是判断题，或者是选择题的形式。

3. 任务法

任务法一般用于评价受训者的技能、理论、态度和岗位应用，可以是其中一项，也可以是多项；任务法还可以用于岗位项目任务或岗位项目仿真评价，其目的是通过受训者完成一定的工作任务，评价受训者的岗位职业能力。

4. 第三方评价

第三方评价可用于评价受训者的技能、理论、工作态度和证据的真实性。也可用于有资质的职业技能鉴定机构对企业员工进行的职业技能鉴定等。

五、评价的程序

在评价前，考虑如下问题：在目前的国家标准、岗位操作规程或者是其他地方是不是有现成的合适的评价工具？

1. 确定评价标准

首先依据化工总控工国家标准，结合岗位作业指导书、设备操作规范，如果相关的评价标准在以上规范中均未提及或者不具体，则需开发新的规范（如企业或者行业规范）作评价标准。

2. 收集相关证据

相关证据要求所有的证据都应该是书面的。

(1) 以观察表记录的证据，评价人应该是能够仔细地观察操作者，同时及时记录下过程中观察到的，而不是观察完后再补记；观察表（Checklist）应该使用方便，简单易操作，而不能影响到评价人的观察。

(2) 以提问形式的证据，对于口头提问，评价人应该处在能听清楚受训人的回答，同时应该及时记录答案，并标注受训人是不是回答正确；对于书面提问，要确保在考试过程中没有作弊。

(3) 以项目任务的证据，评价人要确认项目要求是明确的，受训者有充足的时间完成项目任务。

(4) 其他方式的证据，如 PPT、文件包、实物成果等应保存在专门的文件夹中。

3. 判断证据，做出评价结论

判断证据包括两个步骤：

(1) 确定所提供的证据是不是符合规范；

(2) 根据所提供的证据确定受训人是不是能胜任岗位能力要求。

4. 评价过程及结果反馈

反馈一般包括：

(1) 评价结果——胜任或不胜任；

(2) 原因——对于证据的相关点评；

(3) 后续步骤。

5. 相关评价材料的记录和整理、评价结果复核

如果涉及职业技能鉴定，相关资料应保存一定的期限。

附录

化工总控工国家职业标准

1. 职业概况

1.1 职业名称

化工总控工。

1.2 职业定义

操作总控室的仪表、计算机等，监控或调节一个或多个单元反应或单元操作，将原料经化学反应或物理处理过程制成合格产品的人员。

1.3 职业等级

本职业共设五个等级，分别为：初级（国家职业资格五级）、中级（国家职业资格四级）、高级（国家职业资格三级）、技师（国家职业资格二级）、高级技师（国家职业资格一级）。

1.4 职业环境

室内，常温，存在一定有毒有害气体、粉尘、烟尘和噪声。

1.5 职业能力特征

身体健康，具有一定的学习理解和表达能力，四肢灵活，动作协调，听、嗅觉较灵敏，视力良好，具有分辨颜色的能力。

1.6 基本文化程度

高中毕业（或同等学力）。

1.7 培训要求

1.7.1 培训期限

全日制职业学校教育，根据其培养目标和教学计划确定。晋级培训期限：初级不少于360 标准学时；中级不少于 300 标准学时；高级不少于 240 标准学时；技师不少于 200 标准学时；高级技师不少于 200 标准学时。

1.7.2 培训教师

培训初、中级的教师应具有本职业高级及以上职业资格证书或本专业中级及以上专业技术职务任职资格；培训高级的教师应具有本职业技师及以上职业资格证书或本专业高级专业技术职务任职资格；培训技师的教师应具有本职业高级技师职业资格证书、本职业技师职业资格证书 3 年以上或本专业高级专业技术职务任职资格 2 年以上；培训高级技师的教师应具有本职业高级技师职业资格证书 3 年以上或本专业高级专业技术职务任职资格 3 年以上。

1.7.3 培训场地设备

理论培训场地应为可容纳 20 名以上学员的标准教室，设施完善。实际操作培训场所应为具有本职业必备设备的场地。

1.8 鉴定要求

1.8.1 适用对象

从事或准备从事本职业的人员。

1.8.2 申报条件

——初级（具备以下条件之一者）

（1）经本职业初级正规培训达规定标准学时数，并取得结业证书。

（2）在本职业连续见习工作2年以上。

——中级（具备以下条件之一者）

（1）取得本职业或相关职业初级职业资格证书后，连续从事本职业工作2年以上，经本职业中级正规培训达规定标准学时数，并取得结业证书。

（2）取得本职业或相关职业初级职业资格证书后，连续从事本职业工作4年以上。

（3）取得与本职业相关职业中级职业资格证书后，连续从事本职业工作2年以上。

（4）连续从事本职业工作5年以上。

（5）取得经劳动保障行政部门审核认定的、以中级技能为培养目标的中等以上职业学校本职业（专业）毕业证书。

——高级（具备以下条件之一者）

（1）取得本职业中级职业资格证书后，连续从事本职业工作3年以上，经本职业高级正规培训达规定标准学时数，并取得结业证书。

（2）取得本职业中级职业资格证书后，连续从事本职业工作5年以上。

（3）取得高级技工学校或经劳动保障行政部门审核认定的、以高级技能为培养目标的高等职业学校本职业（专业）毕业证书。

（4）大专以上本专业或相关专业毕业生，连续从事本职业工作2年以上。

——技师（具备以下条件之一者）

（1）取得本职业高级职业资格证书后，连续从事本职业工作3年以上，经本职业技师正规培训达规定标准学时数，并取得结业证书。

（2）取得本职业高级职业资格证书后，连续从事本职业工作5年以上。

（3）高等技工学校或经劳动保障行政部门审核认定的、以高级技能为培养目标的高等职业学校本职业（专业）毕业生，连续从事职业工作2年以上。

（4）大专以上本专业或相关专业毕业生，取得本职业高级职业资格证书后，连续从事本职业工作2年以上。

——高级技师（具备以下条件之一者）

（1）取得本职业技师职业资格证书后，连续从事本职业工作3年以上，经本职业高级技师正规培训达规定标准学时数，并取得结业证书。

（2）取得本职业技师职业资格证书后，连续从事本职业工作5年以上。

1.8.3 鉴定方式

本职业覆盖不同种类的化工产品的生产，根据申报人实际的操作单元选择相应的理论知识和技能要求进行鉴定。理论知识考试采用闭卷笔试方式，技能操作考核采用现场实际操作、模拟操作、闭卷笔试、答辩等方式。理论知识考试和技能操作考核均实行百分制，成绩皆达到60分及以上者为合格。技师和高级技师还须进行综合评审。

1.8.4 考评人员与考生配比

理论知识考试考评人员与考生配比为1∶15，每个标准教室不少于2名考评人员；技能操作考核考评员与考生配比为1∶3，且不少于3名考评员。综合评审委员会成员不少于5人。

1.8.5 鉴定时间

理论知识考试时间不少于90分钟，技能操作考核时间不少于60分钟，综合评审时间不少于30分钟。

1.8.6 鉴定场所设备

理论知识考试在标准教室进行。技能操作考核在模拟操作室、生产装置或标准教室进行。

2. 基本要求

2.1 职业道德

2.1.1 职业道德基本知识

2.1.2 职业守则

(1) 爱岗敬业，忠于职守。

(2) 按章操作，确保安全。

(3) 认真负责，诚实守信。

(4) 遵规守纪，着装规范。

(5) 团结协作，相互尊重。

(6) 节约成本，降耗增效。

(7) 保护环境，文明生产。

(8) 不断学习，努力创新。

2.2 基础知识

2.2.1 化学基础知识

(1) 无机化学基本知识。

(2) 有机化学基本知识。

(3) 分析化学基本知识。

(4) 物理化学基本知识。

2.2.2 化工基础知识

2.2.2.1 流体力学知识

(1) 流体的物理性质及分类。

(2) 流体静力学。

(3) 流体输送基本知识。

2.2.2.2 传热学知识

(1) 传热的基本概念。

(2) 传热的基本方程。

(3) 传热学应用知识。

2.2.2.3 传质知识

(1) 传质基本概念。

(2) 传质基本原理。

2.2.2.4 压缩、制冷基础知识

(1) 压缩基础知识。

(2) 制冷基础知识。

2.2.2.5 干燥知识

(1) 干燥基本概念。

(2) 干燥的操作方式及基本原理。

(3) 干燥影响因素。

2.2.2.6 精馏知识

(1) 精馏基本原理。

(2) 精馏流程。

(3) 精馏塔的操作。

(4) 精馏的影响因素。

2.2.2.7 结晶基础知识

2.2.2.8 气体的吸收基本原理

2.2.2.9 蒸发基础知识

2.2.2.10 萃取基础知识

2.2.3 催化剂基础知识

2.2.4 识图知识

(1) 投影的基本知识。

(2) 三视图。

(3) 工艺流程图和设备结构图。

2.2.5 分析检验知识

(1) 分析检验常识。

(2) 主要分析项目、取样点、分析频次及指标范围。

2.2.6 化工机械与设备知识

(1) 主要设备工作原理。

(2) 设备维护保养基本知识。

(3) 设备安全使用常识。

2.2.7 电工、电器、仪表知识

(1) 电工基本概念。

(2) 直流电与交流电知识。

(3) 安全用电知识。

(4) 仪表的基本概念。

(5) 常用温度、压力、液位、流量（计)、湿度（计）知识。

(6) 误差知识。

(7) 本岗位所使用的仪表、电器、计算机的性能、规格、使用和维护知识。

(8) 常规仪表、智能仪表、集散控制系统（DCS、FCS）使用知识。

2.2.8 计量知识

(1) 计量与计量单位。

(2) 计量国际单位制。

（3）法定计量单位基本换算。

2.2.9 安全及环境保护知识

（1）防火、防爆、防腐蚀、防静电、防中毒知识。

（2）安全技术规程。

（3）环保基础知识。

（4）废水、废气、废渣的性质、处理方法和排放标准。

（5）压力容器的操作安全知识。

（6）高温高压、有毒有害、易燃易爆、冷冻剂等特殊介质的特性及安全知识。

（7）现场急救知识。

2.2.10 消防知识

（1）物料危险性及特点。

（2）灭火的基本原理及方法。

（3）常用灭火设备及器具的性能和使用方法。

2.2.11 相关法律、法规知识

（1）劳动法相关知识。

（2）安全生产法及化工安全生产法规相关知识。

（3）化学危险品管理条例相关知识。

（4）职业病防治法及化工职业卫生法规相关知识。

3. 工作要求

本标准对初级、中级、高级、技师、高级技师的技能要求依次递进，高级别涵盖低级别的要求。

3.1 初级

职业功能	工作内容	技能要求	相关知识
一、开车准备	(一)工艺文件准备	1. 能识读、绘制工艺流程简图 2. 能识读本岗位主要设备的结构简图 3. 能识记本岗位操作规程	1. 流程图各种符号的含义 2. 化工设备图形代号知识 3. 本岗位操作规程、工艺技术规程
	(二)设备检查	1. 能确认盲板是否抽堵、阀门是否完好、管路是否通畅 2. 能检查记录报表、用品、防护器材是否齐全 3. 能确认应开、应关阀门的阀位 4. 能检查现场与总控室内压力、温度、液位、阀位等仪表指示是否一致	1. 盲板抽堵知识 2. 本岗位常用器具的规格、型号及使用知识 3. 设备、管道检查知识 4. 本岗位总控系统基本知识
	(三)物料准备	能引进本岗位水、气、汽等公用工程介质	公用工程介质的物理、化学特征
二、总控操作	(一)运行操作	1. 能进行自控仪表、计算机控制系统的台面操作 2. 能利用总控仪表和计算机控制系统对现场进行遥控操作及切换操作 3. 能根据指令调整本岗位的主要工艺参数 4. 能进行常用计量单位换算 5. 能完成日常的巡回检查 6. 能填写各种生产记录 7. 能悬挂各种警示牌	1. 生产控制指标及调节知识 2. 各项工艺指标的制定标准和依据 3. 计量单位换算知识 4. 巡回检查知识 5. 警示牌的类别及挂牌要求
	(二)设备维护保养	1. 能保持总控仪表、计算机的清洁卫生 2. 能保持打印机的清洁、完好	仪表、控制系统维护知识

续表

职业功能	工作内容	技能要求	相关知识
三、事故判断与处理	(一)事故判断	1. 能判断设备的温度、压力、液位、流量异常等故障 2. 能判断传动设备的跳车事故	1. 装置运行参数 2. 跳车事故的判断方法
	(二)事故处理	1. 能处理酸、碱等腐蚀介质的灼伤事故 2. 能按指令切断事故物料	1. 酸、碱等腐蚀介质灼伤事故的处理方法 2. 有毒有害物料的理化性质

3.2 中级

职业功能	工作内容	技能要求	相关知识
一、开车准备	(一)工艺文件准备	1. 能识读并绘制带控制点的工艺流程图(PID) 2. 能绘制主要设备结构简图 3. 能识读工艺配管图 4. 能识记工艺技术规程	1. 带控制点的工艺流程图中控制点符号的含义 2. 设备结构图绘制方法 3. 工艺管道轴测图绘图知识 4. 工艺技术规程知识
	(二)设备检查	1. 能完成本岗位设备的查漏、置换操作 2. 能确认本岗位电气、仪表是否正常 3. 能检查确认安全阀、爆破膜等安全附件是否处于备用状态	1. 压力容器操作知识 2. 仪表联锁、报警基本原理 3. 联锁设定值,安全阀设定值、校验值,安全阀校验周期知识
	(三)物料准备	能将本岗位原料、辅料引进到界区	本岗位原料、辅料理化特性及规格知识
二、总控操作	(一)开车操作	1. 能按操作规程进行开车操作 2. 能将各工艺参数调节至正常指标范围 3. 能进行投料配比计算	1. 本岗位开车操作步骤 2. 本岗位开车操作注意事项 3. 工艺参数调节方法 4. 物料配方计算知识
	(二)运行操作	1. 能操作总控仪表、计算机控制系统对本岗位的全部工艺参数进行跟踪监控和调节,并能指挥进行参数调节 2. 能根据中控分析结果和质量要求调整本岗位的操作 3. 能进行物料衡算	1. 生产控制参数的调节方法 2. 中控分析基本知识 3. 物料衡算知识
	(三)停车操作	1. 能按操作规程进行停车操作 2. 能完成本岗位介质的排空、置换操作 3. 能完成本岗位机、泵、管线、容器等设备的清洗、排空操作 4. 能确认本岗位阀门处于停车时的开闭状态	1. 本岗位停车操作步骤 2. "三废"排放点、"三废"处理要求 3. 介质排空、置换知识 4. 岗位停车要求
三、事故判断与处理	(一)事故判断	1. 能判断物料中断事故 2. 能判断跑料、串料等工艺事故 3. 能判断停水、停电、停气、停汽等突发事故 4. 能判断常见的设备、仪表故障 5. 能根据产品质量标准判断产品质量事故	1. 设备运行参数 2. 岗位常见事故的原因分析知识 3. 产品质量标准

续表

职业功能	工作内容	技能要求	相关知识
三、事故判断与处理	(二)事故处理	1. 能处理温度、压力、液位、流量异常等故障 2. 能处理物料中断事故 3. 能处理跑料、串料等工艺事故 4. 能处理停水、停电、停气、停汽等突发事故 5. 能处理产品质量事故 6. 能发相应的事故信号	1. 设备温度、压力、液位、流量异常的处理方法 2. 物料中断事故处理方法 3. 跑料、串料事故处理方法 4. 停水、停电、停气、停汽等突发事故的处理方法 5. 产品质量事故的处理方法 6. 事故信号知识

3.3 高级

职业功能	工作内容	技能要求	相关知识
一、开车准备	(一)工艺文件准备	1. 能绘制工艺配管简图 2. 能识读仪表联锁图 3. 能识记工艺技术文件	1. 工艺配管图绘制知识 2. 仪表联锁图知识 3. 工艺技术文件知识
	(二)设备检查	1. 能完成多岗位化工设备的单机试运行 2. 能完成多岗位试压、查漏、气密性试验、置换工作 3. 能完成多岗位水联动试车操作 4. 能确认多岗位设备、电气、仪表是否符合开车要求 5. 能确认多岗位的仪表联锁、报警设定值以及控制阀阀位 6. 能确认多岗位开车前准备工作是否符合开车要求	1. 化工设备知识 2. 装置气密性试验知识 3. 开车需具备的条件
	(三)物料准备	1. 能指挥引进多岗位的原料、辅料到界区 2. 能确认原料、辅料和公用工程介质是否满足开车要求	公用工程运行参数
二、总控操作	(一)开车操作	1. 能按操作规程完成多岗位的开车操作 2. 能指挥多岗位的开车工作 3. 能将多岗位的工艺参数调节至正常指标范围内	1. 相关岗位的操作法 2. 相关岗位操作注意事项
	(二)运行操作	1. 能进行多岗位的工艺优化操作 2. 能根据控制参数的变化，判断产品质量 3. 能进行催化剂还原、钝化等特殊操作 4. 能进行热量衡算 5. 能进行班组经济核算	1. 岗位单元操作原理、反应机理 2. 操作参数对产品理化性质的影响 3. 催化剂升温还原、钝化等操作方法及注意事项 4. 热量衡算知识 5. 班组经济核算知识
	(三)停车操作	1. 能按工艺操作规程要求完成多岗位停车操作 2. 能指挥多岗位完成介质的排空、置换操作 3. 能确认多岗位阀门处于停车时的开闭状态	1. 装置排空、置换知识 2. 装置“三废”名称及“三废”排放标准、“三废”处理的基本工作原理 3. 设备安全交出检修的规定

续表

职业功能	工作内容	技能要求	相关知识
三、事故判断与处理	(一)事故判断	1. 能根据操作参数、分析数据判断装置事故隐患 2. 能分析、判断仪表联锁动作的原因	1. 装置事故的判断和处理方法 2. 操作参数超指标的原因
	(二)事故处理	1. 能根据操作参数、分析数据处理事故隐患 2. 能处理仪表联锁跳车事故	1. 事故隐患处理方法 2. 仪表联锁跳车事故处理方法

3.4 技师

职业功能	工作内容	技能要求	相关知识
一、总控操作	(一)开车准备	1. 能编写装置开车前的吹扫、气密性试验、置换等操作方案 2. 能完成装置开车工艺流程的确认 3. 能完成装置开车条件的确认 4. 能识读设备装配图 5. 能绘制技术改造简图	1. 吹扫、气密性试验、置换方案编写要求 2. 机械、电气、仪表、安全、环保、质量等相关岗位的基础知识 3. 机械制图基础知识
	(二)运行操作	1. 能指挥装置的开车、停车操作 2. 能完成装置技术改造项目实施后的开车、停车操作 3. 能指挥装置停车后的排空、置换操作 4. 能控制并降低停车过程中的物料及能源消耗 5. 能参与新装置及装置改造后的验收工作 6. 能进行主要设备效能计算 7. 能进行数据统计和处理	1. 装置技术改造方案实施知识 2. 物料回收方法 3. 装置验收知识 4. 设备效能计算知识 5. 数据统计处理知识
二、事故判断与处理	(一)事故判断	1. 能判断装置温度、压力、流量、液位等参数大幅度波动的事故原因 2. 能分析电气、仪表、设备等事故	1. 装置温度、压力、流量、液位等参数大幅度波动的原因分析方法 2. 电气、仪表、设备等事故原因的分析方法
	(二)事故处理	1. 能处理装置温度、压力、流量、液位等参数大幅度波动事故 2. 能组织装置事故停车后恢复生产的工作 3. 能组织演练事故应急预案	1. 装置温度、压力、流量、液位等参数大幅度波动的处理方法 2. 装置事故停车后恢复生产的要求 3. 事故应急预案知识
三、管理	(一)质量管理	能组织开展质量攻关活动	质量管理知识
	(二)生产管理	1. 能指导班组进行经济活动分析 2. 能应用统计技术对生产工况进行分析 3. 能参与装置的性能负荷测试工作	1. 工艺技术管理知识 2. 统计基础知识 3. 装置性能负荷测试要求
四、培训与指导	(一)理论培训	1. 能撰写生产技术总结 2. 能编写常见事故处理预案 3. 能对初级、中级、高级操作人员进行理论培训	1. 技术总结撰写知识 2. 事故预案编写知识
	(二)操作指导	1. 能传授特有操作技能和经验 2. 能对初级、中级、高级操作人员进行现场培训指导	

3.5 高级技师

职业功能	工作内容	技能要求	相关知识
一、总控操作	(一)开车准备	1. 能编写装置技术改造后的开车、停车方案 2. 能参与改造项目工艺图纸的审定	1. 装置的有关设计资料知识 2. 装置的技术文件知识 3. 同类型装置的工艺、生产控制技术知识 4. 装置优化计算知识 5. 产品物料、热量衡算知识
	(二)运行操作	1. 能组织完成同类型装置的联动试车、化工投产试车 2. 能编制优化生产方案并组织实施 3. 能组织实施同类型装置的停车检修 4. 能进行装置或产品物料平衡、热量平衡的工程计算 5. 能进行装置优化的相关计算 6. 能绘制主要设备结构图	
二、事故判断与处理	(一)事故判断	1. 能判断反应突然终止等工艺事故 2. 能判断有毒有害物料泄漏等设备事故 3. 能判断着火、爆炸等重大事故	1. 化学反应突然终止的判断及处理方法 2. 有毒有害物料泄漏的判断及处理方法 3. 着火、爆炸事故的判断及处理方法
	(二)事故处理	1. 能处理反应突然终止等工艺事故 2. 能处理有毒有害物料泄漏等设备事故 3. 能处理着火、爆炸等重大事故 4. 能落实装置安全生产的安全措施	
三、管理	(一)质量管理	1. 能编写提高产品质量的方案并组织实施 2. 能按质量管理体系要求指导工作	1. 影响产品质量的因素 2. 质量管理体系相关知识
	(二)生产管理	1. 能组织实施本装置的技术改进措施项目 2. 能进行装置经济活动分析	1. 实施项目技术改造措施的相关知识 2. 装置技术经济指标知识
	(三)技术改进	1. 能编写工艺、设备改进方案 2. 能参与重大技术改造方案的审定	1. 工艺、设备改进方案的编写要求 2. 技术改造方案的编写知识
四、培训与指导	(一)理论培训	1. 能撰写技术论文 2. 能编写培训大纲	1. 技术论文撰写知识 2. 培训教案、教学大纲的编写知识 3. 本职业的理论及实践操作知识
	(二)操作指导	1. 能对技师进行现场指导 2. 能系统讲授本职业的主要知识	

4. 比重表

4.1 理论知识

项目			初级/%	中级/%	高级/%	技师/%	高级技师/%
基本要求		职业道德	5	5	5	5	5
		基础知识	30	25	20	15	10
相关知识	开车准备	工艺文件准备	6	5	5	—	—
		设备检查	7	5	5	—	—
		物料准备	5	5	5	—	—
	总控操作	开车准备	—	—	—	15	10
		开车操作	—	10	9	—	—
		运行操作	35	20	18	25	20
		停车操作	—	7	8	—	—
		设备维护保养	2	—	—	—	—

续表

项目			初级/%	中级/%	高级/%	技师/%	高级技师/%
相关知识	事故判断与处理	事故判断	4	8	10	12	15
		事故处理	6	10	15	15	15
	管理	质量管理	—	—	—	2	4
		生产管理	—	—	—	5	6
		技术改进	—	—	—	—	5
	培训与指导	理论培训	—	—	—	3	5
		操作指导	—	—	—	3	5
	合计		100	100	100	100	100

4.2 技能操作

项目			初级/%	中级/%	高级/%	技师/%	高级技师/%
技能要求	开车准备	工艺文件准备	15	12	10	—	—
		设备检查	10	6	5	—	—
		物料准备	10	5	5	—	—
	总控操作	开车准备	—	—	—	20	15
		开车操作	—	10	10	—	—
		运行操作	50	35	30	30	20
		停车操作	—	10	10	—	—
		设备维护保养	4	—	—	—	—
	事故判断与处理	事故判断	5	12	15	17	16
		事故处理	6	10	15	18	18
	管理	质量管理	—	—	—	5	5
		生产管理	—	—	—	6	10
		技术改进	—	—	—	—	6
	培训与指导	理论培训	—	—	—	2	5
		操作指导	—	—	—	2	5
	合计		100	100	100	100	100